MULTIVARIABLE CALCULUS

다변수 미적분학

최영미 · 민만식 지음

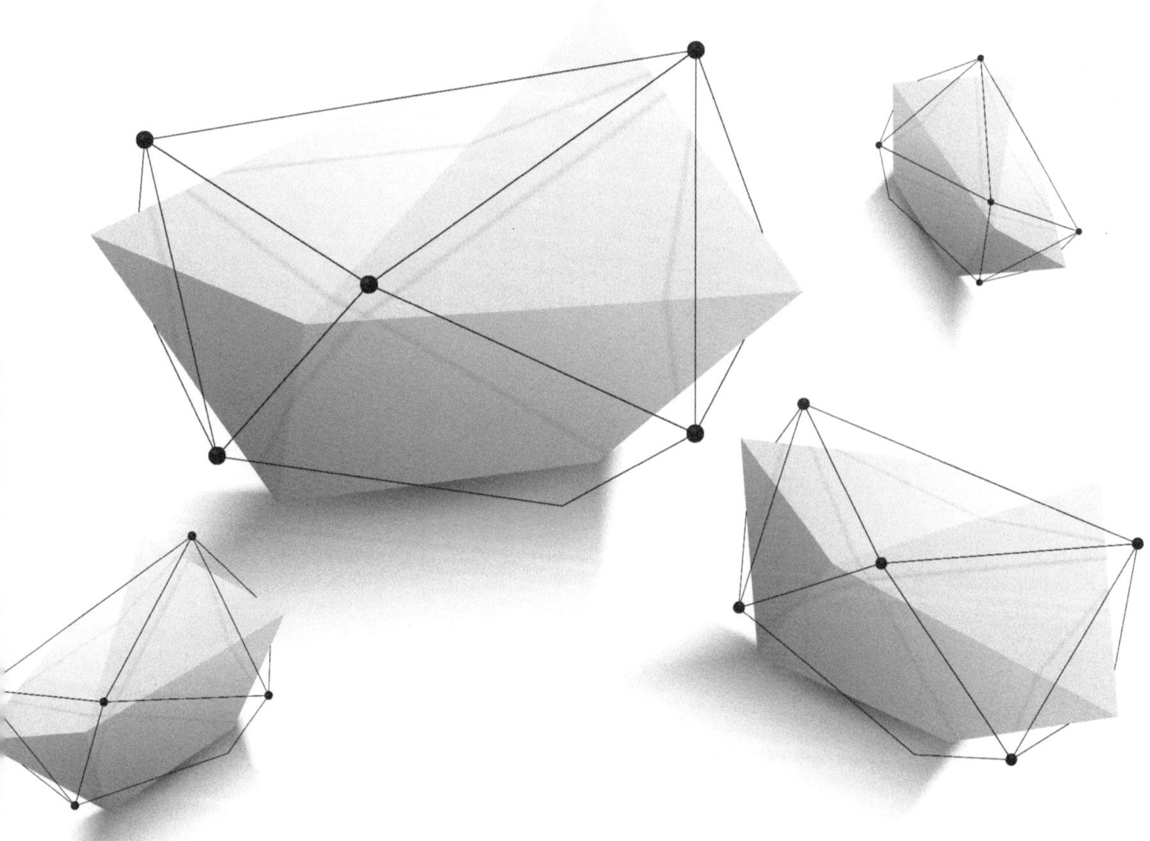

저자 소개

최영미 아주대 수학과 이학박사
안양대 교양대학 professor

민만식 고려대 수학과 수리통계학박사
안양대 교양대학 Adjunct Professor

다변수 미적분학

발행일 2016년 8월 23일 초판 1쇄
2017년 8월 31일 2쇄
지은이 최영미 민만식
펴낸이 김준호
펴낸곳 한티미디어 | **주 소** 서울시 마포구 연남로 1길 67 1층
등 록 제15-571호 2006년 5월 15일
전 화 02)332-7993~4 | **팩 스** 02)332-7995
ISBN 978-89-6421-272-1(93410)
정 가 25,000원
인 쇄 한프리프레스

마케팅 박재인 최상욱 김원국 | **편집** 이소영 박새롬 김현경 | **관리** 김지영

이 책에 대한 의견이나 잘못된 내용에 대한 수정정보는 한티미디어 홈페이지나 이메일로 알려주십시오.
독자님의 의견을 충분히 반영하도록 늘 노력하겠습니다.

홈페이지 www.hanteemedia.co.kr | **이메일** hantee@empal.com

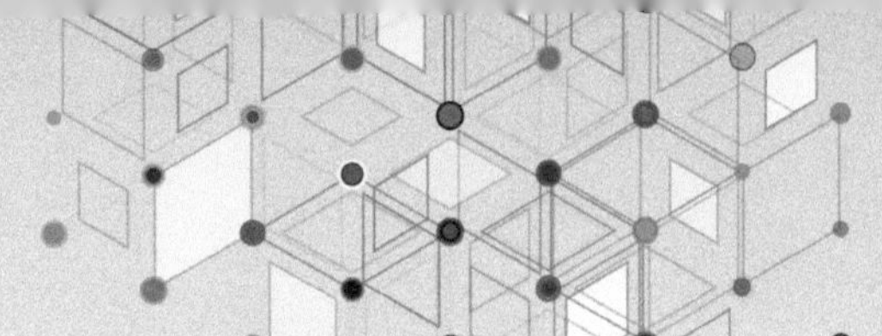

PREFACE

이 책은 벡터를 이용하여 공간 도형을 이해하고 여러 가지 물리적인 현상을 풀어 나가는 데 매우 폭 넓게 이용될 수 있도록 하고자 한다. 미분적분학에서 다루었던 미분의 개념이나 적분의 개념을 다변수 함수로 확장하여 다변수 함수의 최댓값이나 최솟값을 다루는 문제나 입체의 체적등과 관련된 문제를 해결하고, 벡터함수를 이용하여 물리적인 현상을 이해하는 데 도움이 될 수 있도록 하였다. 따라서 이 책을 이해하는 데는 미분적분학에서 배운 내용을 기본 바탕으로 하고 있다.

이 책은 여섯 개의 장으로 구성되어 있다. 1장에서는 미분기초와 2장에서는 적분기초를 개념적으로 다루고, 3장에서는 벡터를 소개하고, 벡터의 내적과 벡터곱을 이용하여 직선과 평면을 다룬다. 4장에서는 직선과 평면의 확장된 내용인 곡선과 곡면을 다루는데, 특별히 벡터 미적분과 공간 곡선의 길이와 곡률을 다룬다. 5장에서는 다변수 함수에 대한 극한과 연속성, 그리고 편도함수를 정의한다. 또한 이변수 함수의 접평면의 방정식과 연쇄법칙을 다룬다. 기울기벡터의 정의와 기울기벡터의 응용으로 접평면과 최댓값 및 최솟값을 다루는 문제를 알아본다. 6장에서는 다중적분에 대하여 다루게 되는데, 좌표계에 따른 다중적분과 변수 변환에 따른 다중적분의 계산과정을 다룬다.

끝으로 이 책이 나올 수 있도록 도와준 도서출판 한티미디어에 감사를 표한다. 이 책이 완성이 되기까지 건강과 용기를 주신 부모님께 감사를 드리며, 물심양면으로 도움이 된 학교와 가족에게도 고마움을 전한다.

저자 일동

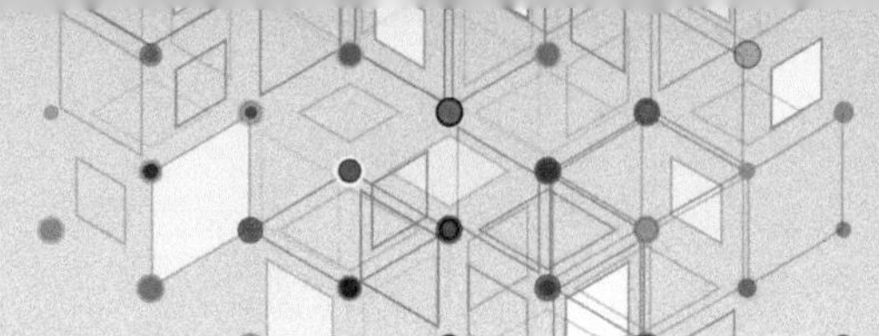

CONTENTS

PREFACE 3

CHAPTER 1 미분 기초

1.1 미분계수와 도함수 8
1.2 다항식, 곱과 나눗셈에 대한 미분 13
1.3 연쇄법칙과 음함수 미분 26
1.4 삼각함수, 지수, log 함수 미분법 33
1.5 역삼각함수와 역함수미분 48

CHAPTER 2 적분 기초

2.1 부정적분 58
2.2 삼각함수의 적분 80
2.3 정적분의 정의와 계산 87

CHAPTER 3 공간벡터

3.1 평면과 공간에서의 벡터 104
3.2 벡터의 성분 116
3.3 벡터의 내적 128
3.4 벡터곱 136
3.5 3차원공간의 직선과 평면 145

CHAPTER 4 벡터함수의 미적분

4.1 벡터함수와 극한 156
4.2 벡터도함수와 적분 161
4.3 호의 길이, 단위접선벡터, 단위법선벡터 171
4.4 곡률과 곡률 반지름 179
4.5 공간에서 속도와 가속도 187

CHAPTER 5 편도함수

5.1 다변수함수 196
5.2 극한과 연속 203
5.3 편도함수 209
5.4 연쇄법칙 221
5.5 방향도함수와 기울기벡터 228
5.6 최대값과 최소값 244
5.7 라그랑지 승수 255

CHAPTER 6 다중적분

6.1 2중적분의 개념 266
6.2 반복적분 273
6.3 극좌표로 나타낸 반복적분 283
6.4 삼중적분 290
6.5 원주좌표에 의한 삼중적분 299
6.6 구면좌표에 의한 삼중적분 307
6.7 변수변환, 자코비안 316

연습문제 해답 325
INDEX 379

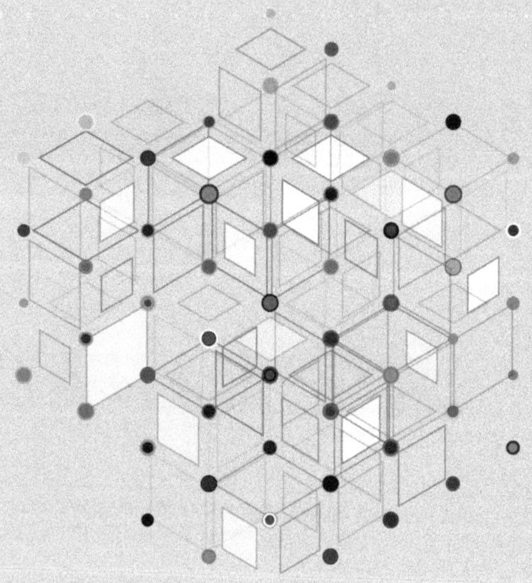

CHAPTER 1

미분 기초

미분계수와 도함수 1.1

다항식, 곱과 나눗셈에 대한 미분 1.2

연쇄법칙과 음함수 미분 1.3

삼각함수, 지수, log 함수 미분법 1.4

역삼각함수와 역함수미분 1.5

학습정리

미분의 정의를 알아보고 미분을 계산할 때 가장 많이 사용되는 연쇄법칙을 적용하는 방법을 설명하고 양함수, 음함수, 역함수, 삼각함수, 지수, 로그함수 등의 미분방법을 살펴보도록 한다. 하나의 함수를 두 번 이상 미분하는 고계도 함수 등을 익히도록 한다.

1.1 미분계수와 도함수

$x=a$에서 $y=f(x)$의 미분은 $f'(a)$ 또는 $y'(a)$로 나타내고, 다음과 같이 정의한다.

$$f'(a)=\lim_{h\to 0}\frac{f(a+h)-f(a)}{h} \tag{1}$$

f가 a에서 $a+h$로 변하는 평균변화율은

$$\frac{\Delta y}{\Delta x}=\frac{f(a+h)-f(a)}{h}$$

기하학적으로 $y=f(x)$선의 점 $P(a,\ f(a))$와 $Q(a+h,\ f(a+h))$를 지나는 할선 PQ의 기울기다. $f'(a)$는 점 a에서의 f가 변하는 순간변화율(미분계수)이다. 기하학적으로, 미분계수 $f'(a)$는 Q가 P에 접근할 때 할선 PQ 기울기의 극한치이다. [그림 1.1]에서 PQ는 $P(a,\ f(a))$와 $Q(a+h,\ f(a+h))$를 지나는 할선이다. a에서 $a+h$로 변하는 평균변화율은 할선 PQ의 기울기인 $\dfrac{RQ}{PR}$와 같다. PT는 P에서 곡선의 접선이다. h가 0으로 가까워질 때, 점 Q는 곡선을 따라 P로 접근하고, PQ는 PT로 접근하고, PQ의 기울기는 PT로 접근한다. 이는 $f'(a)$와 같다.

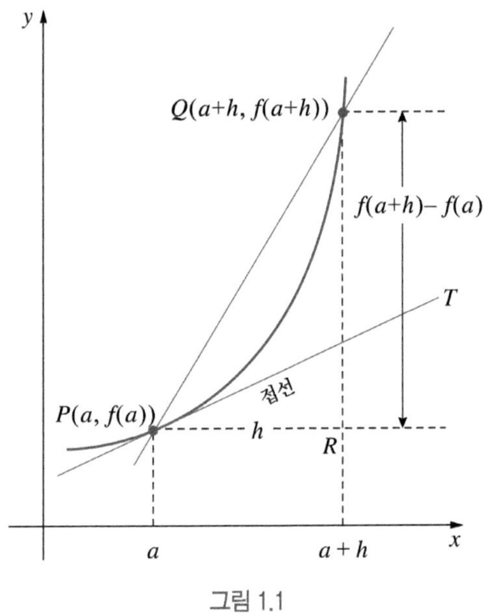

그림 1.1

예제 1.1

함수 $f(x)=x^2-3x$에서 x의 값이 a에서 $a+\triangle x$까지 변할 때의 평균변화율을 구하시오(단, a는 상수이다).

풀이

$$\frac{f(a+\triangle x)-f(a)}{(a+\triangle x)-a}=\frac{(a+\triangle x)^2-3(a+\triangle x)-(a^2-3a)}{\triangle x}$$

$$=\frac{\triangle x(\triangle x+2a-3)}{\triangle x}=2a-3+\triangle x$$

예제 1.2

함수 $f(x)=x^3+3x^2-x+2$에서 x의 값이 -1에서 2까지 변할 때의 평균변화율과 x의 값이 2에서 순간변화율을 구하여라.

풀이

$$\frac{\Delta y}{\Delta x}=\frac{f(2)-f(-1)}{2-(-1)}=\frac{(8+12-2+2)-(-1+3+1+2)}{3}=\frac{20-5}{3}=\frac{15}{3}=5$$

$$f'(2)=\lim_{h\to 0}\frac{f(2+h)-f(2)}{h}=\lim_{h\to 0}\frac{(2+h)^3+3(2+h)^2-(2+h)+2-(8+12-2+2)}{h}$$

$$=\lim_{h\to 0}(h^3+9h^2+23h)/h=\lim_{h\to 0}(h^2+9h+23)=23$$

앞에서 $x=a$일 때 곡선위의 점에서 곡선 $y=f(x)$의 기울기를

$$\lim_{h\to 0}\frac{f(a+h)-f(a)}{h}$$

으로 정의하였다. 이 극한이 존재한다면, 이것을 a에서 $f(x)$의 미분계수라 불렀다. 이 도함수를, f의 정의역과 각 점에서 극한을 고려함으로써 f로부터 유도된 함수로 생각하고 다음과 같이 도함수를 정의한다. 변수 x에 관한 함수 $f(x)$의 도함수는

$$f'(x)=\lim_{h\to 0}\frac{f(x+h)-f(x)}{h}$$

로 주어지는 함수 f'이다. 이 미분을 $f'(x)$, y', $\frac{dy}{dx}$ 또는 $D_x y$로 나타낸다.

예제 1.3

다음 함수를 정의에 의해 미분하여라.

(1) $y=1-x^2$

(2) $f(x)=\frac{1}{x^2}$

(3) $y=\frac{3x}{x+1}$

(4) $f(x)=\sqrt{x^2+1}$

풀이

(1) $$f'(x)=\lim_{h\to 0}\frac{f(x+h)-f(x)}{h}$$

$$=\lim_{h\to 0}\frac{1-(x+h)^2-[1-x^2]}{h}$$

$$=\lim_{h\to 0}\frac{1-x^2-2xh-h^2-1+x^2}{h}$$

$$=\lim_{h\to 0}(-2x-h)$$

$$=-2x$$

(2) $f'(x)=\lim_{h\to 0}\frac{f(x+h)-f(x)}{h}$

$$=\lim_{h\to 0}\frac{\left[\frac{1}{(x+h)^2}-\frac{1}{x^2}\right]\cdot x^2(x+h)^2}{h\cdot x^2(x+h)^2}$$

$$=\lim_{h\to 0}\frac{-2xh-h^2}{h\cdot x^2(x+h)^2}$$

$$=\lim_{h\to 0}\frac{-2x-h}{x^2(x+h)^2}$$

$$=\frac{-2x}{x^2(x)^2}=\frac{-2}{x^3}$$

(3) $f'(x)=\lim_{h\to 0}\frac{f(x+h)-f(x)}{h}$

$$=\lim_{h\to 0}\frac{\left(\frac{3(x+h)}{x+h+1}-\frac{3x}{x+1}\right)\cdot(x+h+1)(x+1)}{h\cdot(x+h+1)(x+1)}$$

$$=\lim_{h\to 0}\frac{3(x+h)(x+1)-3x(x+h+1)}{h\cdot(x+h+1)(x+1)}$$

$$=\lim_{h\to 0}\frac{3x^2+3x+3xh+3h-3x^2-3xh-3x}{h\cdot(x+h+1)(x+1)}$$

$$=\lim_{h\to 0}\frac{3h}{h\cdot(x+h+1)(x+1)}$$

$$=\lim_{h\to 0}\frac{3}{(x+h+1)(x+1)}=\frac{3}{(x+1)^2}$$

(4) $f'(x)=\lim_{h\to 0}\frac{f(x+h)-f(x)}{h}$

$$=\lim_{h\to 0}\frac{\left(\sqrt{(x+h)^2+1}-\sqrt{x^2+1}\right)\cdot\left(\sqrt{(x+h)^2+1}+\sqrt{x^2+1}\right)}{h\cdot\left(\sqrt{(x+h)^2+1}+\sqrt{x^2+1}\right)}$$

$$=\lim_{h\to 0}\frac{(x+h)^2+1-(x^2+1)}{h\cdot\left(\sqrt{(x+h)^2+1}+\sqrt{x^2+1}\right)}$$

$$=\lim_{h\to 0}\frac{2x+h}{2\sqrt{x^2+1}}$$

$$=\frac{2x}{2\sqrt{x^2+1}}=\frac{x}{\sqrt{x^2+1}}$$

연습문제 1.1

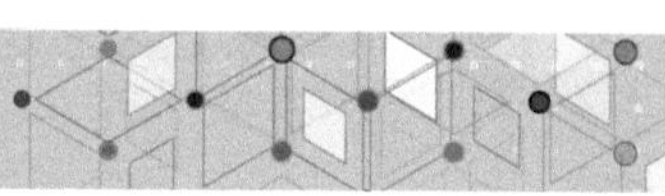

1. 주어진 구간에서 각 함수의 평균 변화율을 구하여라.

(1) $f(x) = x^2 + 2x$　　[2,4]

(2) $f(x) = x^3$　　[1,3]

(3) $f(x) = \sqrt{2x-1}$　　[1,5]

(4) $f(x) = \log x$　　[1,10]

(5) $f(x) = \dfrac{1}{x}$　　$[a,\ a+h]$

(6) $f(x) = \sin x + \cos x$　　$\left[-\dfrac{\pi}{6}, \dfrac{\pi}{3}\right]$

2. (a) 다음 방법을 사용하여 주어진 점에서 기울기를 구하여라.

$$f'(a) = \lim_{h \to 0} \frac{f(a+h) - f(a)}{h}$$

(b) $y - y_1 = m(x - x_1)$ 형식의 접선의 방정식을 구하여라. $(m = f'(x_1))$

(1) $f(x) = x^2 + 2x$, $(1,3)$

(2) $f(x) = \dfrac{1}{x+1}$, $\left(1, \dfrac{1}{2}\right)$

(3) $f(x) = \sqrt{x-2}$, $(6,2)$

1.2 다항식, 곱과 나눗셈에 대한 미분

이 단원에서는 여러 함수들을 미분할 수 있는 몇 가지 공식을 설명한다. 이 공식들을 설명함으로써 도함수의 정의를 사용하지 않고 함수를 미분할 수 있다. 미분의 첫 번째 공식은 모든 상수함수의 도함수는 0이다.

(1) 상수함수의 도함수

f가 상수값 $f(x)=c$를 갖는다면 도함수는 다음과 같다.

$$\frac{df(x)}{dx}=\frac{d}{dx}(c)=0$$

증명

$$f'(x)=\lim_{h\to 0}\frac{f(x+h)-f(x)}{h}=\lim_{h\to 0}\frac{c-c}{h}=0$$

예제 1.4

(1) $y=7$

(2) $y=100$

(3) $y=k$

풀이

(1) $y=0$ (2) $y=0$ (3) $y=0$

두 번째 공식은 n이 양의 정수일 때 x^n을 어떻게 미분할 수 있는가를 보여준다.

(2) 실수에 대한 거듭제곱공식

n이 정수이면, 다음 공식이 미분공식이다.

$$\frac{dx^n}{dx} = nx^{n-1}$$

증명

$f(x) = x^n$라 하자.

$$\begin{aligned} f'(x) &= \frac{d}{dx}(x^n) = \lim_{h\to 0}\frac{f(x+h)-f(x)}{h} \\ &= \lim_{h\to 0}\frac{(x+h)^n - x^n}{h} \\ &= \lim_{h\to 0}([{}_nC_0x^n + {}_nC_1x^{n-1}h + {}_nC_2x^{n-2}h^2 + {}_nC_3x^{n-3}h^3 + \cdots\cdots \\ &\qquad + {}_nC_{n-1}xh^{n-1} + {}_nC_nh^n] - x^n)/h \\ &= \lim_{h\to 0}\frac{nx^{n-1}h + \frac{n(n-1)}{2!}x^{n-2}h^2 + \frac{n(n-1)(n-2)}{3!}x^{n-3}h^3 + \cdots\cdots + nxh^{n-1} + h^n}{h} \\ &= \lim_{h\to 0}\left[nx^{n-1} + \frac{n(n-1)}{2!}x^{n-2}h + \frac{n(n-1)(n-2)}{3!}x^{n-3}h^2 + \cdots\cdots nxh^{n-2} + h^{n-1}\right] \\ &= nx^{n-1} + 0 + 0 + 0 + \cdots\cdots + 0 \\ &= nx^{n-1} \end{aligned}$$

예제 1.5

다음 함수를 미분하시오.

(1) $y = x^3$　　(2) $y = \frac{1}{x^4}$　　(3) $y = x^{\frac{2}{3}}$　　(4) $y = x^{\sqrt{2}}$

풀이

(1) $y = 3x^2$　　(2) $y = -4x^{-5}$　　(3) $y = \frac{2}{3}x^{-\frac{1}{3}}$　　(4) $y = \sqrt{2}\,x^{\sqrt{2}-1}$

세 번째 공식은 미분 가능한 함수에 상수가 곱해지면, 이것의 도함수에 상수가 곱해진다.

(3) 상수배 공식

$f(x)$가 미분가능한 함수이고, c는 상수라면, 다음 식이 성립한다.

$$\frac{d}{dx}(cf(x)) = cf'(x)$$

증명

$$\begin{aligned} y' &= \lim_{h\to 0}\frac{cf(x+h)-cf(x)}{h} \\ &= c\lim_{h\to 0}\frac{f(x+h)-f(x)}{h} \\ &= cf'(x) \end{aligned}$$

예제 1.6

다음 함수를 미분하여라.

(1) $y = 3x^2$

(2) $y = -4x^{-\frac{1}{2}}$

풀이

(1) $y' = 3(2x) = 6x$

(2) $y' = -4\left(-\frac{1}{2}\right)x^{-\frac{1}{2}-1} = 2x^{-\frac{3}{2}}$

다음 공식은 2개의 미분 가능한 함수들의 합 · 차의 도함수는 그들의 도함수의 합 · 차임을 말한다.

(4) 도함수의 합 · 차의 공식

$$\frac{d}{dx}(f(x) \pm g(x)) = \frac{d}{dx}f(x) \pm \frac{d}{dx}g(x) = f'(x) \pm g'(x)$$

증명

$y = f(x) + g(x)$ 에서,

$$y' = \lim_{h \to 0}\frac{[f(x+h)+g(x+h)]-[f(x)+g(x)]}{h} = \lim_{h \to 0}\frac{[f(x+h)-f(x)]+[g(x+h)-g(x)]}{h}$$

$$= \lim_{h \to 0}\frac{f(x+h)-f(x)}{h} + \lim_{h \to 0}\frac{g(x+h)-g(x)}{h} = f'(x) + g'(x)$$

예제 1.7

다음 함수를 미분하여라.

(1) $y = x^3 + \frac{4}{3}x^2 - 5x$

(2) $y = 3x^3 - 6x^{\frac{1}{2}} + 4$

풀이

(1) $y' = 3x^2 + \frac{4}{3}(2x) - 5$

$= 3x^2 + \frac{8}{3}x - 5$

(2) $y' = 3(3x^2) - 6\left(\frac{1}{2}x^{-\frac{1}{2}}\right)$

$= 9x^2 - 3x^{-\frac{1}{2}}$

예제 1.8

주어진 점에서 다음 함수의 접선의 방정식을 구하여라.

(1) $y = x^3 - 2x^2 + x - 4, \quad (2, -2)$

(2) $y = \frac{3}{4}x^2 - \frac{2}{4}, \quad \left(2, \frac{5}{2}\right)$

(3) $y = 4\sqrt{x} - \frac{1}{x}, \quad (1, 3)$

(4) $y = \frac{8}{x^2} + \frac{2}{\sqrt{x}}, \quad \left(4, \frac{3}{2}\right)$

풀이

(1) $y' = 3x^2 - 4x + 1$

$f'(2) = 12 - 8 + 1 = 5$

$\therefore y + 2 = 5(x-2)$

(2) $y = \frac{3}{4}x^2 - \frac{2}{4}$

$y' = \frac{3}{2}x$

$y'(2) = 3 \qquad \therefore y - \frac{5}{2} = 3(x-2)$

(3) $f'(x) = 4 \cdot \frac{1}{2\sqrt{x}} + \frac{1}{x^2}$

$= \frac{2}{\sqrt{x}} + \frac{1}{x^2}$

$f'(1) = 3$

$\therefore y - 3 = 3(x-1)$

(4) $g(x) = 8x^{-2} + 2x^{-1/2}$

$g'(x) = -16x^{-3} - x^{-3/2}$

$= \frac{-16}{x^3} - \frac{1}{x\sqrt{x}}$

$g'(4) = -\frac{16}{64} - \frac{1}{4\sqrt{4}}$

$= -\frac{1}{4} - \frac{1}{8} = -\frac{3}{8}$

$\therefore y - \frac{3}{2} = -\frac{3}{8}(x-4)$

(5) 도함수 곱의 공식

두 함수의 곱의 도함수는 각각의 도함수의 곱이 아니다.

$f(x)$와 $g(x)$가 x에 대하여 미분가능하고 $f(x)g(x)$도 미분 가능하다면

$$\frac{d}{dx}(f(x) \cdot g(x)) = f'(x)g(x) + f(x)g'(x)$$

증명

$$\begin{aligned}\frac{d}{dx}(f(x) \cdot g(x)) &= \lim_{h\to 0}\frac{f(x+h)g(x+h) - f(x)g(x)}{h}\\ &= \lim_{h\to 0}\frac{[f(x+h)g(x+h) - f(x)g(x+h)] + [f(x)g(x+h) - f(x)g(x)]}{h}\\ &= \lim_{h\to 0}\frac{[f(x+h) - f(x)]g(x+h) + f(x)[g(x+h) - g(x)]}{h}\\ &= \lim_{h\to 0}\frac{[f(x+h) - f(x)]g(x+h)}{h} + \lim_{h\to 0}\frac{f(x)[g(x+h) - g(x)]}{h}\end{aligned}$$

$$= \lim_{h\to 0}\frac{[f(x+h)-f(x)]}{h} \cdot \lim_{h\to 0} g(x+h) + \lim_{h\to 0} f(x) \cdot \lim_{h\to 0}\frac{[g(x+h)-g(x)]}{h}$$
$$= f'(x)g(x) + f(x)g'(x)$$

예제 1.9

$f(x) = (2x^4 - 3x + 5)\left(x^2 - \sqrt{x} + \frac{2}{x}\right)$일 때 $f'(x)$를 구하라.

풀이

식을 전개해서 미분할 수도 있고 곱의 법칙을 이용할 수 도 있다. 곱의 법칙을 이용하면

$$f'(x) = \frac{d}{dx}(2x^4 - 3x + 5)\left(x^2 - \sqrt{x} + \frac{2}{x}\right) + (2x^4 - 3x + 5)\frac{d}{dx}\left(x^2 - \sqrt{x} + \frac{2}{x}\right)$$
$$= (8x^3 - 3)\left(x^2 - \sqrt{x} + \frac{2}{x}\right) + (2x^4 - 3x + 5)\left(2x - \frac{1}{2\sqrt{x}} - \frac{2}{x^2}\right)$$

예제 1.10

함수 $y = (x^2 - 2)(x^2 - 3x - 1)$에서 $x = -1$의 접선의 방정식을 구하여라.

풀이

$f(-1) = (1-2)(1+3-1) = -3 \quad \Rightarrow \quad \therefore (-1,\ -3)$

$y' = (2x)(x^2 - 3x - 1) + (x^2 - 2)(2x - 3)$

$f'(-1) = -2(1+3-1) + (1-2)(-2-3)$

$\quad\quad = -2(3) + (-1)(-5) = -1$

$\therefore y + 3 = -(x+1)$

(6) 도함수 몫의 공식

곱의 법칙에서 보았듯이 두 함수의 몫의 도함수는 각 도함수의 몫과 같지 않다는 것을 예상할 수 있을 것이다. 하지만 정확히 하기 위해 간단한 예를 들어 계산해 보자.

$$\frac{d}{dx}\left(\frac{x^5}{x^2}\right)=\frac{d}{dx}(x^3)=3x^2$$

이지만

$$\frac{\frac{d}{dx}(x^5)}{\frac{d}{dx}(x^2)}=\frac{5x^4}{2x^1}=\frac{5}{2}x^3\neq 3x^2=\frac{d}{dx}\left(\frac{x^5}{x^2}\right)$$

이다. 따라서 두 함수의 몫의 도함수는 각 도함수의 몫과 같지 않다는 것을 알 수 있다.

다음 정리는 미분가능한 두 함수의 몫의 도함수를 구하는 일반적인 법칙이다.

f와 g가 x에서 미분가능하고, $\frac{f}{g}$도 미분가능하면

$$\frac{d}{dx}\left(\frac{f(x)}{g(x)}\right)=\frac{f'(x)g(x)-f(x)g'(x)}{g^2(x)}$$

증명

$$\begin{aligned}\frac{d}{dx}\left(\frac{f(x)}{g(x)}\right)&=\lim_{h\to 0}\frac{\frac{f(x+h)}{g(x+h)}-\frac{f(x)}{g(x)}}{h}\\&=\lim_{h\to 0}\frac{\left[\frac{f(x+h)}{g(x+h)}-\frac{f(x)}{g(x)}\right]\cdot g(x+h)g(x)}{h\cdot g(x+h)g(x)}\\&=\lim_{h\to 0}\frac{f(x+h)g(x)-f(x)g(x+h)}{hg(x+h)g(x)}\\&=\lim_{h\to 0}\frac{[f(x+h)g(x)-f(x)g(x)]+[f(x)g(x)-f(x)g(x+h)]}{hg(x+h)g(x)}\end{aligned}$$

$$= \lim_{h \to 0} \frac{[f(x+h)g(x) - f(x)g(x)] - [f(x)g(x+h) - f(x)g(x)]}{h\, g(x+h)g(x)}$$

$$= \lim_{h \to 0} \frac{[f(x+h) - f(x)]g(x) - f(x)[g(x+h) - g(x)]}{h\, g(x+h)g(x)}$$

$$= \lim_{h \to 0} \frac{[f(x+h) - f(x)]g(x)}{hg(x+h)g(x)} - \lim_{h \to 0} \frac{f(x)[g(x+h) - g(x)]}{hg(x+h)g(x)}$$

$$= \lim_{h \to 0} \frac{[f(x+h) - f(x)]}{h} \cdot \lim_{h \to} \frac{g(x)}{g(x+h)g(x)} - \lim_{h \to 0} \frac{f(x)}{g(x+h)g(x)}$$

$$\cdot \lim_{h \to 0} \frac{[g(x+h) - g(x)]}{h}$$

$$= \frac{f'(x)g(x)}{g(x)g(x)} - \frac{f(x)g'(x)}{g(x)g(x)} = \frac{f'(x)g(x) - f(x)g'(x)}{g^2(x)}$$

예제 1.11

다음 함수를 미분하여라.

(1) $y = \dfrac{2x-1}{x+2}$

(2) $y = \dfrac{x^2}{\sqrt{x}-2}$

풀이

(1) $$y' = \frac{2(x+2) - (2x-1) \cdot 1}{(x+2)^2} = \frac{2x+4-2x+1}{(x+2)^2} = \frac{5}{(x+2)^2}$$

(2) $$y' = \frac{2x(\sqrt{x}-2) - x^2 \cdot \dfrac{1}{2\sqrt{x}}}{(\sqrt{x}-2)^2} = \frac{\left[2x\sqrt{x} - 4x - \dfrac{x^2}{2\sqrt{x}}\right] \cdot 2\sqrt{x}}{(\sqrt{x}-2)^2 \cdot 2\sqrt{x}} = \frac{4x^2 - 8x\sqrt{x} - x^2}{2(\sqrt{x}-2)^2 \cdot \sqrt{x}} = \frac{3x^2 - 8x\sqrt{x}}{2(\sqrt{x}-2)^2\sqrt{x}}$$

예제 1.12

함수 $y = \dfrac{x}{\sqrt{x}-3}$ 에서 $x=4$의 법선의 방정식을 구하여라.

풀이

$$f(4) = \frac{4}{2-3} = -4 \quad \Rightarrow \quad (4,\ -4)$$

$$y' = \frac{1 \cdot (\sqrt{x}-3) - x \cdot \dfrac{1}{2\sqrt{x}}}{(\sqrt{x}-3)^2}$$

$$f'(4) = \frac{-1-1}{1} = -2$$

법선의 방정식은 접선에 수직인 직선이다. 즉, $y+4 = \dfrac{1}{2}(x-4)$

(7) 고계 도함수

도함수를 알고 있으면 도함수의 도함수를 계산할 수 있다. 이러한 고계 도함수는 중요하게 응용된다.

함수 $f(x)$가 주어지고 도함수 $f'(x)$를 계산했다고 하자. 그러면 $f'(x)$의 도함수를 계산할 수 있다. 이것을 f의 2계 도함수라 하고 $f''(x)$라 나타낸다. 이 $f''(x)$의 도함수를 다시 계산할 수 있는데 이것을 f의 3계 도함수라고 하고 $f'''(x)$라 나타낸다. 이러한 과정을 반복할 수 있다. 아래의 표는 f의 n계 도함수까지 흔히 쓰이는 기호를 나타낸 것이다.

$$y' = \frac{dy}{dx} \qquad y'' = \frac{dy'}{dx} = \frac{d}{dx}\left(\frac{dy}{dx}\right) = \frac{d^2y}{dx^2}$$

$$y''' = \frac{dy''}{dx} = \frac{d}{dx}\left(\frac{d^2y}{dx^2}\right) = \frac{d^3y}{dx^3} \qquad y^{(4)} = \frac{dy'''}{dx} = \frac{d}{dx}\left(\frac{d^3y}{dx^3}\right) = \frac{d^4y}{dx^4}$$

$$\vdots$$

$$y^{(n)} = \frac{dy^{(n-1)}}{dx} = \frac{d}{dx}\left(\frac{d^{n-1}y}{dx^{n-1}}\right) = \frac{d^ny}{dx^n}$$

고계 도함수의 계산은 1계 도함수를 계산하는 것과 같은 방법으로 한다. 다음 예제에서 알아보자.

예제 1.13

$f(x)=3x^4-2x^2+1$ 의 도함수 $f'(x), f''(x), f'''(x), f''''(x), f^{(5)}(x)$ 를 구하라.

풀이

1계 도함수를 구하면

$$f'(x)=\frac{df}{dx}=\frac{d}{dx}(3x^4-2x^2+1)=12x^3-4x$$

이다. 더 미분하면

$$f''(x)=\frac{d^2f}{dx^2}=\frac{d}{dx}(12x^3-4x)=36x^2-4$$

$$f'''(x)=\frac{d^3f}{dx^3}=\frac{d}{dx}(36x^2-4)=72x$$

$$f^{(4)}(x)=\frac{d^4f}{dx^4}=\frac{d}{dx}(72x)=72$$

$$f^{(5)}(x)=\frac{d^5f}{dx^5}=\frac{d}{dx}(72)=0$$

예제 1.14

다음을 각각 구하여라.

(1) 함수 $G(x)=xf(x^2)$ 에서 $\dfrac{d^2G(x)}{dx^2}$ 을 구하여라.

(2) $f(2)=-1,\ f'(2)=-2,\ f''(2)=3$

$F(x)=[f(x)]^2$ 에서 $F''(2)$ 의 값은?

(3) $f(1)=2,\ f'(1)=3,\ f''(1)=-2$ 일 때 $\left.\dfrac{d^2}{dx^2}[f(x^3)]\right|_{x=1}$ 은?

풀이

(1) $G'(x)=f(x^2)+xf'(x^2)\cdot 2x$

$\qquad =f(x^2)+2x^2f'(x^2)$

$G''(x) = f'(x^2) \cdot 2x + 4xf'(x^2) + 2x^2 f''(x^2) \cdot 2x$

$= 6xf'(x^2) + 4x^3 f''(x^2)$

(2) $F'(x) = 2[f(x)] \cdot f'(x)$

$F''(x) = 2f'(x)f'(x) + 2f(x)f''(x)$

$F''(2) = 2f'(2)f'(2) + 2f(2)f''(2)$

$= 2(-2)(-2) + 2(-1)(3) = 2$

(3) $y = [f(x^3)]$에서

$y' = f'(x^3) \cdot 3x^2 \quad = 3x^2 f'(x^3)$

$y'' = 6xf'(x^3) + 3x^2 \cdot f''(x^3) \cdot 3x^2$

$= 6xf'(x^3) + 9x^4 \cdot f''(x^3)$

$y''(1) = 6f'(1) + 9f''(1) \quad = 6 \cdot 3 + 9 \cdot (-2) \quad = 18 - 18$

$= 0$

연습문제 1.2

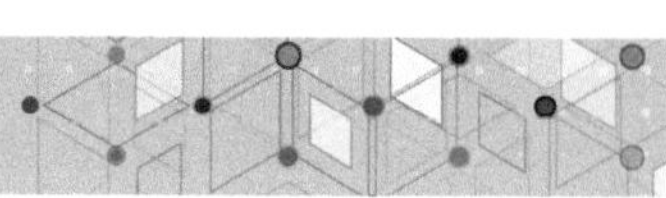

1. 다음 각 함수를 정의에 의해 미분하여라.

(1) $f(x) = x^3 - 2x$

(2) $y = x^4$

(3) $f(x) = \dfrac{1}{\sqrt{x}}$

(4) $f(x) = \dfrac{1}{x^2+1}$

2. 미분하여라.

(1) $y = 0$

(2) $y = -3x^4 + \dfrac{1}{2}x + \pi$

(3) $f(x) = 1 - \dfrac{x}{15} + \dfrac{x^3}{15} - \dfrac{x^5}{15}$

(4) $y = \dfrac{2-\sqrt{x}}{3}$

(5) $g(x) = \dfrac{3}{\sqrt[3]{x^2}} - \dfrac{2}{\sqrt{x^3}}$

(6) $y = \dfrac{3x^4 + 2x^2 - 1}{x^3}$

(7) $y = \dfrac{3x^{-3} + 2x^{-1} - 1}{x^{-2}}$

(8) $f(x) = \sqrt{x^3}\,(x - 3x^2)$

3. 다음 각각을 구하여라.

(1) $y = 2x^3 - 3x^2$에서 수평접선의 접점을 찾아라.

(2) $y = 2x^2 - 2x + 1$에서 $y = 2x - 3$에 평행한 접점은?

4. $f(x)$가 모든 실수에 대하여 미분가능하도록 a, b를 구하여라.

(1) $f(x) = \begin{cases} 2x + b, & x \le 1 \\ ax^2 + 1, & x > 1 \end{cases}$

(2) $f(x) = \begin{cases} x^3 + 2ax, & x \le 1 \\ ax^2 - bx + 4, & x > 1 \end{cases}$

(3) $f(x) = \begin{cases} 4\sqrt{x}, & x \le 4 \\ ax^2 - bx, & x > 4 \end{cases}$

연습문제 1.2

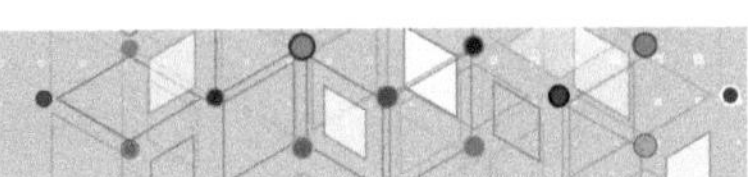

5. 미분하시오.

(1) $y=(3x^2+2)(2x^3-1)$

(2) $y=(x^2-2)(3x^2-2x)$

(3) $y=(2x-1)\sqrt{x}$

(4) $y=(3-2x)\sqrt{x}$

6. 함수 $y=(x-2\sqrt{x})(x^2-6x+2)$에서 $x=4$의 접선의 방정식을 구하여라.

7. 다음 함수를 미분하여라.

(1) $y=\dfrac{1+3x}{2x-1}$

(2) $y=\dfrac{x}{x^2+1}$

(3) $y=\dfrac{\sqrt{x}-3}{\sqrt{x}+3}$

8. 다음을 각각 구하여라.

(1) 점(1, 2)에서 $y=\dfrac{1+x}{2x-1}$의 접선의 방정식은?

(2) $y=\dfrac{4x}{x^2+1}$에서 수평접선과 만나는 점은?

9. 다음 함수의 이계도함수를 구하여라.

(1) $f(x)=x^4+3x^2-2$

(2) $f(x)=x^3-6x+\dfrac{2}{x}$

1.3 연쇄법칙과 음함수 미분

1.3.1 연쇄법칙

$y=f(\mu)=\tan\mu$와 $\mu=g(x)=x^2-4x+1$을 미분할 수 있지만, $F(x)=f(g(x))$ $=\tan(x^2-4x+1)$와 같은 합성함수는 어떻게 미분할 것인가? 즉, $F=f\circ g$의 도함수를 구하는 방법인 연쇄법칙을 이용해 구한다.

연쇄법칙은 가장 중요하고 널리 이용되는 미분법중의 하나이다. 이 절에서 이 법칙을 설명하고 어떻게 이용하는지를 설명한다.

(1) 연쇄법칙

$f(\mu)$가 점 $\mu=g(x)$에서 미분가능하고, $g(x)$가 x에서 미분가능하면, 합성함수 $(f\circ g)(x)=f(g(x))$는 x에서 미분가능하면, $\frac{d}{dx}[f(g(x))]=f'(g(x))g'(x)$ 이다.

증명

여기서는 $g'(x)\neq 0$인 특별한 경우만 증명하기로 하자. $F(x)=f(g(x))$라 하면

$$\begin{aligned}\frac{d}{dx}[f(g(x))]=F'(x)&=\lim_{h\to 0}\frac{F(x+h)-F(x)}{h}\\&=\lim_{h\to 0}\frac{f(g(x+h))-f(g(x))}{h}\\&=\lim_{h\to 0}\frac{f(g(x+h))-f(g(x))}{h}\,\frac{g(x+h)-g(x)}{g(x+h)-g(x)}\\&=\lim_{h\to 0}\frac{f(g(x+h))-f(g(x))}{g(x+h)-g(x)}\lim_{h\to 0}\frac{g(x+h)-g(x)}{h}\\&=\lim_{g(x+h)\to g(x)}\frac{f(g(x+h))-f(g(x))}{g(x+h)-g(x)}\lim_{h\to 0}\frac{g(x+h)-g(x)}{h}\\&=f'(g(x))g'(x)\end{aligned}$$

이다.

연쇄법칙을 라이프니쯔 기호로 표현하는 것이 도움이 될 경우가 많다. $y=f(\mu)$이고 $\mu=g(x)$라 하면 $y=f(g(x))$이고 연쇄법칙은

$$\frac{dy}{dx}=\frac{dy}{d\mu}\frac{d\mu}{dx}$$

로 나타낼 수 있다.

예제 1.15

다음 함수를 미분하여라.

(1) $y=(2x^2-1)^{13}$

(2) $y=\sqrt[3]{(x^2-1)^2}$

풀이

(1) $y'=13(2x^2-1)^{12}\cdot 4x$

$=52(2x^2-1)^{12}$

(2) $y=(x^2-1)^{\frac{2}{3}}$

$y'=\frac{2}{3}(x^2-1)^{-\frac{1}{3}}\cdot 2x=\frac{4x}{3(x^2-1)^{1/3}}$

예제 1.16

다음 함수를 미분하시오.

(1) $y=\frac{1}{(2-3x)^4}$

(2) $y=(2-5x)^4(3x^2+1)^3$

(3) $y=\frac{1-2x}{\sqrt{4x+1}}$

(4) $y=\left(\frac{x+2}{2x-1}\right)^5$

풀이

(1) $y=(2-3x)^{-4}$

$y'=-4x(2-3x)^{-5}\cdot(-3)$

$$= \frac{12}{(2-3x)^5}$$

(2) $y' = 4(2-5x)^3(-5)(3x^2+1)^3 + (2-5x)^4 \cdot 3(3x^2+1)^2 \cdot 6x$

$$= -20(2-5x)^3(3x^2+1)^3 + 18x(2-5x)^4(3x^2+1)^2$$
$$= 2(2-5x)^2(3x^2+1)^2[-10(3x^2+1) + 9x(2-5x)]$$
$$= 2(2-5x)^3(3x^2+1)^2(-30x^2-10+18x-45x^2)$$
$$= 2(2-5x)^3(3x^2+1)^2(-75x^2+18x-10)$$

(3) $y' = 2x\sqrt{1-2x} + (x^2-1) \cdot \dfrac{1}{2\sqrt{1-2x}}(-2)$

$$= 2x\sqrt{1-2x} - \frac{(x^2-1)}{\sqrt{1-2x}}$$
$$= \frac{2x(1-2) - (x^2-1)}{\sqrt{1-2x}}$$
$$= \frac{-5x^2+2x+1}{\sqrt{1-2x}}$$

(4) $y' = \dfrac{-2\sqrt{4x+1} - (1-2x) \cdot \dfrac{1}{2\sqrt{4x+1}} \cdot 4}{4x+1}$

$$= \frac{\left[-2\sqrt{4x+1} - \dfrac{2(1-2x)}{\sqrt{4x+1}}\right] \cdot \sqrt{4x+1}}{(4x+1) \cdot \sqrt{4x+1}}$$
$$= \frac{-2(4x+1) - 2(1-2x)}{(4x+1)\sqrt{4x+1}}$$
$$= \frac{-4x-4}{(4x+1)\sqrt{4x+1}}$$

예제 1.17

함수 $y = \sqrt{2x^2+1}$ 을 $x = 2$ 에서 접선의 방정식은?

풀이

$f(2) = \sqrt{8+1} \quad \Rightarrow \quad \therefore (2, 3)$

$y' = \dfrac{1}{2\sqrt{2x^2+1}} \cdot 4x \quad = \dfrac{2x}{\sqrt{2x^2+1}}$

$f'(2) = \dfrac{4}{\sqrt{9}} = \dfrac{4}{3} \quad\quad \therefore y-3 = \dfrac{4}{3}(x-2)$

1.3.2 음함수 미분

지금까지 우리가 다루었던 대부분의 함수는 y가 변수 x의 구체적인 식으로 표현되는 $y=f(x)$의 꼴이었고, 이러한 함수들의 미분법에 대해서 배웠다. 여기서는 다음과 같은 형태의 방정식으로 주어지는 경우에 대해서 미분법을 생각해 보자.

$$x^2+y^2-9=0, \qquad y^2=4x, \qquad \cos(xy)=y^2-5$$

이와 같은 방정식들을 변수 x와 y의 음함수(implicit)라고 부른다. 이렇게 정의되는 음함수 중에서는 y가 x의 하나 또는 2개 이상의 구체적인 식으로 표현되는 것들도 있을 수 있다. 식 $F(x, y)=0$을 보통의 방법으로 미분할 수 있는 $y=f(x)$의 꼴로 표현할 수 없는 경우라고 해도 우리는 음함수의 미분법(implicit differentiation)을 이용하여 dy/dx를 구할 수 있다. 이는 양변을 각각 x에 대하여 미분한 다음 그 결과를 y'에 대하여 정리하는 단계를 거쳐서 구할 수 있다. 이 절에서는 음함수의 미분법을 소개한다. 예를 통해 음함수를 미분해 보자.

예제 1.18

$x^2+y^2=25$ **일때** x**에 대해 미분 함수를 구하여라.**

풀이

$y_1=\sqrt{25-x^2}$ 과 $y_2=-\sqrt{25-x^2}$ 이다. (그림 참조)

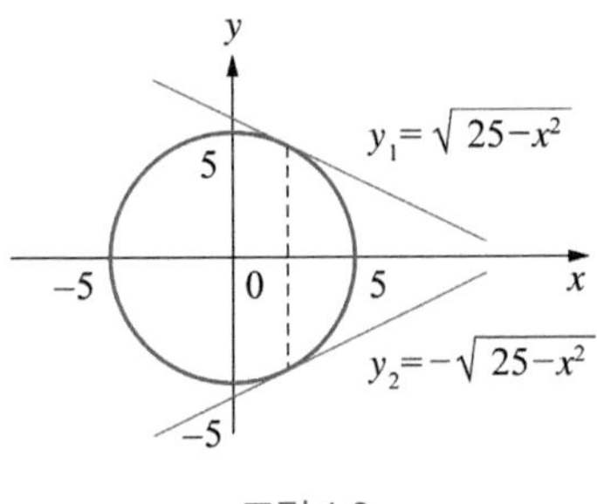

그림 1.2

이 두 함수는 다음과 같이 미분할 수 있음을 알 수 있다.

$$\frac{dy_1}{dx}=\frac{-2x}{2\sqrt{25-x^2}},\quad \frac{dy_2}{dx}=\frac{2x}{2\sqrt{25-x^2}}$$

dy/dx를 구하기 위해서 음함수의 미분법을 이용해보자. $x^2+y^2=25$에서 y가 x에 대해 미분가능한 함수 $y=f(x)$라고 간주하고 양변을 그대로 x에 대해 미분하면 된다.

$$x^2+y^2=25$$
$$2x+2yy'=0$$
$$2yy'=-2x$$
$$y'=-\frac{x}{y}$$

이 하나의 식이 앞에서 구한 2개 함수 $y_1=\sqrt{25-x^2}$과 $y_2=-\sqrt{25-x^2}$를 직접 미분한 수식을 포함한다.

$$\frac{dy_1}{dx}=\frac{-x}{y_1},\qquad \frac{dy_2}{dx}=\frac{-x}{y_2}$$

예제 1.19

다음 함수의 y'을 구하여라.

(1) $x^2-xy+y^2=6$(ellipse)

(2) $2x^3-y^3=xy^2$

풀이

(1) $\frac{d}{dx}(x^2-xy+y^2)=\frac{d}{dx}(6)$

$2x-(1\cdot y+x\cdot y')+2y\cdot y'=0$

$2x-y-xy'+2yy'=0$

$y'(2y-x)=y-2x$

$\therefore \frac{dy}{dx}=\frac{y-2x}{2y-x}$

(2) $\frac{d}{dx}(2x^3-y^3)=\frac{d}{dx}(xy^2)$

$6x^2-3y^2\cdot y'=1\cdot y^2+x\cdot 2y\cdot y'$

$6x^2-y^2=2xyy'+3y^2y'$

$6x^2-y^2=y'(2xy+3y^2)$

$\therefore \frac{dy}{dx}=\frac{6x^2-y^2}{y(2x+3y)}$

예제 1.20

주어진 점에서 접선의 방정식을 구하여라.

(1) $x^2y - x^3 - 4y^3 + 8 = 0$, $(2, 1)$　　　(2) $x = y^2\sqrt{y-1}$, $(4, 2)$

풀이

(1) $2xy + x^2y' - 3x^2 - 12y^2y' = 0$

점 $(2, 1)$에서 $4 + 4y' - 3(4) - 12y' = 0$, $-8 - 8y' = 0$

$y' = -1$, $\therefore \left.\dfrac{dy}{dx}\right|_{(2,\,1)} = -1$

$y - 1 = -1(x-2)$

(2) $1 = 2yy'\sqrt{y-1} + y^2 \cdot \dfrac{1}{2\sqrt{y-1}} \cdot y'$

점 $(4, 2)$에서 $1 = 4y' + 4 \cdot \dfrac{1}{2} \cdot y'$, $1 = 6y'$, $y' = \dfrac{1}{6}$

$\therefore \left.\dfrac{dy}{dx}\right|_{(4,\,2)} = \dfrac{1}{6}$

$y - 2 = \dfrac{1}{6}(x-4)$

연습문제 1.3

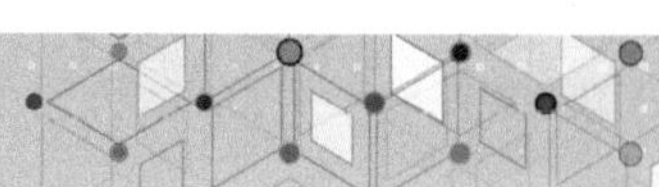

1. 다음 함수를 미분하여라.

(1) $y = (3x^2 - \sqrt{x})^4$

(2) $y = 5(x^2 + 4x - 1)^6$

(3) $y = 3x^3(2x + 3)^4$

(4) $y = \dfrac{(x+1)^2}{(2x+1)^3}$

(5) $y = 3x^2\sqrt{x^2+1}$

(6) $y = \dfrac{2x}{\sqrt{x^2-2}}$

2. 함수 $y = \dfrac{2}{(3x-2)^2}$ 에서 $x = 1$의 접선의 방정식은?

3. 다음 함수를 미분하시오.

(1) $y = [f(x)]^3$

(2) $y = [f(x^3)]^3$

(3) $y = \dfrac{1}{\sqrt{f(x)}}$

(4) $y = 3[f(x^2) + 2x]^4$

4. 다음 음함수를 미분하시오.

(1) $x^3 - 2xy + y^3 = 0$

(2) $x^2y^3 - x^3y^2 = -5$

5. 주어진 점에서 접선의 방정식은?

(1) $2(x^2+y^2)^2 = 25(x^2-y^2)$, $(-3,\ 1)$

(2) $\sqrt{4x-y^2} - 4\sqrt{xy} = -6$, $(2,\ 2)$

1.4 삼각함수, 지수, log 함수 미분법

정보를 얻기를 원하는 많은 현상은 주기적이다. 예를 들어, 전기 자기장 분야, 심장의 박동, 바다의 조수, 날씨 등이 그렇다. 사인과 코사인의 도함수는 주기의 변화를 서술하는데 중요한 역할을 한다. 이 절에서는 여섯 가지의 기본적인 삼각함수를 어떻게 미분하지를 보인다. 응용면에서 가장 흔히 만나는 함수 지수함수와 로그함수의 미분을 연구한다.

1.4.1 삼각함수의 미분

$$\frac{d}{dx}(\sin x)=\cos x \qquad \frac{d}{dx}(\cos x)=-\sin x$$

$$\frac{d}{dx}(\tan x)=\sec^2 x \qquad \frac{d}{dx}(\cot x)=-\csc^2 x$$

$$\frac{d}{dx}(\sec x)=\sec x\tan x \qquad \frac{d}{dx}(\csc x)=-\csc x\cot x$$

증명

① $f(x)=\sin x$.

$$f'(x)=\lim_{h\to0}\frac{f(x+h)-f(x)}{h}=\lim_{h\to0}\frac{\sin(x+h)-\sin x}{h}=\lim_{h\to0}\frac{[\sin x\cos h+\cos x\sin h]-\sin x}{h}$$

$$=\lim_{h\to0}\frac{\sin x(\cos h-1)}{h}+\lim_{h\to0}\frac{\cos x\sin h}{h}$$

$$=\lim_{h\to0}\sin x\cdot\lim_{h\to0}\frac{\cos h-1}{h}+\lim_{h\to0}\cos x\cdot\lim_{h\to0}\frac{\sin h}{h}$$

$$=\sin x\cdot 0+\cos x\cdot 1$$

$$=\cos x$$

② $f(x)=\cos x$.

$$f'(x)=\lim_{h\to0}\frac{f(x+h)-f(x)}{h}=\lim_{h\to0}\frac{\cos(x+h)-\cos x}{h}=\lim_{h\to0}\frac{[\cos x\cos h-\sin x\sin h]-\cos x}{h}$$

$$=\lim_{h\to 0}\frac{\cos x(\cos h-1)}{h}-\lim_{h\to 0}\frac{\sin x\sin h}{h}$$

$$=\lim_{h\to 0}\cos x\cdot\lim_{h\to 0}\frac{\cos h-1}{h}-\lim_{h\to 0}\sin x\cdot\lim_{h\to 0}\frac{\sin h}{h}$$

$$=\cos x\cdot 0-\sin x\cdot 1$$

$$=-\sin x$$

③ $f(x)=\tan x$.

$$f'(x)=\frac{d}{dx}(\tan x)=\frac{d}{dx}\left(\frac{\sin x}{\cos x}\right)$$

$$=\frac{(\sin x)'\cos x-\sin x(\cos x)'}{(\cos x)^2}=\frac{\cos x\cos x-\sin x(-\sin x)}{(\cos x)^2}$$

$$=\frac{\cos^2 x+\sin^2 x}{\cos^2 x}=\frac{1}{\cos^2 x}=\sec^2 x$$

④ $f(x)=\cot x$.

$$f'(x)=\frac{d}{dx}(\cot x)=\frac{d}{dx}\left(\frac{\cos x}{\sin x}\right)=\frac{(\cos x)'\sin x-\cos x(\sin x)'}{(\sin x)^2}$$

$$=\frac{(-\sin x)\sin x-\cos x(\cos x)}{(\sin x)^2}$$

$$=\frac{-\sin^2 x-\cos^2 x}{\sin^2 x}=\frac{-1}{\sin^2 x}=-\csc^2 x$$

예제 1.21

다음 삼각함수를 미분하여라.

(1) $y=\sin 4x$

(2) $y=-\frac{1}{2}\sin(x^2)$

(3) $y=2\cos(\sqrt{x-1})$

(4) $y=\tan(3x)$

(5) $y=\tan(ax^2+b)$

(6) $y=-\frac{1}{5}\csc(5x)$

(7) $y=\csc(\sqrt{x})$

(8) $y=\sec\left(\frac{1}{2}x\right)$

풀이

(1) $y' = \cos(4x) \cdot 4$
$= 4\cos 4x$

(2) $y' = -\frac{1}{2}\cos(x^2) \cdot 2x$
$= -x\cos(x^2)$

(3) $y' = -2\sin(\sqrt{x-1}) \cdot \frac{1}{2\sqrt{x-1}} \cdot 1$
$= \frac{-\sin(\sqrt{x-1})}{\sqrt{x-1}}$

(4) $y' = \sec^2(3x) \cdot 3 = 3\sec^2(3x)$

(5) $y' = \sec^2(ax^2+b) \cdot 2ax$
$= 2ax\sec^2(ax^2+b)$

(6) $y' = \frac{1}{5}\csc(5x)\cot(5x) \cdot 5$
$= \csc(5x)\cot(5x)$

(7) $y' = -\csc(\sqrt{x})\cot(\sqrt{x}) \cdot \frac{1}{2\sqrt{x}}$
$= -\frac{\csc(\sqrt{x})\cot(\sqrt{x})}{2\sqrt{x}}$

(8) $y' = \sec\left(\frac{1}{2}x\right)\tan\left(\frac{1}{2}x\right) \cdot \frac{1}{2}$
$= \frac{1}{2}\sec\left(\frac{1}{2}x\right)\tan\left(\frac{1}{2}x\right)$

예제 1.22

다음 함수를 미분하여라.

(1) $y = (\sin x - \cos x)^4$

(2) $y = 3\cos^2(x^2)$

(3) $y = 2\sec^3(\sqrt[3]{x})$

(4) $y = \sin^3(2x) + \cos^3(2x)$

풀이

(1) $y' = 4(\sin x - \cos x)^3(\cos x + \sin x)$

(2) $y = 3[\cos(x^2)]^2$
$y' = 6[\cos(x^2)] \cdot (-\sin(x^2)) \cdot 2x$
$= -12x\cos(x^2)\sin(x^2)$

(3) $y = 2[\sec(x^{1/3})]^3$
$y' = 6[\sec(x^{1/3})]^2 \cdot \sec(x^{1/3})\tan(x^{1/3}) \cdot \frac{1}{3}x^{-2/3}$
$= 2x^{-2/3}\sec^3(x^{1/3})\tan(x^{1/3})$

(4) $y = [\sin(2x)]^3 + [\cos(2x)]^3$
$y' = 3[\sin(2x)]^2 \cdot \cos(2x) \cdot 2 + 3[\cos(2x)]^2 \cdot (-\sin(2x)) \cdot 2$
$= 6\sin^2(2x)\cos(2x) - 6\cos^2(2x)\sin(2x)$

예제 1.23

다음 삼각함수를 각각 미분하시오.

(1) $y = x\sin x$

(2) $y = 3x\sqrt{\csc x}$

(3) $y = \sin 4x\cos^2 x$

(4) $y = \dfrac{\sin x}{1+\cos x}$

풀이

(1) $y' = \sin x + x\cos x$

(2) $y' = 3\sqrt{\csc x} + 3x \cdot \dfrac{1}{2\sqrt{\csc x}} \cdot (-\csc x\cot x)$

$= \dfrac{6\csc x - 3x\csc x\cot x}{2\sqrt{\csc x}}$

(3) $y = \sin 4x(\cos x)^2$

$y' = \cos 4x \cdot 4 \cdot (\cos x)^2 + \sin 4x \cdot 2(\cos x)(-\sin x)$

$= 4\cos 4x\cos^2 x - 2\sin 4x\cos x\sin x$

(4) $y' = \dfrac{\cos x(1+\cos x) - \sin x(-\sin x)}{(1+\cos x)^2}$

$= \dfrac{\cos x + \cos^2 x + \sin^2 x}{(1+\cos x)^2}$

$= \dfrac{\cos x + 1}{(1+\cos x)^2} = \dfrac{1}{1+\cos x}$

예제 1.24

다음 함수를 음함수 미분하시오.

(1) $y\sin 2x = x\cos 2y$

(2) $\tan(xy) - x = \cot y$

풀이

(1) $y'\sin 2x + y\cos 2x \cdot 2 = \cos 2y + x(-\sin 2y) \cdot 2y'$

$y'\sin 2x + 2xy'\sin 2y = \cos 2y - 2y\cos 2x$

$y'(\sin 2x + 2x\sin 2y) = \cos 2y - 2y\cos 2x$

$\therefore \dfrac{dy}{dx} = \dfrac{\cos 2y - 2y\cos 2x}{\sin 2x + 2x\sin 2y}$

(2) $\sec^2(xy) \cdot (y+xy') - 1 = -\csc^2 y \cdot y'$

$y\sec^2(xy) + xy'\sec^2(xy) - 1 = -y'\csc^2 y$

$xy'\sec^2(xy) + y'\csc^2 y = 1 - y\sec^2(xy)$

$y'[x\sec^2(xy) + \csc^2 y] = 1 - y\sec^2(xy)$

$\therefore \dfrac{dy}{dx} = \dfrac{1 - y\sec^2(xy)}{x\sec^2(xy) + \csc^2 y}$

예제 1.25

주어진 점에서 각 함수의 접선의 방정식을 구하여라.

(1) $y = \sec^2 2x,\ \left(\dfrac{\pi}{6},\ 4\right)$

(2) $y = x^2\cos x,\ (\pi,\ -\pi^2)$

(3) $\sin(xy) = x - y - \pi,\ (\pi,\ 0)$

풀이

(1) $y = [\sec(2x)]^2$

$f\left(\dfrac{\pi}{6}\right) = \left[\sec\left(\dfrac{\pi}{3}\right)\right]^2 = (2)^2 = 4 \quad \Rightarrow \quad \therefore \left(\dfrac{\pi}{6},\ 4\right)$

$y' = 2[\sec(2x)] \cdot \sec(2x)\tan(2x) \cdot 2$

$f'\left(\dfrac{\pi}{6}\right) = 2\sec\left(\dfrac{\pi}{3}\right)\sec\left(\dfrac{\pi}{3}\right)\tan\left(\dfrac{\pi}{3}\right) \cdot 2$

$= 2 \cdot 2 \cdot 2 \cdot \sqrt{3} \cdot 2 = 16\sqrt{3}$

$\therefore y - 4 = 16\sqrt{3}\left(x - \dfrac{\pi}{6}\right)$

(2) $f(\pi) = \pi^2\cos\pi = -\pi^2 \quad \Rightarrow \quad \therefore (\pi,\ -\pi^2)$

$y' = 2x\cos x - x^2\sin x$

$f'(\pi) = 2\pi\cos\pi - \pi^2\sin\pi$

$= -2\pi$

$\therefore y + \pi^2 = -2\pi(x - \pi)$

(3) $\cos(xy)\cdot(1\cdot y+x\cdot y')=1-y'$

점 $(\pi, 0)$에서, $\cos(0)\cdot(0+\pi\cdot y')=1-y'$

$\pi y'=1-y'$, $\pi y'+y'=1$,

$(\pi+1)y'=1$

$$y'=\frac{1}{\pi+1}$$

$$\therefore y=\frac{1}{\pi+1}(x-\pi)$$

1.4.2 지수함수, 로그함수 미분

(1) 지수함수 미분

$$\frac{d}{dx}(e^x)=e^x \qquad \frac{d}{dx}(e^{f(x)})=e^{f(x)}\cdot f'(x)$$

$$\frac{d}{dx}(a^x)=a^x\cdot\ln a(a\neq1,\ a>0) \qquad \frac{d}{dx}(a^{f(x)})=a^{f(x)}\cdot f'(x)\cdot\ln a(a\neq1,\ a>0)$$

증명

① $f(x)=e^x$

$$f'(x)=\lim_{h\to0}\frac{f(x+h)-f(x)}{h}=\lim_{h\to0}\frac{e^{x+h}-e^x}{h}=\lim_{h\to0}e^x\cdot\frac{e^h-1}{h}=e^x\cdot\lim_{h\to0}\frac{e^h-1}{h}$$

$e^h-1=t \quad\Rightarrow\quad e^h=1+t$

$\qquad\qquad\qquad\quad h=\ln(1+t)$

$h\to0,\ t\to0.$

$$f'(x)=e^x\cdot\lim_{h\to0}\frac{e^h-1}{h}=e^x\cdot\lim_{t\to0}\frac{t}{\ln(1+t)}=e^x\cdot\lim_{t\to0}\frac{1}{\frac{1}{t}\ln(1+t)}$$

$$=e^x\cdot\lim_{h\to0}\frac{1}{\ln(1+t)^{1/t}}=e^x\cdot\frac{1}{\ln e}=e^x\cdot1=e^x$$

② $y=e^{f(x)}$

$y=e^u$, $u=f(x)$

$$\frac{dy}{du}=e^u, \ \frac{du}{dx}=f'(x)$$

$$\frac{dy}{dx}=\frac{dy}{du}\cdot\frac{du}{dx}=e^u\cdot f'(x)=e^{f(x)}\cdot f'(x)$$

③ $y=a^x=(e^{\ln a})^x=e^{x\ln a}$ ($\ln a$는 상수)

$y'=e^{x\ln a}\cdot\ln a$

$=a^x\cdot\ln a$

④ $y=a^{f(x)}=(e^{\ln a})^{f(x)}=e^{f(x)\ln a}$ ($\ln a$는 상수)

$y'=e^{f(x)\ln a}\cdot f'(x)\ln a$

$=a^{f(x)}\cdot f'(x)\ln a$

예제 1.26

다음 함수를 미분하여라.

(1) $y=e^{3x^2}$

(2) $y=3^{-x^2}$

(3) $y=x^{\sqrt{3}}$

(4) $y=-2^{\cot 3x}$

(5) $y=x^3e^{2x}$

(6) $y=e^{x^2}\cos x$

(7) $y=\dfrac{e^{-2x}}{x}$

(8) $e^{x+y}=3x^2y$

풀이

(1) $y'=e^{3x^2}\cdot 6x$

$=6xe^{3x^2}$

(2) $y'=3^{-x^2}\cdot(-2x)\cdot\ln 3$

$=-2x(3)^{-x^2}\ln 3$

(3) $y'=\sqrt{3}x^{\sqrt{3}-1}$

(4) $y'=-(2)^{\cot 3x}\cdot(-\csc^2 3x)\cdot 3\cdot\ln 2$

$=3(2)^{\cot 3x}\csc^2 3x\ln 2$

(5) $y'=3x^2\cdot e^{2x}+x^3\cdot e^{2x}\cdot 2$

$=x^2e^{2x}(3+2x)$

(6) $y'=e^{x^2}\cdot 2x\cdot\cos x+e^{x^2}\cdot(-\sin x)$

$=e^{x^2}(2x\cos x-\sin x)$

(7) $y'=\dfrac{e^{-2x}\cdot(-2)\cdot(x)-e^{-2x}\cdot 1}{x^2}$

(8) $e^{x+y}\cdot(1+y')=6x\cdot y+3x^2\cdot y'$

$e^{x+y}+y'e^{x+y}=6xy+3x^2y'$

$$= \frac{-e^{-2x}(2x+1)}{x^2}$$

$$y'(e^{x+y}-3x^2)=6xy-e^{x+y}$$

$$\therefore \frac{dy}{dx}=\frac{6xy-e^{x+y}}{(e^{x+y}-3x^2)}$$

예제 1.27

주어진 점 $x=1$ 위에서 $y=\dfrac{e^{-x}}{\sqrt{x}}$ 의 접선의 방정식은?

풀이

$$f(1)=\frac{e^{-1}}{\sqrt{1}}=\frac{1}{e} \quad \Rightarrow \quad \therefore \left(1, \frac{1}{e}\right) \quad y'=\frac{(-e^{-x})\sqrt{x}-e^{-x}\cdot\dfrac{1}{2\sqrt{x}}}{x}$$

$$f'(1)=\frac{(-e^{-1})-e^{-1}\cdot\dfrac{1}{2}}{1}=-\frac{1}{e}-\frac{1}{2e}=-\frac{3}{2e}$$

$$\therefore y-\frac{1}{e}=-\frac{3}{2e}(x-1)$$

(2) 로그함수 미분

$$\frac{d}{dx}(\ln x)=\frac{1}{x} \qquad \frac{d}{dx}(\log_a x)=\frac{1}{x}\cdot\frac{1}{\ln a}$$

$$\frac{d}{dx}(\ln f(x))=\frac{1}{f(x)}\cdot f'(x) \qquad \frac{d}{dx}(\log_a f(x))=\frac{1}{f(x)}\cdot f'(x)\cdot\frac{1}{\ln a}$$

증명

① $f(x)=\ln x$

$$f'(x)=\lim_{h\to0}\frac{f(x+h)-f(x)}{h}=\lim_{h\to0}\frac{\ln(x+h)-\ln x}{h}=\lim_{h\to0}\frac{\ln\left(\dfrac{x+h}{x}\right)}{h}$$

$$=\lim_{h\to0}\frac{1}{h}\ln\left(\frac{x+h}{x}\right)=\lim_{h\to0}\ln\left(1+\frac{h}{x}\right)^{\frac{1}{h}}$$

$$=\lim_{h\to0}\ln\left[\left(1+\frac{h}{x}\right)^{\frac{x}{h}}\right]^{\frac{1}{x}}=\ln e^{\frac{1}{x}}=\frac{1}{x}\ln e=\frac{1}{x}$$

② $f(x)=\log_a x$

$$f(x)=\log_a x=\frac{\ln x}{\ln a} \quad (\ln a\text{는 상수})$$

$$f'(x)=\frac{(\ln x)'}{\ln a}=\frac{x}{\ln a}=\frac{1}{x}\cdot\frac{1}{\ln a}$$

③ $y=\ln f(x)$

$$y=\ln u\ ,\ u=f(x)$$

$$\frac{dy}{du}=\frac{1}{u}\ ,\ \frac{du}{dx}=f'(x)$$

$$\frac{dy}{dx}=\frac{dy}{du}\cdot\frac{du}{dx}=\frac{1}{u}\cdot f'(x)=\frac{1}{f(x)}\cdot f'(x)$$

④ $y=\log_a f(x)=\dfrac{\ln f(x)}{\ln a}$ $(\ln a$는 상수)

$$\frac{dy}{dx}=\frac{1}{f(x)}\cdot f'(x)\cdot\frac{1}{\ln a}$$

예제 1.28

다음 로그함수를 미분하시오.

(1) $y=\ln(x^2+3x+1)$

(2) $y=\ln(\ln(x^2-1))$

(3) $y=(\ln x)^3$

(4) $y=\dfrac{\ln x}{x^2}$

(5) $y=e^{x\ln x}$

(6) $y=\log_5\sqrt{x^2+1}$

(7) $y=\ln(x-\sqrt{x^2+1})$

(8) $\ln(xy)=x-y$

풀이

(1) $y'=\dfrac{1}{x^2+3x+1}\cdot(2x+3)=\dfrac{2x+3}{x^2+3x+1}$

(2) $y'=\dfrac{1}{\ln(x^2-1)}\cdot\dfrac{1}{x^2-1}\cdot 2x=\dfrac{2x}{(x^2-1)\ln(x^2-1)}$

(3) $y'=3(\ln x)^2\cdot\dfrac{1}{x}=\dfrac{3(\ln x)^2}{x}$

(4) $y' = \dfrac{\dfrac{1}{x} \cdot x^2 - \ln x \cdot 2x}{x^4} = \dfrac{1 - 2\ln x}{x^3}$

(5) $y' = e^{x \ln x}\left(\ln x + x \cdot \dfrac{1}{x}\right) = e^{x \ln x}(\ln x + 1)$

(6) $y = \dfrac{1}{2}\log_5(x^2+1)$

$$y' = \frac{1}{2} \cdot \frac{1}{x^2+1} \cdot 2x \cdot \frac{1}{\ln 5}$$

$$= \frac{x}{(x^2+1)\ln 5}$$

(7) $y' = \dfrac{1}{x - \sqrt{x^2+1}}\left(1 - \dfrac{1}{2\sqrt{x^2+1}} \cdot 2x\right)$

$$= \frac{1}{x - \sqrt{x^2+1}}\left(1 - \frac{x}{\sqrt{x^2+1}}\right)$$

(8) $\dfrac{1}{xy} \cdot (y + xy') = 1 - y'$

$$y + xy' = xy - xyy'$$

$$y'(x + xy) = xy - y$$

$$\therefore \frac{dy}{dx} = \frac{y(x-1)}{x(y+1)}$$

예제 1.29

다음 함수를 미분하여라.

(1) $y = \ln((2x+1)^3(x^2+1)^4)$

(2) $y = \ln\left(\dfrac{x\sqrt{x^2+1}}{(x-1)^2}\right)$

(3) $y = \ln\left(\dfrac{(2x-1)^3\cos^2 x}{\sqrt[4]{4-x}}\right)$

(4) $y = x^{\ln x}$

(5) $y = (x^2+1)^{\cos x}$

(6) $y = (x)^{e^x}$

(7) $y = \dfrac{(x+1)^2(x-1)^3}{(2x+1)}$

(8) $y = \dfrac{e^{-x}\cos x}{\sqrt[3]{x^2-x}}$

풀이

(1) $y=3\ln(2x+1)+4\ln(x^2+1)$

$$y'=3\cdot\frac{1}{2x+1}\cdot 2+4\cdot\frac{1}{x^2+1}\cdot 2x=\frac{6}{2x+1}+\frac{8x}{x^2+1}$$

(2) $y=\ln x+\frac{1}{2}\ln(x^2+1)-2\ln(x-1)$

$$y'=\frac{1}{x}+\frac{1}{2}\cdot\frac{2x}{x^2+1}-2\cdot\frac{1}{x-1}$$

$$=\frac{1}{x}+\frac{x}{x^2+1}-\frac{2}{x-1}$$

(3) $y=3\ln(2x-1)+2\ln(\cos x)-\frac{1}{4}\ln(4-x)$

$$y'=3\cdot\frac{1}{2x-1}\cdot 2+2\cdot\frac{1}{\cos x}\cdot(-\sin x)-\frac{1}{4}\cdot\frac{1}{4-x}\cdot(-1)$$

$$=\frac{6}{2x-1}-2\tan x+\frac{1}{4(4-x)}$$

(4) $\ln y=\ln x^{\ln x}$

$\ln y=\ln x\cdot\ln x$

$\frac{1}{y}\cdot y'=\frac{1}{x}\cdot\ln x+\ln x\cdot\frac{1}{x}$

$y'=\frac{2y}{x}\ln x$

(5) $\ln y=\ln(x^2+1)^{\cos x}$

$\ln y=\cos x\ln(x^2+1)$

$\frac{1}{y}\cdot y'=-\sin x\cdot\ln(x^2+1)+\cos x\cdot\frac{1}{x^2+1}\cdot 2x$

$y'=y\left(-\sin x\ln(x^2+1)+\frac{2x\cos x}{x^2+1}\right)$

(6) $\ln y=\ln x^{e^x}$

$\ln y=e^x\ln x$

$\frac{1}{y}\cdot y'=e^x\ln x+e^x\cdot\frac{1}{x}$

$y'=ye^x(\ln x+\frac{1}{x})$

(7) $\ln y=\ln\left(\frac{(x+1)^2(x-1)^3}{(2x+1}\right)$

$$\ln y = 2\ln(x+1) + 3\ln(x-1) - \ln(2x+1)$$

$$\frac{1}{y} \cdot y' = 2 \cdot \frac{1}{x+1} + 3 \cdot \frac{1}{x-1} - \frac{1}{2x+1} \cdot 2$$

$$y' = y\left(\frac{2}{x+1} + \frac{3}{x-1} - \frac{2}{2x+1}\right)$$

(8) $\ln y = \ln\left(\dfrac{e^{-x}\cos x}{\sqrt[3]{x^2-x}}\right)$

$$\ln y = \ln e^{-x} + \ln(\cos x) - \ln(\sqrt[3]{x^2-x})$$

$$\ln y = -x + \ln(\cos x) - \frac{1}{3}\ln(x^2-x)$$

$$\frac{1}{y} \cdot y' = -1 + \frac{1}{\cos x}(-\sin x) - \frac{1}{3} \cdot \frac{1}{x^2-x} \cdot (2x-1)$$

$$y' = y\left(-1 - \tan x - \frac{2x-1}{3(x^2-x)}\right)$$

예제 1.30

다음을 각각 구하여라.

(1) 주어진 점 $x=1$에서 $y = \dfrac{(x+1)^2}{x^3(x-2)}$의 접선의 기울기는?

(2) 주어진 점 $x=1$에서 $y = \dfrac{\sqrt[4]{2x-1}\sqrt{x^2+1}}{\sqrt{x+1}\sqrt{5-x}}$의 접선의 기울기는?

풀이

(1) $\ln y = \ln\left[\dfrac{(x+1)^2}{x^3(x-2)}\right]$

$$\ln y = 2\ln(x+1) - 3\ln x - \ln(x-2)$$

$$\frac{1}{y} \cdot y' = 2 \cdot \frac{1}{x+1} - 3 \cdot \frac{1}{x} - \frac{1}{x-2}$$

$$y' = y\left(\frac{2}{x+1} - \frac{3}{x} - \frac{1}{x-2}\right)$$

$$x = 1,\ y = \frac{(1+1)^2}{1(1-2)} = -4$$

$$f'(1) = -4\left(\frac{3}{2} - \frac{3}{1} - \frac{1}{-1}\right) = -4(1-3+1) = 4$$

(2) $\ln y = \ln\left(\frac{\sqrt[4]{2x-1} \cdot \sqrt{x^2+1}}{\sqrt{x+1} \cdot \sqrt{5-x}}\right)$

$\ln y = \frac{1}{4}\ln(2x-1) + \frac{1}{2}\ln(x^2+1) - \frac{1}{2}\ln(x+1) - \frac{1}{2}\ln(5-x)$

$\frac{1}{y} \cdot y' = \frac{1}{4} \cdot \frac{2}{2x-1} + \frac{1}{2} \cdot \frac{2x}{x^2+1} - \frac{1}{2} \cdot \frac{1}{x+1} - \frac{1}{2} \cdot \frac{-1}{5-x}$

$y' = y\left(\frac{1}{2(2x-1)} + \frac{x}{x^2+1} - \frac{1}{2(x+1)} + \frac{1}{2(5-x)}\right)$

$f(1) = \frac{1 \cdot \sqrt{2}}{\sqrt{2} \cdot 2} = \frac{1}{2} \quad \Rightarrow \quad \therefore \left(1,\ \frac{1}{2}\right)$

$f'(1) = \frac{1}{2}\left(\frac{1}{2} + \frac{1}{2} - \frac{1}{4} + \frac{1}{8}\right)$

$= \frac{1}{2}\left(\frac{8-2+1}{8}\right)$

$= \frac{1}{2} \cdot \frac{7}{8} = \frac{7}{16}$

연습문제 1.4

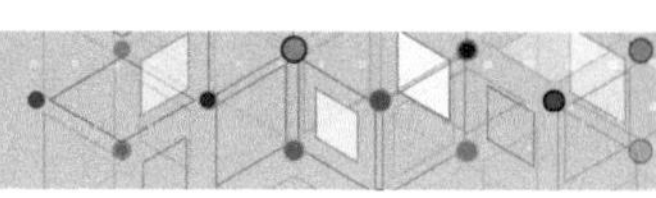

1. 다음을 미분하여라.

(1) $y = \cos(-3x+2)$

(2) $y = \cos(\sin x)$

(3) $y = \cot(3x^2+2x)$

(4) $y = \sec\left(\dfrac{1}{x}\right)$

(5) $y = \sin^3 x$

(6) $y = \tan x^3 + \tan^3 x$

(7) $y = \sin^3(2x) + \cos^3(2x)$

(8) $y = x^2 \cos\dfrac{1}{x}$

(9) $y = 3\sec 2x \tan 2x$

(10) $y = \dfrac{\cos^2 x}{\sin x}$

2. 다음 함수를 음함수 미분하시오.

(1) $\cos(x+y) + \sin(x-y) = 1$

(2) $x^2 + y^2 = \sec(xy)$

3. 주어진 점에서 각 함수의 접선의 방정식을 구하여라.

(1) $y = \dfrac{\sin^3 x}{\cos^3 x}, \quad x = \dfrac{\pi}{4}$

(2) $y = \sin x \cos 2x, \quad x = \dfrac{\pi}{6}$

(3) $y = 2\cot^2 x - \cos^2 x, \quad x = \dfrac{\pi}{4}$

4. 다음 지수함수를 미분하여라.

(1) $y = e^{\sec x}$

(2) $y = 4^{\frac{1}{x}}$

(3) $y = a^{\cos x}$

(4) $y = (x^2+2)3^x$

(5) $y = e^{ax} \sin bx$

(6) $y = \dfrac{e^x - e^{-x}}{e^x + e^{-x}}$

(7) $y = \dfrac{1}{\sqrt{4e^{-x}+2}}$

(8) $e^{xy^3} = x - y$

연습문제 1.4

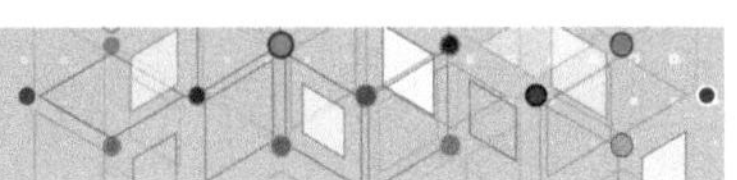

5. 주어진 점 $x=1$에서 $y=x^2e^{\frac{1}{x}}$의 접선의 방정식은?

6. 다음 로그함수를 미분하여라.

(1) $y=\ln(\ln x)$

(2) $y=\ln(\tan x)$

(3) $y=\log_3(\sin x)$

(4) $y=\ln(x\cos x)$

(5) $y=x^2\ln x$

(6) $y=\ln(\sec x+\tan x)$

(7) $y=\tan[\log(x^2+4)]$

(8) $y+1=x\ln^3 y$

7. 다음 함수를 미분하여라.

(1) $y=\ln\left(\dfrac{xe^x}{x-1}\right)$

(2) $y=\ln\left(\sqrt[3]{\dfrac{2x+1}{(2-x)^2}}\right)$

(3) $y=\ln\left(\dfrac{(x^2+2x)e^{3x}\sec^2 x}{\ln x}\right)$

(4) $y=x^{\sin x}$

(5) $y=(\ln x)^{\ln x}$

(6) $y=\sqrt{\dfrac{(x-2)\cos^3 x}{x^2+1}}$

8. $f(2)=1$, $f'(2)=4$일 때 $x=2$에서 $\dfrac{d}{dx}[\sqrt{2x+\ln(f(x))}]$의 값은?

1.5 역삼각함수와 역함수미분

우리는 6개의 기본적인 삼각함수에 대해 다루었고, 역 사인함수와 역 코사인함수, 역 탄젠트함수 등에 대해서도 대학수학에서 다루었다. 여기서는 6개의 모든 역삼각함수와 도함수를 어떻게 구하는지에 대해 살펴본다. 여기서 역함수의 미분법에 대해서도 소개하기로 한다.

1.5.1 역삼각함수 미분

$$\frac{d}{dx}(\sin^{-1}x) = \frac{1}{\sqrt{1-x^2}} \qquad \frac{d}{dx}(\cos^{-1}x) = -\frac{1}{\sqrt{1-x^2}}$$

$$\frac{d}{dx}(\tan^{-1}x) = \frac{1}{1+x^2} \qquad \frac{d}{dx}(\cot^{-1}x) = -\frac{1}{1+x^2}$$

$$\frac{d}{dx}(\sec^{-1}x) = \frac{1}{|x|\sqrt{x^2-1}} \qquad \frac{d}{dx}(\csc^{-1}x) = -\frac{1}{|x|\sqrt{x^2-1}}$$

증명

① $y = \sin^{-1}x$ 단, $-\frac{\pi}{2} \le y \le \frac{\pi}{2}$

$\sin y = x$ $\qquad$ $\sin^2 y + \cos^2 y = 1$

$\frac{d}{dx}(\sin y) = \frac{d}{dx}(x)$ $\qquad$ $\cos y = \pm\sqrt{1-\sin^2 y} = \pm\sqrt{1-x^2}$

$\cos y \cdot y' = 1$ $\qquad$ $-\frac{\pi}{2} \le y \le \frac{\pi}{2}$, $\cos y > 0$

$y' = \frac{1}{\cos y}$

$= \frac{1}{\sqrt{1-x^2}}$ $\qquad \leftarrow \qquad$ $\therefore \cos y = \sqrt{1-x^2}$

② $y = \cos^{-1}x$ 단, $0 \le y \le \pi$

$\cos y = x$ $\qquad$ $\sin^2 y + \cos^2 y = 1$

$\frac{d}{dx}(\cos y) = \frac{d}{dx}(x)$ $\qquad$ $\sin y = \pm\sqrt{1-\cos^2 y} = \pm\sqrt{1-x^2}$

$-\sin y \cdot y' = 1$ $\qquad 0 \leq y \leq \pi,\ \sin y > 0$

$$\frac{dy}{dx} = -\frac{1}{\sin y} \qquad \leftarrow \quad \therefore \sin y = \sqrt{1-x^2}$$

$$= -\frac{1}{\sqrt{1-x^2}}$$

③ $y = \tan^{-1}x$ 단, $-\frac{\pi}{2} < y < \frac{\pi}{2}$

$\tan y = x$

$\frac{d}{dx}(\tan y) = \frac{d}{dx}(x)$

$\sec^2 y \cdot y' = 1$

$$y' = \frac{1}{\sec^2 y} \qquad \leftarrow \quad \tan^2 y + 1 = \sec^2 y$$

$$= \frac{1}{1+x^2}$$

④ $y = \cot^{-1}x$ 단, $-\frac{\pi}{2} < y < \frac{\pi}{2}$

$\cot y = x$

$\frac{d}{dx}(\cot y) = \frac{d}{dx}(x)$

$-\csc^2 y \cdot y' = 1$

$$y' = -\frac{1}{\csc^2 y} \qquad \leftarrow \quad \cot^2 y + 1 = \csc^2 y$$

$$= -\frac{1}{1+x^2}$$

⑤ $y = \sec^{-1}x$ 단, $0 < y < \pi, y \neq \frac{\pi}{2}$

$\sec y = x$

$\frac{d}{dx}(\sec y) = \frac{d}{dx}(x)$ $\qquad \tan^2 y + 1 = \sec^2 y$

$\sec y \tan y \cdot y' = 1$ $\qquad \tan y = \pm\sqrt{\sec^2 y - 1}$

$$y' = \frac{1}{\sec y \tan y}$$

$$= \pm\frac{1}{x\sqrt{x^2-1}} \qquad \leftarrow \quad \tan y = \pm\sqrt{x^2-1}\ ,\ \sec y = x$$

$$= \frac{1}{|x|\sqrt{x^2-1}}$$

⑥ $y=\csc^{-1}x$ 단, $0<y<\pi, y\neq\frac{\pi}{2}$

$\csc y = x$

$\frac{d}{dx}(\csc y) = \frac{d}{dx}(x)$ $\qquad \cot^2 y + 1 = \csc^2 y$

$-\csc y \cot y \cdot y' = 1$ $\qquad \cot y = \pm\sqrt{\csc^2 y - 1}$

$$y' = -\frac{1}{\csc y \cot y}$$

$$= \pm\frac{-1}{x\sqrt{x^2-1}} \qquad \leftarrow \qquad \cot y = \pm\sqrt{x^2-1}, \ \csc y = x$$

$$= \frac{-1}{|x|\sqrt{x^2-1}}$$

예제 1.31

다음 역 삼각함수를 미분하여라.

(1) $y = \sin^{-1}(x^2)$

(2) $y = 2\sin^{-1}(\cos x)$

(3) $y = \tan^{-1}(3x)$

(4) $y = -\frac{1}{2}[\tan^{-1}(2x)]^4$

(5) $y = [\sec^{-1}(2x)]^3$

(6) $y = \tan^{-1}(\sqrt{x^2-1})$

풀이

(1) $y' = \frac{1}{\sqrt{1-(x^2)^2}} \cdot 2x$

$$= \frac{2x}{\sqrt{1-x^4}}$$

(2) $y' = 2 \cdot \frac{1}{\sqrt{1-(\cos x)^2}} \cdot (-\sin x)$

$$= \frac{-2\sin x}{\sqrt{1-\cos^2 x}}$$

(3) $y' = \frac{1}{1+(3x)^2} \cdot 3$

$$= \frac{3}{1+9x^2}$$

(4) $y' = -2[\tan^{-1}(2x)]^3 \cdot \frac{1}{1+(2x)^2} \cdot 2$

$$= \frac{-4[\tan^{-1}(2x)]^3}{1+4x^2}$$

(5) $y' = 3[\sec^{-1}(2x)]^2 \cdot \frac{1}{|2x|\sqrt{(2x)^2-1}} \cdot 2$

$$= \frac{3[\sec^{-1}(2x)]^2}{|x|\sqrt{4x^2-1}}$$

(6) $y' = \frac{1}{1+(\sqrt{x^2-1})^2} \cdot \frac{1}{2\sqrt{x^2-1}} \cdot 2x$

$$= \frac{1}{x^2} \cdot \frac{1}{2\sqrt{x^2-1}} \cdot 2x$$

$$= \frac{1}{x\sqrt{x^2-1}}$$

예제 1.32

다음 주어진 점에서 접선의 방정식을 구하여라.

(1) $y=(\cos^{-1}x)^4,\quad x=0$ (2) $y=(6\tan^{-1}x)^3,\quad x=\sqrt{3}$

풀이

(1) $y'=4(\cos^{-1}x)^3\cdot\dfrac{-1}{\sqrt{1-x^2}}$

$$\begin{aligned}y'(0)&=4(\cos^{-1}(0))^3\cdot\frac{-1}{\sqrt{1}}\\&=4\left(\frac{\pi}{2}\right)^3\cdot(-1)\\&=-\frac{\pi^3}{2}\end{aligned}$$

$f(0)=(\cos^{-1}(0))^4=\left(\dfrac{\pi}{2}\right)^4=\dfrac{\pi^4}{16}$

$\because y-\dfrac{\pi^4}{16}=-\dfrac{\pi^3}{2}(x-0)$

(2) $f(\sqrt{3})=(6\tan^{-1}(\sqrt{3}))^3=\left(6\cdot\dfrac{\pi}{3}\right)^3$

$=(2\pi)^3=8\pi^3\quad\Rightarrow\quad\therefore(\sqrt{3},\,8\pi^3)$

$y'=3(6\tan^{-1}x)^2\cdot6\cdot\dfrac{1}{1+x^2}$

$$\begin{aligned}f'(\sqrt{3})&=3(6\tan^{-1}(\sqrt{3}))^2\cdot6\cdot\frac{1}{1+3}\\&=3\cdot\left(6\cdot\frac{\pi}{3}\right)^2\cdot6\cdot\frac{1}{4}\\&=3\cdot4\pi^2\cdot6\cdot\frac{1}{4}\\&=18\pi^2\end{aligned}$$

$\therefore y-8\pi^3=18\pi^2(x-\sqrt{3})$

1.5.2 역함수 미분

f는 정의역에서 일대일 대응함수이고 미분가능하면

$$\frac{d}{dx}[f^{-1}(x)]=(f^{-1})'(x)=\frac{1}{f'(f^{-1}(x))}$$

증명

f가 역함수를 가진다면 그때 정의역 내에 있는 모든 x에 대하여

$$f(f^{-1}(x))=x$$

이다.
양변을 미분하면

$$f'(f^{-1}(x))\cdot(f^{-1})'(x)=1$$

$$(f^{-1})'(x)=\frac{1}{f'(f^{-1}(x))}$$

이다.

예제 1.33

다음 주어진 표에서 각각 다음을 구하여라.

x	f	f'	g	g'
1	−1	4	−1	−3
2	0	3	4	5
3	2	−1	1	2
4	3	1	3	7

(1) $(f^{-1})'(0)$

(2) $(f^{-1})'(3)$

(3) $(g^{-1})'(3)$

풀이

(1) $(f^{-1})'(0)=\dfrac{1}{f'(f^{-1}(0))}=\dfrac{1}{f'(2)}=\dfrac{1}{3}$

(2) $(f^{-1})'(3)=\dfrac{1}{f'(f^{-1}(3))}=\dfrac{1}{f'(4)}=1$

(3) $(g^{-1})'(3)=\dfrac{1}{g'(g^{-1}(3))}=\dfrac{1}{g'(4)}=\dfrac{1}{7}$

예제 1.34

다음을 구하여라.

(1) $f(x)=2x^3-11$ 에서 $(f^{-1})'(5)$ 을 구하여라.

(2) $f(x)=x^3+5x^2+10x+3$ 이고 $g(x)=f^{-1}(x)$ 에서 $g'(3)$ 은?

풀이

(1) $f^{-1}(5)=x$

$5=f(x)$

$5=2x^3-11$

$16=2x^3$

$\therefore x=2$

$f'(x)=6x^2$

$f'(2)=24$

$$(f^{-1})'(5)=\frac{1}{f'(f^{-1}(5))}=\frac{1}{f'(2)}=\frac{1}{24}$$

(2) $f^{-1}(3)=x$

$3=f(x)$

$3=x^3+5x^2+10x+3$

$x^3+5x^2+10x=0$

$x(x^2+5x+10)=0$

$\therefore x=0$

$f'(x)=3x^2+10x+10$

$f'(0)=10$

$$g'(3)=(f^{-1})'(3)=\frac{1}{f'(f^{-1}(3))}=\frac{1}{f'(0)}=\frac{1}{10}$$

Derivative Formulas (미분 공식)

■ Basic Derivative Formulas (기본 미분)

$$\frac{d}{dx}(x^n)=nx^{n-1},\quad \frac{d}{dx}(\sqrt{x})=\frac{1}{2\sqrt{x}},\quad \frac{d}{dx}\left(\frac{1}{x}\right)=-\frac{1}{x^2}$$

$$\frac{d}{dx}(f(x)\cdot g(x))=f'(x)g(x)+f(x)g'(x),\quad \frac{d}{dx}\left(\frac{f(x)}{g(x)}\right)=\frac{f'(x)g(x)-f(x)g'(x)}{g^2(x)}$$

$$\frac{d}{dx}f(g(x))=f'(g(x))\cdot g'(x),\quad \frac{d}{dx}f(g(h(x)))=f'(g(h(x)))\cdot g'(h(x))\cdot h'(x)$$

$$\frac{d}{dx}(\sqrt{f(x)})=\frac{1}{2\sqrt{f(x)}}\cdot f'(x)$$

■ Derivatives of Trigonometric Formulas (삼각함수 미분)

$$\frac{d}{dx}(\sin x)=\cos x \qquad \frac{d}{dx}(\cos x)=-\sin x$$

$$\frac{d}{dx}(\tan x)=\sec^2 x \qquad \frac{d}{dx}(\cot x)=-\csc^2 x$$

$$\frac{d}{dx}(\sec x)=\sec x\tan x \qquad \frac{d}{dx}(\csc x)=-\csc x\cot x$$

■ Derivatives of Inverse Trigonometric Formulas (역삼각함수 미분)

$$\frac{d}{dx}(\sin^{-1}x)=\frac{1}{\sqrt{1-x^2}} \qquad \frac{d}{dx}(\cos^{-1}x)=-\frac{1}{\sqrt{1-x^2}}$$

$$\frac{d}{dx}(\tan^{-1}x)=\frac{1}{1+x^2} \qquad \frac{d}{dx}(\cot^{-1}x)=-\frac{1}{1+x^2}$$

$$\frac{d}{dx}(\sec^{-1}x)=\frac{1}{|x|\sqrt{x^2-1}} \qquad \frac{d}{dx}(\csc^{-1}x)=-\frac{1}{|x|\sqrt{x^2-1}}$$

■ Derivatives of Exponential and Logarithmic Fuctions Formulas (지수,로그함수 미분)

$$\frac{d}{dx}(e^x)=e^x \qquad \frac{d}{dx}(a^x)=a^x\ln a \quad (a\neq 1,\ a>0)$$

$$\frac{d}{dx}(e^{f(x)})=e^{f(x)}\cdot f'(x) \qquad \frac{d}{dx}(a^{f(x)})=a^{f(x)}\cdot f'(x)\cdot \ln a$$

$$\frac{d}{dx}(\ln x)=\frac{1}{x} \qquad \frac{d}{dx}(\log_a x)=\frac{1}{x}\cdot\frac{1}{\ln a}$$

$$\frac{d}{dx}(\ln f(x))=\frac{1}{f(x)}\cdot f'(x) \qquad \frac{d}{dx}(\log_a f(x))=\frac{1}{f(x)}\cdot f'(x)\cdot\frac{1}{\ln a}$$

■ Derivatives of Inverse Formulas (역함수 미분)

$$(f^{-1})'(x)=\frac{1}{f'(f^{-1}(x))}$$

연습문제 1.5

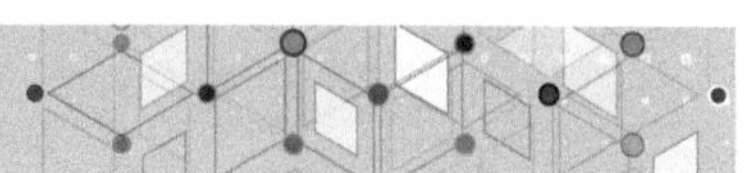

1. 다음 역삼각함수을 미분하시오.

(1) $y = \sin^{-1}\left(\frac{3}{x^2}\right)$

(2) $\cos^{-1}(-3x+2)$

(3) $\sin^{-1}(1-x)$

(4) $2\cos^{-1}(\sqrt{x-1})$

(5) $y = \tan^{-1}(\ln x)$

(6) $y = \cot^{-1}\left(\frac{1}{x}\right)$

(7) $y = \ln(x^2+4) - x\tan^{-1}\left(\frac{x}{2}\right)$

(8) $y = \cot^{-1}(\csc x^2)$

(9) $y = \sec^{-1}(2x+1)$

(10) $y = \sin^{-1}((1-x^2)^2)$

(11) $y = \tan^{-1}\sqrt{x^2-1} + \csc^{-1}x,\ \ x > 1$

(12) $y = \sqrt{x^2-1} + \csc^{-1}x,\ \ x > 1$

2. 주어진점에서 접선의 방정식을 구하여라.

(1) $y = \sec^{-1}(\sqrt{x}),\quad x = 4$

(2) $y = x\tan^{-1}(x^2-1),\quad x = \sqrt{2}$

3. 다음 표에서 다음값을 구하여라.

x	f	f'	g	g'
1	−1	4	−1	−3
2	0	3	4	5
3	2	−1	1	2
4	3	1	3	7

(1) $(f^{-1})'(2)$

(3) $(g^{-1})'(4)$

(2) $(g^{-1})'(1)$

연습문제 1.5

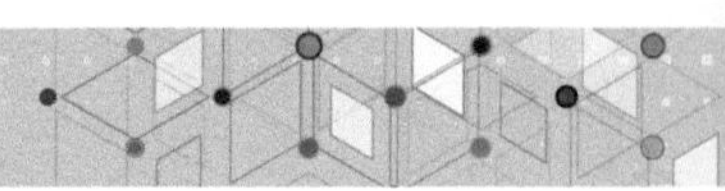

4. 다음을 구하여라.

(1) $f(x)=x^3+2x$ 에서 $(f^{-1})'(3)$을 구하여라.

(2) $f(x)=x^3+x-1$, $g(x)=f^{-1}(x)$ 에서 $g'(1)$은?

(3) $f(x)=e^x+x+1$, $f(g(x))=x$ 에서 $g'(2)=?$

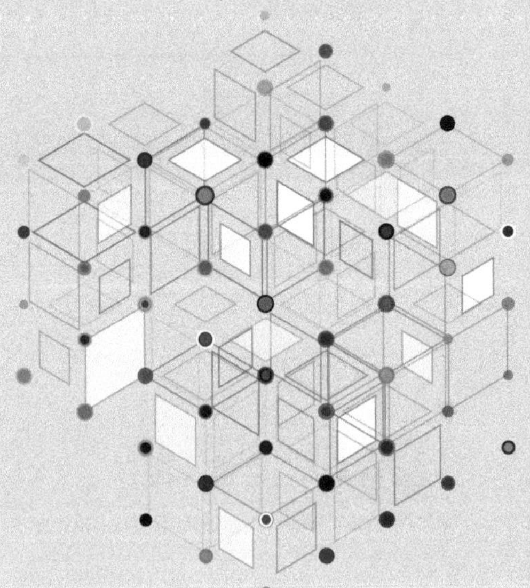

CHAPTER 2

적분기초

부정적분 2.1

삼각함수의 적분 2.2

정적분의 정의와 계산 2.3

학습정리

적분, 부정적분을 정의하고 여러가지 부정적분의 계산방법을 알아보기로 한다.
복잡한 피적분함수를 갖는 부정적분을 계산하기 위해 치환적분과 분수함수를 부분분수로 바꾼 다음 적분, 부분적분법, 또한 삼각함수의 부정적분을 살펴보고자 한다. 정적분의 정의를 직사각형의 넓이의 합과 이 합에 대한 극한으로 정의하는 방법을 학습한다. 정적분은 어떤 구간에서 계산해야 하는데, 이 계산을 위해 정적분의 기본정리를 알아보고 치환정적분과 부분정적분을 알아본다.

2.1 부정적분

2.1.1 부정적분의 뜻

함수 $f(x)$에 대하여 $F'(x) = f(x)$를 만족시키는 함수 $F(x)$를 $f(x)$의 부정적분 또는 원시함수라 하고, $f(x)$의 부정적분을 구하는 것을 $f(x)$를 적분한다고 한다. 함수 $f(x)$의 부정적분 중의 하나를 $F(x)$라고 하면 $f(x)$의 임의의 부정적분은

$F(x) + C$ (단, C는 상수)

의 꼴로 나타낼 수 있다. 이것을 기호로

$$\int f(x)\,dx = F(x) + C$$

로 나타낸다. 이 때, $f(x)$를 피적분함수, C를 적분상수라고 한다.

예제 2.1

다음에서 다항함수 $f(x)$, $g(x)$를 구하여라. 단, C는 상수이다.

(1) $\int f(x)\,dx = x^3 + 4x^2 - 5x + C$

(2) $\int (3-x)g(x)\,dx = 6x - x^2 + 4x^3 - x^4 + C$

풀이

(1) $\int f(x)\,dx = x^3+4x^2-5x+C$에서

$f(x) = (x^3+4x^2-5x+C)' = 3x^2+8x-5$

(2) $\int (3-x)g(x)\,dx = 6x-x^2+4x^3-x^4+C$에서

$(3-x)g(x) = (6x-x^2+4x^3-x^4+C)' = 6-2x+12x^2-4x^3 = (3-x)(4x^2+2)$

$\therefore\ g(x) = 4x^2+2$

예제 2.2

함수 $f(x)$에 대하여 등식 $\int f(x)\,dx = x^3 + 4x + C$가 성립할 때, $f(1)$의 값은?

(단, C는 적분상수)

풀이

$\int f(x)\,dx = x^3+4x+C$에서 양변을 x에 대하여 미분하면 $f(x) = 3x^2+4$

$\therefore\ f(1) = 3+4 = 7$

예제 2.3

함수 $f(x)$에 대하여 등식 $\int (3x^2-2)\,dx = f(x) + C$가 성립할 때, $f'(1)$의 값은?

(단, C는 적분상수)

풀이

$\int (3x^2-2)\,dx = f(x)+C$에서 양변을 x에 대하여 미분하면 $3x^2-2 = f'(x)$

$\therefore\ f'(1) = 3-2 = 1$

2.1.2 부정적분의 기본공식

함수 $y = x^n$의 부정적분(단, n은 실수이고 C는 적분상수)

(1) $n \neq -1$일 때, $\int x^n\,dx = \frac{1}{n+1}x^{n+1} + C$

(2) $n = -1$일 때, $\int x^{-1}\,dx = \int \frac{1}{x}\,dx = \ln|x| + C$

설명

(1) $n \neq -1$일 때, $\left(\frac{1}{n+1}x^{n+1}\right)' = \frac{1}{n+1} \bullet (n+1)x^{(n+1)-1} = x^n$

$$\therefore\ \int x^n\,dx = \frac{1}{n+1}x^{n+1} + C$$

(2) $n = -1$일 때, 로그함수의 미분법으로부터 $(\ln|x|)' = \frac{1}{x} = x^{-1}$

$$\therefore\ \int x^{-1}\,dx = \int \frac{1}{x}\,dx = \ln|x| + C$$

예제 2.4

다음 부정적분을 구하여라.

(1) $\int x\,dx$

(2) $\int x^2\,dx$

(3) $\int \frac{1}{x^2}\,dx$

(4) $\int 3x^2\sqrt{x}\,dx$

풀이

(1) $\int x\,dx = \frac{1}{1+1}x^{1+1} + C = \frac{1}{2}x^2 + C$

(2) $\int x^2\,dx = \frac{1}{2+1}x^{2+1} + C = \frac{1}{3}x^3 + C$

(3) $\int x^{-2}\,dx = \frac{1}{-2+1}x^{-2+1} + C = -x^{-1} + C$

(4) $\int 3x^2\sqrt{x}\,dx = \int 3x^{\frac{5}{2}}\,dx = 3\times\frac{1}{\frac{5}{2}+1}x^{\frac{5}{2}+1} + C = \frac{6}{7}x^3\sqrt{x} + C$

2.1.3 부정적분의 기본 성질

두 함수 $f(x)$, $g(x)$가 연속일 때,

(1) $\int kf(x)\,dx = k\int f(x)\,dx$ (단, k는 상수)

(2) $\int \{f(x) \pm g(x)\}\,dx = \int f(x)\,dx \pm \int g(x)\,dx$ (단, 복부호 동순)

설명 두 함수 $f(x)$, $g(x)$의 부정적분을 각각 $F(x)$, $G(x)$라고 하면

$F(x) = \int f(x)\,dx$, $G(x) = \int g(x)\,dx$, 즉 $F'(x) = f(x)$, $G'(x) = g(x)$이므로

(1) $\{kF(x)\}' = kF'(x) = kf(x)$

$\therefore \int kf(x)\,dx = \int kF'(x)dx = k\int f(x)\,dx$

(2) $\{F(x) \pm G(x)\}' = F'(x) \pm G'(x) = f(x) \pm g(x)$

$\therefore \int \{f(x) \pm g(x)\}\,dx = F(x) \pm G(x) = \int f(x)\,dx \pm \int g(x)\,dx$

(단, 복부호 동순)

예제 2.5

다음 부정적분을 구하여라.

(1) $\int (4x^3 - 6x^2 - 1)\,dx$

(2) $\int \frac{3+x}{x^2}\,dx$

풀이

(1) $\int 4x^3\,dx - \int 6x^2\,dx - \int dx = (x^4 + C_1) - (2x^3 + C_2) - (x + C_3) = x^4 - 2x^3 - x + C$

(2) $\int \left(3x^{-2} + \frac{1}{x}\right) dx = -\frac{3}{x} + \ln|x| + C$

예제 2.6

다음 부정적분을 구하여라.

(1) $\int (x^2 + \sqrt{2}\,x + 1)(x^2 - \sqrt{2}\,x + 1)\,dx$

(2) $\int \frac{x^4 + x^2 + 1}{x^2 + x + 1}\,dx$

(3) $\int \left(\frac{1}{1 + \tan^2\theta} + \frac{1}{1 + \cot^2\theta}\right) d\theta$

(4) $\int \frac{x^3}{x+1}\,dx + \int \frac{1}{x+1}\,dx$

(5) $\int (\sin\theta + \cos\theta)^2 d\theta + \int (\sin\theta - \cos\theta)^2\,d\theta$

풀이

(1) $\int (x^4 + 1)\,dx = \frac{1}{5}x^5 + x + C$

(2) $\int \frac{(x^2 + x + 1)(x^2 - x + 1)}{x^2 + x + 1}\,dx = \int (x^2 - x + 1)\,dx = \frac{1}{3}x^3 - \frac{1}{2}x^2 + x + C$

(3) $\int \left(\frac{1}{\sec^2\theta} + \frac{1}{\csc^2\theta}\right) d\theta = \int (\cos^2\theta + \sin^2\theta)\,d\theta = \int d\theta = \theta + C$

(4) $\int \frac{x^3 + 1}{x+1}\,dx = \int \frac{(x+1)(x^2 - x + 1)}{x+1}\,dx = \int (x^2 - x + 1)\,dx = \frac{1}{3}x^3 - \frac{1}{2}x^2 + x + C$

(5) $\int \{(\sin\theta + \cos\theta)^2 + (\sin\theta - \cos\theta)^2\}\,d\theta = \int 2\,d\theta = 2\theta + C$

2.1.4 삼각함수의 부정적분 (단, C는 적분상수)

(1) $\int \sin x\, dx = -\cos x + C$

(2) $\int \cos x\, dx = \sin x + C$

(3) $\int \sec^2 x\, dx = \tan x + C$

(4) $\int \operatorname{cosec}^2 x\, dx = -\cot x + C$

(5) $\int \sec x \tan x\, dx = \sec x + C$

(6) $\int \operatorname{cosec} x \cot x\, dx = -\operatorname{cosec} x + C$

설명

삼각함수의 미분법으로부터

(1) $(\cos x)' = -\sin x$ 이므로 $\int \sin x\, dx = -\cos x + C$

(2) $(\sin x)' = \cos x$ 이므로 $\int \cos x\, dx = \sin x + C$

(3) $(\tan x)' = \sec^2 x$ 이므로 $\int \sec^2 x\, dx = \tan x + C$

(4) $(\cot x)' = -\operatorname{cosec}^2 x$ 이므로 $\int \operatorname{cosec}^2 x\, dx = -\cot x + C$

(5) $(\sec x)' = \sec x \tan x$ 이므로 $\int \sec x \tan x\, dx = \sec x + C$

(6) $(\operatorname{cosec} x)' = -\operatorname{cosec} x \cot x$ 이므로 $\int \operatorname{cosec} x \cot x\, dx = -\operatorname{cosec} x + C$

2.1.5 지수함수의 부정적분 (단, C는 적분상수)

(1) $\int e^x\, dx = e^x + C$ (단, e는 자연로그의 밑이다.)

(2) $\int a^x\, dx = \dfrac{a^x}{\ln a} + C$ (단, $a > 0,\ a \neq 1$)

설명

지수함수의 미분법으로부터

(1) $(e^x)' = e^x$ 이므로 $\int e^x\,dx = e^x + C$

(2) $(a^x)' = a^x \ln a$ 에서 $a^x = \dfrac{(a^x)'}{\ln a} = \left(\dfrac{a^x}{\ln a}\right)'$ 이므로 $\int a^x\,dx = \dfrac{a^x}{\ln a} + C$

예제 2.7

다음 부정적분을 구하여라.

(1) $\int \cos^2 \dfrac{x}{2}\,dx$

(2) $\int \left(\sin\dfrac{x}{2} - \cos\dfrac{x}{2}\right)^2 dx$

(3) $\int \dfrac{4e^x\cos^2 x - 3}{\cos^2 x}\,dx$

(4) $\int \dfrac{e^{2x} - 4^x}{e^x + 2^x}\,dx$

(5) $\int \dfrac{8^x + 1}{2^x + 1}\,dx$

(6) $\int 2^x(2^x + 1)\,dx$

풀이

(1) $\cos^2\dfrac{x}{2} = \dfrac{1+\cos x}{2}$ 이므로 $\int \dfrac{1}{2}(1+\cos x)\,dx = \dfrac{x}{2} + \dfrac{\sin x}{2} + C$

(2) $\left(\sin\dfrac{x}{2} - \cos\dfrac{x}{2}\right)^2 = \sin^2\dfrac{x}{2} - 2\sin\dfrac{x}{2}\cos\dfrac{x}{2} + \cos^2\dfrac{x}{2} = -\sin x + 1$ 이므로

$\int -\sin x + 1\,dx = \cos x + x + C$

(3) $\int (4e^x - 3\sec^2 x)\,dx = 4e^x - 3\tan x + C$

(4) $\dfrac{e^{2x} - 4^x}{e^x + 2^x} = \dfrac{(e^x + 2^x)(e^x - 2^x)}{e^x + 2^x} = e^x - 2^x$ 이므로 $\int (e^x - 2^x)\,dx = e^x - \dfrac{2^x}{\ln 2} + C$

(5) $\dfrac{8^x + 1}{2^x + 1} = \dfrac{2^{3x} + 1}{2^x + 1} = \dfrac{(2^x + 1)(2^{2x} - 2^x + 1)}{2^x + 1} = 4^x - 2^x + 1$ 이므로

$\int (4^x - 2^x + 1)\,dx = \dfrac{4^x}{\ln 4} - \dfrac{2^x}{\ln 2} + x + C = \dfrac{2^x(2^{x-1} - 1)}{\ln 2} + x + C$

(6) $\int (4^x + 2^x)\,dx = \dfrac{4^x}{\ln 4} + \dfrac{2^x}{\ln 2} + C = \dfrac{2^x(2^{x-1} + 1)}{\ln 2} + C$

2.1.6 치환적분법

미분가능한 함수 $g(t)$에 대하여 $x = g(t)$로 놓으면

$$\int f(x)\,dx = \int f(g(t))g'(t)\,dt$$

설명

부정적분

$$F(x) = \int f(x)\,dx \tag{1}$$

에서 x를 다른 변수 t의 함수 $x = g(t)$로 놓으면

$$F(x) = F(g(t))$$

이 등식의 양변을 t에 대하여 미분하면 합성함수의 미분법에 의하여

$$\frac{d}{dt}F(x) = \frac{d}{dx}F(x) \cdot \frac{dx}{dt} = f(x)g'(t) = f(g(t))g'(t)$$

이므로 양변을 t에 대하여 적분하면

$$F(x) = \int f(g(t))g'(t)\,dt \tag{2}$$

따라서 (1)과 (2)에서 다음 등식을 얻는다.

$$\int f(x)\,dx = \int f(g(t))g'(t)\,dt$$

이와 같이 변수 x를 다른 변수로 바꾸어 적분하는 방법을 치환적분법이라고 한다.

참고

$\int f(g(x))g'(x)\,dx$를 구할 경우에 $g(x)=t$로 놓으면 $\dfrac{dt}{dx}=g'(x)$이므로

$$\int f(g(x))g'(x)\,dx=\int f(t)\,dt$$

$\int f(t)\,dt$를 구한 후에는 t대신에 $g(x)$를 대입하여 원래 변수인 x에 대하여 나타낸다.

예제 2.8

다음 부정적분을 구하여라.

(1) $\int (x^2+x+1)^3(2x+1)\,dx$

(2) $\int x\sqrt{3x^2+2}\,dx$

(3) $\int e^x\sqrt{e^x+2}\,dx$

(4) $\int (1+\cos x)^3\sin x\,dx$

(5) $\int x\cos(x^2+2)\,dx$

(6) $\int xe^{-x^2}dx$

풀이

(1) $x^2+x+1=t$라고 하면 $(2x+1)\dfrac{dx}{dt}=1 \quad \therefore\ dx=\dfrac{1}{2x+1}dt$

$$\int t^3dt=\frac{1}{4}t^4+C=\frac{1}{4}(x^2+x+1)^4+C$$

(2) $3x^2+2=t$라고 하면 $6x\dfrac{dx}{dt}=1 \quad \therefore\ dx=\dfrac{1}{6x}dt$

$$\int \sqrt{t}\cdot\frac{1}{6}dt=\frac{1}{9}t^{\frac{3}{2}}+C=\frac{1}{9}\sqrt{(3x^2+2)^3}+C$$

(3) $e^x+2=t$라고 하면 $e^x\,dx=dt$

$$\int \sqrt{t}\,dt=\frac{2}{3}t^{\frac{3}{2}}+C=\frac{2}{3}\sqrt{(e^x+2)^3}+C$$

(4) $1+\cos x=t$라고 하면 $-\sin x\,dx=dt$

$$\int t^3\cdot(-dt)=-\frac{1}{4}t^4+C=-\frac{1}{4}(1+\cos x)^4+C$$

(5) $x^2+2=t$라고 하면 $2x\,dx=dt$

$$\int \cos t \cdot \frac{1}{2}dt = \frac{1}{2}\sin t + C = \frac{1}{2}\sin(x^2+2)+C$$

(6) $-x^2=t$라고 하면 $-2x\,dx=dt$

$$\int e^t \cdot \left(-\frac{1}{2}dt\right) = -\frac{1}{2}e^t + C = -\frac{1}{2}e^{-x^2}+C$$

예제 2.9

다음 부정적분을 구하여라.

(1) $\int \cot x\,dx$

(2) $\int \frac{\cos x}{3-2\sin x}dx$

(3) $\int \frac{dx}{(\cos^2 x)(1+\tan x)}$

(4) $\int \frac{3^x \ln 3}{3^x+1}dx$

(5) $\int \frac{\cos(\ln x)}{x}dx$

풀이

(1) $\cot x = \frac{\cos x}{\sin x}$에서 $\sin x = t$라 하면 $\cos x\,dx = dt$

$$\int \frac{1}{t}dt = \ln|t| + C = \ln|\sin x| + C$$

(2) $3-2\sin x = t$라고 하면 $-2\cos x\,dx = dt$

$$\int \frac{1}{t}\cdot\left(-\frac{1}{2}dt\right) = -\frac{1}{2}\ln|t| + C = -\frac{1}{2}\ln(3-2\sin x)+C$$

(3) $1+\tan x = t$라고 하면 $\sec^2 x\,dx = dt$

$$\int \frac{\sec^2 x}{1+\tan x}dx = \int \frac{1}{t}dt = \ln|t| + C = \ln|1+\tan x| + C$$

(4) $3^x+1=t$라고 하면 $3^x \ln 3\,dx = dt$

$$\int \frac{1}{t}dt = \ln|t| + C = \ln(3^x+1)+C$$

(5) $\ln x = t$라고 하면 $\frac{1}{x}dx = dt$

$$\int \cos t\,dt = \sin t + C = \sin(\ln x) + C$$

2.1.7 분수함수의 부정적분

분수함수의 부정적분은 다음과 같이 구한다.

(1) 분자의 차수가 분모의 차수보다 낮은 경우

① 분모를 인수분해하여 주어진 분수식을 부분분수로 분해한다.

② $\int \frac{f'(x)}{f(x)}dx = \ln|f(x)| + C$ (단, C는 적분상수) 임을 이용하여 부정적분을 구한다.

(2) 분자의 차수가 분모의 차수보다 높거나 같은 경우 분자를 분모로 나누어 몫과 나머지를 분리한 후 (1)의 과정을 반복한다.

예 $\int \frac{x^2}{x+1}dx = \int \left(x-1+\frac{1}{x+1}\right)dx = \frac{1}{2}x^2 - x + \ln|x+1| + C$ (단, C는 적분상수)

예제 2.10

다음 부정적분을 구하시오.

(1) $\int \frac{1}{x(x+1)}dx$

(2) $\int \frac{x+3}{x^2-1}dx$

(3) $\int \frac{x^2+1}{x+1}dx$

(4) $\int \frac{2x+1}{(x-1)(x+2)^2}dx$

풀이

(1) $\frac{1}{x(x+1)} = \frac{1}{x} - \frac{1}{x+1}$

$\int \frac{1}{x(x+1)}dx = \int \left(\frac{1}{x} - \frac{1}{x+1}\right)dx = \ln|x| - \ln|x+1| + C$ (단, C는 적분상수)

(2) $\frac{x+3}{x^2-1} = \frac{x+3}{(x-1)(x+1)} = \frac{A}{x-1} + \frac{B}{x+1}$로 놓으면

$\frac{x+3}{(x-1)(x+1)} = \frac{(A+B)x+(A-B)}{(x-1)(x+1)}$

이 등식은 x에 대한 항등식이므로 $A+B=1$, $A-B=3$

이 두 식을 연립하여 풀면 $A=2$, $B=-1$

따라서 $\frac{x+3}{x^2-1}=\frac{2}{x-1}-\frac{1}{x+1}$ 이므로

$$\int\frac{x+3}{x^2-1}dx=\int\left(\frac{2}{x-1}-\frac{1}{x+1}\right)dx=\int\frac{2}{x-1}dx-\int\frac{1}{x+1}dx$$

$$=2\ln|x-1|-\ln|x+1|+C \text{ (단, } C\text{는 적분상수)}$$

(3) $\int\frac{x^2+1}{x+1}dx=\int\left(x-1+\frac{2}{x+1}\right)dx=\frac{1}{2}x^2-x+2\ln|x+1|+C$

(4) $\frac{2x+1}{(x-1)(x+2)^2}=\frac{a}{x-1}+\frac{b}{x+2}+\frac{c}{(x+2)^2}$ 라고 하면

$$\frac{2x+1}{(x-1)(x+2)^2}=\frac{a(x+2)^2+b(x-1)(x+2)+c(x-1)}{(x-1)(x+2)^2}$$

$\therefore\ 2x+1=(a+b)x^2+(4a+b+c)x+4a-2b-c$

x에 관한 항등식이므로 $a+b=0,\ 4a+b+c=2,\ 4a-2b-c=1$

연립하여 풀면 $a=\frac{1}{3},\ b=-\frac{1}{3},\ c=1$

$$\therefore\ \frac{2x+1}{(x-1)(x+2)^2}=\frac{1}{3}\cdot\frac{1}{x-1}-\frac{1}{3}\cdot\frac{1}{x+2}+\frac{1}{(x+2)^2}$$

$$\therefore\int\frac{2x+1}{(x-1)(x+2)^2}dx=\frac{1}{3}\int\frac{1}{x-1}dx-\frac{1}{3}\int\frac{1}{x+2}dx+\int\frac{1}{(x+2)^2}dx$$

$$=\frac{1}{3}\ln|x-1|-\frac{1}{3}\ln|x+2|-\frac{1}{x+2}+C$$

예제 2.11

다음 부정적분을 구하여라.

(1) $\int\frac{2x^2}{x+1}dx$

(2) $\int\frac{x+1}{2x^2-3x-2}dx$

(3) $\int\frac{x+1}{(2x-1)^2}dx$

(4) $\int\frac{1}{x(x+1)(x+2)}dx$

풀이

(1) $\int\left(2x-2+\frac{2}{x+1}\right)dx=x^2-2x+2\ln|x+1|+C$

(2) $\frac{1}{5}\int\left(\frac{-1}{2x+1}+\frac{3}{x-2}\right)dx=-\frac{1}{10}\ln|2x+1|+\frac{3}{5}\ln|x-2|+C$

(3) $\frac{1}{2}\int\left\{\frac{1}{2x-1}+\frac{3}{(2x-1)^2}\right\}dx=\frac{1}{4}\ln|2x-1|-\frac{3}{4(2x-1)}+C$

(4) $\frac{1}{2}\int\left(\frac{1}{x}+\frac{1}{x+2}-\frac{2}{x+1}\right)dx = \frac{1}{2}(\ln|x|+\ln|x+2|-2\ln|x+1|)+C = \frac{1}{2}\ln\frac{|x(x+2)|}{(x+1)^2}+C$

2.1.8 부분적분법

미분가능한 두 함수 $f(x)$, $g(x)$에 대하여

$$\int f(x)g'(x)\,dx = f(x)g(x) - \int f'(x)g(x)\,dx$$

설명

두 함수 $f(x)$, $g(x)$가 미분가능할 때,

$$\{f(x)g(x)\}' = f'(x)g(x) + f(x)g'(x)$$

이 등식의 양변을 x에 대하여 적분하면

$$f(x)g(x) = \int\{f'(x)g(x)+f(x)g'(x)\}\,dx = \int f'(x)g(x)\,dx + \int f(x)g'(x)\,dx$$

$\therefore \int f'(x)g(x)\,dx = f(x)g(x) - \int f(x)g'(x)\,dx$ 또는

$f(x)=u$, $g(x)=v$ 이라고 하면 $\int u'v\,dx = uv - \int uv'\,dx$이다.

예제 2.12

다음 부정적분을 구하여라.

(1) $\int xe^{3x}\,dx$

(2) $\int x\cos 2x\,dx$

(3) $\int x\sin^2 x\,dx$

(4) $\int \ln(x+1)\,dx$

(5) $\int x\ln x\,dx$

(6) $\int x^2\ln x\,dx$

풀이

(1) $u' = e^{3x}$, $v = x$라고 하면 $u = \frac{1}{3}e^{3x}$, $v' = 1$이므로

준식 $= \frac{1}{3}xe^{3x} - \int \frac{1}{3}e^{3x}\,dx = \frac{1}{3}xe^{3x} - \frac{1}{9}e^{3x} + C$

(2) $u' = \cos 2x$, $v = x$라고 하면 $u = \frac{1}{2}\sin 2x$, $v' = 1$이므로

준식 $= \frac{1}{2}x\sin 2x - \int \frac{1}{2}\sin 2x\,dx = \frac{1}{2}x\sin 2x + \frac{1}{4}\cos 2x + C = \frac{1}{4}(2x\sin 2x + \cos 2x) + C$

(3) $\frac{1}{2}\int x(1-\cos 2x)\,dx$

$u' = 1 - \cos 2x$, $v = x$라고 하면 $u = x - \frac{1}{2}\sin 2x$, $v' = 1$이므로

준식 $= \frac{1}{2}\left\{\left(x - \frac{1}{2}\sin 2x\right)x - \int\left(x - \frac{1}{2}\sin 2x\right) \cdot 1\,dx\right\}$

$= \frac{1}{2}\left(x^2 - \frac{1}{2}x\sin 2x - \frac{1}{2}x^2 - \frac{1}{4}\cos 2x\right) + C = \frac{1}{8}(2x^2 - 2x\sin 2x - \cos 2x) + C$

(4) $u' = 1$, $v = \ln(x+1)$이라고 하면 $u = x$, $v' = \frac{1}{x+1}$이므로

준식 $= x\ln(x+1) - \int \frac{x}{x+1}\,dx = x\ln(x+1) - \int\left(1 - \frac{1}{x+1}\right)dx$

$= x\ln(x+1) - x + \ln(x+1) + C = (x+1)\ln(x+1) - x + C$

(5) $u' = x$, $v = \ln x$라고 하면 $u = \frac{1}{2}x^2$, $v' = \frac{1}{x}$

준식 $= \frac{1}{2}x^2\ln x - \int \frac{1}{2}x^2 \cdot \frac{1}{x}\,dx = \frac{1}{2}x^2\ln x - \frac{1}{2}\int x\,dx = \frac{1}{2}x^2\ln x - \frac{1}{4}x^2 + C$

(6) $u' = x^2$, $v = \ln x$라고 하면 $u = \frac{1}{3}x^3$, $v' = \frac{1}{x}$이므로

준식 $= \frac{1}{3}x^3\ln x - \int \frac{1}{3}x^3 \cdot \frac{1}{x}\,dx = \frac{1}{3}x^3\ln x - \frac{1}{9}x^3 + C$

예제 2.13

다음 부정적분을 구하여라.

(1) $\int x^2 e^{-x}\,dx$

(2) $\int x^2 \cos x\,dx$

(3) $\int x(\ln x)^2\,dx$

(4) $\int e^x \cos x\,dx$

풀이

(1) $u' = e^{-x}$, $v = x^2$이라고 하면 $u = -e^{-x}$, $v' = 2x$이므로

준식 $= -x^2e^{-x} - \int(-e^{-x}) \cdot 2x\,dx = -x^2e^{-x} + 2\int xe^{-x}\,dx$

$\int xe^{-x}\,dx$에서 다시 $u' = e^{-x}$, $v = x$라고 하면 $u = -e^{-x}$, $v' = 1$이므로

$\int xe^{-x}\,dx = -xe^{-x} - \int(-e^{-x})\,dx = -xe^{-x} - e^{-x} + C_1$

준식 $= -x^2e^{-x} + 2(-xe^{-x} - e^{-x}) + 2C_1 = -(x^2 + 2x + 2)e^{-x} + C$

(2) $u' = \cos x$, $v = x^2$이라고 하면 $u = \sin x$, $v' = 2x$

준식 $= x^2\sin x - 2\int x\sin x\,dx$

$\int x\sin x\,dx$에서 다시 $u' = \sin x$, $v = x$라고 하면 $u = -\cos x$, $v' = 1$이므로

$\int x\sin x\,dx = -x\cos x - \int(-\cos x)\,dx = -x\cos x + \sin x + C_1$

준식 $= x^2\sin x - 2(-x\cos x + \sin x + C_1) = (x^2 - 2)\sin x + 2x\cos x + C$

(3) $u' = x$, $v = (\ln x)^2$이라고 하면 $u = \frac{1}{2}x^2$, $v' = 2\ln x \cdot \frac{1}{x}$

준식 $= \frac{1}{2}x^2(\ln x)^2 - \int x\ln x\,dx$

$\int x\ln x\,dx$에서 다시 $u' = x$, $v = \ln x$라고 하면 $u = \frac{1}{2}x^2$, $v' = \frac{1}{x}$이므로

$\int x\ln x\,dx = \frac{1}{2}x^2\ln x - \int \frac{1}{2}x^2 \cdot \frac{1}{x}\,dx = \frac{1}{2}x^2\ln x - \frac{1}{4}x^2 + C_1$

준식 $= \frac{1}{2}x^2(\ln x)^2 - \left(\frac{1}{2}x^2\ln x - \frac{1}{4}x^2 + C_1\right) = \frac{1}{2}x^2\left\{(\ln x)^2 - \ln x + \frac{1}{2}\right\} + C$

(4) $u' = e^x$, $v = \cos x$라고 하면 $u = e^x$, $v' = -\sin x$이므로

$I = \int e^x\cos x\,dx = e^x\cos x + \int e^x\sin x\,dx$ ①

$\int e^x\sin x\,dx$에서 $u' = e^x$, $v = \sin x$라고 하면 $u = e^x$, $v' = \cos x$이므로

$\int e^x\sin x\,dx = e^x\sin x - \int e^x\cos x\,dx = e^x\sin x - I$

①에 대입하면 $I = e^x\cos x + e^x\sin x - I$

$\therefore\ 2I = e^x(\cos x + \sin x)$

$\therefore\ \int e^x\cos x\,dx = \frac{1}{2}e^x(\sin x + \cos x) + C$

2.1.9 역삼각함수를 포함하는 적분

역삼각함수의 도함수에 대응되는 적분 공식을 얻어 보자.

$$\frac{d}{dx}\sin^{-1}x = \frac{1}{\sqrt{1-x^2}}$$

이므로

$$\int \frac{1}{\sqrt{1-x^2}}\,dx = \sin^{-1}x + C$$

이다. 마찬가지로

$$\frac{d}{dx}\cos^{-1}x = \frac{-1}{\sqrt{1-x^2}}$$

이므로

$$\int \frac{1}{\sqrt{1-x^2}}\,dx = -\cos^{-1}x + C$$

이 된다. 유사한 방법을 사용하면 다음과 같은 두 공식을 얻을 수 있다.

$$\int \frac{1}{1+x^2}\,dx = \tan^{-1}x + C$$

$$\int \frac{1}{|x|\sqrt{x^2-1}}\,dx = \sec^{-1}x + C$$

예제 2.14

$\int \frac{1}{9+x^2}\,dx$ 를 구하여라.

풀이

피적분 함수는 $\tan^{-1}x$의 미분과 유사하다. 적분식을 다시 쓰면

$$\int \frac{1}{9+x^2}\,dx = \frac{1}{9}\int \frac{1}{1+\left(\frac{x}{3}\right)^2}\,dx$$

이다. $u = \frac{x}{3}$라 놓으면 $du = \frac{1}{3}\,dx$이므로

$$\int \frac{1}{9+x^2}\,dx = \frac{1}{9}\int \frac{1}{1+\left(\frac{x}{3}\right)^2}\,dx = \frac{1}{3}\int \frac{1}{1+\left(\frac{x}{3}\right)^2}\,\frac{1}{3}\,dx$$

$$= \frac{1}{3}\int \frac{1}{1+u^2}\,du = \frac{1}{3}\tan^{-1}u + C = \frac{1}{3}\tan^{-1}\left(\frac{x}{3}\right) + C$$

예제 2.15

$\int \frac{e^x}{1+e^{2x}}\,dx$ 를 구하여라.

풀이

부정적분을 직접 구할 수 없으므로 $e^{2x} = (e^x)^2$임에 착안하자. $u = e^x$라 놓으면 $du = e^x\,dx$이므로

$$\int \frac{e^x}{1+e^{2x}}\,dx = \int \frac{1}{1+(e^x)^2}e^x\,dx = \int \frac{1}{1+u^2}\,du = \tan^{-1}u + C = \tan^{-1}(e^x) + C$$

예제 2.16

$\int \frac{x}{\sqrt{1-x^4}}\,dx$ 를 구하여라.

풀이

적분을 다음과 같이 변형하자.

$$\int \frac{x}{\sqrt{1-x^4}}\,dx = \int \frac{x}{\sqrt{1-(x^2)^2}}\,dx$$

$u = x^2$ 이라 놓으면 $du = 2x\,dx$ 이므로

$$\int \frac{x}{\sqrt{1-x^4}}\,dx = \frac{1}{2}\int \frac{2x}{\sqrt{1-(x^2)^2}}\,dx = \frac{1}{2}\int \frac{1}{\sqrt{1-u^2}}\,du$$

$$= \frac{1}{2}\sin^{-1}u + C = \frac{1}{2}\sin^{-1}(x^2) + C$$

Integration Formulas (적분 공식)

- Basic Integration Formulas (기본 적분)

$$\int k\,dx = kx + c \quad (k : \text{상수})$$

$$\int \frac{1}{x}\,dx = \ln|x| + C$$

$$\int x^n\,dx = \frac{1}{n+1}x^{n+1} + C,\ n \neq -1$$

- Integration of Exponential Functions (지수함수 적분)

$$\int e^x\,dx = e^x + C$$

$$\int a^x\,dx = \frac{a^x}{\ln a} + C \quad (a > 0,\ a \neq 1)$$

- Integration of Trigonometric Functions (삼각함수 적분)

$$\int \cos x\,dx = \sin x + C$$

$$\int \sin x\,dx = -\cos x + C$$

$$\int \sec^2 x\,dx = \tan x + C$$

$$\int \csc^2 x\,dx = -\cot x + C$$

$$\int \sec x \tan x\,dx = \sec x + C$$

$$\int \csc x \cot x\,dx = -\csc x + C$$

$\int \tan x\,dx = \ln|\sec x| + C = -\ln|\cos x| + C$ $\int \cot x\,dx = \ln|\sin x| + C = -\ln|\csc x| + c$

$\int \sec x\,dx = \ln|\sec x + \tan x| + C$ $\int \csc x\,dx = \ln|\csc x - \cot x| + C$

$$\int \sin^2 x\,dx = \int \left(\frac{1}{2} - \frac{1}{2}\cos 2x\right) dx = \frac{1}{2}x - \frac{1}{4}\sin 2x + C$$

$$\int \cos^2 x\,dx = \int \left(\frac{1}{2} + \frac{1}{2}\cos 2x\right) dx = \frac{1}{2}x + \frac{1}{4}\sin 2x + C$$

■ Integration Using Reverse Chain Rule (역 연쇄법칙을 사용한 적분)

$\int e^{kx} = \frac{1}{k}e^{kx} + C$ $\int \sin kx\,dx = -\frac{1}{k}\cos kx + C$

$\int \cos kx\,dx - \frac{1}{k}\sin kx + C$ $\int a^{kx}\,dx = \frac{1}{k}\frac{a^{kx}}{\ln a} + C$

$\int (kx+b)^n dx = \frac{1}{n+1} \cdot \frac{1}{k}(kx+b)^{n+1} + C$ (k, a와 b는 상수)

■ Integration of Special Fractions (특별한 분수 적분)

$$\int \frac{f'(x)}{f(x)}dx = \ln|f(x)| + C$$

■ Integration of Inverse Trigonometric Functions (역 삼각함수 적분)

$\int \frac{dx}{\sqrt{1-x^2}} = \sin^{-1}x + C$ $\int \frac{dx}{x^2+1} = \tan^{-1}x + C$

$\int \frac{dx}{x\sqrt{x^2-1}} = \sec^{-1}|x| + C$ $\int \frac{dx}{\sqrt{a^2-x^2}} = \sin^{-1}\left(\frac{x}{a}\right) + C$

$\int \frac{dx}{x^2+a^2} = \frac{1}{a}\tan^{-1}\left(\frac{x}{a}\right) + C$

연습문제 2.1

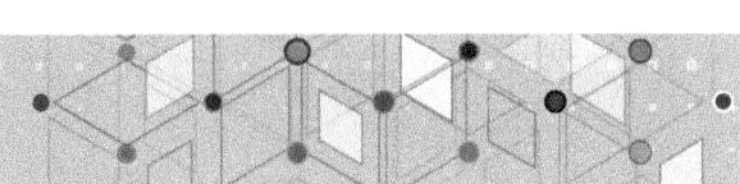

1. 부정적분을 구하여라.

(1) $\int \left(3t^2 + \frac{t}{2}\right) dt$

(2) $\int \left(\frac{1}{x^2} - x^2 - \frac{1}{3}\right) dx$

(3) $\int (\sqrt{x} + \sqrt[3]{x})\, dx$

(4) $\int \left(8y - \frac{2}{y^{\frac{1}{4}}}\right) dy$

(5) $\int 7 \sin \frac{\theta}{3}\, d\theta$

(6) $\int (-3 \csc^2 x)\, dx$

(7) $\int \frac{\csc\theta \cot\theta}{2}\, d\theta$

(8) $\int (e^{3x} + 5e^{-x})\, dx$

(9) $\int (4 \sec x \tan x - 2 \sec^2 x)\, dx$

(10) $\int (\sin 2x - \csc^2 x)\, dx$

(11) $\int \left(\frac{1}{x} - \frac{5}{x^2 + 1}\right) dx$

(12) $\int (1 + \tan^2 \theta)\, d\theta$

(힌트 : $1 + \tan^2\theta = \sec^2\theta$)

(13) $\int \cos\theta (\tan\theta + \sec\theta)\, d\theta$

(14) $\int \frac{dr}{(r+5)^2}$

(15) $\int x^3 (1 + x^4)^{-\frac{1}{4}}\, dx$

(17) $\int \sec^2 \frac{s}{10}\, ds$

(17) $\int \sin^2 \frac{x}{4}\, dx$

2. 치환을 이용하여 다음 부정적분을 구하여라.

(1) $\int \theta \sqrt[4]{1 - \theta^2}\, d\theta$

(2) $\int \frac{1}{\sqrt{x}(1 + \sqrt{x})^2}\, dx$

(3) $\int \tan x\, dx$

(4) $\int x^{\frac{1}{2}} \sin (x^{\frac{3}{2}} + 1)\, dx$

연습문제 2.1

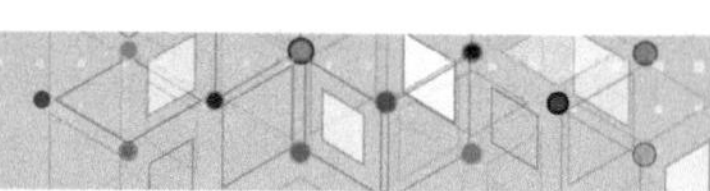

(5) $\int \frac{\sin(2t+1)}{\cos^2(2t+1)}\,dt$

(6) $\int \frac{1}{\theta^2}\sin\frac{1}{\theta}\cos\frac{1}{\theta}\,d\theta$

(7) $\int (\sin 2\theta)e^{\sin^2\theta}\,d\theta$

(8) $\int \frac{1}{\sqrt{x}\,e^{-\sqrt{x}}}\sec^2(e^{\sqrt{x}}+1)\,dx$

(9) $\int \frac{1}{x^2}e^{\frac{1}{x}}\sec(1+e^{\frac{1}{x}})\tan(1+e^{\frac{1}{x}})\,dx$

(10) $\int \frac{dx}{x\ln x}$

(11) $\int \frac{5}{9+4r^2}\,dr$

(12) $\int \frac{e^{\sin^{-1}x}\,dx}{\sqrt{1-x^2}}$

(13) $\int \frac{(\sin^{-1}x)^2\,dx}{\sqrt{1-x^2}}$

(14) $\int \frac{dy}{(\tan^{-1}y)(1+y^2)}$

(15) $\int 2(\cos x)^{-\frac{1}{2}}\sin x\,dx$

(16) $\int (2\theta+1+2\cos(2\theta+1))\,d\theta$

(17) $\int \sqrt{t}\sin(2t^{\frac{3}{2}})\,dt$

(18) $\int e^x\sec^2(e^x-7)\,dx$

(19) $\int \sec^2(x)e^{\tan x}\,dx$

(20) $\int \frac{(\ln x)^{-3}}{x}\,dx$

(21) $\int \frac{3\,dr}{\sqrt{1-4(r-1)^2}}$

(22) $\int \frac{dx}{2+(x-1)^2}$

(23) $\int \frac{dx}{(2x-1)\sqrt{(2x-1)^2-4}}$

(24) $\int \frac{16x\,dx}{\sqrt{8x^2+1}}$

(25) $\int e^{\tan u}\sec^2 u\,du$

(26) $\int \frac{2^{\sqrt{w}}\,dw}{2\sqrt{w}}$

(27) $\int \frac{2s\,ds}{\sqrt{1-s^4}}$

(28) $\int \frac{6\,dx}{x\sqrt{25x^2-1}}$

연습문제 2.1

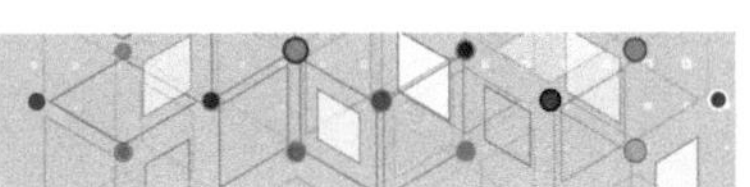

3. 다음을 완전제곱으로 변경한 후 치환하여 적분하여라.

(1) $\int \frac{dt}{\sqrt{-t^2+4t-3}}$

(2) $\int \frac{dx}{(x+1)\sqrt{x^2+2x}}$

4. 가분수함수를 변형하여 차수를 줄이고 치환하여 적분하여라.

(1) $\int \frac{x}{x+1}\,dx$

(2) $\int \frac{4t^3-t^2+16t}{t^2+4}\,dt$

(3) $\int \frac{1-x}{\sqrt{1-x^2}}\,dx$

(4) $\int \frac{x^3+x}{x-1}\,dx$

5. 부분적분법을 이용하여 적분을 구하여라.

(1) $\int x\sin\frac{x}{2}\,dx$

(2) $\int x\ln x\,dx$

(3) $\int x^3e^x\,dx$

(4) $\int \theta^2\sin 2\theta\,d\theta$

(5) $\int e^{2x}\cos 3x\,dx$

6. 피적분함수를 부분분수의 합으로 나타내고 적분을 구하여라.

(1) $\int \frac{1}{1-x^2}\,dx$

(2) $\int \frac{1}{x^2+2x}\,dx$

(3) $\int \frac{x+4}{x^2+5x-6}\,dx$

(4) $\int \frac{1}{t^3+t^2-2t}\,dt$

2.2 삼각함수의 적분

2.2.1 $\sin x$, $\cos x$의 거듭제곱의 적분

피적분함수가 하나 이상의 삼각함수의 거듭제곱을 포함하는 적분을 계산할 때, 적절한 치환이 필요하다. 다음과 같은 형태의 적분

$$\int \sin^m x \cos^n x dx$$

를 계산하는 것이다. 위 식에서 m과 n은 양의 정수이다.

경우1 : m 또는 n이 양의 홀수인 경우

m이 홀수인 경우, 먼저 $\sin x$를 하나 분리한다. 다음 $\sin^2 x$를 $1-\cos^2 x$로 바꾸고 $\cos x$를 t로 치환한다. 마찬가지로 n이 홀수인 정우에는 $\cos x$를 하나 분리한 다음 $\cos^2 x$를 $1-\sin^2 x$로 바꾸고, $\sin x$를 t로 치환한다.

예제 2.17

다음을 계산하여라.

(1) $\int \sin^3 x \cos^4 x\, dx$　　　(2) $\int \sin^3 x \cos^2 x\, dx$

풀이

(1) $t=\cos x, dt=-\sin x\, dx$

$$\begin{aligned}\int \sin^3 x \cos^4 x\, dx &= \int \sin^2 x \cos^4 x (\sin x)\, dx = \int (1-\cos^2 x)\cos^4 x \sin x\, dx \\ &= \int (\cos^4 x - \cos^6 x)\sin x\, dx = \int (t^4-t^6)(-dt) = \frac{1}{7}t^7 - \frac{1}{5}t^5 + C \\ &= \frac{\cos^7 x}{7} - \frac{\cos^5 x}{5} + C\end{aligned}$$

(2) $\int \sin^3 x \cos^2 x\, dx = \int \sin^2 x \cos^2 x \sin x\, dx = \int (1-\cos^2 x)\cos^2 x \sin x\, dx$

$$= \int (1-t^2)(t^2)(-dt) = \int (t^4 - t^2)dt = \frac{t^5}{5} - \frac{t^3}{3} + C$$

$$= \frac{\cos^5 x}{5} - \frac{\cos^3 x}{3} + C$$

예제 2.18

다음을 계산하여라.

(1) $\int \frac{\cos^3 x}{\sqrt{\sin x}} dx$ (2) $\int \cos^5 x\, dx$

풀이

(1) $t = \sin x,\ dt = \cos x\, dx$

$$\int \frac{\cos^3 x}{\sqrt{\sin x}} dx = \int \frac{\cos^2 x \cos x}{\sqrt{\sin x}} dx = \int \frac{(1-\sin^2 x)(\cos x)}{\sqrt{\sin x}} dx = \int \frac{(1-t^2)}{\sqrt{t}} dt$$

$$= \int t^{-\frac{1}{2}} - t^{\frac{3}{2}}\, dt = 2t^{\frac{1}{2}} - \frac{2}{5} t^{\frac{5}{2}} + C = 2(\sin x)^{\frac{1}{2}} - \frac{2}{5}(\sin x)^{\frac{5}{2}} + C$$

(2) $t = \sin x,\ dt = \cos x\, dx$

$$\int \cos^5 x\, dx = \int \cos^4 x \cos x\, dx = \int (\cos^2 x)^2 \cos x\, dx = \int (1-\sin^2 x)^2 \cos x\, dx$$

$$= \int (1-2t^2+t^4)dt = t - \frac{2}{3}t^3 + \frac{1}{5}t^5 + C = \sin x - \frac{2}{3}\sin^3 x + \frac{1}{5}\sin^5 x + C$$

경우2 : m과 n이 양의 짝수인 경우

거듭제곱의 차수를 줄이기 위해 싸인과 코싸인에 대한 반각공식을 사용한다. 즉

$\sin^2 x = \frac{1}{2}(1-\cos 2x)$, $\cos^2 x = \frac{1}{2}(1+\cos 2x)$을 사용한다.

예제 2.19

$\int \sin^2 x\, dx$를 계산하여라.

풀이

코사인에 대한 반각공식을 사용하면

$$\int \sin^2 x\, dx = \frac{1}{2}\int (1-\cos 2x)dx = \frac{1}{2}x - \frac{1}{4}\sin 2x + C$$

예제 2.20

$\int \cos^4 x\, dx$를 계산하여라.

풀이

코사인에 대한 반각공식을 사용하면

$$\int \cos^4 x\, dx = \int (\cos^2 x)^2 dx = \frac{1}{4}\int (1+\cos 2x)^2 dx = \frac{1}{4}\int (1+2\cos 2x+\cos^2 2x)dx$$

이고, 피적분함수의 마지막 항에 반각공식을 다시 사용하면

$$\int \cos^4 x\, dx = \frac{1}{4}\int [(1+2\cos 2x+\cos^2 2x)]dx = \frac{3}{8}x + \frac{1}{4}\sin 2x + \frac{1}{32}\sin 4x + C$$ 이다.

2.2.2 $\tan x$와 $\sec x$의 거듭제곱의 적분

이제 다음과 같은 형태의 적분

$$\int \tan^m x \sec^n x\, dx$$

(m과 n은 양의 정수)를 계산하는 방법을 살펴보자.

경우1 : m이 양의 홀수인 경우

먼저 $\sec x\tan x$를 하나 분리한다. 다음 $\tan^2 x$를 $\sec^2 x - 1$로 바꾸고 치환 $\sec x = t$로 치환한다. 다음 예제에서 이 경우를 살펴보자.

예제 2.21

다음을 계산하여라.

(1) $\displaystyle\int \frac{\tan^3 x}{\sqrt{\sec x}}dx$ (2) $\displaystyle\int \tan^3 x \sec^3 x\, dx$

풀이

(1) $t = \sec x,\ dt = \sec x\tan x\, dx$

$$\int \frac{\tan^3 x}{\sqrt{\sec x}}dx = \int (\sec x)^{-1/2}\tan^3 x\, dx = \int (\sec x)^{-3/2}(\tan^2 x)(\sec x\tan x)dx$$

$$\int (\sec x)^{-3/2}(\sec^2 x - 1)(\sec x\tan x)dx = \int t^{1/2} - t^{-3/2}dt = \frac{2}{3}t^{3/2} + 2t^{-1/2} + C$$

$$= \frac{2}{3}(\sec x)^{3/2} + 2(\sec x)^{-1/2} + C$$

(2) $\displaystyle\int \tan^3 x\sec^3 x\, dx = \int \tan^2 x\sec^2 x(\sec x\tan x)dx = \int (\sec^2 x - 1)\sec^2 x\,(\sec x\tan x)dx$

여기서 두 번째 등식에서 $\tan^2 x = \sec^2 x - 1$을 사용하였다.

이제 $\sec x$를 t로 치환하면, $dt = \sec x\tan x\, dx$가 되어

$$\int \tan^3 x\sec^3 x\, dx = \int (\sec^2 x - 1)\sec^2 x\,(\sec x\tan x)dx = \int (t^2 - 1)t^2 dt = \int (t^4 - t^2)dt$$

$$= \frac{1}{5}t^5 - \frac{1}{3}t^3 + C = \frac{1}{5}\sec^5 x - \frac{1}{3}\sec^3 x + C$$

경우2 : n이 양의 짝수인 경우

먼저 $\sec^2 x$를 하나 분리한다. 다음 남아있는 $\sec^2 x$를 $1 + \tan^2 x$로 바꾸고 $\tan x$를 t로 치환한다.

예제 2.22

다음을 계산하여라.

(1) $\int \sec^4 3x \tan^3 3x\, dx$ (2) $\int \tan^2 x \sec^4 x\, dx$

풀이

(1) $t = \tan 3x,\ dt = 3\sec^2 3x\, dx$

$$\int \sec^4 3x \tan^3 3x\, dx = \int \sec^2 3x \tan^3 3x (\sec^2 3x) dx = \int (1+\tan^2 3x)\tan^3 3x (\sec^2 3x) dx$$

$$= \frac{1}{3}\int t^3 + t^5 dt = \frac{1}{3}(\frac{t^4}{4} + \frac{t^6}{6}) + C = \frac{\tan^4 3x}{12} + \frac{\tan^6 3x}{18} + C$$

(2) $\tan x$를 t로 치환하면 $dt = \sec^2 x\, dx$가 되어

$$\int \tan^2 x \sec^4 x\, dx = \int \tan^2 x(1+\tan^2 x)\sec^2 x dx = \int t^2(1+t^2)dt = \int (t^2+t^4)dt$$

$$= \frac{1}{3}t^3 + \frac{1}{5}t^5 + C = \frac{1}{3}\tan^3 x + \frac{1}{5}\tan^5 x + C$$이다.

2.2.3 $\sin x$와 $\cos x$의 곱

적분 $\int \sin mx \sin nx\, dx$, $\int \sin mx \cos nx\, dx$, $\int \cos mx \cos nx\, dx$는 삼각함수가 응용되는 수학과 자연과학의 여러 분야의 문제에 자주 나타난다.

$$\sin mx \sin nx = \frac{1}{2}[\cos(m-n)x - \cos(m+n)x]$$

$$\sin mx \cos nx = \frac{1}{2}[\sin(m-n)x + \sin(m+n)x]$$

$$\cos mx \cos nx = \frac{1}{2}[\cos(m-n)x + \cos(m+n)x]$$

예제 2.23

다음을 계산하여라.

(1) $\int \sin 5x \cos 4x \, dx$ (2) $\int \cos 4x \cos 6x \, dx$

(3) $\int \sin 3x \sin x \, dx$

풀이

(1) $\int \sin 5x \cos 4x \, dx = \frac{1}{2}\int (\sin x + \sin 9x)dx = \frac{1}{2}(-\cos x - \frac{\cos 9x}{9}) + C$

$= -\frac{\cos x}{2} - \frac{\cos 9x}{18} + C$

(2) $\int \cos 4x \cos 6x \, dx = \int \frac{1}{2}(\cos 2x + \cos 10x)dx = \frac{1}{4}\sin 2x + \frac{1}{20}\sin 10x + C$

(3) $\int \sin 3x \sin x \, dx = \int \frac{1}{2}(\cos 2x - \cos 4x)dx = \frac{1}{4}\sin 2x - \frac{1}{8}\sin 4x + C$

연습문제 2.2

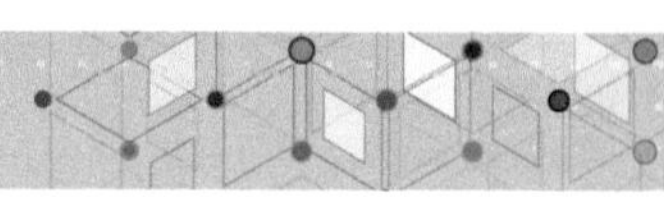

1. $\sin x$와 $\cos x$의 거듭제곱꼴의 형태를 적분하여라.

(1) $\int \cos^3 x \sin x\,dx$　(2) $\int \sin^3 x\,dx$

(3) $\int \cos^3 x\,dx$　(4) $\int \cos^2 x\,dx$

(5) $\int 16\sin^2 x \cos^2 x\,dx$　(6) $\int 8\cos^3 2\theta \sin 2\theta\,d\theta$

2. $\tan x$와 $\sec x$의 거듭제곱꼴의형태를 적분하여라.

(1) $\int \sec^2 x \tan x\,dx$　(2) $\int \sec^2 x \tan^2 x\,dx$

(3) $\int \sec^4 x\,dx$　(4) $\int \tan^3 x\,dx$

3. $\sin x$와 $\cos x$의 거듭제곱꼴의 형태를 적분하여라.

(1) $\int \sin 3x \cos 2x\,dx$　(2) $\int \cos 3x \cos 4x\,dx$

(3) $\int \sin 3x \sin 2x\,dx$　(4) $\int \cos 3x \sin 2x\,dx$

4. 다음을 적분하여라.

(1) $\int \cos^2 x \sin x\,dx$　(2) $\int \cot^3 x \csc^3 x\,dx$

(3) $\int \cot^2 x \csc^4 x\,dx$　(4) $\int \tan x \sec^4 x\,dx$

(5) $\int \sqrt{\sin x}\,\cos^5 x\,dx$　(6) $\int \cos^4 x \sin^3 x\,dx$

2.3 정적분의 정의와 계산

2.3.1 정적분의 정의

함수 $f(x)$가 닫힌 구간 $[a, b]$에서 연속일 때, 닫힌 구간 $[a, b]$를 n등분하여 양끝점을 포함한 각 등분점의 x좌표를 차례로

$$x_0(=a), x_1, x_2, x_3, \cdots, x_n(=b)$$

이라 할 때,

$$\lim_{n\to\infty}\sum_{k=1}^{n} f(x_k)\Delta x \text{ (단, } \Delta x = \frac{b-a}{n}, x_k = a + k\Delta x)$$

의 값이 존재한다.(그림 2.1)

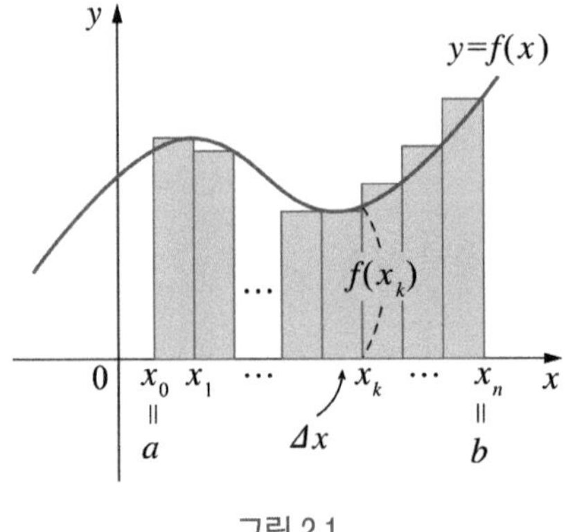

그림 2.1

이 값을 함수 $f(x)$의 a에서 b까지의 정적분이라 하고, 기호로 $\int_a^b f(x)\,dx$로 나타낸다. 즉,

$$\int_a^b f(x)\,dx = \lim_{n\to\infty}\sum_{k=1}^{n} f(x_k)\Delta x$$

이 때, a를 아래끝, b를 위끝이라 한다.

참고

(1) 곡선 $y = f(x)$와 x축 및 두 직선 $x = a$, $x = b$ (단, $a < b$)로 둘러싸인 부분의 넓이를 S라 하면

(i) [그림 2.2]와 같이 닫힌 구간 $[a, b]$에서 $f(x) > 0$인 경우에는 $\int_a^b f(x)\,dx = S$

(ii) [그림 2.3]과 같이 닫힌 구간 $[a, b]$에서 $f(x) < 0$인 경우에는 $\int_a^b f(x)\,dx = -S$

(2) [그림 2.4]와 같이 닫힌 구간 $[a, b]$에서 $f(x) \geq 0$ $(a \leq x \leq c)$ 과 $f(x) \leq 0$ $(c \leq x \leq b)$을 모두 갖는 경우에는 곡선 $y = f(x)$와 x축 및 직선 $x = a$로 둘러싸인 부분의 넓이를 S_1이라 하고 곡선 $y = f(x)$와 x축 및 직선 $x = b$로 둘러싸인 부분의 넓이를 S_2라 하면 $\int_a^b f(x)\,dx = S_1 - S_2$

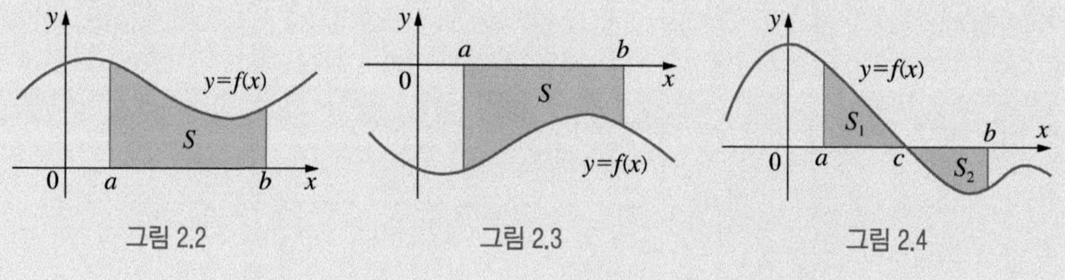

그림 2.2 그림 2.3 그림 2.4

2.3.2 정적분의 기본 정리

함수 $f(x)$가 닫힌 구간 $[a, b]$에서 연속이고, $F(x)$가 $f(x)$의 한 부정적분이면

$$\int_a^b f(x)\,dx = [F(x)]_a^b = F(b) - F(a)$$

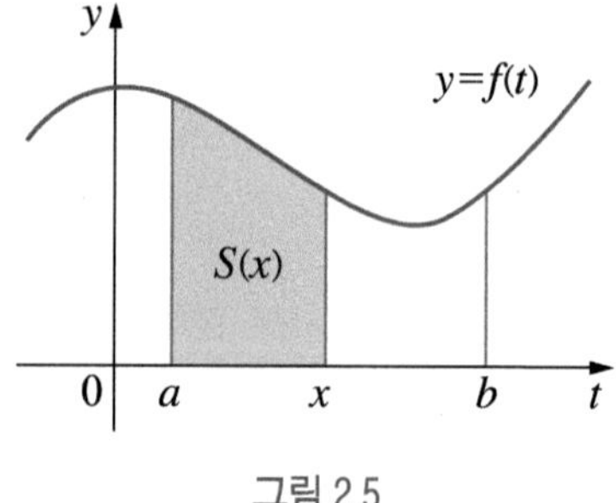

그림 2.5

(i) $f(t) \geq 0$이고 곡선 $y = f(t)$와 두 직선 $t = a$, $t = x$ $(a \leq x \leq b)$ 및 t축으로 둘러싸인 부분의 넓이를 $S(x)$라 하면

$$S(x) = \int_a^x f(t)\,dt$$

이 때, $\Delta x > 0$이라 하면 함수 $f(t)$는 닫힌 구간 $[x, x + \Delta x]$에서 연속이므로 최댓값 M, 최솟값 m을 갖는다.

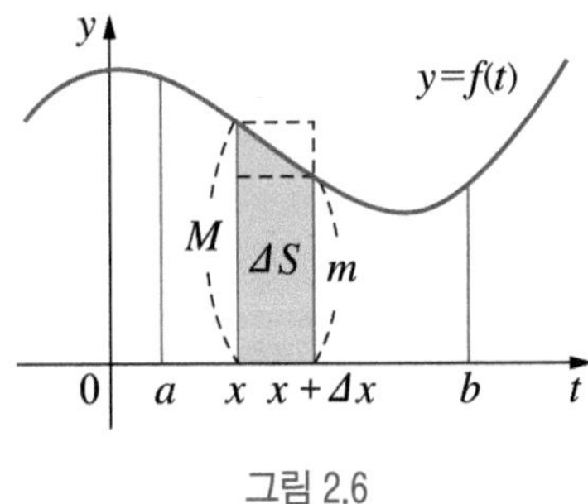

그림 2.6

그러므로 $\Delta S = S(x + \Delta x) - S(x)$라 하면

$$m \cdot \Delta x \leq \Delta S \leq M \cdot \Delta x, \quad m \leq \frac{\Delta S}{\Delta x} \leq M$$

$$\therefore \lim_{\Delta x \to 0} m \leq \lim_{\Delta x \to 0} \frac{\Delta S}{\Delta x} \leq \lim_{\Delta x \to 0} M$$

여기에서 $\Delta x \to 0$이면 $m \to f(x)$, $M \to f(x)$이므로 $S'(x) = f(x)$,

즉 $\dfrac{d}{dx}\displaystyle\int_a^x f(t)\,dt = f(x)$

$S(x)$가 $f(x)$의 한 부정적분이므로 $f(x)$의 또 다른 부정적분을 $F(x)$라 하면

$$S(x) = \int_a^x f(t)\,dt = F(x) + C \text{ (단, } C\text{는 적분상수)} \quad (1)$$

$S(a) = 0$이므로 $C = -F(a)$

(1)에서 $x = b$를 대입하고 적분변수 t를 x로 바꾸면

$$\int_a^b f(x)\,dx = F(b) - F(a) \quad (2)$$

(ii) $f(t) \le 0$, $\Delta x < 0$일 때도 같은 방법으로 하면 위의 식이 성립한다.

이 때, (2)의 우변 $F(b) - F(a)$를 기호로 $[F(x)]_a^b$와 같이 나타낸다.

예제 2.24

다음 정적분의 값을 구하여라.

(1) $\displaystyle\int_0^1 x(1-x)\,dx$

(2) $\displaystyle\int_{-1}^1 x(1-x)^2\,dx$

(3) $\displaystyle\int_0^1 (x+1)(x^2-x+1)\,dx$

(4) $\displaystyle\int_{-1}^2 (y+1)(y^2-1)\,dy$

풀이

(1) $\displaystyle\int_0^1 (x-x^2)\,dx = \left[\frac{1}{2}x^2 - \frac{1}{3}x^3\right]_0^1 = \frac{1}{6}$

(2) $\displaystyle\int_{-1}^1 (x-2x^2+x^3)\,dx = \left[\frac{1}{2}x^2 - \frac{2}{3}x^3 + \frac{1}{4}x^4\right]_{-1}^1 = -\frac{4}{3}$

(3) $\displaystyle\int_0^1 (x^3+1)\,dx = \left[\frac{1}{4}x^4 + x\right]_0^1 = \frac{5}{4}$

(4) $\displaystyle\int_{-1}^2 (y^3+y^2-y-1)\,dy = \left[\frac{1}{4}y^4 + \frac{1}{3}y^3 - \frac{1}{2}y^2 - y\right]_{-1}^2 = \frac{9}{4}$

예제 2.25

다음 정적분의 값을 구하여라.

(1) $\displaystyle\int_1^4 \frac{(\sqrt{x}+1)^3}{\sqrt{x}}\,dx$

(2) $\displaystyle\int_{-1}^2 \frac{x}{x^2-x-6}\,dx$

(3) $\displaystyle\int_0^\pi (e^{4x} - \sin^2 x)\,dx$

풀이

(1) $\displaystyle\int_1^4 \frac{(\sqrt{x}+1)^3}{\sqrt{x}}\,dx = \int_1^4 \frac{x\sqrt{x}+3x+3\sqrt{x}+1}{\sqrt{x}}\,dx = \int_1^4 \left(x+3\sqrt{x}+3+\frac{1}{\sqrt{x}}\right)dx$

$$= \left[\frac{x^2}{2}+2x\sqrt{x}+3x+2\sqrt{x}\right]_1^4 = \left(\frac{16}{2}+2\cdot4\sqrt{4}+3\cdot4+2\sqrt{4}\right)-\left(\frac{1}{2}+2+3+2\right) = \frac{65}{2}$$

(2) $\displaystyle\int_{-1}^{2}\frac{x}{x^2-x-6}\,dx = \int_{-1}^{2}\frac{x}{(x-3)(x+2)}\,dx = \int_{-1}^{2}\frac{1}{5}\left(\frac{3}{x-3}+\frac{2}{x+2}\right)dx$

$$= \left[\frac{1}{5}(3\ln|x-3|+2\ln|x+2|)\right]_{-1}^{2} = \frac{1}{5}\{(3\ln 1+2\ln 4)-(3\ln 4+2\ln 1)\}$$

$$= \frac{1}{5}(2\ln 4-3\ln 4) = -\frac{1}{5}\ln 4 = -\frac{2}{5}\ln 2$$

(3) $\displaystyle\int_{0}^{\pi}(e^{4x}-\sin^2 x)\,dx = \int_{0}^{\pi}\left(e^{4x}-\frac{1-\cos 2x}{2}\right)dx$

$$= \left[\frac{1}{4}e^{4x}-\frac{1}{2}x+\frac{1}{4}\sin 2x\right]_0^{\pi} = \left(\frac{1}{4}e^{4\pi}-\frac{\pi}{2}\right)-\left(\frac{1}{4}e^0\right) = \frac{1}{4}(e^{4\pi}-2\pi-1)$$

2.3.3 정적분의 특성

다음 정적분에 관한 정리들은 중요하다.

(1) $\displaystyle\int_a^b kf(x)\,dx = k\int_a^b f(x)\,dx$ (k는 상수)

(2) $\displaystyle\int_a^a f(x)\,dx = 0$

(3) $\displaystyle\int_a^b f(x)\,dx = -\int_b^a f(x)\,dx$

(4) $\displaystyle\int_a^c f(x)\,dx+\int_c^b f(x)\,dx = \int_a^b f(x)\,dx$ $(a<c<b)$

(5) $\displaystyle\int_a^b [f(x)\pm g(x)]\,dx = \int_a^b f(x)\,dx \pm \int_a^b g(x)\,dx$

예제 2.26

다음 정적분을 계산하여라.

(1) $\displaystyle\int_1^2 (\sqrt{x}+1)^3\,dx - \int_1^2 (\sqrt{x}-1)^3\,dx$

(2) $\displaystyle\int_0^1 (e^{2x} - \sin x)\,dx + \int_0^1 (e^{2x} + \sin x)\,dx$

(3) $\displaystyle\int_0^{\pi} (\sin x + \cos x)^2\,dx - \int_{\pi}^0 (\sin y - \cos y)^2\,dy$

풀이

(1) $\displaystyle\int_1^2 \{(\sqrt{x}+1)^3 - (\sqrt{x}-1)^3\}\,dx = \int_1^2 (6x+2)\,dx = [3x^2+2x]_1^2 = 11$

(2) $\displaystyle\int_0^1 \{(e^{2x} - \sin x) + (e^{2x} + \sin x)\}\,dx = \int_0^1 2e^{2x}\,dx = [e^{2x}]_0^1 = e^2 - 1$

(3) $\displaystyle\int_0^{\pi} (\sin x + \cos x)^2\,dx + \int_0^{\pi} (\sin x - \cos x)^2\,dx$

$\displaystyle= \int_0^{\pi} \{(\sin x + \cos x)^2 + (\sin x - \cos x)^2\}\,dx = \int_0^{\pi} 2(\sin^2 x + \cos^2 x)\,dx = \int_0^{\pi} 2\,dx$

$= [2x]_0^{\pi} = 2\pi$

예제 2.27

다음 정적분을 계산하여라.

(1) $\displaystyle\int_0^1 \frac{x^3}{x+1}\,dx + \int_0^1 \frac{1}{t+1}\,dt$

(2) $\displaystyle\int_0^{\ln 3} \frac{e^{3x}}{e^x+1}\,dx - \int_{\ln 3}^0 \frac{1}{e^t+1}\,dt$

풀이

(1) $\displaystyle\int_0^1 \frac{x^3}{x+1}\,dx + \int_0^1 \frac{1}{x+1}\,dx = \int_0^1 \frac{x^3+1}{x+1}\,dx = \int_0^1 \frac{(x+1)(x^2-x+1)}{x+1}\,dx$

$\displaystyle= \int_0^1 (x^2-x+1)\,dx = \left[\frac{1}{3}x^3 - \frac{1}{2}x^2 + x\right]_0^1 = \frac{1}{3} - \frac{1}{2} + 1 = \frac{5}{6}$

(2) $\displaystyle\int_0^{\ln 3} \frac{e^{3x}}{e^x+1}\,dx + \int_0^{\ln 3} \frac{1}{e^t+1}\,dt = \int_0^{\ln 3} \frac{e^{3x}}{e^x+1}\,dx + \int_0^{\ln 3} \frac{1}{e^x+1}\,dx$

$$= \int_0^{\ln 3} \frac{e^{3x}+1}{e^x+1}\,dx = \int_0^{\ln 3} \frac{(e^x+1)(e^{2x}-e^x+1)}{e^x+1}\,dx = \int_0^{\ln 3} (e^{2x}-e^x+1)\,dx$$

$$= \left[\frac{1}{2}e^{2x}-e^x+x\right]_0^{\ln 3} = \left(\frac{1}{2}e^{2\ln 3}-e^{\ln 3}+\ln 3\right)-\left(\frac{1}{2}-1\right) = 2+\ln 3$$

2.3.4 정적분의 치환적분법

닫힌 구간 $[\alpha, \beta]$에서 연속인 함수 $f(t)$에 대하여 닫힌 구간 $[a, b]$에서 미분가능한 함수 $t = g(x)$의 도함수 $g'(x)$가 닫힌 구간 $[a, b]$에서 연속이고 $g(a) = \alpha$, $g(b) = \beta$이면

$$\int_a^b f(g(x))g'(x)\,dx = \int_\alpha^\beta f(t)\,dt$$

설명

닫힌 구간 $[\alpha, \beta]$에서 연속인 함수 $f(t)$의 부정적분 중 하나를 $F(t)$라고 하면

$$\int_\alpha^\beta f(t)\,dt = [F(t)]_\alpha^\beta = F(\beta)-F(\alpha)$$

이 때, 닫힌 구간 $[a, b]$에서 미분가능한 함수 $t = g(x)$의 도함수 $g'(x)$가 닫힌 구간 $[a, b]$에서 연속이고 $g(a) = \alpha$, $g(b) = \beta$라고 하면 합성함수의 미분법에 의하여

$$\{F(g(x))\}' = F'(g(x))g'(x) = f(g(x))g'(x)$$

따라서 정적분의 기본 정리에 의하여

$$\int_a^b f(g(x))g'(x)\,dx = [F(g(x))]_a^b = F(g(b))-F(g(a)) = F(\beta)-F(\alpha)$$

$$= \int_\alpha^\beta f(t)\,dt$$

이다.

참고 : 삼각치환

(1) $\int_a^b \sqrt{k^2-x^2}\,dx$는 $x=k\sin\theta\left(-\frac{\pi}{2}\le\theta\le\frac{\pi}{2}\right)$로 치환한다. (단, k는 상수)

(2) $\int_a^b \frac{1}{k^2+x^2}\,dx$는 $x=k\tan\theta\left(-\frac{\pi}{2}\le\theta\le\frac{\pi}{2}\right)$로 치환한다. (단, k는 상수)

예제 2.28

다음 정적분의 값을 구하여라.

(1) $\int_0^{\sqrt{3}} x\sqrt{x^2+1}\,dx$

(2) $\int_0^{\frac{\pi}{2}} (\sin^3 x+1)\cos x\,dx$

(3) $\int_0^{\frac{\pi}{2}} \sin x\cos 2x\,dx$

(4) $\int_0^{\frac{\pi}{2}} \frac{\sin^3 x}{1+\cos x}\,dx$

(5) $\int_0^{\frac{\pi}{2}} \frac{\cos x}{\sqrt{1+\sin x}}\,dx$

(6) $\int_{\ln 2}^{1} \frac{1}{e^x-e^{-x}}\,dx$

풀이

(1) $x^2+1=t$라고 하면 $2x\,dx=dt$이고 $x=0$일 때 $t=1$, $x=\sqrt{3}$일 때 $t=4$

$$\int_1^4 \frac{1}{2}\sqrt{t}\,dt=\left[\frac{1}{3}t\sqrt{t}\right]_1^4=\frac{7}{3}$$

(2) $\sin x=t$라고 하면 $\cos x\,dx=dt$이고 $x=0$일 때 $t=0$, $x=\frac{\pi}{2}$일 때 $t=1$

$$\int_0^1 (t^3+1)\,dt=\left[\frac{1}{4}t^4+t\right]_0^1=\frac{5}{4}$$

(3) $\cos x=t$라고 하면 $-\sin x\,dx=dt$이고 $x=0$일 때 $t=1$, $x=\frac{\pi}{2}$일 때 $t=0$

$$\int_0^{\frac{\pi}{2}} (2\cos^2 x-1)\sin x\,dx=\int_1^0 (2t^2-1)\cdot(-dt)=\left[\frac{2}{3}t^3-t\right]_0^1=-\frac{1}{3}$$

(4) $\cos x=t$라고 하면 $-\sin x\,dx=dt$이고 $x=0$일 때 $t=1$, $x=\frac{\pi}{2}$일 때 $t=0$

$$\int_0^{\frac{\pi}{2}} \frac{\sin^2 x\sin x}{1+\cos x}\,dx=\int_1^0 \frac{(1-t^2)\cdot(-1)}{1+t}\,dt=\int_0^1 \frac{1-t^2}{1+t}\,dt=\int_0^1 (1-t)\,dt$$

$$= \left[t - \frac{1}{2}t^2\right]_0^1 = \frac{1}{2}$$

(5) $1 + \sin x = t$라고 하면 $\cos x\, dx = dt$이고 $x = 0$일 때 $t = 1$, $x = \frac{\pi}{2}$일 때 $t = 2$

$$\int_1^2 \frac{1}{\sqrt{t}}\, dt = [2\sqrt{t}\,]_1^2 = 2(\sqrt{2} - 1)$$

(6) $e^x = t$라고 하면 $e^x dx = dt$이고 $x = \ln 2$일 때 $t = 2$, $x = 1$일 때 $t = e$

$$\int_{\ln 2}^1 \frac{e^x}{e^{2x} - 1}\, dx = \int_2^e \frac{dt}{t^2 - 1} = \frac{1}{2}\int_2^e \left(\frac{1}{t-1} - \frac{1}{t+1}\right) dt = \frac{1}{2}[\ln|t-1| - \ln|t+1|]_2^e$$

$$= \frac{1}{2}\ln\frac{3(e-1)}{e+1}$$

2.3.5 정적분의 부분적분법

두 함수 $f(x)$, $g(x)$가 미분가능하고, $f'(x)$, $g'(x)$가 닫힌 구간 $[a, b]$에서 연속일 때,

$$\int_a^b f'(x)g(x)\, dx = [f(x)g(x)]_a^b - \int_a^b f(x)g'(x)\, dx$$

설명

두 함수 $f(x)$, $g(x)$가 미분가능할 때, 두 함수의 곱 $f(x)g(x)$를 미분하면

$$\{f(x)g(x)\}' = f'(x)g(x) + f(x)g'(x)$$

이므로 $f(x)g(x)$는 $f'(x)g(x) + f(x)g'(x)$의 부정적분 중 하나이다.

$$\int_a^b \{f'(x)g(x) + f(x)g'(x)\}\, dx = [f(x)g(x)]_a^b$$

이므로 $\int_a^b f'(x)g(x)\, dx + \int_a^b f(x)g'(x)\, dx = [f(x)g(x)]_a^b$

$$\therefore \int_a^b f'(x)g(x)\, dx = [f(x)g(x)]_a^b - \int_a^b f(x)g'(x)\, dx$$

예제 2.29

다음 정적분의 값을 구하여라.

(1) $\int_0^{\pi} x(\sin x+\cos x)\,dx$

(2) $\int_1^{2} \ln x^3\,dx$

(3) $\int_0^{1} x\ln(2x+1)\,dx$

(4) $\int_e^{e^2} (\ln x)^2\,dx$

(5) $\int_e^{e^2} \frac{\ln x}{x^2}\,dx$

(6) $\int_0^{\pi} x^2\sin x\,dx$

풀이

(1) $\int_0^{\pi} x(\sin x+\cos x)\,dx$

$$= [x(-\cos x+\sin x)]_0^{\pi} - \int_0^{\pi}(-\cos x+\sin x)\,dx = \pi-[-\sin x-\cos x]_0^{\pi} = \pi-2$$

(2) $3\int_1^{2}\ln x\,dx = 3\left([x\ln x]_1^2-\int_1^2 x\cdot\frac{1}{x}\,dx\right) = 6\ln 2-3[x]_1^2 = 6\ln 2-3$

(3) $\int_0^{1} x\ln(2x+1)\,dx$

$$= \left[\frac{1}{2}x^2\ln(2x+1)\right]_0^1 - \int_0^1\frac{x^2}{2x+1}\,dx = \frac{1}{2}\ln 3-\int_0^1\left\{\frac{1}{2}x-\frac{1}{4}+\frac{1}{4(2x+1)}\right\}dx$$

$$= \frac{1}{2}\ln 3-\left[\frac{1}{4}x^2-\frac{1}{4}x+\frac{1}{8}\ln(2x+1)\right]_0^1 = \frac{3}{8}\ln 3$$

(4) $\int_e^{e^2}(\ln x)^2\,dx$

$$= [x(\ln x)^2]_e^{e^2}-\int_e^{e^2}x\cdot 2\ln x\cdot\frac{1}{x}\,dx = 4e^2-e-2\left([x\ln x]_e^{e^2}-\int_e^{e^2}x\cdot\frac{1}{x}\,dx\right)$$

$$= 4e^2-e-2\left\{(2e^2-e)-[x]_e^{e^2}\right\} = 2e^2-e$$

(5) $\int_e^{e^2}\frac{1}{x^2}\cdot\ln x\,dx = \left[-\frac{1}{x}\ln x\right]_e^{e^2}-\int_e^{e^2}\left(-\frac{1}{x}\cdot\frac{1}{x}\right)dx$

$$= \left(-\frac{2}{e^2}+\frac{1}{e}\right)+\left[-\frac{1}{x}\right]_e^{e^2} = \frac{2}{e}-\frac{3}{e^2}$$

(6) $\int_0^{\pi}x^2\sin x\,dx = [-x^2\cos x]_0^{\pi}-\int_0^{\pi}(-2x\cos x)\,dx = \pi^2+2\left([x\sin x]_0^{\pi}-\int_0^{\pi}\sin x\,dx\right)$

$$= \pi^2+2[\cos x]_0^{\pi} = \pi^2-4$$

2.3.6 정적분으로 정의된 함수의 미분

$f(x)$가 연속함수일 때

(1) $\frac{d}{dx}\int_a^x f(t)\,dt = f(x)$ (단, a는 상수)

(2) $\frac{d}{dx}\int_{h(x)}^{g(x)} f(t)\,dt = f(g(x))g'(x) - f(h(x))h'(x)$

특히 $\frac{d}{dx}\int_x^{x+a} f(t)\,dt = f(x+a) - f(x)$ (단, a는 상수)

증명

(1) 함수 $f(x)$가 연속이고 $x > a$이면

$$\frac{d}{dx}\int_a^x f(t)\,dt = f(x)$$

가 성립한다는 것은 이미 앞 단원에서 공부하였다.

그런데 $\int f(x)\,dx = F(x) + C$라고 하면 $F'(x) = f(x)$이고 a, x의 값의 대소에 관계없이

$\int_a^x f(t)\,dt = F(x) - F(a)$이므로

$$\frac{d}{dx}\int_a^x f(t)\,dt = \frac{d}{dx}\{F(x) - F(a)\} = F'(x) - 0 = f(x)$$

따라서 a, x의 값의 대소에 관계없이 다음이 성립한다.

$$\frac{d}{dx}\int_a^x f(t)\,dt = f(x)$$

(2) $\int_{h(x)}^{g(x)} f(t)\,dt = [F(t)]_{h(x)}^{g(x)} = F(g(x)) - F(h(x))$이므로

$$\begin{aligned}\frac{d}{dx}\int_{h(x)}^{g(x)} f(t)\,dt &= \frac{d}{dx}F(g(x)) - \frac{d}{dx}F(h(x)) \\ &= F'(g(x))g'(x) - F'(h(x))h'(x) = f(g(x))g'(x) - f(h(x))h'(x)\end{aligned}$$

예제 2.30

다음 각 함수를 x에 관하여 미분하여라.

(1) $y = \int_{2}^{x} (4t^3 + 2t^2 - 5t + 1)\,dt$

(2) $y = \int_{0}^{x} e^t \sin t\,dt$

(3) $y = \int_{0}^{x} (x - t)\cos t\,dt$

풀이

(1) $y' = 4x^3 + 2x^2 - 5x + 1$

(2) $y' = e^x \sin x$

(3) $y = \int_{0}^{x} (x-t)\cos t\,dt = \int_{0}^{x} x\cos t\,dt - \int_{0}^{x} t\cos t\,dt = x\int_{0}^{x} \cos t\,dt - \int_{0}^{x} t\cos t\,dt$

이므로

$$y' = (x)'\int_{0}^{x} \cos t\,dt + x\left(\int_{0}^{x} \cos t\,dt\right)' - \left(\int_{0}^{x} t\cos t\,dt\right)'$$

$$= \int_{0}^{x} \cos t\,dt + x\cos x - x\cos x = [\sin t]_0^x = \sin x$$

예제 2.31

다음 각 함수를 x에 관하여 미분하여라.

(1) $y = \int_{x}^{x+2} (3t^2 + 4t)\,dt$

(2) $y = \int_{x}^{x+1} \ln t\,dt$ (단, $x > 0$)

(3) $y = \int_{1}^{x^2} e^t \cos t\,dt$

(4) $y = \int_{-x}^{2x} \cos^2 t\,dt$

풀이

(1) $y' = \{3(x+2)^2 + 4(x+2)\} - (3x^2 + 4x) = 12x + 20$

(2) $y' = \ln(x+1) - \ln x = \ln \dfrac{x+1}{x}$

(3) $y' = e^{x^2}\cos x^2 \cdot (x^2)' - e \cdot \cos 1 \cdot (1)' = 2xe^{x^2}\cos x^2$

(4) $y' = \cos^2 2x \cdot (2x)' - \cos^2(-x) \cdot (-x)' = 2\cos^2 2x + \cos^2 x$

연습문제 2.3

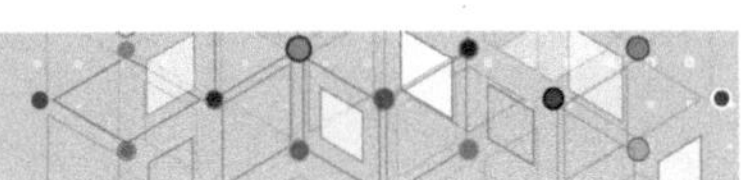

1. 다음을 정적분하여라.

(1) $\int_0^2 x(x-3)\,dx$

(2) $\int_0^4 \left(3x - \frac{1}{4}x^3\right) dx$

(3) $\int_0^{\frac{\pi}{3}} 2\sec^2 x\,dx$

(4) $\int_0^{\frac{\pi}{4}} \tan^2 x\,dx$

(5) $\int_0^{\frac{\pi}{8}} \sin 2x\,dx$

(6) $\int_{\frac{\pi}{2}}^{\pi} \frac{\sin 2x}{2\sin x}\,dx$

(7) $\int_0^{\frac{1}{2}} \frac{4}{\sqrt{1-x^2}}\,dx$

2. 다음을 구하여라.

(1) $\frac{d}{dx}\int_0^{\sqrt{x}} \cos t\,dt$

(2) $\frac{d}{dx}\int_0^{x^3} e^{-t}\,dt$

(3) $\frac{d}{dx}\int_0^{x} \sqrt{1+t^2}\,dt$

(4) $\frac{d}{dx}\int_{\sqrt{x}}^{0} \sin(t^2)\,dt$

(5) $\frac{d}{dx}\int_0^{\sin x} \frac{dt}{\sqrt{1-t^2}},\ |x| < \frac{\pi}{2}$

(6) $\frac{d}{dx}\int_0^{e^{x^2}} \frac{1}{\sqrt{t}}\,dt$

(7) $\frac{d}{dx}\int_0^{\sin^{-1}x} \cos t\,dt$

(8) $\frac{d}{dx}\int_{\frac{1}{x}}^{x} \frac{1}{t}\,dt$

(9) $\frac{d}{dy}\int_{\sqrt{y}}^{2\sqrt{y}} \sin t^2\,dt$

(10) $\frac{d}{dx}\int_{\frac{x^2}{2}}^{x^2} \ln\sqrt{t}\,dt$

(11) $\frac{d}{dx}\int_0^{\ln x} \sin e^t\,dt$

연습문제 2.3

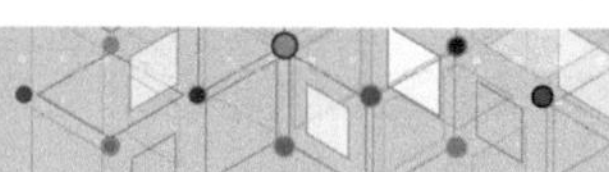

3. 치환법을 이용하여 정적분을 구하여라.

(1) $\int_0^{\frac{\pi}{4}} \tan x \sec^2 x\, dx$

(2) $\int_{-1}^{1} \frac{5r}{(4+r^2)^2}\, dr$

(3) $\int_0^{\sqrt{3}} \frac{4x}{\sqrt{x^2+1}}\, dx$

(4) $\int_0^{\frac{\pi}{6}} (1-\cos 3t)\sin 3t\, dt$

(5) $\int_0^{2\pi} \frac{\cos x}{\sqrt{4+3\sin x}}\, dx$

(6) $\int_0^{\pi} 5(5-4\cos t)^{\frac{1}{4}} \sin t\, dt$

(7) $\int_0^{\frac{\pi}{4}} (1+e^{\tan\theta})\sec^2\theta\, d\theta$

(8) $\int_0^{\pi} \frac{\sin t}{2-\cos t}\, dt$

(9) $\int_2^{4} \frac{dx}{x(\ln x)^2}$

(10) $\int_0^{\ln\sqrt{3}} \frac{e^x\, dx}{1+e^{2x}}$

(11) $\int_0^{1} \frac{4\, ds}{\sqrt{4-s^2}}$

(12) $\int_{\sqrt{2}}^{2} \frac{\sec^2(\sec^{-1}x)\, dx}{x\sqrt{x^2-1}}$

(13) $\int_0^{\pi} \sin^2 5r\, dr$

(14) $\int_{\pi}^{3\pi} \cot^2 \frac{x}{6}\, dx$

(15) $\int_{-\frac{\pi}{3}}^{0} \sec x \tan x\, dx$

(16) $\int_0^{\frac{\pi}{2}} 5(\sin x)^{\frac{3}{2}} \cos x\, dx$

(17) $\int_1^{e} \frac{1}{x}(1+7\ln x)^{-\frac{1}{3}}\, dx$

(18) $\int_1^{8} \frac{\log_4\theta}{\theta}\, d\theta$

(9) $\int_1^{4} \frac{(\ln x)^3}{2x}\, dx$

(20) $\int_{\ln\left(\frac{\pi}{6}\right)}^{\ln\left(\frac{\pi}{2}\right)} 2e^v \cos e^v\, dv$

(21) $\int_1^{\sqrt{2}} x2^{(x^2)}\, dx$

(22) $\int_0^{\frac{\pi}{2}} 7^{\cos t} \sin t\, dt$

(23) $\int_1^{4} \frac{\ln 2 \log_2 x}{x}\, dx$

(24) $\int_0^{2} \frac{\log_2(x+2)}{x+2}\, dx$

연습문제 2.3

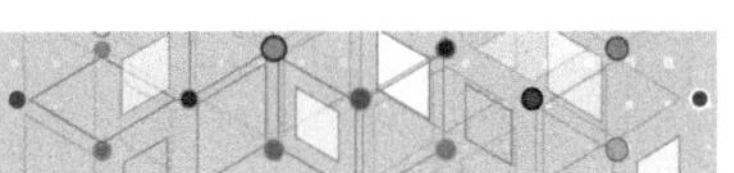

4. 다음정적분을 풀어라.

(1) $\int_{-1}^{1} xe^{x}dx$

(2) $\int_{\frac{\pi}{3}}^{\frac{\pi}{2}} x\sin x\,dx$

(3) $\int_{0}^{\frac{\pi}{2}} x^2\sin 2x\,dx$

(4) $\int_{1}^{e} x\ln x\,dx$

(5) $\int_{1}^{e} \ln x\,dx$

(6) $\int_{0}^{1} \tan^{-1}x\,dx$

(7) $\int_{\frac{1}{2}}^{1} \sin^{-1}x\,dx$

(8) $\int_{0}^{4} e^{\sqrt{x}}dx$

(9) $\int_{0}^{\pi} e^{x}\sin x\,dx$

5. 다음의 적분을 풀어라.

(1) $\int_{\frac{1}{2}}^{1} \frac{y+4}{y^2+y}dy$

(2) $\int \frac{dx}{x^2+2x}$

(3) $\int \frac{y-1}{y+1}dy$

(4) $\int \frac{x+4}{x^2+5x-6}dx$

(5) $\int \frac{dt}{t^3+t^2-2t}$

(6) $\int_{0}^{1} \frac{dx}{(x+1)(x^2+1)}$

(7) $\int \frac{4x\,dx}{(x-1)^2(x+1)}$

(8) $\int \frac{2x^2-x+4}{x(x^2+4)}dx$

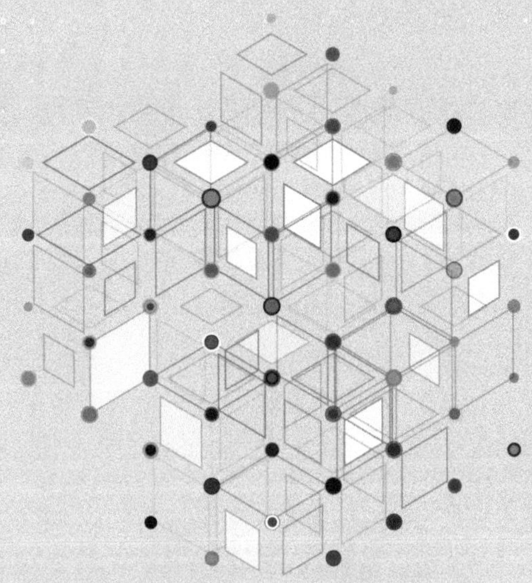

CHAPTER **3**

공간벡터

평면과 공간에서의 벡터 3.1

벡터의 성분 3.2

벡터의 내적 3.3

벡터곱 3.4

3차원공간의 직선과 평면 3.5

학습정리

수학의 응용에서 나타나는 대부분은 한 수치로 완전히 나타낼 수 있다. 예를 들면, 길이, 질량, 온도, 에너지, 면적 등이 그렇다. 이런 수치를 스칼라라 하며, 속도, 가속도, 힘 등과 같이 양을 표시하기 위해서는 크기뿐만아니라 방향의 개념을 필요로 한다. 이와 같은 양을 벡터(Vector)라 한다. 기하학, 물리학과 공학의 여러 가지 문제에 대한 벡터의 응용에 있어서 3차원 공간에서 주어진 두 벡터에 수직이 되는 벡터를 구성하는 방법을 소개하고자 한다. 3.1절에서부터 2차원 또는 3차원 공간에 있어서 두 벡터의 내적은 스칼라 였음을 상기하자. 이제 벡터곱이 벡터를 구성하는 벡터 곱셈의 하나인 형태를 정의하겠지만, 이것은 오직 3차원 공간에서만이 적용 가능하다.

3.1 평면과 공간에서의 벡터

3.1.1 벡터의 기본개념

시속 40km의 속력으로 동쪽 방향으로 항해하고 있는 배를 생각하여보자. 여기에서 속력을 나타내는 숫자 40은 단순한 양을 나타내는 실수 값으로서 이 배의 나아가는 방향을 제시하여 주지는 못한다. 물리학에서는 이 두 가지 방향과 속력을 동시에 나타내는 것으로서 속도라는 개념을 사용한다.

또한 이 배가 실제로 나아가는 속도는 해류에 의하여 영향을 받게 된다. 예를 들어 해류가 북쪽으로 시속 40km의 속력으로 흐른다면 이 배의 실제 나가는 방향의 북동쪽이 될 것이다.

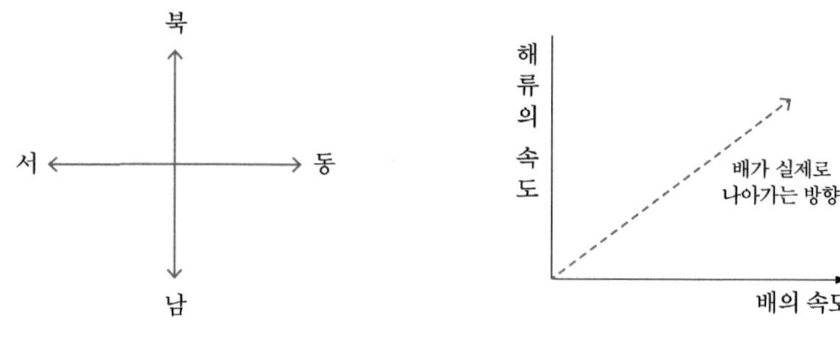

그림 3.1

이와 같이 질량, 속력 등 단순히 크기만을 생각하는 양을 스칼라(scalar)라 부르고, 속도, 가속도, 힘 등과 같이 그 크기와 방향을 동시에 생각하는 양을 벡터(vector)라 부른다. 따라서 스칼라는 단순히 실수로 나타내고, 벡터는 화살표가 붙은 유향성분으로 표시하며, 화살표의 방향은 벡터의 방향을, 선분의 길이는 벡터의 크기를 나타낸다. 예를 들어 [그림 3.2]는 동쪽 방향으로 40km/h의 속력으로 항해하는 배의 속도를 벡터로 나타낸 것이다.

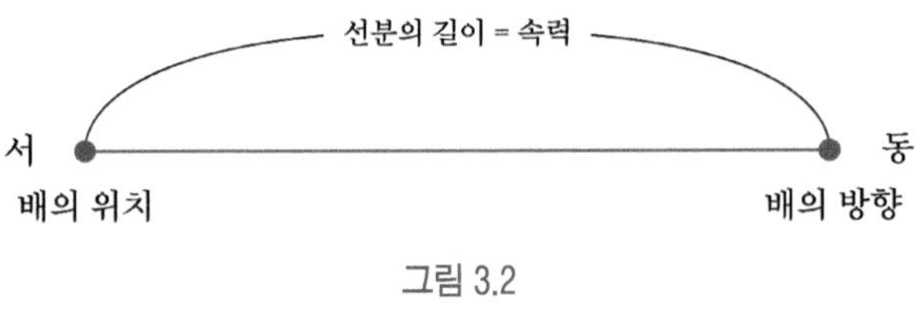

그림 3.2

> [정의 3.1]
>
> 두 점 A와 B가 주어지면 A에서 시작하여 B에서 끝나는 벡터를 $\overrightarrow{AB}$ (또는 u)로 나타내고, 점 A를 시점(initial point), B를 종점(terminal point)이라 부른다.
>
> 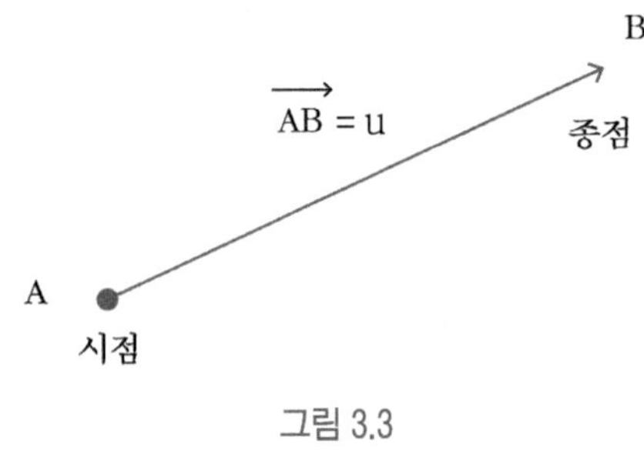
>
>
> 그림 3.3

[그림 3.4]에서와 같이 두 벡터 $\overrightarrow{AB}$와 $\overrightarrow{CD}$의 크기와 방향이 서로 잘 맞을 때, 이 두 벡터는 같다고 하고 $\overrightarrow{AB} = \overrightarrow{CD}$로 나타낸다. 다시 말하면, $\overrightarrow{AB} = \overrightarrow{CD}$라는 것은 $\overrightarrow{AB}$를 평행이동하여 $\overrightarrow{CD}$와 같게 되게 할 수 있을 때를 말하며, 이때에는 사각형 ABDC은 평행사변형이 된다.

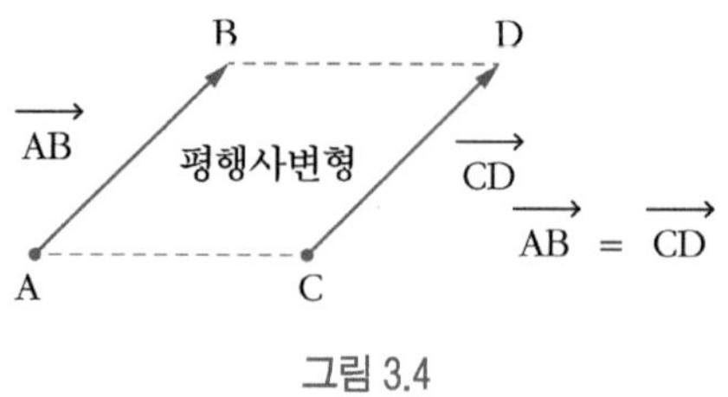

그림 3.4

예제 3.1

그림의 직육면체에서 다음에 답하여라.

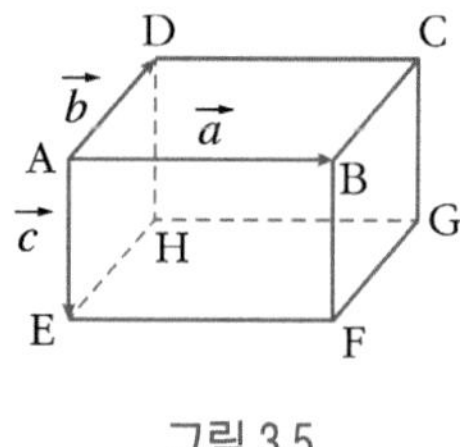

그림 3.5

(1) $\overrightarrow{AB}=\vec{a}$, $\overrightarrow{AD}=\vec{b}$, $\overrightarrow{AE}=\vec{c}$라고 할 때, 다음 각 벡터를 $\vec{a}$, $\vec{b}$, $\vec{c}$로 나타내어라.

① $\overrightarrow{HG}$　　② $\overrightarrow{EH}$　　③ $\overrightarrow{CG}$

(2) 벡터 $\overrightarrow{AC}$와 같은 벡터는 어느 것인가?

(3) 벡터 $\overrightarrow{DB}$와 크기가 같은 벡터는 어느 것인가?

풀이

(1) ① $\overrightarrow{HG}=\overrightarrow{AB}=\vec{a}$

② $\overrightarrow{EH}=\overrightarrow{AD}=\vec{b}$

③ $\overrightarrow{CG}=\overrightarrow{AE}=\vec{c}$

(2) 사각형 AEGC는 평행사변형이므로 $\overrightarrow{AC}$와 같은 것은 $\overrightarrow{EG}$

(3) 사각형 DHFB, AEGC는 평생사변형이므로 $\overline{DB}=\overline{HF}$, $\overline{AC}=\overline{EG}$

따라서 $\overrightarrow{BD}$, $\overrightarrow{HF}$, $\overrightarrow{FH}$, $\overrightarrow{AC}$, $\overrightarrow{CA}$, $\overrightarrow{EG}$, $\overrightarrow{GE}$

두 벡터의 크기와 방향이 각각 같으면 이 두 벡터는 같으므로, 한 벡터가 주어지면 평행이동하여 이 벡터의 시점을 아무 점이나 되게 할 수 있다. 따라서 벡터를 생각할 때에는 그 벡터의 시점과 종점보다도 크기와 방향이 더 중요하게 된다.
크기가 0인 벡터, 즉 시점과 종점이 같은 벡터를 영벡터(zero vector)라 하고 $\vec{O}$(또는 **0**)으로 나타낸다.

3.1.2 벡터의 합

지금까지 우리는 기하학적인 벡터에 대하여 알아 보았다. 여기에서는 벡터의 합에 대하여 알아 보자. 기하학적인 벡터의 양은 실수의 합(덧셈)과 비슷한 성질을 갖도록 정의된다. 지금 벡터의 표현을 간단히 하기 위하여, 또 시점과 종점이 명확히 나타나지 않는 벡터를 표시하는 방법으로

$$\vec{a},\ \vec{b},\ \vec{c},\cdots$$

이제 두 벡터 $\vec{a}$와 $\vec{b}$가 주어졌을 때, 두 벡터의 합 $\vec{a}+\vec{b}$를 정의하여 보자. 벡터 $\vec{b}$를 평행이동하여 $\vec{b}$를 평행이동하여 $\vec{b}$의 시점이 $\vec{a}$의 종점과 일치하도록 하였을 때, $\vec{a}+\vec{b}$는 $\vec{a}$의 시점을 시점으로 하고 $\vec{b}$의 종점을 종점으로 하는 벡터를 말한다([그림 3.6] 참조).

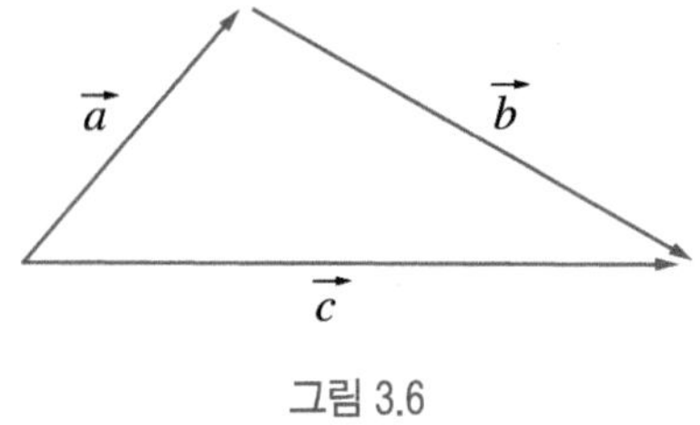

그림 3.6

위와 같이 벡터의 합을 구하는 방법을 벡터의 합의 삼각형법칙이라고 한다.

예제 3.2

공간상의 세 점 A, B, C 가 주어졌을 때

$$\overrightarrow{AB} + \overrightarrow{BC} = \overrightarrow{AC}$$

임을 보여라.

풀이

[그림 3.7]에서와 같이 벡터 $\overrightarrow{AB}$의 종점과 $\overrightarrow{BC}$의 시점이 점 B로서 일치하므로 $\overrightarrow{AB}+\overrightarrow{BC}$는 $\overrightarrow{AB}$의 시점 A를 시점으로 하고 BC의 종점 C를 종점으로 하는 $\overrightarrow{AC}$가 된다.

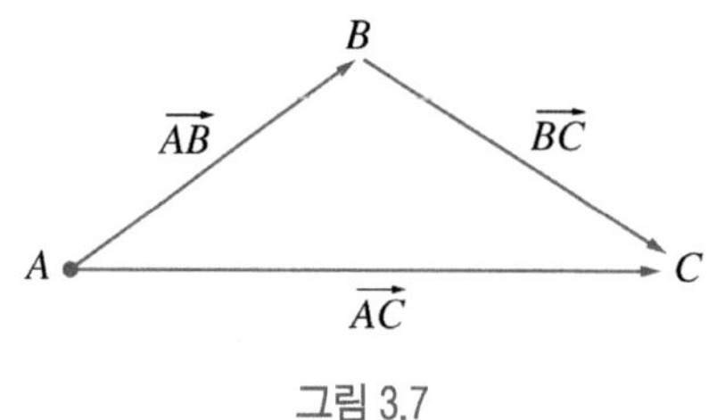

그림 3.7

예제 3.3

공간상의 세 점 A, B, C 가 주어졌을 대, 한 점 D를 택하여 사각형 ABDC가 평행사변형이 되도록 하였을 때

$$\overrightarrow{AB} + \overrightarrow{AC} = \overrightarrow{AD}$$

임을 보여라.

풀이

사각형 ABDC가 평행사변형이므로 [그림 3.8]에서와 같이 벡터들의 상등법칙에 의하여 $\overrightarrow{AC}=\overrightarrow{BD}$가 된다. 따라서 $\overrightarrow{AC}$를 평행이동하여 시점이 $\overrightarrow{AB}$의 종점과 일치시켰을 때의 벡터 $\overrightarrow{BD}$의 종점이 D이므로 $\overrightarrow{AB}+\overrightarrow{AC}=\overrightarrow{AD}$임을 알 수 있다. 이와 같이 벡터의 합을 구하는 방법을 벡터의 합의 평행사변형법칙이라고 한다.

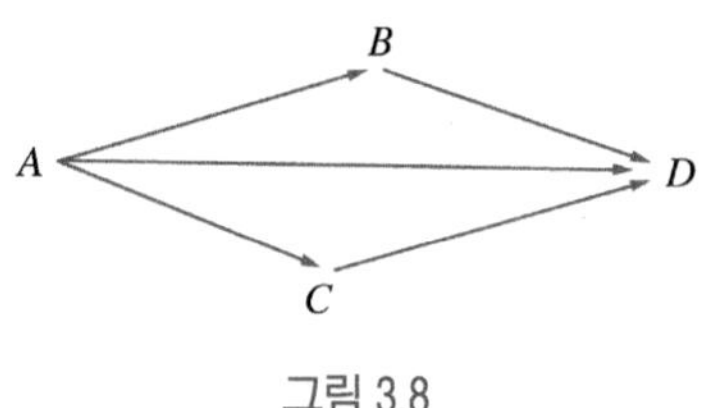

그림 3.8

벡터의 합에 대해서는 실수의 합에서와 마찬가지로 교환법칙, 결합법칙이 성립한다.

예제 3.4

다음 직육면체에서 $\overrightarrow{\mathrm{AB}}=\vec{a}$, $\overrightarrow{\mathrm{AD}}=\vec{b}$, $\overrightarrow{\mathrm{AE}}=\vec{c}$ 일 때, $\overrightarrow{\mathrm{AC}}$, $\overrightarrow{\mathrm{AG}}$ 를 $\vec{a}$, $\vec{b}$, $\vec{c}$로 나타내어라.

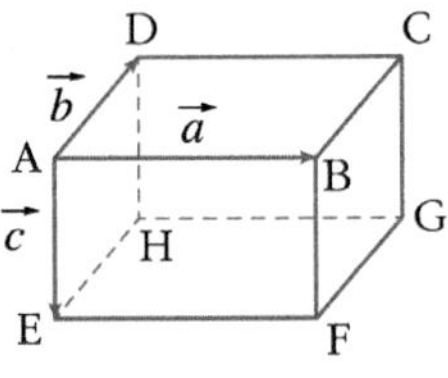

그림 3.9

풀이

$\overrightarrow{\mathrm{AC}}=\overrightarrow{\mathrm{AB}}+\overrightarrow{\mathrm{BC}}=\overrightarrow{\mathrm{AB}}+\overrightarrow{\mathrm{AD}}=\vec{a}+\vec{b}$

$\overrightarrow{\mathrm{AG}}=\overrightarrow{AC}+\overrightarrow{\mathrm{CG}}=(\overrightarrow{\mathrm{AB}}+\overrightarrow{\mathrm{AD}})+\overrightarrow{\mathrm{AE}}$

$=\vec{a}+\vec{b}+\vec{c}$

예제 3.5

A, B, C 가 서로 다른 세 점일 때 $\overrightarrow{\mathrm{AB}}+\overrightarrow{\mathrm{BC}}+\overrightarrow{\mathrm{CA}}=\vec{0}$ 임을 보여라.

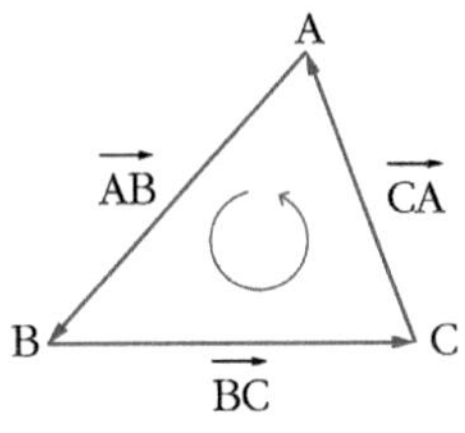

그림 3.10

풀이

$(\overrightarrow{\mathrm{AB}}+\overrightarrow{\mathrm{BC}})+\overrightarrow{\mathrm{CA}}=\overrightarrow{\mathrm{AC}}+\overrightarrow{\mathrm{CA}}=\overrightarrow{\mathrm{AA}}=\vec{0}$

3.1.3 벡터의 차

벡터 $\vec{a}$에 대하여 $\vec{a}$와 방향이 반대이고 크기가 같은 벡터를 $-\vec{a}$로 나타내고 $\vec{a}$의 역벡터라고 한다.

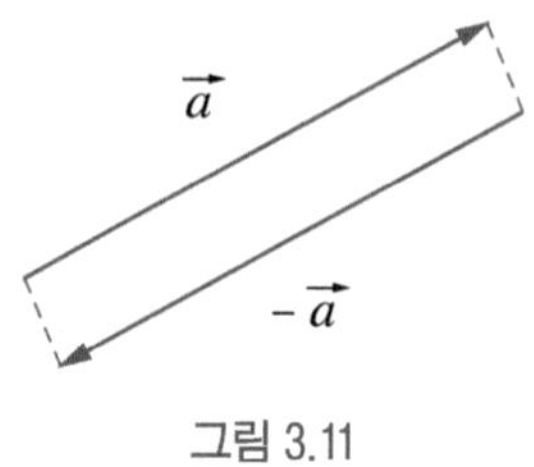

그림 3.11

예를 들어 두 점 A, B에 대하여 $\overrightarrow{\mathrm{BA}} = -\overrightarrow{\mathrm{AB}}$가 된다.

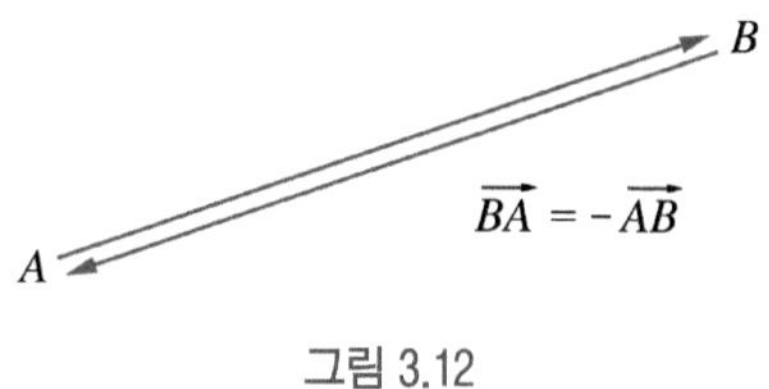

그림 3.12

예제 3.6

아래 직사각형에서 $\overrightarrow{\mathrm{OA}} = \vec{a}$, $\overrightarrow{\mathrm{OB}} = \vec{b}$, $\overrightarrow{\mathrm{OC}} = \vec{c}$라고 할 때 다음을 $\vec{a}$, $\vec{b}$, $\vec{c}$로 나타내어라.

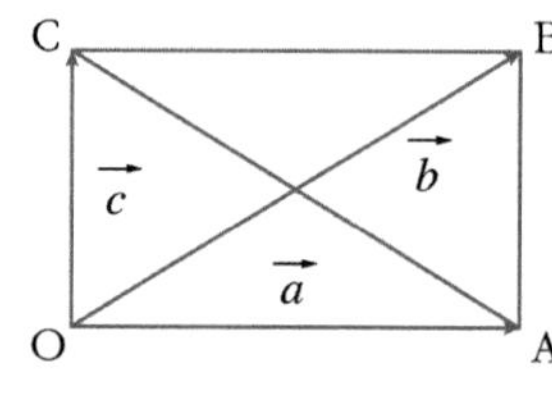

그림 3.13

(1) $\overrightarrow{\mathrm{AO}}$

(2) $\overrightarrow{\mathrm{BO}}$

(3) $\overrightarrow{\mathrm{BA}}$

(4) $\overrightarrow{\mathrm{BC}}$

풀이

(1) $\overrightarrow{AO} = -\overrightarrow{OA} = -\vec{a}$

(2) $\overrightarrow{BO} = -\overrightarrow{OB} = -\vec{b}$

(2) $\overrightarrow{BA} = -\overrightarrow{AB} = -\overrightarrow{OC} = -\vec{c}$

(4) $\overrightarrow{BC} = -\overrightarrow{CB} = -\overrightarrow{OA} = -\vec{a}$

예제 3.7

그림의 직육면체에서

$\overrightarrow{AB} = \vec{a},\ \overrightarrow{AD} = \vec{b},\ \overrightarrow{AE} = \vec{c},\ \overrightarrow{AC} = \vec{d}$

라고 할 때, 다음을 $\vec{a}$, $\vec{b}$, $\vec{c}$ 또는 $\vec{d}$로 나타내어라.

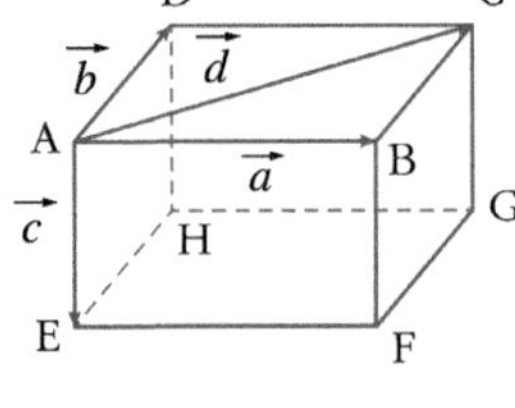

그림 3.14

(1) $\overrightarrow{BA}$

(2) $\overrightarrow{HE}$

(3) $\overrightarrow{FB}$

(4) $\overrightarrow{EG}$

풀이

크기가 같고 방향이 반대이면 '−'를 붙여 나타내면 된다.

(1) $\overrightarrow{BA} = -\overrightarrow{AB} = -\vec{a}$

(2) $\overrightarrow{HE} = -\overrightarrow{EH} = -\overrightarrow{AD} = -\vec{b}$

(3) $\overrightarrow{FB} = -\overrightarrow{BF} = -\overrightarrow{AE} = -\vec{c}$

(4) $\overrightarrow{EG} = \overrightarrow{AC} = \vec{d}$

[정의 3.2]

두 벡터 $\vec{a}$, $\vec{b}$의 차 $\vec{a}-\vec{b}$는 $\vec{a}-\vec{b} = \vec{a}+(-\vec{b})$ 로 정의한다.

두 벡터의 차 $\vec{a}-\vec{b}$를 그림으로 나타내면 다음과 같다.

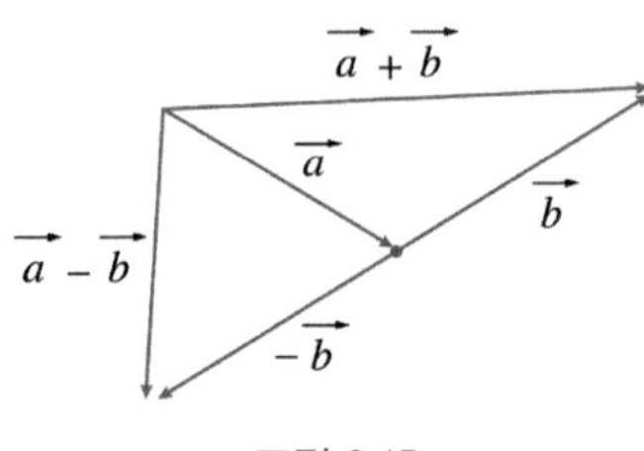

그림 3.15

예제 3.8

세 점 A, B, C 에 대하여 $\overrightarrow{AB} - \overrightarrow{CB} = \overrightarrow{AC}$ 임을 보여라.

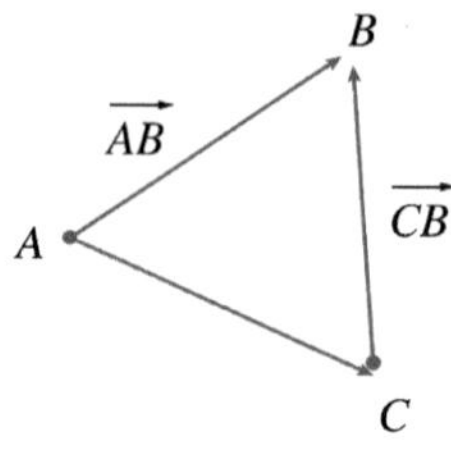

그림 3.16

풀이

$$\begin{aligned}\overrightarrow{AB} - \overrightarrow{CB} &= \overrightarrow{AB} + (-\overrightarrow{CB}) \\ &= \overrightarrow{AB} + \overrightarrow{BC} \\ &= \overrightarrow{AC}\end{aligned}$$

예제 3.9

오른쪽 그림과 같이 평행사변형 ABCD 의 대각선의 교점을 O 라 하고, $\overrightarrow{OA} = \vec{a}$, $\overrightarrow{OB} = \vec{b}$ 라고 할 때, 다음을 $\vec{a}$, $\vec{b}$ 로 나타내어라.

(1) 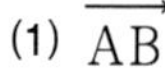 $\overrightarrow{AB}$ (2) $\overrightarrow{BC}$

(3) 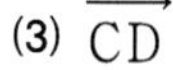 $\overrightarrow{CD}$ (4) $\overrightarrow{DA}$

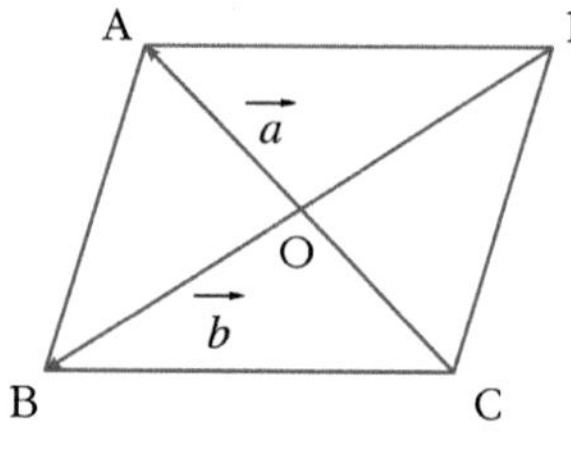

그림 3.17

풀이

(1) △ABO 에서 두 점 A와 B는 A 에서 O, 다시 O 에서 B 로 연결할 수 있다.
곧, $\overrightarrow{AB} = \overrightarrow{AO} + \overrightarrow{OB} = (-\vec{a}) + \vec{b} = -\vec{a} + \vec{b}$

(2) $\overrightarrow{BC} = \overrightarrow{BO} + \overrightarrow{OC} = (-\vec{b}) + (-\vec{a}) = -\vec{a} - \vec{b}$

(3) $\overrightarrow{CD} = \overrightarrow{CO} + \overrightarrow{OD} = \vec{a} + (-\vec{b}) = \vec{a} - \vec{b}$

(4) $\overrightarrow{DA} = \overrightarrow{DO} + \overrightarrow{OA} = \vec{b} + \vec{a} = \vec{a} + \vec{b}$

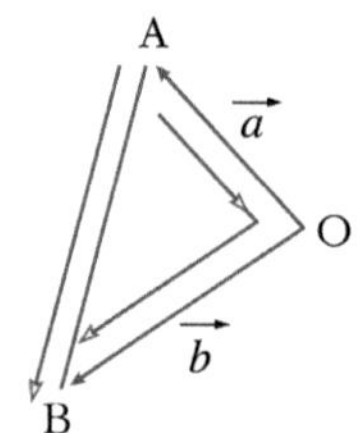

그림 3.18

예제 3.10

오른쪽 그림의 사면체 OABC 에서

$\overrightarrow{OA}=\vec{a},\ \overrightarrow{OB}=\vec{b},\ \overrightarrow{OC}=\vec{c}$

라고 할 때 다음을 $\vec{a},\ \vec{b},\ \vec{c}$로 나타내어라.

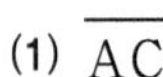

(1) $\overrightarrow{AC}$

(2) $\overrightarrow{AB}$

(3) $\overrightarrow{AB}+\overrightarrow{BC}-\overrightarrow{AC}$

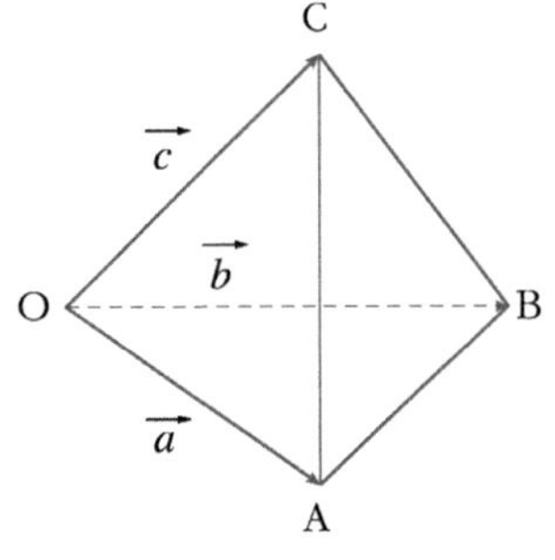

그림 3.19

풀이

(1) $\overrightarrow{AC}=\overrightarrow{OC}-\overrightarrow{OA}=\vec{c}-\vec{a}$

(2) $\overrightarrow{AB}=\overrightarrow{OB}-\overrightarrow{OA}=\vec{b}-\vec{a}$

(3) $\overrightarrow{AB}+\overrightarrow{BC}-\overrightarrow{AC}=(\overrightarrow{AB}+\overrightarrow{BC})-\overrightarrow{AC}=\overrightarrow{AC}-\overrightarrow{AC}=\vec{0}$

※ Note 다음과 같이 변형해도 된다.

(1) $\overrightarrow{AC}=\overrightarrow{AO}+\overrightarrow{OC}=-\overrightarrow{OA}+\overrightarrow{OC}$

(2) $\overrightarrow{AB}=\overrightarrow{AO}+\overrightarrow{OB}=-\overrightarrow{OA}+\overrightarrow{OB}$

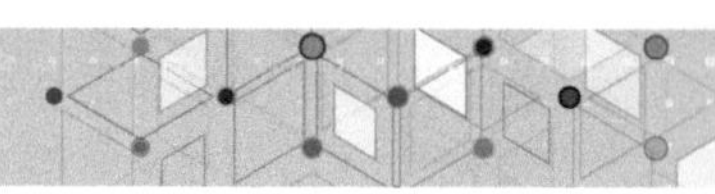

연습문제 3.1

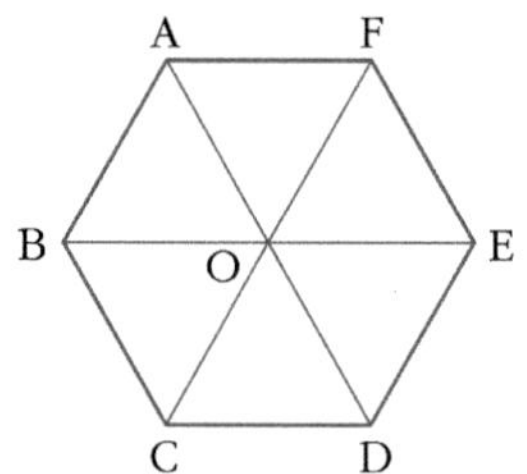

1. 오른쪽 그림과 같이 정육각형 ABCDEF에서 변 AD, BE, CF의 교점을 O라고 할 때

(1) $\overrightarrow{\mathrm{AB}}$와 같은 벡터는 어느 것인가?

(2) $\overrightarrow{\mathrm{AE}}$와 같은 벡터는 어느 것인가?

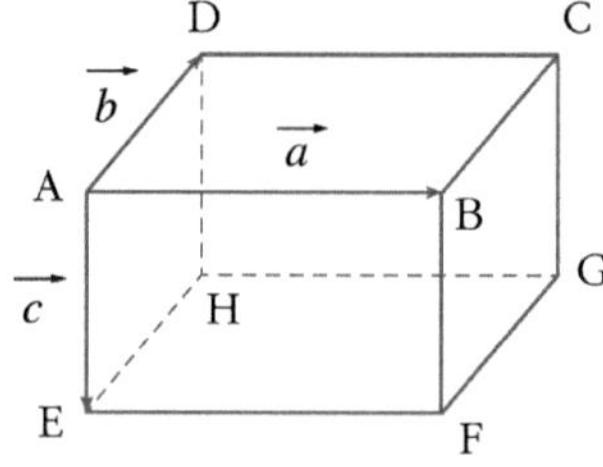

2. 오른쪽 그림의 직육면체에서

$\overrightarrow{\mathrm{AB}}=\vec{a},\ \overrightarrow{\mathrm{AD}}=\vec{b},\ \overrightarrow{\mathrm{AE}}=\vec{c}$

라고 할 때, 다음 벡터를 $\vec{a},\ \vec{b},\ \vec{c}$로 나타내어라.

(1) $\overrightarrow{\mathrm{DC}}$　　(2) $\overrightarrow{\mathrm{FG}}$

(3) $\overrightarrow{\mathrm{BF}}$　　(4) $\overrightarrow{\mathrm{HG}}$

(5) $\overrightarrow{\mathrm{EH}}$　　(6) $\overrightarrow{\mathrm{CG}}$

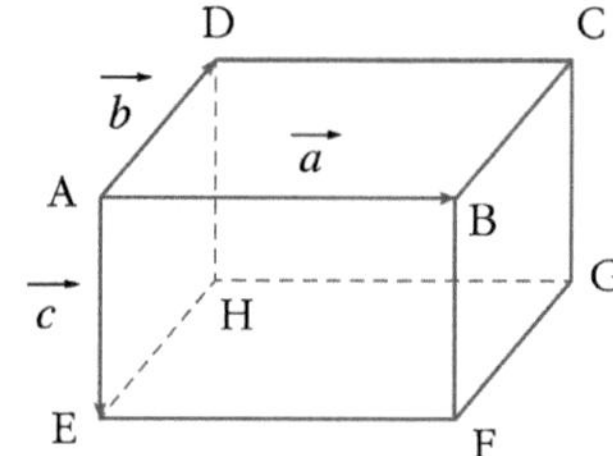

3. 오른쪽 그림의 직육면체에서

$\overrightarrow{\mathrm{AB}}=\vec{a},\ \overrightarrow{\mathrm{AD}}=\vec{b},\ \overrightarrow{\mathrm{AE}}=\vec{c}$

라고 할 때, 다음 벡터를 $\vec{a},\ \vec{b},\ \vec{c}$로 나타내어라.

(1) $\overrightarrow{\mathrm{BA}}$　　(2) $\overrightarrow{\mathrm{GH}}$

(3) $\overrightarrow{\mathrm{HE}}$　　(4) $\overrightarrow{\mathrm{GF}}$

(5) $\overrightarrow{\mathrm{FB}}$　　(6) $\overrightarrow{\mathrm{GC}}$

연습문제 3.1

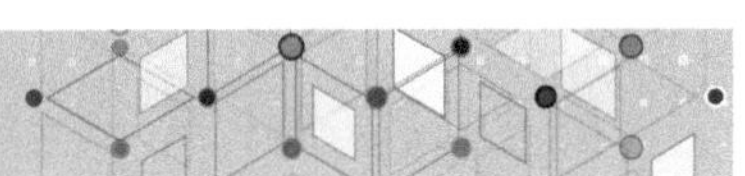

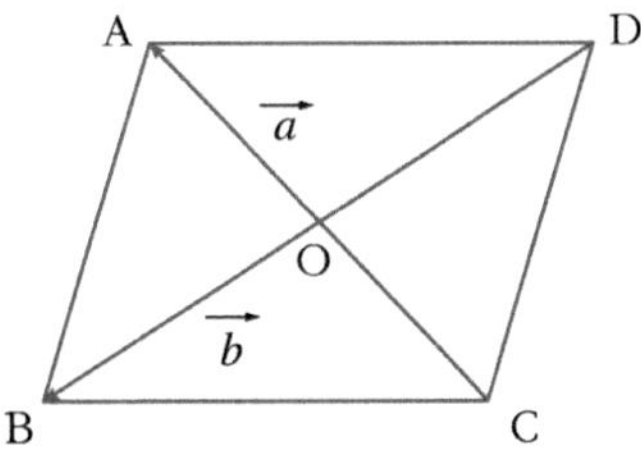

4. 오른쪽 그림과 같이 평행사변형 ABCD의 대각선의 교점을 O라 하고,

$\overrightarrow{OA} = \vec{a}$, $\overrightarrow{OB} = \vec{b}$

라고 할 때, 다음 벡터를 $\vec{a}$, $\vec{b}$, $\vec{c}$로 나타내어라.

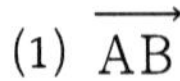

(1) $\overrightarrow{AB}$ (2) $\overrightarrow{BC}$

(3) $\overrightarrow{CD}$

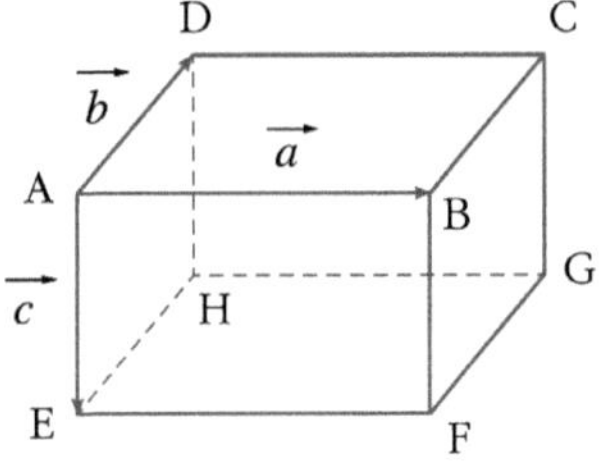

5. 오른쪽 그림과 같이 직육면체 ABCD－EFGH에서

$\overrightarrow{AB} = \vec{a}$, $\overrightarrow{AD} = \vec{b}$, $\overrightarrow{AE} = \vec{c}$

일 때, 다음에 답하여라.

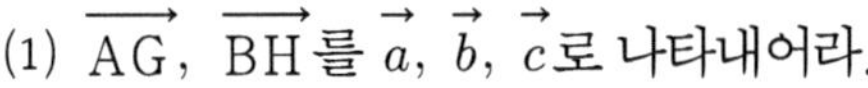

(1) $\overrightarrow{AG}$, $\overrightarrow{BH}$를 $\vec{a}$, $\vec{b}$, $\vec{c}$로 나타내어라.

(2) 다음 벡터를 하나의 벡터로 나타내어라.

① $\vec{a} + \vec{b} + \vec{c}$

② $\vec{a} - \vec{b} - \vec{c}$

③ $-\vec{a} - \vec{b} - \vec{c}$

3.2 벡터의 성분

3.2.1 벡터의 길이

[정의 3.3]

시점이 A이고 종점이 B인 벡터 $\vec{a}=\overrightarrow{AB}$의 크기는 화살표의 길이, 즉 점 A와 B 사이의 길이로 나타낸다. 이것을 벡터 $\vec{a}$의 길이라 하고

$$|\vec{a}| \text{ 또는 } |\overrightarrow{AB}|$$

로 표현한다.

예제 3.11

평면좌표상에서 $A=(1,\ 1)$, $B=(3,\ 4)$일 때, 벡터 $\overrightarrow{AB}$의 길이 $|\overrightarrow{AB}|$를 구하여라.

풀이

벡터 $\overrightarrow{AB}$의 길이는 점 A와 B 사이의 길이이므로 피타고라스의 정리에 의하여

$|\overrightarrow{AB}|=\sqrt{(3-1)^2+(4-1)^2}=\sqrt{2^2+3^2}=\sqrt{13}$

따라서

$|\overrightarrow{AB}|=\sqrt{13}$

이다.

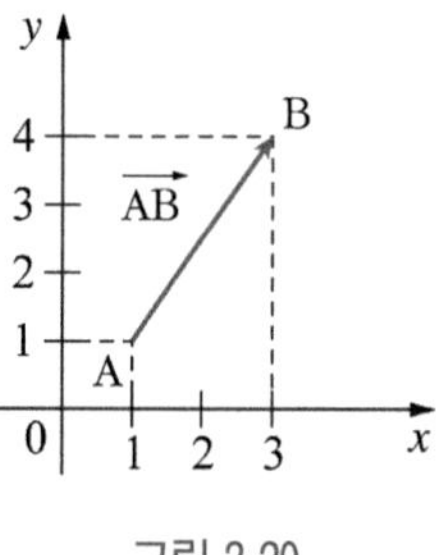

그림 3.20

두 점 A, B의 좌표가 $A(x_1,\ y_1)$, $B(x_2,\ y_2)$일 때, $\overrightarrow{OA}=(x_1,\ y_1)$, $\overrightarrow{OB}=(x_2,\ y_2)$이므로 $\overrightarrow{AB}=\overrightarrow{OB}-\overrightarrow{OA}=(x_2,\ y_2)-(x_1,\ y_1)=(x_2-x_1,\ y_2-y_1)$이다. 이를 이용하여 먼저 주어진 벡터를 성분으로 나타낸다.

$A(x_1,\ y_1)$, $B(x_2,\ y_2)$일 때 $\overrightarrow{AB}=(x_2-x_1,\ y_2-y_1)$이므로

$$|\overrightarrow{AB}| = \sqrt{(x_2 - x_1)^2 + (y_2 - y_1)^2}$$

이다.

예제 3.12

세 점 A$(1, 3)$, B$(4, 1)$, C$(7, 5)$가 있다.

(1) $\overrightarrow{PA} + \overrightarrow{PB} + \overrightarrow{PC}$가 영벡터가 되는 점 P를 구하여라.

(2) $\overrightarrow{PA} + \overrightarrow{PB} + \overrightarrow{PC}$의 크기가 3이 되는 점 P의 자취의 방정식을 구하여라.

풀이

점 P의 좌표를 P(x, y)라고 하자.

(1) $\overrightarrow{PA} + \overrightarrow{PB} + \overrightarrow{PC} = \vec{0}$이므로

$(1-x,\ 3-y) + (4-x,\ 1-y) + (7-x,\ 5-y) = (0, 0)$

$\therefore (12-3x,\ 9-3y) = (0, 0) \quad 12-3x=0,\ 9-3y=0$

$\therefore x=4,\ y=3 \quad \therefore \mathrm{P}(4,3)$

(2) $\overrightarrow{PA} + \overrightarrow{PB} + \overrightarrow{PC} = (1-x,\ 3-y) + (4-x,\ 1-y) + (7-x,\ 5-y)$

$= (12-3x,\ 9-3y)$

$|\overrightarrow{PA} + \overrightarrow{PB} + \overrightarrow{PC}| = 3$ 이므로 $\sqrt{(12-3x)^2 + (9-3y)^2} = 3$

양변을 제곱하면 $(12-3x)^2 + (9-3y)^2 = 3^2$

$\therefore (x-4)^2 + (y-3)^2 = 1$

[그림 3.21]에서와 같이 두 벡터 $\vec{a}$, $\vec{b}$에 대하여 $|\vec{a}|$, $|\vec{b}|$, $|\vec{a}+\vec{b}|$는 한 삼각형의 각 변의 길이를 나타낸다.

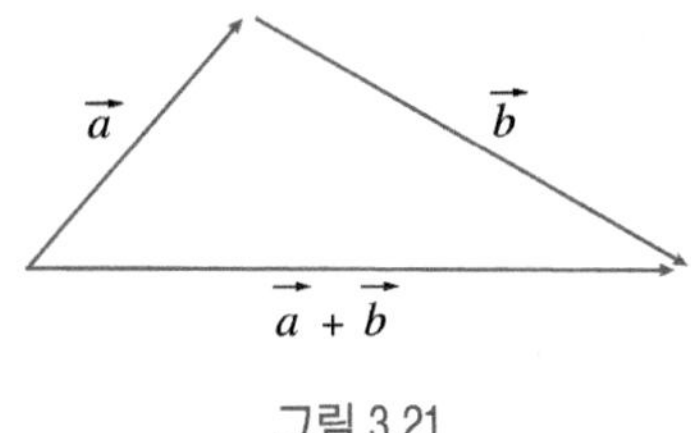

그림 3.21

따라서 삼각형의 두 변의 길이의 합은 다른 한 변의 길이보다 크거나 같으므로

$|\vec{a}+\vec{b}| \leq |\vec{a}|+|\vec{b}|$

가 성립함을 알 수 있다. 이것을 벡터의 길이의 삼각형부등식이라고 한다. 또 위의 부등식에서 등식이 성립할 필요충분조건은 벡터 $\vec{a}$와 $\vec{b}$가 같은 방향을 가질 때임을 알 수 있다.

3.2.2 벡터의 스칼라곱

그림 3.22와 같이 $\vec{a}$와 $\vec{a}$의 합 $\vec{a}+\vec{a}$는 벡터 $\vec{a}$와 방향이 같고 크기가 2배인 벡터 $|\vec{a}+\vec{b}| = 2|\vec{a}|$임을 알 수 있다.

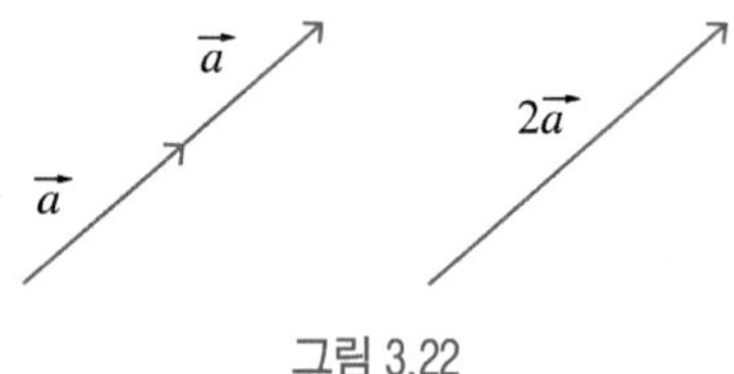

그림 3.22

이와 같이 스칼라와 벡터와의 곱한 꼴을 벡터의 스칼라곱이라고 하며, 다음과 같이 정의한다.

실수 m과 벡터 $\vec{a}$의 곱 $m\vec{a}$는

(1) $m > 0$이면 $\vec{a}$와 같은 방향이고 크기가 $m|\vec{a}|$인 벡터이다.

(2) $m < 0$이면 $\vec{a}$와 반대방향이고 크기가 $|m| \cdot |\vec{a}|$인 벡터이다.

(3) $m = 0$이면 영벡터이다. 곧, $0\vec{a} = \vec{0}$이다.

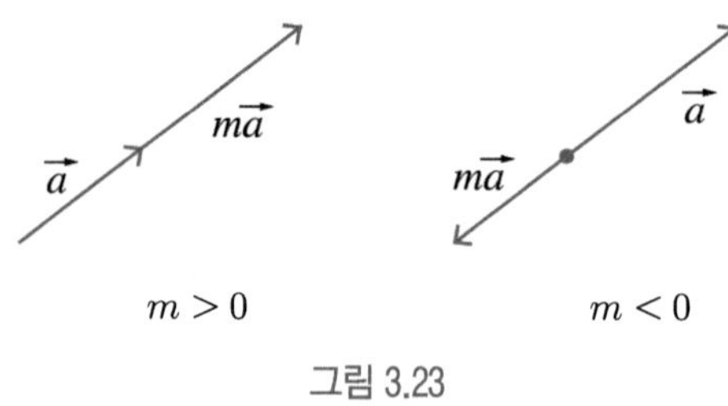

그림 3.23

■ 정리 3.1

벡터의 실수배에 관하여 다음 기본 성질이 성립한다.

(1) $0\vec{a}=\vec{0}$, $1\vec{a}=\vec{a}$, $m\vec{0}=\vec{0}$

(2) 실수 m, n에 대하여 $(m+n)\vec{a}=m\vec{a}+n\vec{a}$ (분배법칙)

(3) $m(\vec{a}+\vec{b})=m\vec{a}+m\vec{b}$ (분배법칙)

(4) $(mn)\vec{a}=m(n\vec{a})=n(m\vec{a})=mn\vec{a}$(결합법칙)

예제 3.13

다음 식을 간단히 하여라.

(1) $2(3\vec{a}-2\vec{b})+5(\vec{a}+\vec{b})$　　(2) $3(\vec{a}+5\vec{b})-2(3\vec{a}-\vec{b})$

풀이

(1) 준 식 $=6\vec{a}-4\vec{b}+5\vec{a}+5\vec{b}=11\vec{a}+\vec{b}$

(2) 준 식 $=3\vec{a}+15\vec{b}-6\vec{a}+2\vec{b}=-3\vec{a}+17\vec{b}$

예제 3.14

공간의 세점 O, A, B **에서 선분** AB **를** $m:n(m>0, n>0)$**으로 내분하는 점을** P **라고 하면**

$$\overrightarrow{OP}=\frac{m\overrightarrow{OB}+n\overrightarrow{OA}}{m+n}$$

임을 보여라.

풀이

오른쪽 그림의 $\triangle OAP$에서 $\overrightarrow{OP}=\overrightarrow{OA}+\overrightarrow{AP}$

그런데 $\overline{AP}:\overline{PB}=m:n$이므로

$\overline{AP}=\frac{m}{m+n}\overline{AB}$

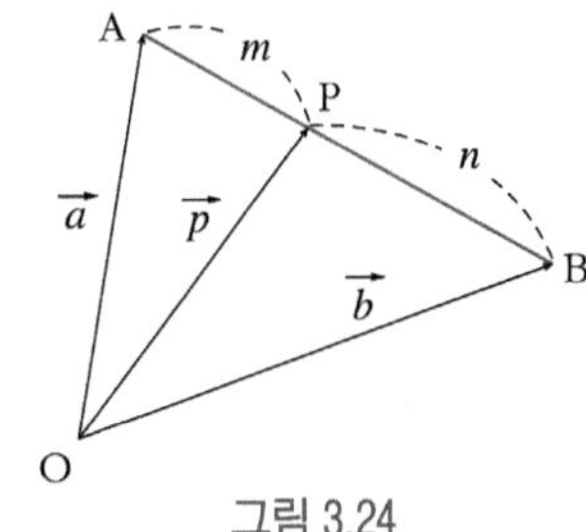

그림 3.24

$$\therefore \overrightarrow{\mathrm{OP}} = \overrightarrow{\mathrm{OA}} + \frac{m}{m+n}\overrightarrow{\mathrm{AB}}$$

$$= \overrightarrow{\mathrm{OA}} + \frac{m}{m+n}(\overrightarrow{\mathrm{OB}} - \overrightarrow{\mathrm{OA}})$$

$$\therefore \vec{p} = \vec{a} + \frac{m}{m+n}(\vec{b} - \vec{a}) = \frac{m\vec{b}+n\vec{a}}{m+n}$$

3.2.3 위치벡터

평면 위의 한 정점 O를 정해 놓으면 임의의 평면벡터 $\vec{a}$에 대하여 $\overrightarrow{\mathrm{OA}} = \vec{a}$인 평면 위의 점 A의 위치가 단 하나로 정해진다. 역으로 평면위의 임의의 점 A에 대하여 $\vec{a} = \overrightarrow{\mathrm{OA}}$인 평면벡터 $\vec{a}$가 단 하나로 정해진다.

곧, 시점을 한 점 O로 고정시키면 평면벡터 $\overrightarrow{\mathrm{OA}}$와 평면의 한 점 A는 일대일 대응한다.

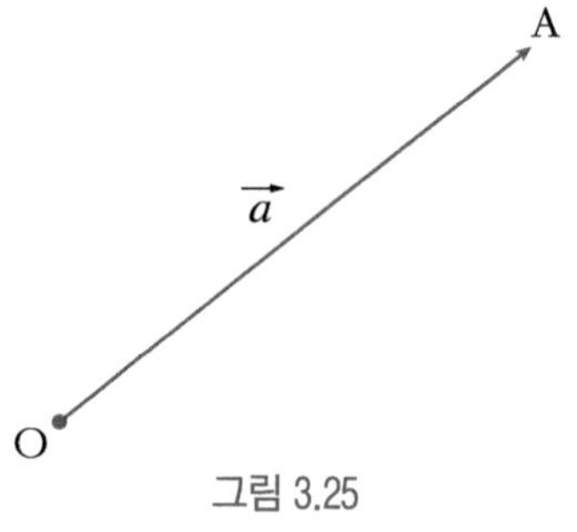

그림 3.25

> [정의 3.4]
> 공간에 한 정점 O를 정해 놓으면 O를 시점으로 하는 공간 벡터 $\overrightarrow{\mathrm{OA}}$와 공간의 한 정점 A는 일대일 대응한다. 이때 벡터 $\vec{a}$를 점 O에 대한 점 A의 위치벡터라고 한다.

앞으로 평면 또는 공간에 있어서 위치벡터를 다룰 때에는 정점 O가 이미 정해져 있는 것으로 생각한다. 공간에서 한 점 O를 고정하고 이 점을 원점으로 하는 직교좌표를 주어졌을 때, 위치벡터 $\overrightarrow{\mathrm{OP}}$의 종점의 좌표 $(x_1,\ x_2,\ x_3)$를 벡터 $\overrightarrow{\mathrm{OP}}$의 성분이라 한다. 실제로 $(x_1,\ x_2,\ x_3)$는 점 P의 좌표가 된다. 역으로 한 점 P의 좌표가 주어지면 이 좌표를 성분으로 가지는 벡터 $\overrightarrow{\mathrm{OP}}$가 주어진다. 따라서 공간의 한 점과 하나의 벡터가 일대일 대응이 됨을 알 수 있으므로, 이제부터는 점과 벡터를 구별하지 않고 단순히 $\mathrm{P}(x_1,\ x_2,\ x_3)$로서 위치벡터 $\overrightarrow{\mathrm{OP}}$를 나타내기로 한다. 이제 공간의 두 위치벡터 $\overrightarrow{\mathrm{OA}}=(a_1,\ a_2,\ a_3)$, $\overrightarrow{\mathrm{OB}}=(b_1,\ b_2,\ b_3)$와 실수 k가 주어지면 다음 관계식이 성립한다.

(1) 벡터의 상등관계

$\overrightarrow{\mathrm{OA}}=\overrightarrow{\mathrm{OB}}$이기 위한 필요충분조건은 $a_1=b_1,\ a_2=b_2,\ a_3=b_3$이다.

(2) 벡터의 합

$\overrightarrow{\mathrm{OA}}+\overrightarrow{\mathrm{OB}}=(a_1+b_1,\ a_2+b_2,\ a_3+b_3)$

(3) 벡터의 스칼라곱

$k\overrightarrow{\mathrm{OA}}=(ka_1,\ ka_2,\ ka_3)$

(4) $|\overrightarrow{OA}|=\sqrt{a_1^2+a_2^2+a_3^2}$

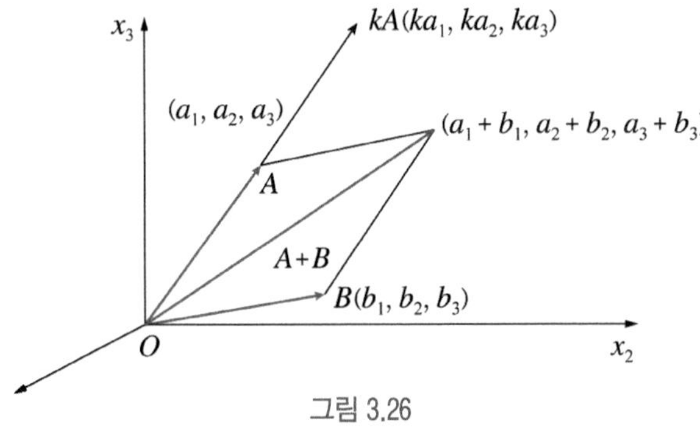

그림 3.26

예제 3.15

다음 각 물음에 답하여라.

(1) $\vec{a}=(1,\ 1)$, $\vec{b}=(-2,1)$일 때, 벡터 $\vec{c}=(-1,5)$를 $x\vec{a}+y\vec{b}$의 꼴로 나타내어라. 단, x, y는 실수이다.

(2) $\vec{a}=(1,\ 2)$, $\vec{b}=(x,\ 1)$인 두 벡터 $\vec{a}$, $\vec{b}$에 대하여 $\vec{a}+2\vec{b}$와 $2\vec{a}-\vec{b}$가 평행할 때, 실수 x의 값을 구하여라.

풀이

(1) $\vec{c}=x\vec{a}+y\vec{b}$를 성분으로 나타내면

$(-1,5)=x(1,1)+y(-2,1)$

곧, $(-1,5)=(x,x)+(-2y,\ y)\quad (-1,5)=(x-2y,\ x+y)$

따라서 벡터의 상등의 정의로부터

$x-2y=-1,\ x+y=5\quad \therefore x=3,\ y=2$

$\therefore \vec{c}=3\vec{a}+2\vec{b}$

(2) $\vec{a}+2\vec{b}=(1,2)+2(x,\ 1)=(1,\ 2)+(2x,\ 2)=(2x+1,\ 4)$

$2\vec{a}-\vec{b}=2(1,\ 2)-(x,\ 1)=(2,\ 4)-(x,\ 1)=(2-x,\ 3)$

그런데 문제의 조건으로부터 $(\vec{a}+2\vec{b})\,//\,(2\vec{a}-\vec{b})$이므로

$(2x+1,4)=m(2-x,\ 3)\ (m\neq 0)$

곧, $(2x+1,4)=(2m-mx,\ 3m)\quad 2x+1=2m-mx,\ 4=3m$

$\therefore m=\frac{4}{3},\ \ x=\frac{1}{2}$

예제 3.16

$\vec{a}=(2,\ -3,\ 1)$, $\vec{b}=(-1,\ 2,\ 1)$, $\vec{c}=(3,\ -2,\ 4)$일 때, 다음 벡터를 성분으로 나타내어라.

(1) $2\vec{a}+3\vec{b}$

(2) $2(\vec{a}-\vec{b})-3(2\vec{a}+\vec{c})$

풀이

(1) $2\vec{a}+3\vec{b}=2(2,\ -3,\ 1)+3(-1,\ 2,\ 1)$

$=(4,\ -6,\ 2)+(-3,\ 6,\ 3)=(1,\ 0,\ 5)$

(2) $2(\vec{a}-\vec{b})-3(2\vec{a}+\vec{c})=2\vec{a}-2\vec{b}-6\vec{a}-3\vec{c}=-4\vec{a}-2\vec{b}-3\vec{c}$

$=-4(2,\ -3,\ 1)-2(-1,\ 2,\ 1)-3(3,\ -2,\ 4)$

$=(-15,\ 14,\ -18)$

예제 3.17

두 점 $A(2,\ 2,\ -1)$, $B(2,\ 5,\ 3)$에 대하여 $\vec{a}=\overrightarrow{AB}$라고 할 때, 벡터 $\vec{a}$의 크기를 구하여라.

풀이

좌표의 원점을 O라고 하면

$\vec{a}=\overrightarrow{AB}=\overrightarrow{OB}-\overrightarrow{OA}=(2,\ 5,\ 3)-(2,\ 2,\ -1)$

$=(0,\ 3,\ 4)$

$|\vec{a}|=\sqrt{0^2+3^2+4^2}=5$

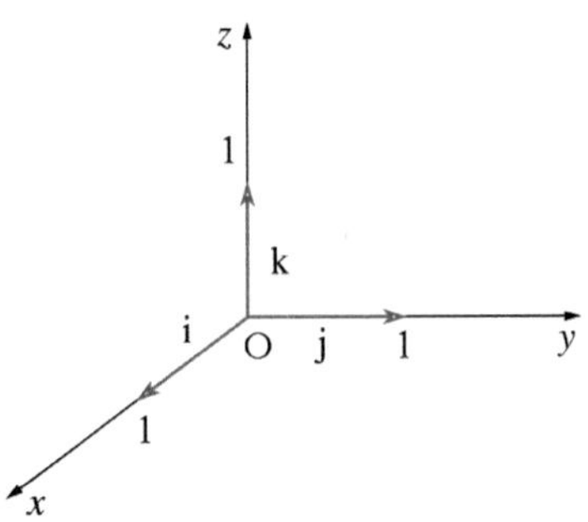

그림 3.27

오른쪽 그림과 같이 좌표공간에서 x축, y축 z축의 양의 방향과 같은 방향을 가지는 단위벡터를 각각 i, j, k으로 나타내고, i, j, k을 통틀어 공간의 기본단위벡터 또는 기본벡터라고 한다. 지금 좌표공간의 임의의 벡터 $\vec{a}$에 대하여 $\vec{a}$의 시점을 원점 O로 하여 $\vec{a}=\overrightarrow{OA}$가 되도록 종점 A를 정할 때, 점 A의 좌표를 $A(a_1,\ a_2,\ a_3)$이라 하고, 점 A에서 x축, y축, z축에 내린 수선의 발을 각각 A_1, A_2, A_3이라고 하면

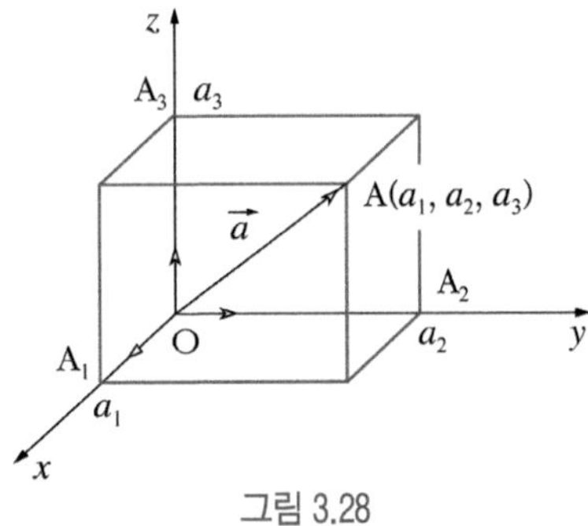

그림 3.28

$\overrightarrow{OA_1}=a_1\mathrm{i}$, $\overrightarrow{OA_2}=a_2\mathrm{j}$, $\overrightarrow{OA_3}=a_3\mathrm{k}$

따라서 $\vec{a}=\overrightarrow{OA}$는

$\vec{a}=\overrightarrow{OA}=\overrightarrow{OA_1}+\overrightarrow{OA_2}+\overrightarrow{OA_3}$

$=a_1\mathrm{i}+a_2\mathrm{j}+a_3\mathrm{k}$

로 나타내어진다.

예제 3.18

다음 각 벡터를 성분으로 나타내어라.

(1) $\vec{a} = 2\mathrm{i} + 3\mathrm{j} + 4\mathrm{k}$

(2) $\vec{b} = 3\mathrm{k} - 4\mathrm{j} + 5\mathrm{i}$

풀이

(1) $\vec{a} = (2,\ 3,\ 4)$

(2) $\vec{b} = 5\mathrm{i} - 4\mathrm{j} + 3\mathrm{k}$이므로 $\vec{b} = (5,\ -4,\ 3)$

예제 3.19

$\vec{a} = -2\mathrm{i} + \mathrm{j} + 3\mathrm{k}$, $\vec{b} = \mathrm{i} + 3\mathrm{j} + 4\mathrm{k}$일 때, $2\vec{a} + \vec{b}$를 성분으로 나타내어라.

풀이

$\vec{a} = (-2,\ 1,\ 3)$, $\vec{b} = (1,\ 3,\ 4)$이므로

$2\vec{a} + \vec{b} = 2(-2,\ 1,\ 3) + (1,\ 3,\ 4) = (-3,\ 5,\ 10)$

연습문제 3.2

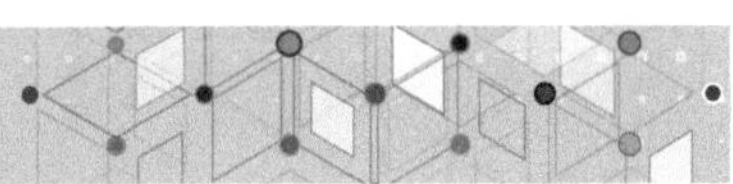

1. 다음 식을 간단히 하여라.

(1) $2\vec{a}+3\vec{b}-4\vec{a}+\vec{b}$ (2) $2\vec{a}-\vec{b}+3\vec{a}+2\vec{b}$

2. 선분 AB를 3 : 2로 내분하는 점을 P, 외분하는 점을 Q, 중점을 D라 하고, 점A, B, P, Q, D의 위치벡터를 각각 $\vec{a}$, $\vec{b}$, $\vec{p}$, $\vec{q}$, $\vec{d}$라고 할 때 $\vec{p}$, $\vec{q}$, $\vec{d}$를 $\vec{a}$, $\vec{b}$로 나타내어라.

3. $\vec{a}=(3,2)$, $\vec{b}=(-2,\ 3)$일 때, $m\vec{a}+n\vec{b}=\vec{0}$을 만족하는 실수 m, n의 값을 구하여라.

4. $\vec{a}=(1,\ 1)$, $\vec{b}=(1,\ -1)$일 때, 다음 벡터를 각각 $\vec{a}$, $\vec{b}$로 나타내어라.

(1) $\vec{p}=(2,\ 3)$ (2) $\vec{q}=(-3,\ 2)$

(3) $\vec{r}=(-1,\ 2)$

5. O가 좌표평면의 원점이고, $\overrightarrow{OA}=i-2j$, $\overrightarrow{OB}=-4i+2j$ 일 때, 다음 벡터를 O를 시점으로 하여 그림으로 나타내어라.

(1) $3\overrightarrow{OA}-2\overrightarrow{OB}$ (2) $-\overrightarrow{OA}-2\overrightarrow{OB}$

(3) $2\overrightarrow{BA}$

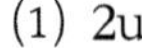

6. 오른쪽 그림에 주어진 u, v를 보고 다음을 도시하라.

(1) 2u

(2) u + v

(3) v - 2u

(4) 2u + v

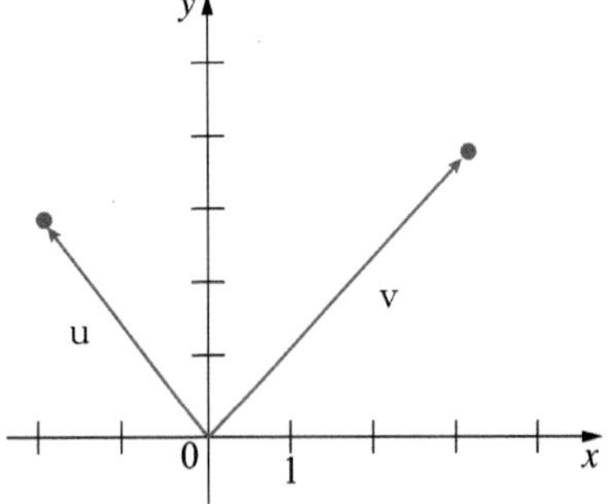

연습문제 3.2

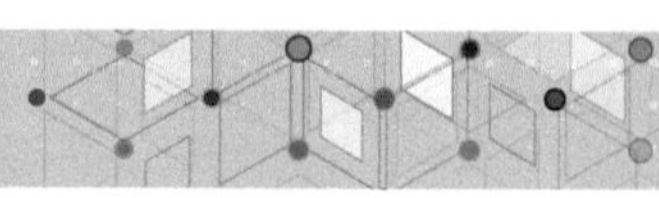

7. 다음에 주어진 시초점 P_1과 종점 P_2를 갖는 벡터의 성분을 구하라.

(1) $P_1(4, 8)$, $P_2(3, 7)$ (2) $P_1(3, -7, 2)$, $P_2(-2, 5, -4)$

8. u = (−3, 1, 2), v = (4, 0, −8), w = (6, −1, −4)라 할 때 다음 벡터의 성분을 구하라.

(1) v − w (2) -v + u

(3) -3(v - 8w)

9. 시점이 P_1 종점이 P_2인 벡터 v의 길이 |v|를 구하고, v를 도시하라.

(1) $P_1(1,0,0)$, $P_2(4,2,0)$ (2) $P_1(3,-2,1)$, $P_2(1,2,-4)$

(3) $P_1(8,6,1)$, $P_2(-8,6,1)$

10. 주어진 두 점 사이의 거리를 구하라.

(1) (2,3) (4,5) (2) (-3,2) (0,1)

11. 주어진 두 점 사이의 거리를 구하라.

(1) (1,-1,2), (3,0,2) (2) (-3,2), (0,1)

12. u=(1, −3, 2), v=(1, 1, 0), w=(2, 2, −4)일 때 다음을 구하라.

(1) | u + v | (2) |-2u| + 2|v|

(3) $\frac{1}{|\mathrm{w}|} \cdot \mathrm{w}$

연습문제 3.2

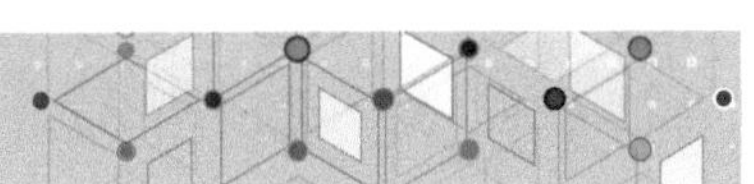

13. u=(1,2,3), v=(2,−3,1), w=(3,2,−1)일 때 다음과 같은 벡터의 성분을 구하라.

(1) u-v

(2) 2u-(v+w)

(3) $c_1\mathrm{u} + c_2\mathrm{v} + c_3\mathrm{w} = (6, 14, -2)$를 만족하는 스칼라 c_1, c_2, c_3를 구하라.

14. $P_1(1,1,2)$, $P_2(6,-7,3)$이 주어졌을 때

(1) 두 점 P_1과 P_2 사이의 거리를 구하라.

(2) 시점이 P_1이고 종점이 P_2인 벡터를 구하라.

(3) (2)에서 벡터를 u라 할 때 $|3\mathrm{u}|$를 구하라.

(4) $\dfrac{\mathrm{u}}{|\mathrm{u}|}$를 계산하고, $\dfrac{\mathrm{u}}{|\mathrm{u}|}$의 노음(norm)이 1이 됨을 보여라.

(5) $|k\mathrm{u}|=3$이 되는 k의 모든 값을 구하라.

(6) (4)를 이용하여 v=(1,1,1)과 같은 방향을 갖는 단위벡터를 구하라.

15. u−방향의 단위벡터를 구하라.

(1) u = (1, 2, 1)

(2) u = (0, -1, 2, -1)

3.3 벡터의 내적

3.3.1 내적

[정의 3.5]

$\mathrm{u} = \langle a_1,\ b_1 \rangle, \mathrm{v} = \langle a_2,\ b_2 \rangle$ 벡터라 할 때 u, v의 내적 $\mathrm{u} \cdot \mathrm{v}$를

$$\mathrm{u} \cdot \mathrm{v} = a_1 a_2 + b_1 b_2$$

으로 정의한다. 내적은 벡터가 아니고 스칼라이다.

예제 3.20

다음 내적 $\mathrm{u} \cdot \mathrm{v}$를 구하라.

(1) $\mathrm{u} = \langle 3,\ -2 \rangle,\ \mathrm{v} = \langle 4,\ 5 \rangle$ (2) $\mathrm{u} = 2\mathrm{i} + \mathrm{j},\ \mathrm{v} = 5\mathrm{i} - 6\mathrm{j}$

풀이

(1) $\mathrm{u} \cdot \mathrm{v} = (3)(4) + (-2)(5) = 2$

(1) $\mathrm{u} \cdot \mathrm{v} = (2)(5) + (1)(-6) = 4$

■ 정리 3.2

(1) $\mathrm{u} \cdot \mathrm{v} = \mathrm{v} \cdot \mathrm{u}$

(2) $(a\mathrm{u}) \cdot \mathrm{v} = a(\mathrm{u} \cdot \mathrm{v}) = \mathrm{u} \cdot (a\mathrm{v})$

(3) $(\mathrm{u} + \mathrm{v}) \cdot \mathrm{w} = \mathrm{u} \cdot \mathrm{w} + \mathrm{v} \cdot \mathrm{w}$

(4) $|\mathrm{u}|^2 = \mathrm{u} \cdot \mathrm{u}$

증명

(1), (2), (3)은 생략하고 (4)를 증명하자.
u = $\langle a, b \rangle$라 하자.

$$\mathrm{u} \cdot \mathrm{u} = \langle a, b\rangle \cdot \langle a, b\rangle$$
$$= a^2 + b^2 = |\mathrm{u}|^2$$

■ 정리 3.3

θ가 u와 v의 사잇각이라면

$$\mathrm{u} \cdot \mathrm{v} = |\mathrm{u}||\mathrm{v}|\cos\theta$$

증명

이제 영벡터가 아닌 두 벡터 u, v 그리고 사잇각 θ가 주어졌을 때 [그림 3.29]에서 삼각형의 코사인법칙을 적용하면 $|\mathrm{u}-\mathrm{v}|^2 = |\mathrm{u}|^2 + |\mathrm{v}|^2 - 2|\mathrm{u}||\mathrm{v}|\cos\theta$

$$|\mathrm{u}-\mathrm{v}|^2 = (\mathrm{u}-\mathrm{v}) \cdot (\mathrm{u}-\mathrm{v})$$
$$= \mathrm{u} \cdot \mathrm{u} - \mathrm{u} \cdot \mathrm{v} - \mathrm{v} \cdot \mathrm{u} + \mathrm{v} \cdot \mathrm{v}$$
$$= |\mathrm{u}|^2 - 2(\mathrm{u} \cdot \mathrm{v}) + |\mathrm{v}|^2$$

$$|\mathrm{u}|^2 - 2(\mathrm{u} \cdot \mathrm{v}) + |\mathrm{v}|^2 = |\mathrm{u}|^2 + |\mathrm{v}|^2 - 2|\mathrm{u}||\mathrm{v}|\cos\theta$$
$$-2(\mathrm{u} \cdot \mathrm{v}) = -2|\mathrm{u}||\mathrm{v}|\cos\theta$$
$$\mathrm{u} \cdot \mathrm{v} = |\mathrm{u}||\mathrm{v}|\cos\theta$$

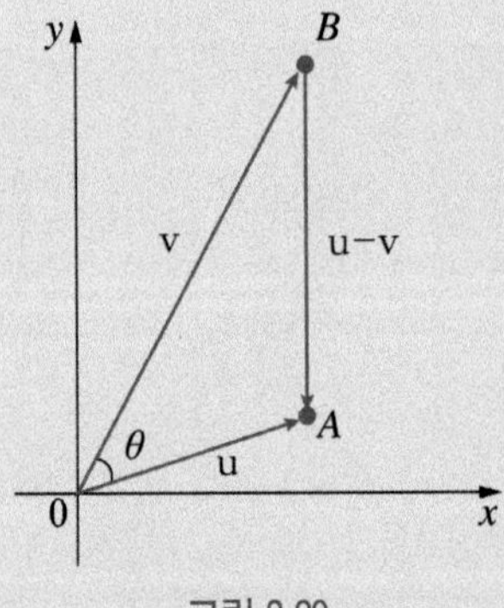

그림 3.29

예제 3.21

$u = \langle 2, 5 \rangle$와 $v = \langle 4, -3 \rangle$에 대하여 u와 v가 이루는 각도를 구하라.

(1) $u = \langle 3, -2 \rangle$, $v = \langle 4, 5 \rangle$

(2) $u = 2i + j$, $v = 5i - 6j$

풀이

$$\cos\theta = \frac{u \cdot v}{|u||v|} = \frac{(2)(4)+(5)(-3)}{\sqrt{4+25}\sqrt{16+9}} = \frac{-7}{5\sqrt{29}}$$

$$\theta = \cos^{-1}\left(\frac{-7}{5\sqrt{29}}\right) \approx 105.1^\circ$$

예제 3.22

$u = \langle 2, -1, 1 \rangle$ $v = \langle 1, 1, 2 \rangle$에 대해서 $u \cdot v$와 u와 v가 이루는 각도 θ를 구하라.

풀이

$u \cdot v = u_1v_1 + u_2v_2 + u_3v_3 = (2)(1) + (-1)(1) + (1)(2) = 3$

주어진 벡터에 대해서 $|u| = |v| = \sqrt{6}$ 이고

$\cos\theta = \dfrac{u \cdot v}{|u|\ |v|} = \dfrac{3}{\sqrt{6}\sqrt{6}} = \dfrac{1}{2}$ 따라서 $\theta = 60^\circ$ 이다.

0이 아닌 두 벡터 u와 v사이의 각이 $\frac{\pi}{2}$일 때, u와 v는 서로 수직(perpendicular) 또는 서로 직교(orthogonal)한다고 말한다.

$u \cdot v = |u||v|\cos\left(\frac{\pi}{2}\right) = 0$이고, 역으로 $u \cdot v = 0$이면 $\cos\theta = 0$이므로, $\theta = \frac{\pi}{2}$이다. 영벡터는 모든 벡터에 수직인 것으로 생각한다. 그러므로 다음 방법에 의해 두 벡터가 직교하는지 결정할 수 있다.

예제 3.23

2i + 2j − k가 5i − 4j + 2k에 수직임을 보여라.

풀이

(2i + 2j − k) • (5i − 4j + 2k) = 2(5) + 2(−4) + (−1)(2) = 0이므로 두 벡터는 수직이다.

3.3.2 벡터사영

[그림 3.30]은 같은 시점 P를 갖는 두 벡터 a와 u를 $\overrightarrow{PQ}$와 $\overrightarrow{PR}$로 표현하고 있다. S를 R에서 $\overrightarrow{PQ}$를 포함하는 직선에 내린 수선의 발이라고 할 때, $\overrightarrow{PS}$로 표시된 벡터를 a위로의 u의 벡터 사영(vector projection)이라 부른다.(이를 벡터 u의 그림자로 생각할 수 있다).

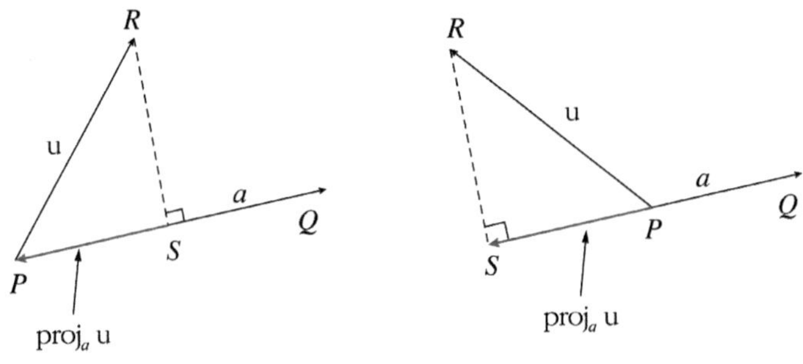

그림 3.30

a위로의 u의 스칼라 사영(또는 a방향의 u의 성분)은 θ가 a와 u사이의 각일 때, $|\mathrm{u}|\cos\theta$로 정의한다(그림 3.31 참조). $\frac{\pi}{2} < \theta \le \pi$일 때 이것은 음수가 됨을 확인하라. 식:

$$a \cdot \mathrm{u} = |a|\,|\mathrm{u}|\cos\theta = |a|(|\mathrm{u}|\cos\theta)$$

는 a와 u의 내적이 a의 길이에 a위로의 u의 스칼라 사영을 곱한 것으로 설명될 수 있음을 보여준다.

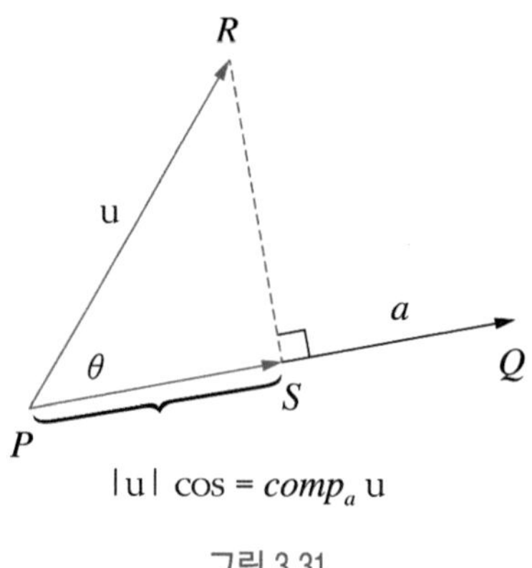

그림 3.31

$$|\mathrm{u}|\cos\theta = \frac{a \cdot \mathrm{u}}{|a|} = \frac{a}{|a|} \cdot \mathrm{u}$$

a위로의 u의 스칼라사영은 a와 방향이 같은 단위벡터와 u와의 내적임을 알 수 있다. 이것을 요약하면,

- a위로의 u의 스칼라 사영 : $comp_a\mathrm{u} = \dfrac{a \cdot \mathrm{u}}{|a|}$
- a위로의 u의 벡터 사영 : $proj_a\mathrm{u} = \dfrac{a \cdot \mathrm{u}}{|a|}\dfrac{a}{|a|} = \dfrac{a \cdot \mathrm{u}}{|a|^2}a$

벡터 사영은 a방향으로의 단위 벡터에 스칼라 사영을 곱한 것과 같다는 것을 알 수 있다.

예제 3.24

$a = \langle -2, 3, 1 \rangle$ **위로의** $\mathrm{u} = \langle 1, 1, 2 \rangle$ **의 스칼라 사영과 벡터 사영을 구하라.**

풀이

$|a| = \sqrt{(-2)^2 + 3^2 + 1^2} = \sqrt{14}$ 이므로 a위로의 u의 스칼라 사영은

$$comp_a\mathrm{u} = \frac{a \cdot \mathrm{u}}{|a|} = \frac{(-2)(1) + 3(1) + 1(2)}{\sqrt{14}} = \frac{3}{\sqrt{14}}$$

이다.

벡터 사영은 이 스칼라 사영을 a방향의 단위벡터에 곱한 것이다.

$$proj_a \mathrm{u} = \frac{3}{\sqrt{14}} \frac{a}{|a|} = \frac{3}{14}a = \frac{3}{14}(-2,3,1) = (-\frac{3}{7}, \frac{9}{14}, \frac{3}{14})$$

예제 3.25

$\mathrm{u} = \langle 2, -1, 3 \rangle$이고, $a = \langle 4, -1, 2 \rangle$라 하자. a위로의 u의 벡터사영과 a에 직교하는 u의 벡터성분을 구하라.

풀이

$\mathrm{u} \cdot a = (2)(4) + (-1)(-1) + (3)(2) = 15$

$|a|^2 = 4^2 + (-1)^2 + 2^2 = 21$

따라서, a를 따르는 u의 벡터사영은

$$proj_a \mathrm{u} = \frac{\mathrm{u} \cdot a}{|a|^2} a = \frac{15}{21}(4,-1,2) = \left(\frac{20}{7}, -\frac{5}{7}, \frac{10}{7}\right)$$

이고, a에 직교하는 u의 벡터성분은

$$\mathrm{u} - \mathrm{proj}_a \mathrm{u} = (2,-1,3) - \left(\frac{20}{7}, -\frac{5}{7}, \frac{10}{7}\right) = \left(-\frac{6}{7}, -\frac{2}{7}, \frac{11}{7}\right)$$

벡터 $\mathrm{u} - proj_a \mathrm{u}$와 $proj_a u$가 이들의 내적이 0임을 밝힘으로써 수직임을 밝힐 수 있다.

연습문제 3.3

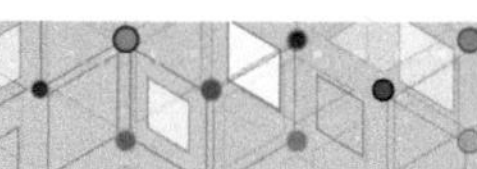

1. u • v를 계산하라.

(1) u = ⟨ 3,1 ⟩, v = ⟨ 2,4 ⟩

(2) u = ⟨ 2, -1, 3 ⟩, v = ⟨ 0, 2, 4 ⟩

2. 다음 벡터 사이의 각을 구하라

(1) a = 3i-2j, b=i+j

(2) a = 3i +j -4k, b =-2i+2j+k

3. 주어진 벡터들이 직교하는지 밝혀라.

(1) a=⟨4,-1,1⟩, b=⟨2,4,4⟩

(2) a=6i+2j, b=-i+3j

4. 주어진 벡터와 직교하는 벡터를 찾아라.

(1) ⟨2,-1⟩

(2) 6i+2j-k

5. $comp_a$u와 $proj_a$u를 찾아라.

(1) u=⟨2,1⟩, a=⟨3,4⟩

(2) u=3i+j, a=4i-3j

(3) u=⟨2,0,-2⟩, a=⟨0,-3,4⟩

연습문제 3.3

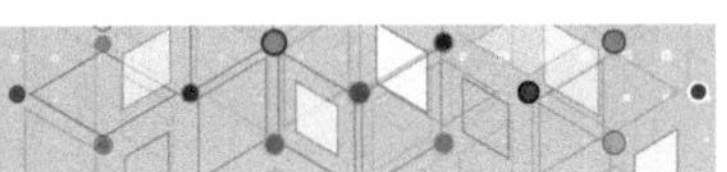

6. 다음의 u와 v가 이루는 각을 각각 구하라.

(1) u=⟨2,3⟩, v=⟨5,-7⟩

(2) u=⟨1,-5,4⟩, v=⟨3,3,3⟩

7. 다음의 u에서 a로의 정사영벡터을 구하라.

(1) u = ⟨6,2⟩, a=⟨3,-9⟩

(2) u=⟨3,1,-7⟩, a=⟨1,0,5⟩

8. 문제 7의 각각에서 a에 직교하는 u벡터의 성분을 구하라.

9. 다음 각각에서 $|proj_a \mathrm{u}|$를 구하라.

(1) u=⟨1,-2⟩, a=⟨-4,-3⟩

(2) u=⟨3,-2,6⟩, a=⟨1,2,-7⟩

10. u=⟨1,0,1⟩과 v=⟨0,1,1⟩의 모두에 직교하는 단위벡터를 구하라.

3.4 벡터곱

3.4.1 외적

[정의 3.6]

3차원 공간의 벡터 $\mathrm{u}=(u_1,\ u_2,\ u_3)$와 $\mathrm{v}=(v_1,\ v_2,\ v_3)$에서 $\mathrm{u}\times\mathrm{v}=(u_2v_3-u_3v_2,\ u_3v_1-u_1v_3,\ u_1v_2-u_2v_1)$을 u와 v의 외적 또는 벡터곱(cross product)이라 한다. 행렬식을 이용하면

$$\mathrm{u}\times\mathrm{v}=\left(\begin{vmatrix} u_2 & u_3 \\ v_2 & v_3 \end{vmatrix},\ -\begin{vmatrix} u_1 & u_3 \\ v_1 & v_3 \end{vmatrix},\ \begin{vmatrix} u_1 & u_2 \\ v_1 & v_2 \end{vmatrix}\right)$$

로도 정의한다.

예제 3.26

$\mathrm{u}=\langle 1, 2, -2\rangle$, $\mathrm{v}=\langle 3, 0, 1\rangle$**일 때** $\mathrm{u}\times\mathrm{v}$**를 구하라.**

풀이

$$\mathrm{u}\times\mathrm{v}=\left(\begin{vmatrix} 2 & -2 \\ 0 & 1 \end{vmatrix},\ -\begin{vmatrix} 1 & -2 \\ 3 & 1 \end{vmatrix},\ \begin{vmatrix} 1 & 2 \\ 3 & 0 \end{vmatrix}\right)=(2,\ -7,\ -6)$$

■ 정리 3.4

u, v와 w를 3차원 공간의 벡터라 할 때 다음이 성립한다.

(1) $\mathrm{u}\cdot(\mathrm{u}\times\mathrm{v})=0$($\mathrm{u}\cdot\mathrm{v}$와 u는 직교)

(2) $\mathrm{v}\cdot(\mathrm{u}\times\mathrm{v})=0$($\mathrm{u}\cdot\mathrm{v}$와 v는 직교)

(3) $|\mathrm{u}\times\mathrm{v}|^2=|\mathrm{u}|^2|\mathrm{v}|^2-(\mathrm{u}\cdot\mathrm{v})^2$(라그랑주의 항등식)

(4) $\mathrm{u}\times(\mathrm{v}\times\mathrm{w})=(\mathrm{u}\cdot\mathrm{w})\mathrm{v}-(\mathrm{u}\cdot\mathrm{v})\mathrm{w}$(벡터곱과 내적과의 관계)

(5) $(\mathrm{u}\times\mathrm{v})\times\mathrm{w}=(\mathrm{u}\cdot\mathrm{w})\mathrm{v}-(\mathrm{v}\cdot\mathrm{w})\mathrm{u}$(벡터곱과 내적과의 관계)

증명

(1):(u $= (u_1, u_2, u_3)$이고, v $= (v_1, v_2, v_3)$라 하면 다음이 성립한다.

$$\mathrm{u} \cdot (\mathrm{u} \times \mathrm{v}) = (u_1, u_2, u_3) \cdot (u_2v_3 - u_3v_2, u_3v_1 - u_1v_3, u_1v_2 - u_2v_1)$$
$$= u_1(u_2v_3 - u_3v_2) + u_2(u_3v_1 - u_3v_1) + u_3(u_1v_2 - u_2v_1) = 0.$$

증명(2) : (1)과 같다.

증명(3) : $|\mathrm{u} \cdot \mathrm{v}|^2 = (u_2v_3 - u_3v_2)^2 + (u_3v_1 - u_1v_3)^2 + (u_1v_2 - u_2v_1)^2$이고

$|\mathrm{u}|^2|\mathrm{v}|^2 - (\mathrm{u} \cdot \mathrm{v})^2 = (u_1^2 + u_2^2 + u_3^2)(v_1^2 + v_2^2 + v_3^2) - (u_1v_1 + u_2v_2 + u_3v_3)^2$

이므로 이들이 일치함을 밝힘으로써 증명된다.

증명 (4)와 (5) : 생략

예제 3.27

u, v가 다음과 같을 때 u × v는 u와 v에 수직임을 보여라.

$$\mathrm{u} = (1,\ 2,\ -2),\quad \mathrm{v} = (3,\ 0,\ 1)$$

풀이

$\mathrm{u} \times \mathrm{v} = (2,\ -7,\ -6)$이고

$\mathrm{u} \cdot (\mathrm{u} \times \mathrm{v}) = (1)(2) + (2)(-7) + (-2)(-6) = 0$

$\mathrm{v} \cdot (\mathrm{u} \times \mathrm{v}) = (3)(2) + (0)(-7) + (1)(-6) = 0$

이므로, [정리 3.4] (1), (2)에서 확인된 바와 같은 u × v는 u, v의 각각에 직교한다.

☒정리 3.5

u, v, w를 3차원 공간의 벡터, k를 임의의 스칼라라 할 때 다음이 성립한다.

(1) $\mathrm{u} \times \mathrm{v} = -(\mathrm{v} \times \mathrm{u})$

(2) $\mathrm{u} \times (\mathrm{v} + \mathrm{w}) = (\mathrm{u} \times \mathrm{v}) + (\mathrm{u} \times \mathrm{w})$

(3) $(\mathrm{u} + \mathrm{v}) \times \mathrm{w} = (\mathrm{u} \times \mathrm{w}) + (\mathrm{v} \times \mathrm{w})$

(4) $k(\mathrm{u} \times \mathrm{v}) = (k\mathrm{u}) \times \mathrm{v} = \mathrm{u} \times (k\mathrm{v})$

(5) $\mathrm{u} \times 0 = 0 \times \mathrm{u} = 0$

(6) $\mathrm{u} \times \mathrm{u} = 0$

벡터 $\mathrm{i} = (1,0,0)$, $\mathrm{j} = (0,1,0)$, $\mathrm{k} = (0,0,1)$을 생각하자. 이들 벡터는 어느 것이나 길이가 1이고 좌표축 상에 존재한다(그림 3.32 참조). 이들의 특수한 벡터를 3차원 공간의 3개의 표준 단위 벡터(standard unit vectors)라 부른다. 3차원 공간의 임의의 벡터 $\mathrm{v} = (v_1, v_2, v_3)$는 i, j, k를 사용해 나타내면,

$\mathrm{v} = (v_1, v_2, v_3) = v_1(1,0,0) + v_2(0,1,0) + v_3(0,0,1) = v_1\mathrm{i} + v_2\mathrm{j} + v_3\mathrm{k}$로 쓸 수 있다.

예컨대 $(2, -3, 4) = 2\mathrm{i} - 3\mathrm{j} + 4\mathrm{k}$ 이다.

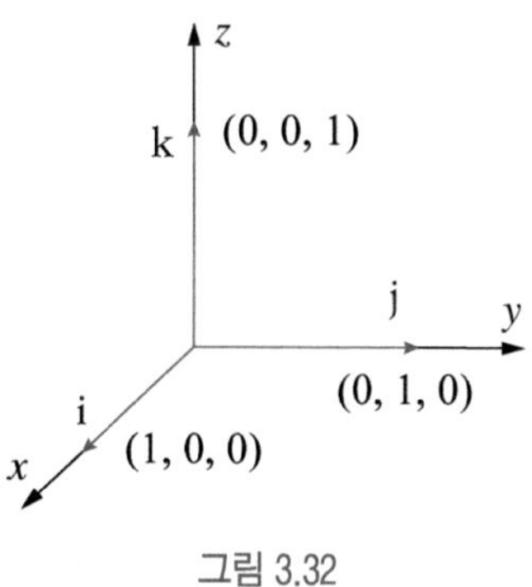

그림 3.32

벡터곱에 관한 행렬식 형식 또한 단위벡터 i, j, k를 사용하여 $\mathrm{u} \times \mathrm{v}$를 다음과 같이 3×3행렬식 형태의 기호로 표현할 수도 있다. 즉

$$\mathrm{u} \times \mathrm{v} = \begin{vmatrix} \mathrm{i} & \mathrm{j} & \mathrm{k} \\ u_1 & u_2 & u_3 \\ v_1 & v_2 & v_3 \end{vmatrix} = \begin{vmatrix} u_2 & u_3 \\ v_2 & v_3 \end{vmatrix} \mathrm{i} - \begin{vmatrix} u_1 & u_3 \\ v_1 & v_3 \end{vmatrix} \mathrm{j} + \begin{vmatrix} u_1 & u_2 \\ v_1 & v_2 \end{vmatrix} \mathrm{k}$$

예제 3.28

$u=(1,2,-2), v=(3,0,1)$이라 할 때 $u\times v$을 구하라.

풀이

$$u\times v=\begin{vmatrix} i & j & k \\ 1 & 2 & -2 \\ 3 & 0 & 1 \end{vmatrix} = \begin{vmatrix} 2 & -2 \\ 0 & 1 \end{vmatrix} i - \begin{vmatrix} 1 & -2 \\ 3 & 1 \end{vmatrix} j + \begin{vmatrix} 1 & 2 \\ 3 & 0 \end{vmatrix} k = 2i-7j-6k$$

3.4.2 벡터곱의 기하학적 의미

u와 v가 3차원 공간의 벡터이면 u • v의 노음은 유용한 기하학적 해석을 갖는다. [정리 3.4]에서 주어진 라그랑주의 항등식은

$$|u\times v|^2=|u|^2|v|^2-(u\cdot v)^2$$

이었다. u와 v가 이루는 각을 θ라 하면 $u\cdot v=\|u\|\|v\|\cos\theta$로 쓸 수 있으므로 위 식을 변형하면,

$$\begin{aligned} |u\times v|^2 &= |u|^2|v|^2-|u|^2|v|^2\cos^2\theta \\ &= |u|^2|v|^2(1-\cos^2\theta) \\ &= |u|^2|v|^2\sin^2\theta \end{aligned}$$

로 된다. $0\le\theta\le\pi$이므로 $\sin\theta\ge 0$이다. 따라서,

$$|u\times v|=|u||v|\sin\theta$$

라는 공식이 얻어진다. 그런데 $\|v\|\sin\theta$란 u와 v가 만드는 평행사변형의 높이로 되어 있다([그림 3.33 참조]). 따라서 이 평행사변형의 넓이

$$A=(\text{밑변})(\text{높이})=|u||v|\sin\theta=|u\times v|$$

로 주어진다.

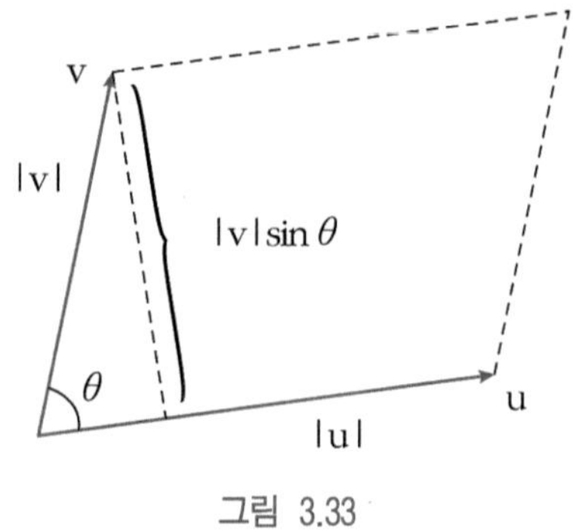

그림 3.33

■ 정리 3.6

u와 v가 3차원 공간의 벡터이면 | u × v | 는 u와 v가 만드는 평행사변형의 넓이와 같다.

예제 3.29

점 P_1(2,2,0), P_2(−1,0,2)와 P_3(0,4,3)으로 결정되는 삼각형의 넓이를 구하라.

풀이

$\overrightarrow{P_1P_2} = (-3, -2, 2)$ 이고 $\overrightarrow{P_1P_3} = (-2, 2, 3)$ 이므로

$\overrightarrow{P_1P_2} \times \overrightarrow{P_1P_3} = (-10, 5, -10)$ 따라서

$A = \frac{1}{2} \left| \overrightarrow{P_1P_2} \times \overrightarrow{P_1P_3} \right| = \frac{1}{2}(15) = \frac{15}{2}$

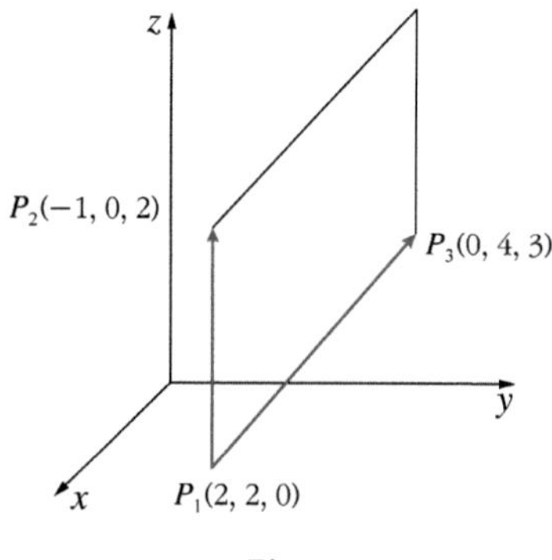

그림 3.34

3.3.3 스칼라 3중적

정의 u, v와 w를 3차원 공간의 벡터라 할 때 u • (v × w)를 u, v와 w의 스칼라 3중적 (scalar triple product)이라 한다.

u $= (u_1, u_2, u_3)$, v $= (v_1, v_2, v_3)$와 w $= (w_1, w_2, w_3)$의 스칼라 3중적은 공식

$$\mathrm{u} \bullet (\mathrm{v} \times \mathrm{w}) = \begin{vmatrix} u_1 & u_2 & u_3 \\ v_1 & v_2 & v_3 \\ w_1 & w_2 & w_3 \end{vmatrix}$$

로 계산될 수 있다.

$$\mathrm{u} \bullet (\mathrm{v} \times \mathrm{w}) = \mathrm{u} \bullet \left(\begin{vmatrix} v_2 & v_3 \\ w_2 & w_3 \end{vmatrix} \mathrm{i} - \begin{vmatrix} v_1 & v_3 \\ w_1 & w_3 \end{vmatrix} \mathrm{j} + \begin{vmatrix} v_1 & v_2 \\ w_1 & w_3 \end{vmatrix} \mathrm{k} \right)$$

$$= \begin{vmatrix} v_2 & v_3 \\ w_2 & w_3 \end{vmatrix} u_1 - \begin{vmatrix} v_1 & v_3 \\ w_1 & w_3 \end{vmatrix} u_2 + \begin{vmatrix} v_1 & v_2 \\ w_1 & w_2 \end{vmatrix} u_3 = \begin{vmatrix} u_1 & u_2 & u_3 \\ v_1 & v_2 & v_3 \\ w_1 & w_2 & w_3 \end{vmatrix}$$

이다.

예제 3.30

벡터 u $= 3\mathrm{i} - 2\mathrm{j} - 5\mathrm{k}$, v $= \mathrm{i} + 4\mathrm{j} - 4\mathrm{k}$, w $= 3\mathrm{j} + 2\mathrm{k}$의 스칼라 3중적 u • (v × w)를 계산하라.

풀이

$$\mathrm{u} \bullet (\mathrm{v} \times \mathrm{w}) = \begin{vmatrix} 3 & -2 & -5 \\ 1 & 4 & -4 \\ 0 & 3 & 2 \end{vmatrix} = 3\begin{vmatrix} 4 & -4 \\ 3 & 2 \end{vmatrix} - (-2)\begin{vmatrix} 1 & -4 \\ 0 & 2 \end{vmatrix} + (-5)\begin{vmatrix} 1 & 4 \\ 0 & 3 \end{vmatrix} = 60 + 4 - 15 = 49$$

■ 정리 3.7

① 행렬식 : $\det\begin{bmatrix} u_1 & u_2 \\ v_1 & v_2 \end{bmatrix}$ 의 절대값은 2차원 공간의 벡터 $\mathrm{u} = (u_1, u_2)$와 $\mathrm{v} = (v_1, v_2)$가 만드는 평행사변형의 넓이와 같다(그림 3.35 (1) 참조).

② 행렬식 : $\det\begin{bmatrix} u_1 & u_2 & u_3 \\ v_1 & v_2 & v_3 \\ w_1 & w_2 & w_3 \end{bmatrix}$ 의 절대값은 3차원 공간의 벡터 $\mathrm{u} = (u_1, u_2, u_3)$, $\mathrm{v} = (v_1, v_2, v_3)$와 $\mathrm{w} = (w_1, w_2, w_3)$가 만드는 평행육면체의 부피와 같다(그림 3.35 (2) 참조).

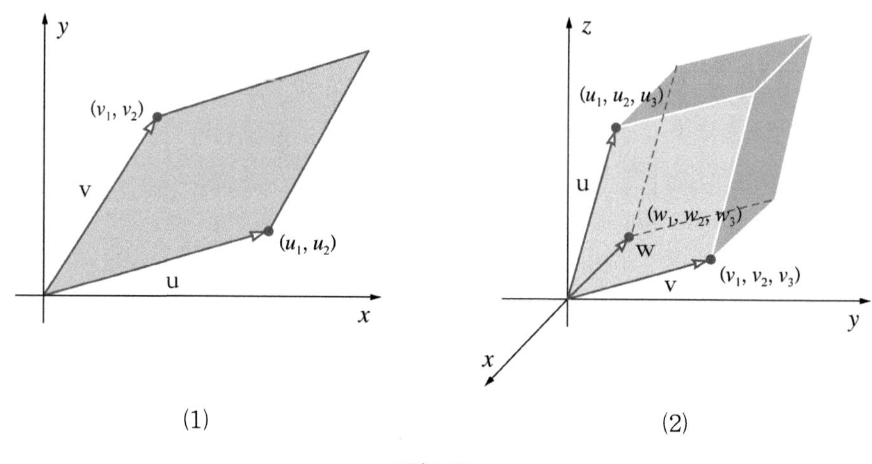

그림 3.35

연습문제 3.4

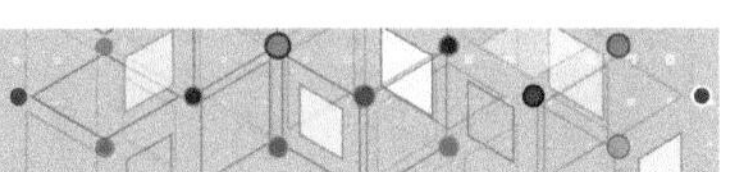

1. 외적 $u \times v$를 계산하라.

(1) $u = (1, 2, -1), v = (1, 0, 2)$

(2) $u = 2i - k, v = 4j + k$

2. 2개의 주어진 벡터에 직교하는 2개의 단위벡터를 구하라.

(1) $u = (1, 0, 4), v = (1, -4, 2)$

(2) $u = -2i + 3j - 3k, v = 2i - k$

3. 다음 면적과 체적을 계산하라.

(1) (2,3)과 (1,4)를 이웃하는 두 변으로 하는 평행사변형의 면적

(2) (2,1,0), (-1,2,0)과 (1,1,2)를 이웃하는 세 변으로 하는 평행육면체의 체적

4. $u = (3, 2, -1), v = (0, 2, -3), w = (2, 6, 7)$이라 하고 다음을 계산하라.

(1) $v \times w$

(2) $(u \times v) \times w$

(3) $u \times (v - 2w)$

5. 다음 벡터 u와 v 모두에 직교하는 벡터를 구하라.

(1) $u = (-6, 4, 2), v = (3, 1, 5)$

(2) $u = (-2, 1, 5), v = (3, 0, -3)$

연습문제 3.4

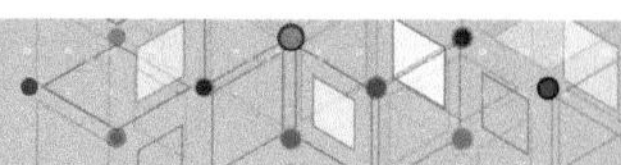

6. 다음 u와 v가 만드는 평행사변형의 넓이를 구하라.

(1) $u = (1, -1, 2), v = (0, 3, 1)$

(2) $u = (2, 3, 0), v = (-1, 2, -2)$

(3) $u = (3, -1, 4), v = (6, -2, 8)$

7. 다음 u, v, w에 대한 스칼라 3중적 $u \cdot (v \times w)$를 구하라.

(1) $u = (-1, 2, 4), v = (3, 4, -2), w = (-1, 2, 5)$

(2) $u = (3, -1, 6), v = (2, 4, 3), w = (5, -1, 2)$

8. 다음 u, v와 w를 변으로 갖는 평행육면체의 부피를 구하라.

(1) $u = (2, -6, 2), v = (0, 4, -2), w = (2, 2, -4)$

(2) $u = (3, 1, 2), v = (4, 5, 1), w = (1, 2, 4)$

3.5 3차원공간의 직선과 평면

3.5.1 점 A($\vec{a}$)를 지나고 $\vec{d}$에 평행한 직선

위치벡터가 $\overrightarrow{OA}=\vec{a}$인 점 A를 $A(\vec{a})$와 같이 나타내기도 한다.

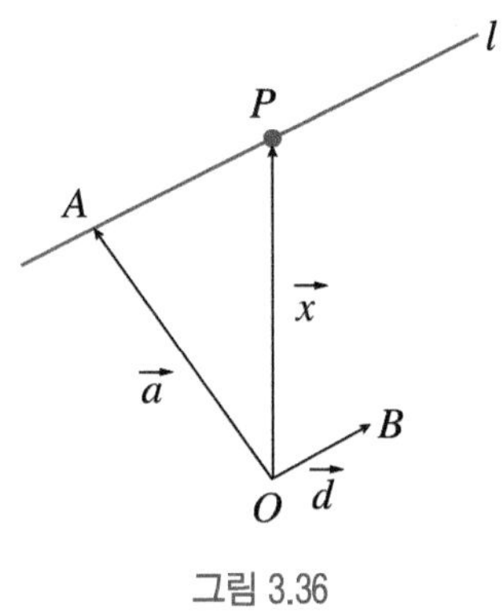

그림 3.36

세 점 A, B, P의 위치벡터를 각각 $\vec{a}, \vec{d}, \vec{x}$라 하면

$$\overrightarrow{AP}=t\overrightarrow{OB} \Leftrightarrow \overrightarrow{OP}-\overrightarrow{OA}=t\overrightarrow{OB} \Leftrightarrow \vec{x}-\vec{a}=t\vec{d} \therefore \vec{x}=\vec{a}+t\vec{d}(t\text{는 임의의 실수}) \qquad (1)$$

역으로 (1)로 나타나는 벡터 $\vec{x}$에 대해 $\overrightarrow{OP}=\vec{x}$인 점 P를 잡으면 $\overrightarrow{AP}=t\vec{d}$ 곧, $\overrightarrow{AP}/\!/\vec{d}$이므로 점 P는 직선 l위의 점이다. 이 때 (1)을 점 $A(\vec{a})$를 지나 $\overrightarrow{OB}=\vec{d}$에 평행한 직선의 벡터방정식이라 한다. 여기서 $\vec{d}=(l,m,n)$을 방향벡터라 한다.

여기에서 $\vec{x}=(x, y, z)$, $\vec{a}=(x_1, y_1, z_1)$, $\vec{d}=(l, m, n)$이므로 이것을 (1)에 대입하면

$$(x, y, z)=(x_1, y_1, z_1)+t(l, m, n)$$
$$\therefore x=x_1+tl,\ y=y_1+tm,\ z=z_1+tn \qquad (2)$$

를 얻는다. 역도 성립하므로 (2)는 직선 l의 방정식이다. 이제 (2)의 식을 변형해 보자.

$$x-x_1=tl, y-y_1=tm, z-z_1=tn \ \therefore \frac{x-x_1}{l}=t, \frac{y-y_1}{m}=t, \frac{z-z_1}{n}=t$$

$$\therefore \frac{x-x_1}{l}=\frac{y-y_1}{m}=\frac{z-z_1}{n}$$

예제 3.31

다음 각 조건을 만족시키는 직선의 방정식을 구하라.

(1) 점 (1,2,3)을 지나고 벡터 $\vec{d}$=(2,−1,3)에 평행한 직선

(2) 점 (2,3,4)을 지나고 방향벡터가 $\vec{d}$=(1,4,0)인 직선

(3) 점 (−1,0,2)를 지나고 방향비가 3:4:2인 직선

(4) 점(−2,1,−4)를 지나고 원점과 점 (1,2,3)을 지나는 직선에 평행한 직선

풀이

(1) $x_1=1, y_1=2, z_1=3, l=2, m=-1, n=3$인 경우이므로

$$\frac{x-1}{2}=\frac{y-2}{-1}=\frac{z-3}{3}$$

(2) $x_1=2, y_1=3, z_1=4, l=1, m=4, n=0$인 경우이므로

$$\frac{x-2}{1}=\frac{y-3}{4}=\frac{z-4}{0} \text{ 곧, } x-2=\frac{y-3}{4}, z=4$$

(3) 방향비가 $3:4:2 \Leftrightarrow$ 벡터 $\vec{d}=(3,4,2)$에 평행이므로

$$\frac{x+1}{3}=\frac{y-0}{4}=\frac{z-2}{2} \text{ 곧, } \frac{x+1}{3}=\frac{y}{4}=\frac{z-2}{2}$$

(4) 점(-2,1,-4)를 지나고 $\vec{d}$=(1,2,3)에 평행한 직선이므로

$$\frac{x+2}{1}=\frac{y-1}{2}=\frac{z+4}{3} \text{ 곧, } x+2=\frac{y-1}{2}=\frac{z+4}{3}$$

3.5.2 두 점 $A(\vec{a})$, $B(\vec{b})$를 지나는 직선

아래 그림에서 두 점 $A(\vec{a})$, $B(\vec{b})$를 지나는 직선 위의 임의의 점 P는 다음 관계를 만족시킨다. $\overrightarrow{AP}=t\overrightarrow{AB}$ (t는 임의의 실수) 따라서, 세 점 A, B, P의 위치벡터를 각각 $\vec{a}, \vec{b}, \vec{x}$라 하면,

$$\overrightarrow{AP} = t\overrightarrow{AB} \Leftrightarrow \overrightarrow{OP} - \overrightarrow{OA} = t(\overrightarrow{OB} - \overrightarrow{OA}) \Leftrightarrow \vec{x} - \vec{a} = t(\vec{b} - \vec{a})$$

$$\therefore \vec{x} = (1-t)\vec{a} + t\vec{b} \ (t\text{는 임의의 실수}) \qquad (3)$$

로 나타내지고 이 식이 두 점 $A(\vec{a})$, $B(\vec{b})$를 지나는 직선의 벡터방정식이다.

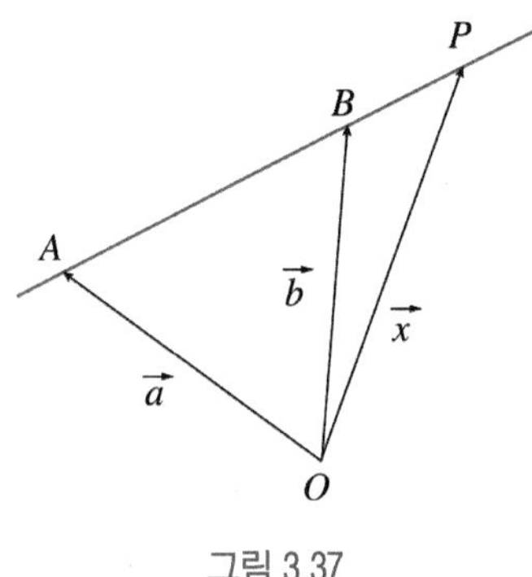

그림 3.37

여기에서 $\vec{x} = (x, y, z)$, $\vec{a} = (x_1,\ y_1,\ z_1)$, $\vec{b} = (x_2,\ y_2,\ z_2)$이므로 이것을 (3)에 대입하면

$$(x, y, z) = (x_1, y_1, z_1) + t(x_2 - x_1, y_2 - y_1, z_2 - z_1)$$

$$\therefore x = x_1 + t(x_2 - x_1),\ y = y_1 + t(y_2 - y_1),\ z = z_1 + t(z_2 - z_1)$$

$$\therefore x - x_1 = t(x_2 - x_1),\ y - y_1 = t(y_2 - y_1),\ z - z_1 = t(z_2 - z_1)$$

여기에서 t를 소거하면 다음 방정식을 얻는다.

$$\frac{x - x_1}{x_2 - x_1} = \frac{y - y_1}{y_2 - y_1} = \frac{z - z_1}{z_2 - z_1}$$

예제 3.32

다음 두 점을 지나는 직선의 방정식을 구하라.

(1) (2,3,4), (4,2,1)　　(2) (3,2,4), (2,1,5)

(3) (3,4,2), (2,1,2)　　(4) (4,3,1), (4,3,5)

풀이

(1) $\frac{x-2}{4-2}=\frac{y-3}{2-3}=\frac{z-4}{1-4}$ $\therefore \frac{x-2}{2}=\frac{y-3}{-1}=\frac{z-4}{-3}$

(2) $\frac{x-3}{2-3}=\frac{y-2}{1-2}=\frac{z-4}{5-4}$ $\therefore \frac{x-3}{-1}=\frac{y-2}{-1}=z-4$

(3) $\frac{x-3}{2-3}=\frac{y-4}{1-4}=\frac{z-2}{2-2}$ $\therefore \frac{x-3}{-1}=\frac{y-4}{-3}=\frac{z-2}{0}$ $\therefore x-3=\frac{y-4}{3}, z=2$

(4) $\frac{x-4}{4-4}=\frac{y-3}{3-3}=\frac{z-1}{5-1}$ $\therefore \frac{x-4}{0}=\frac{y-3}{0}=\frac{z-1}{4}$ $\therefore x=4, y=3$

예제 3.33

좌표 공간에 다음 두 직선이 있다.

$$\frac{x-3}{m}=\frac{y-2}{n}=\frac{z-1}{2}, \frac{x+2}{5}=\frac{y+1}{2}=\frac{z-4}{1}$$

(1) 이 두 직선이 평행할 때 m, n의 값을 구하라.

(2) 이 두 직선이 수직일 때 m, n 사이의 관계식을 구하라.

풀이

(1) $\frac{m}{5}=\frac{n}{2}=\frac{2}{1}$ 에서 $m=10,\ n=4$

(2) $m \cdot 5+n \cdot 2+2 \cdot 1=0$에서 $5m+2n+2=0$

예제 3.34

다음 각 물음에 답하라.

(1) 직선 $2(x-1)=-3(y+1)=6(z-7)$에 평행하고 점 $A(2,3,5)$를지 나는 직선의 방정식을 구하라.

(2) 점 $A(-1,2,3)$을 지나고 x축, y축, z축의 양의 부분과 이루는 각이 각각 $60°, 45°, 60°$ 인 직선의 방정식을 구하라.

풀이

(1) 준 식에서 $\frac{x-1}{3}=\frac{y+1}{-2}=\frac{z-7}{1}$ 이므로 이 직선과 평행한 직선의 방향비는 3:(-2):1이다.

$\therefore \frac{x-2}{3}=\frac{y-3}{-2}=\frac{z-5}{1}$ 곧, $\frac{x-2}{3}=\frac{y-3}{-2}=z-5$

(2) 방향벡터는 $\vec{d}=(\cos 60°, \cos 45°, \cos 60°)$이므로 방향비는 $\cos 60° : \cos 45° : \cos 60°$

$=\frac{1}{2}:\frac{1}{\sqrt{2}}:\frac{1}{2}=1:\sqrt{2}:1$

$\therefore \frac{x+1}{1}=\frac{y-2}{\sqrt{2}}=\frac{z-3}{1}$ 곧, $x+1=\frac{y-2}{\sqrt{2}}=z-3$

3.5.3 점 $A(\vec{a})$를 지나고 벡터 $\vec{h}$에 수직인 평면

이를테면 한 점 $A(x_1, y_1, z_1)$을 지나고 벡터 $\vec{h}=(a, b, c)$에 수직인 평면α의 방정식을 생각해보자. 평면 α 위의 임의의 점 $P(x, y, z)$라 하면 $\overrightarrow{AP}\perp\vec{h}$이므로

$\overrightarrow{AP}\cdot\vec{h}=0$

$(\overrightarrow{OP}-\overrightarrow{OA})\cdot\vec{h}=0$이므로 여기서 $\overrightarrow{OP}=\vec{x}$, $\overrightarrow{OA}=\vec{a}$라 하면,

$(\vec{x}-\vec{a})\cdot\vec{h}=0$ (4)

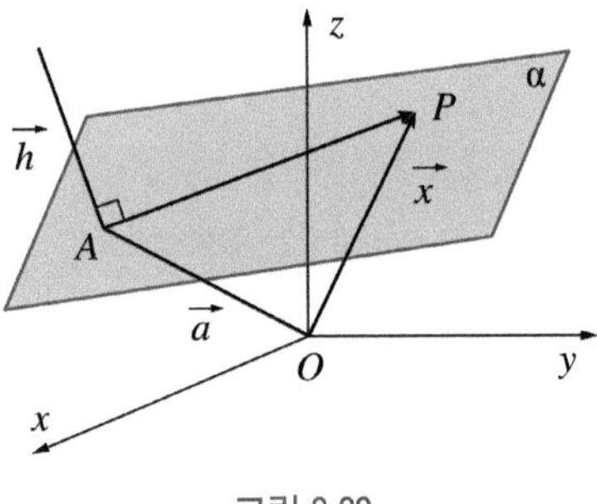

그림 3.38

여기에서

$$\vec{x}=(x,y,z),\ \vec{a}=(x_1,y_1,z_1),\ \vec{h}=(a,b,c)$$

이므로 (4)은 다음과 같이 나타낼 수 있다.

$$(x-x_1,\ y-y_1,\ z-z_1)\cdot(a,b,c)=0,\quad \therefore a(x-x_1)+b(y-y_1)+c(z-z_1)=0$$

예제 3.35

다음 각 조건을 만족시키는 평면의 방정식을 구하라.

(1) 점 (1,2,3)을 지나고 $\vec{h}$=(4,3,−2)에 수직인 평면

(2) 점 (1,2,3)을 지나고 $\vec{h}$=(1,1,1)을 법선벡터로 하는 평면

풀이

(1) $x_1=1,\ y_1=2,\ z_1=3$이고 $a=4,\ b=3,\ c=-2$인 경우이므로

$4(x-1)+3(y-2)-2(z-3)=0 \qquad \therefore 4x+3y-2z-4=0$

(2) $x_1=1,\ y_1=2,\ z_1=3$이고 $a=1,\ b=1,\ c=1$인 경우이므로

$1\cdot(x-1)+1\cdot(y-2)+1\cdot(z-3)=0 \qquad \therefore x+y+z-6=0$

예제 3.36

다음 각 물음에 답하라.

(1) 점 A(3,−2,4)를 지나고 평면 $2x+y-3z=4$에 평행한 평면 α의 방정식을 구하라.

(2) 점 A(1,1,1)을 지나고 두 평면 $x-y-2z=3$, $2x+y+z=0$에 각각 수직인 평면 α의 방정식을 구하라.

풀이

(1) 평면 α는 점 A(3,-2,4)를 지나고 법선벡터가 $\vec{h}$=(2,1,-3)인 평면이므로

$2(x-3)+1\cdot(y+2)-3\cdot(z-4)=0 \qquad \therefore 2x+y-3z+8=0$

(2) 평면 α의 방정식을 $ax+by+cz+d=0$으로 놓으면 점 (1,1,1)을 지나므로

$a+b+c+d=0$ (1)

평면 $x-y-2z=3$에 수직이므로 $a-b-2c=0$ (2)

평면 $2x+y+z=0$에 수직이므로 $2a+b+c=0$ (3)

(2), (3)을 b, c에 관해 풀면 $b=-5a, c=3a$ 이것을 (1)에 대입하면 $d=a$따라서 평면 α의 방정식은 $ax-5ay+3az+a=0$, $a \neq 0$ 이므로 $x-5y+3z+1=0$

예제 3.37

좌표공간에 다음 두 평면이 있다.

$$ax+2y+bz+5=0,\ 2x+3y-4z+1=0$$

(1) **두 평면이 평행할 때 상수 a, b의 값을 구하라.**

(2) **두 평면이 수직일 때 상수 a, b의 값을 구하라.**

풀이

(1) 두 평면이 평행하면 $\frac{a}{2}=\frac{2}{3}=\frac{b}{-4}$, $\therefore a=\frac{4}{3}, b=-\frac{8}{3}$

(2) 두 평면이 수직이면 $a \cdot 2+2 \cdot 3+b(-4)=0$,

$\therefore a-2b+3=0$

연습문제 3.5

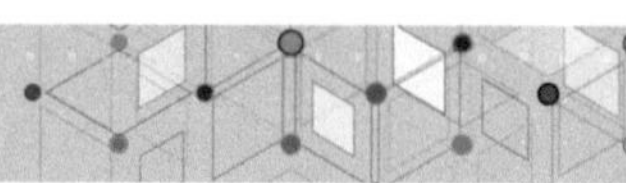

1. 주어진 직선의 매개변수방정식과 직선의 방정식을 구하라.

(1) (1,2,-3)을 지나고 (2,-1,4)와 평행한 직선

(2) (2,1,3)과 (4,0,4)를 지나는 직선

(3) (1,4,1)을 지나고 직선 x=2-3t, y=4, z=6+t에 평행한 직선

(4) (1,2,-1)을 지나고 평면 2x-y+3z=12에 수직인 직선

2. 다음 직선들이 평행, 직교하는지 말하고 두 직선의 사잇각을 구하라.

(1) $\begin{cases} x=1-3t \\ y=2+4t \\ z=-6+t \end{cases}$ $\begin{cases} x=1+2s \\ y=2-2s \\ z=-6+s \end{cases}$

(2) $\begin{cases} x=1+2t \\ y=3 \\ z=-1+t \end{cases}$ $\begin{cases} x=2-s \\ y=10+5s \\ z=3+2s \end{cases}$

(3) $\begin{cases} x=-1+2t \\ y=3+4t \\ z=-6t \end{cases}$ $\begin{cases} x=3-s \\ y=1-2s \\ z=3s \end{cases}$

3. 다음 조건을 만족하는 평면의 방정식을 구하라.

(1) 점 (1,3,2)를 포함하고 법선벡터가 ⟨2,-1,5⟩ 인 평면

(2) 점 (2,0,3), (1,1,0), (3,2,-1)을 포함하는 평면

(3) 점 (3,-2,1)을 포함하고 평면 $x+3y-4z=2$에 평행한 평면

(4) 점 (3,0,-1)을 포함하고 평면 $x+2y-z=2$와 $2x-z=1$에 수직인 평면

4. 평면들이 만나는 직선을 구하라.

(1) $2x-y-z=4$와 $3x-2y+z=0$

(2) $3x+4y=1$과 $x+y-z=3$

연습문제 3.5

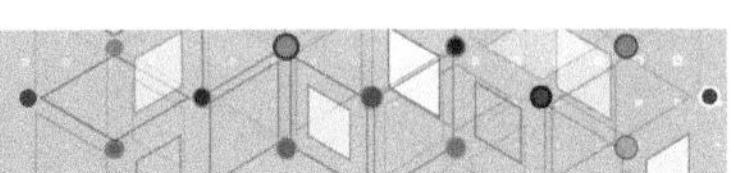

5. 주어진 점과 평면 또는 평면과 평면 사이의 거리를 구하라.

(1) 점 (2,0,1)과 평면 $2x-y+2z=4$

(2) 점 (0,-1,1)과 평면 $2x-3y=2$

(3) 평면 $x+3y-2z=3$과 $x+3y-2z=1$

6. 다음에 주어진 점 P를 지나고 n을 법선벡터로 갖는 평면방정식의 점-법선형을 구하라.

(1) $P(-1, 3, 2) : n = (-2, 1, -1)$

(2) $P(1, 1, 4) : n = (1, 9, 8)$

7. 주어진 각각의 두 평면은 평행한가를 결정하라.

(1) $4x-y+2z=5$와 $7x-2y+4z=8$

(2) $x-4y-3z-2=0$과 $2x-12y-9z-7=0$

8. 다음 두 평면은 수직인가를 결정하라.

(1) $3x-y+z-4=0$, $x+2z=-1$

(2) $x-2y+3z=4$, $-2x+5y+4z=-1$

9. 다음에 주어진 두 평면의 교선의 매개변수방정식을 구하라.

(1) $7x-2y+3z=-2$와 $-3x+y+2z+5=0$

(2) $2x+3y-5z=0$과 $y=0$

연습문제 3.5

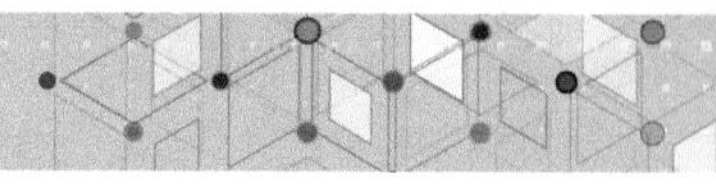

10. 점 $(-2, 1, 7)$을 지나며 직선 $x-4=2t,\ y+2=3t,\ z=-5t$에 수직인 평면의 방정식을 구하라.

11. 점 $(3, -6, 7)$을 지나며 평면 $5x-2y+z-5=0$에 평행한 평면의 방정식을 구하라.

12. 점 $(-2, 1, 5)$를 지나고 평면 $4x-2y+2z=-1$과 $3x+3y-6z=5$에 수직인 평면의 방정식을 구하라.

13. 점$(1, -1, 2)$와 직선 $x=t,\ y=t+1,\ z=-3+2t$를 포함하는 평면의 방정식을 구하라.

14. 점$(-1, -4, -2)$와 $(0, -2, 2)$에서부터 같은 거리에 있는 점으로 이뤄지는 평면의 방정식을 구하라.

15. 다음 각각에서 주어진 점과 평면 사이의 거리를 구하라.

(1) $(-1,2,1)$; $2x+3y-4z=1$

(2) $(0,3,-2)$; $x-y-z=3$

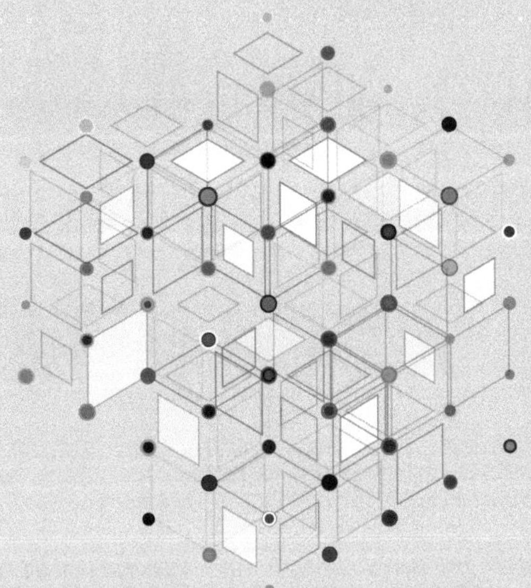

CHAPTER 4

벡터함수의 미적분

벡터함수와 극한 4.1

벡터도함수와 적분 4.2

호의 길이, 단위접선벡터, 단위법선벡터 4.3

곡률과 곡률 반지름 4.4

공간에서 속도와 가속도 4.5

학습정리

이제 공간에서 곡선이나 곡면을 설명하는 데 필요한 함수값이 벡터인 함수를 공부한다. 또한 벡터값을 갖는 함수를 이용하여 공간내의 물체의 운동과 미적분 및 곡률 등을 설명할 것이다.

4.1 벡터함수와 극한

4.1.1 벡터함수

벡터 r이 독립변수 t의 함수일 때, 이것을 $r(t)$로 쓰고, 벡터함수(vector function)라 한다. 벡터함수는 그 정의역이 실수의 집합이고, 그 치역이 벡터의 집합인 함수이다. 우리가 가장 관심을 가지는 벡터함수는 삼차원벡터이다. f, g, h는 같은 정의역 D 상에서 정의된 실함수이고,

$$r(t) = [f(t),\ g(t),\ h(t)] \tag{1}$$

를 정의역 D에서 정의된 벡터함수라 할 때, $f(t)$, $g(t)$, $h(t)$를 $r(t)$의 성분함수(component function)라 한다.

예제 4.1

벡터함수 $r(t) = \left\langle \sqrt{4-t^2}, e^{-3t}, \ln(t+1) \right\rangle$의 정의역을 구하라.

풀이

$\sqrt{4-t^2}, e^{-3t}$ 그리고 $\ln(t+1)$에서 $4-t^2 \geq 0 \Rightarrow -2 \leq t \leq 2, t+1>0 \Rightarrow t>-1$ 따라서 r의 정의역은 $(-1, 2]$이다.

위치벡터 $r(t)$의 끝점 $(f(t), g(t), h(t))$는 t가 정의역 D 내에서 변함에 따라 하나의 공간곡선(space curve)을 나타내고, 이 곡선의 매개방정식은

$$x = f(t),\ y = g(t),\ z = h(t) \tag{2}$$

꼴로 나타내진다.

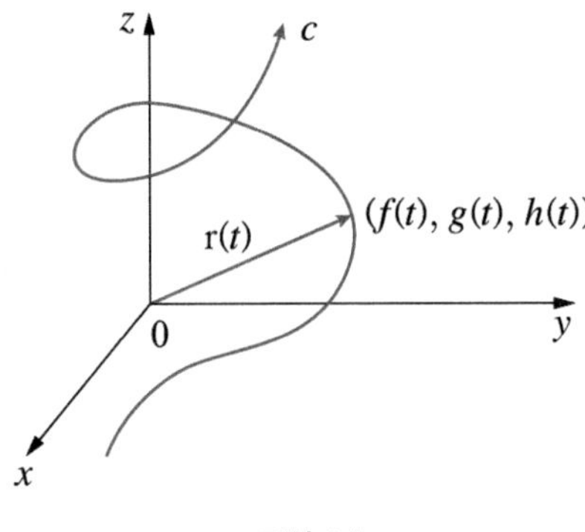

그림 4.1

예제 4.2

벡터함수 $r(t) = \langle 5-2t, 2+3t, -1+7t \rangle$ **로 정의된 곡선을 설명하라.**

풀이

대응하는 매개변수방정식은 다음과 같다.

$x = 5-2t,\ y = 2+3t,\ z = -1+7t$

이것은 점$(5, 2, -1)$을 지나고 벡터$\langle -2, 3, 7 \rangle$에 평행인 직선의 매개변수방정식임을 알 수 있다.

예제 4.3

다음 벡터방정식이 나타내는 곡선을 그려라

$r(t) = \langle 1, \cos t, 2\sin t \rangle$

풀이

매개방정식 $x=1, y=\cos t, z=2\sin t$이고, $y^2+(z/2)^2=\cos^2 t+\sin^2 t=1$ 또는 $y^2+z^2/4=1$, $x=1$이므로, 이 곡선은 평면 $x=1$위에 중심$(1,0,0)$인 타원이다.

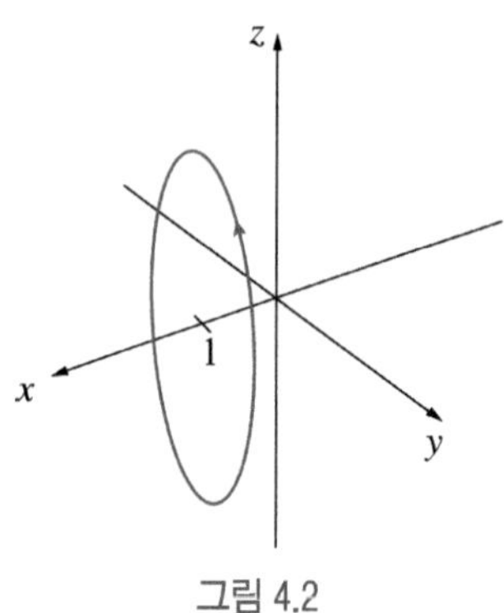

그림 4.2

4.1.2 벡터함수의 극한

공간 내의 벡터함수에 대한 극한이나, 도함수의 개념은 평면의 경우와 마찬가지로 정의된다. t가 t_0에 한없이 가까이 갈 때, 벡터함수

$$r(t)=[f(t), g(t), h(t)]$$

의 극한은 각 성분의 극한이 존재할 경우, 다음 극한

$$\lim_{t\to t_0} r(t)=\left[\lim_{t\to t_0} f(t), \lim_{t\to t_0} g(t), \lim_{t\to t_0} h(t)\right] \tag{3}$$

으로 정의한다.

예제 4.4

다음 극한을 구하라

(1) $\lim_{t\to 0}\left(e^{-3t}\mathrm{i}+\frac{t^2}{\sin^2 t}\mathrm{j}+\cos 2t\mathrm{k}\right)$ (2) $\lim_{t\to\infty}\left\langle \frac{1+t^2}{1-t^2}, \tan^{-1}t, \frac{1-e^{-2t}}{t}\right\rangle$

풀이

(1) $\lim_{t\to 0}e^{-3t}=e^0=1$, $\lim_{t\to 0}\frac{t^2}{\sin^2 t}=\lim_{t\to 0}\frac{1}{\frac{\sin^2 t}{t^2}}=\frac{1}{\lim_{t\to 0}\frac{\sin^2 t}{t^2}}=\frac{1}{\left(\lim_{t\to 0}\frac{\sin t}{t}\right)^2}=\frac{1}{1^2}=1$,

$\lim_{t\to 0}\cos 2t=1$, 그러므로 $\lim_{t\to 0}\left(e^{-3t}\mathrm{i}+\frac{t^2}{\sin^2 t}\mathrm{j}+\cos 2t\mathrm{k}\right)=\mathrm{i}+\mathrm{j}+\mathrm{k}$

(2) $\lim_{t\to 0}\frac{1+t^2}{1-t^2}=\lim_{t\to\infty}\frac{(1/t^2)+1}{(1/t^2)-1}=\frac{0+1}{0-1}=-1$, $\lim_{t\to\infty}\tan^{-1}t=\frac{\pi}{2}$, $\lim_{t\to\infty}\frac{1}{t}-\frac{1}{te^{2t}}=0-0=0$

$\lim_{t\to\infty}\left\langle \frac{1+t^2}{1-t^2}, \tan^{-1}t, \frac{1-e^{-2t}}{t}\right\rangle=(-1, \frac{\pi}{2}, 0)$

만일 t_0에서 벡터함수 r이 정의되어 있고, $\lim_{t\to t_0}r(t)$가 존재하며 $\lim_{t\to t_0}r(t)=r(t_0)$ 이면, r은 t_0에서 연속이다.

연습문제 4.1

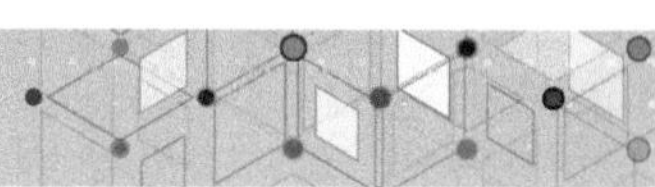

1. $r(t)=(t^2, \ln(5-t), \sqrt{t-2})$의 정의역을 구하여라.

2. $r(t)=\dfrac{t-2}{t+2}\mathrm{i}+\sin t\mathrm{j}+\ln(9-t^2)\mathrm{k}$의 정의역을 구하여라.

3. 다음 벡터 방정식이 나타내는 곡선을 그려라.

$r(t)=2\cos t\,\mathrm{i}+\sin t\,\mathrm{j}+t\,\mathrm{k}$

4. 다음 점 P와 Q를 잇는 선분의 벡터방정식과 매개변수방정식을 구하라.

(1) $P(0,\ 0,\ 0),\ Q(1,\ 2,\ 3)$

(2) $P(1,\ 0,\ 1),\ Q(2,\ 3,\ 1)$

(3) $P(0,\ -1, 1),\ Q(1/2,\ 1/3,\ 1/4)$

(4) $P(a, b, c)$, $Q(u,\ v,\ w)$

5. $r(t)=(1+t^3)\mathrm{i}+te^{-t}\mathrm{j}+\dfrac{\sin t}{t}\mathrm{k}$ 일 때, $\lim\limits_{t\to 0}r(t)$를 구하여라.

6. 다음을 구하여라

(1) $\lim\limits_{t\to 1}\left(\dfrac{t^2-t}{t-1}\mathrm{i}+\sqrt{t+8}\,\mathrm{j}+\dfrac{\sin\pi t}{\ln t}\mathrm{k}\right)$

(2) $\lim\limits_{t\to\infty}\left\langle te^{-t}, \dfrac{t^3+t}{2t^3-1},\ t\sin\dfrac{1}{t}\right\rangle$

4.2 벡터도함수와 적분

4.2.1 벡터도함수

벡터함수 r의 도함수 $r'(t)$는

$$r'(t) = \lim_{\Delta t \to 0} \frac{r(t+\Delta t) - r(t)}{\Delta t} \tag{1}$$

로 정의되는 벡터함수이다. 만일 $r(t) = [f(t), g(t), h(t)]$ 이고 f, g, h가 미분가능 한 함수이면, $r(t)$의 도함수는 다음과 같다.

$$r'(t) = [f'(t), g'(t), h'(t)] \tag{2}$$

이것을 다음 사실에서 알 수 있다.

$$\begin{aligned} r'(t) &= \frac{d}{dt}[f(t)\mathrm{i} + g(t)\mathrm{j} + h(t)\mathrm{k}] \\ &= \frac{df}{dt}\mathrm{i} + \frac{dg}{dt}\mathrm{j} + \frac{dh}{dt}\mathrm{k} \\ &= f'(t)\mathrm{i} + g'(t)\mathrm{j} + h'(t)\mathrm{k} \end{aligned} \tag{3}$$

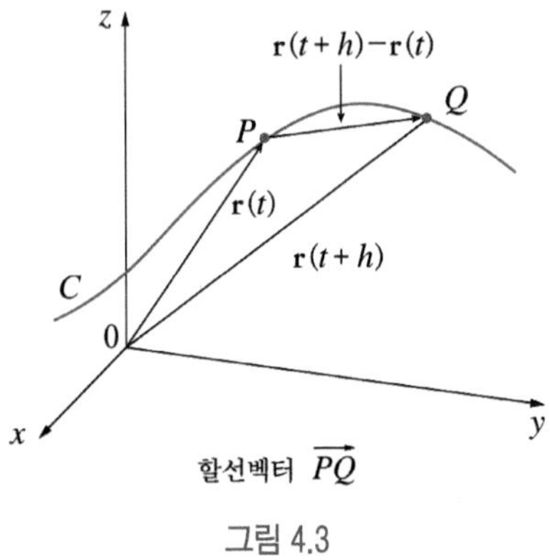

할선벡터 $\overrightarrow{PQ}$

그림 4.3

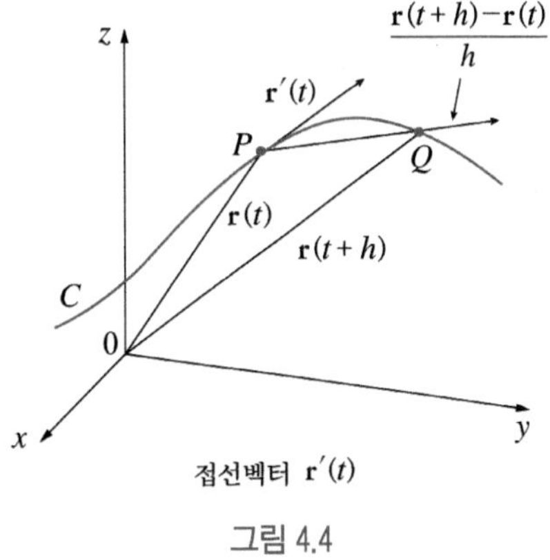

접선벡터 $\mathbf{r}'(t)$

그림 4.4

증명

$$r'(t) = \lim_{\Delta t \to 0} \frac{1}{\Delta t}[r(t+\Delta t) - r(t)]$$

$$= \lim_{\Delta t \to 0} \frac{1}{\Delta t}[<f(t+\Delta t), g(t+\Delta t), h(t+\Delta t)> - <f(t), g(t), h(t)>]$$

$$= \lim_{\Delta t \to 0} \left\langle \frac{f(t+\Delta t)-f(t)}{\Delta t}, \frac{g(t+\Delta t)-g(t)}{\Delta t}, \frac{h(t+\Delta t)-f(t)}{\Delta t} \right\rangle$$

$$= \left\langle \lim_{\Delta t \to 0} \frac{f(t+\Delta t)-f(t)}{\Delta t}, \lim_{\Delta t \to 0} \frac{g(t+\Delta t)-g(t)}{\Delta t}, \lim_{\Delta t \to 0} \frac{h(t+\Delta t)-h(t)}{\Delta t} \right\rangle$$

$$= <f'(t), g'(t), h'(t)>$$

예제 4.5

다음을 구하여라.

(a) 다음 벡터방정식으로 주어진 평면곡선을 그려라.

(b) $r'(t)$를 구하라.

(c) 주어진 t값에 대한 위치벡터 $r(t)$와 접선벡터 $r'(t)$를 그려라.

(1) $r(t) = <t-2, t^2+1>, t = -1$

(2) $r(t) = \sin t\mathrm{i} + 2\cos t\mathrm{j}, t = \pi/4$

(3) $r(t) = e^{2t}\mathrm{i} + e^{t}\mathrm{j}, t = 0$

풀이

(1) $(x+2)^2 = t^2 = y-1$

$y = (x+2)^2 + 1$

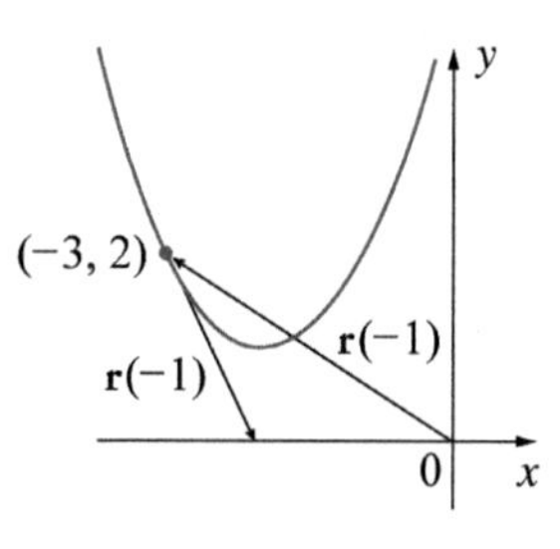

그림 4.5

(b) $r'(t) = (1, 2t)$,

$r'(-1) = <1, -2>$

(2) $x = \sin t,\ y = 2\cos t$

$x^2 + (y/2)^2 = 1$

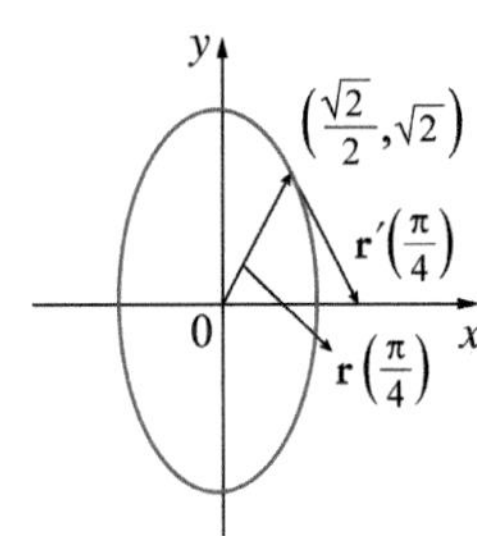

그림 4.6

(b) $r'(t) = \cos t\mathrm{i} - 2\sin t\mathrm{j}$,

$r'\left(\frac{\pi}{4}\right) = \frac{\sqrt{2}}{2}\mathrm{i} - \sqrt{2}\mathrm{j}$

(3) $x = e^{2t} = (e^t)^2 = y^2$,

$x > 0, y > 0$

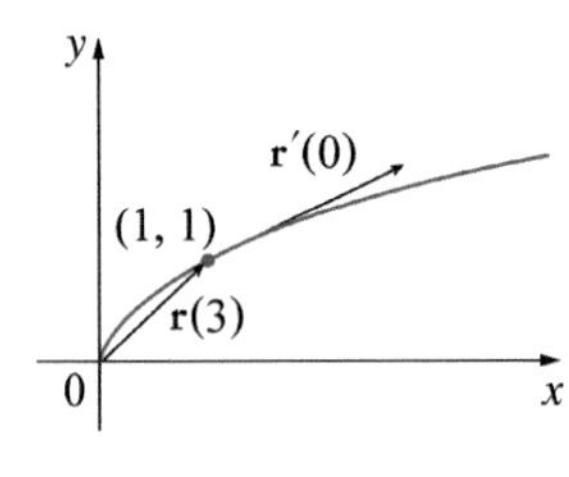

그림 4.7

(b) $r'(t) = 2e^{2t}\mathrm{i} + e^t\mathrm{j}$,

$r'(0) = 2\mathrm{i} + \mathrm{j}$

예제 4.6

벡터함수의 도함수를 구하라.

(1) $r(t) = \langle t\sin t, t^2, t\cos 2t\rangle$

(2) $r(t) = \mathrm{i} - \mathrm{j} + e^{4t}\mathrm{k}$

(3) $r(t) = e^{t^2}\mathrm{i} - \mathrm{j} + \ln(1+3t)\mathrm{k}$

풀이

(1) $r'(t) = \left\langle \frac{d}{dt}[t\sin t], \frac{d}{dt}[t^2], \frac{d}{dt}[t\cos 2t]\right\rangle = \langle t\cos t + \sin t, 2t, t(-\sin 2t)2 + \cos 2t\rangle$

$= \langle t\cos t + \sin t, 2t, \cos 2t - 2t\sin 2t\rangle$

(2) $r(t) = \mathrm{i} - \mathrm{j} + e^{4t}\mathrm{k} \Rightarrow r'(t) = 0\mathrm{i} + 0\mathrm{j} + 4e^{4t}\mathrm{k} = 4e^{4t}\mathrm{k}$

(3) $r(t) = e^{t^2}\mathrm{i} - \mathrm{j} + \ln(1+3t)\mathrm{k} \Rightarrow r'(t) = 2te^{t^2}\mathrm{i} + \frac{3}{1+3t}\mathrm{k}$

4.2.2 벡터함수의 미분법칙

다음 정리는 실숫값 함수에 관한 미분 공식이 벡터함수에 대해서도 상응하는 공식을 가지고 있음을 보여 준다.

■ 정리 4.1

u와 v를 미분가능 한 벡터함수, c를 스칼라, f를 실숫값 함수라 하면 다음이 성립한다.

1. $\frac{d}{dt}[\mathrm{u}(t) + \mathrm{v}(t)] = \mathrm{u}'(t) + \mathrm{v}'(t)$

2. $\frac{d}{dt}[c\mathrm{u}(t)] = c\mathrm{u}'(t)$

3. $\frac{d}{dt}[f(t)\mathrm{u}(t)] = f'(t)\mathrm{u}(t) + f(t)\mathrm{u}'(t)$

4. $\frac{d}{dt}[\mathrm{u}(t) \cdot \mathrm{v}(t)] = \mathrm{u}'(t) \cdot \mathrm{v}(t) + \mathrm{u}(t) \cdot \mathrm{v}'(t)$

5. $\frac{d}{dt}[\mathrm{u}(t) \times \mathrm{v}(t)] = \mathrm{u}'(t) \times \mathrm{v}(t) + \mathrm{u}(t) \times \mathrm{v}'(t)$

6. $\frac{d}{dt}[\mathrm{u}(f(t))] = f'(t)\mathrm{u}'(f(t))$ (연쇄법칙)

공식 4에 대한 증명을 소개하고 나머지 공식의 증명은 연습문제로 남겨 둔다.

증명

$\mathrm{u}(t) = \langle f_1(t), f_2(t), f_3(t) \rangle$, $\mathrm{v}(t) = \langle g_1(t), g_2(t), g_3(t) \rangle$라 하면 다음과 같다.

$$\mathrm{u}(t) \cdot \mathrm{v}(t) = f_1(t)g_1(t) + f_2(t)g_2(t) + f_3(t)g_3(t) = \sum_{i=1}^{3} f_i(t)g_i(t)$$

그러므로 일반적인 곱의 공식에 따라 다음이 성립한다.

$$\frac{d}{dt}[\mathrm{u}(t) \cdot \mathrm{v}(t)] = \frac{d}{dt}\sum_{i=1}^{3} f_i(t) g_i(t) = \sum_{i=1}^{3} \frac{d}{dt}[f_i(t) g_i(t)]$$
$$= \sum_{i=1}^{3}[f_i'(t) g_i(t) + f_i(t) g_i'(t)]$$
$$= \sum_{i=1}^{3} f_i'(t) g_i(t) + \sum_{i=1}^{3} f_i(t) g_i'(t)$$
$$= \mathrm{u}'(t) \cdot \mathrm{v}(t) + \mathrm{u}(t) \cdot \mathrm{v}'(t)$$

예제 4.7

$f(t) = 3e^t$, $\mathrm{u} = t\mathrm{i} - \mathrm{j} + 3t\mathrm{k}$, $\mathrm{v} = t^2\mathrm{i} + 2t\mathrm{j} - \mathrm{k}$ 라 할 때, 다음을 구하라.

(1) $(f(t)\mathrm{u})'$

(2) $(\mathrm{u} \cdot \mathrm{v})'$

(3) $(\mathrm{u} \times \mathrm{v})'$

풀이

(1) $(f(t)\mathrm{u})' = f'\mathrm{u} + f\mathrm{u}' = 3e^t(t\mathrm{i} - \mathrm{j} + 3t\mathrm{k}) + 3e^t(\mathrm{i} + 3\mathrm{k})$
$= (3te^t + 3e^t)\mathrm{i} - 3e^t\mathrm{j} + (9te^t + 9e^t)\mathrm{k}$

(2) $(\mathrm{u} \cdot \mathrm{v})' = \mathrm{u}' \cdot \mathrm{v} + \mathrm{u} \cdot \mathrm{v}'$
$= (\mathrm{i} + 3\mathrm{k}) \cdot (t^2\mathrm{i} + 2t\mathrm{j} - \mathrm{k}) + (t\mathrm{i} - \mathrm{j} + 3t\mathrm{k}) \cdot (2t\mathrm{i} + 2\mathrm{j})$
$= t^2 - 3 + 2t^2 - 2 = 3t^2 - 5$

(3) $(\mathrm{u} \times \mathrm{v})' = \mathrm{u}' \times \mathrm{v} + \mathrm{u} \times \mathrm{v}'$
$= (\mathrm{i} + 3\mathrm{k}) \times (t^2\mathrm{i} + 2t\mathrm{j} - \mathrm{k}) + (t\mathrm{i} - \mathrm{j} + 3t\mathrm{k}) \times (2t\mathrm{i} + 2\mathrm{j})$
$= [-6t\mathrm{i} + (3t^2 + 1)\mathrm{j} + 2t\mathrm{k}] + (-6t\mathrm{i} + 6t^2\mathrm{j} + 4t\mathrm{k})$
$= -12t\mathrm{i} + (9t^2 + 1)\mathrm{j} + 6t\mathrm{k}$

예제 4.8

$|r(t)| = c$(상수)이면 $r'(t)$는 모든 t에 대해 $r(t)$와 직교함을 보여라.

풀이

$r(t) \cdot r(t) = |r(t)|^2 = c^2$이고 c^2이 상수이므로

$$0 = \frac{d}{dt}[r(t) \cdot r(t)] = r'(t) \cdot r(t) + r(t) \cdot r'(t) = 2r'(t) \cdot r(t)$$

따라서 $r'(t) \cdot r(t) = 0$이고, 이것은 $r'(t)$가 $r(t)$에 직교임을 말해 준다.

기하학적으로, 이 결과는 한 곡선이 중심이 원점인 구면 위에 놓여 있으면, 접선벡터 $r'(t)$는 언제나 위치벡터 $r(t)$에 수직임을 말해 준다.

4.2.3 벡터적분

연속인 벡터함수 $r(t)$의 정적분(definite integral)은 적분의 결과가 벡터라는 것을 제외하면, 실숫값 함수에서와 같은 방법으로 정의할 수 있다. 그런데 이 경우에 r의 적분은 그의 성분함수 f, g, h의 적분으로 나타낼 수 있다.

$$\int_a^b r(t)dt = \lim_{n\to\infty}\sum_{i=1}^{n} r(t_i^*)\Delta t \tag{4}$$

$$= \lim_{n\to\infty}\left[\left(\sum_{i=1}^{n} f(t_i^*)\Delta t\right)\mathrm{i} + \left(\sum_{i=1}^{n} g(t_i^*)\Delta t\right)\mathrm{j} + \left(\sum_{i=1}^{n} h(t_i^*)\Delta t\right)\mathrm{k}\right]$$

따라서 다음과 같이 정의할 수 있다.

$$\int_a^b r(t)dt = \left(\int_a^b f(t)dt\right)\mathrm{i} + \left(\int_a^b g(t)dt\right)\mathrm{j} + \left(\int_a^b h(t)dt\right)\mathrm{k} \tag{5}$$

이것은 각 성분함수를 적분함으로써 벡터함수의 적분을 구할 수 있음을 의미한다. 미적

분학의 기본정리는 다음과 같이 연속인 벡터함수에까지 그대로 확장될 수 있다. R이 r의 역도함수, 즉 $R'(t) = r(t)$일 때 다음이 성립한다.

$$\int_a^b r(t)dt = [R(t)]_a^b = R(b) - R(a) \tag{6}$$

부정적분(역도함수)에 대해서는 기호 $\int r(t)dt$를 사용한다.

예제 4.9

다음 적분을 구하라.

(1) $\int_0^2 (t\mathrm{i} - t^3\mathrm{j} + 3t^5\mathrm{k})dt$

(2) $\int_0^{\pi/2} (3\sin^2 t\cos t\,\mathrm{i} + 3\sin t\cos^2 t\mathrm{j} + 2\sin t\cos t\mathrm{k})dt$

(3) $\int (e^t\mathrm{i} + 2t\mathrm{j} + \ln t\,\mathrm{k})dt$

(4) $r'(t) = 2t\mathrm{i} + 3t^2\mathrm{j} + \sqrt{t}\,\mathrm{k}$이고 $r(1) = \mathrm{i} + \mathrm{j}$ 일 때 $r(t)$를 구하라.

풀이

(1) $\int_0^2 (t\mathrm{i} - t^3\mathrm{j} + 3t^5\mathrm{k})dt = \left(\int_0^2 t\,dt\right)\mathrm{i} - \left(\int_0^2 t^3 dt\right)\mathrm{j} + \left(\int_0^2 3t^5\,dt\right)\mathrm{k}$

$$= \left[\frac{1}{2}t^2\right]_0^2\mathrm{i} - \left[\frac{1}{4}t^4\right]_0^2\mathrm{j} + \left[\frac{1}{2}t^6\right]_0^2\mathrm{k}$$

$$= \frac{1}{2}(4-0)\mathrm{i} - \frac{1}{4}(16-0)\mathrm{j} + \frac{1}{2}(64-0)\mathrm{k} = 2\mathrm{i} - 4\mathrm{j} + 32\mathrm{k}$$

(2) $\int_0^{\pi/2} (3\sin^2 t\cos t\mathrm{i} + 3\sin t\cos^2 t\mathrm{j} + 2\sin t\cos t\mathrm{k})dt$

$$= \left(\int_0^{\pi/2} 3\sin^2 t\cos t\,dt\right)\mathrm{i} + \left(\int_0^{\pi/2} 3\sin t\cos^2 t\,dt\right)\mathrm{j} + \left(\int_0^{\pi/2} 2\sin t\cos t\,dt\right)\mathrm{k}$$

$$= [\sin^3 t]_0^{\pi/2}\mathrm{i} + [-\cos^3 t]_0^{\pi/2}\mathrm{j} + [\sin^2 t]_0^{\pi/2}\mathrm{k} = (1-0)\mathrm{i} + (0+1)\mathrm{j} + (1-0)\mathrm{k} = \mathrm{i} + \mathrm{j} + \mathrm{k}$$

(3) $\int (e^t\mathrm{i}+2t\mathrm{j}+\ln t\mathrm{k})dt = \left(\int e^t dt\right)\mathrm{i}+\left(\int 2t\,dt\right)\mathrm{j}+\left(\int \ln t\,dt\right)\mathrm{k}$

$= e^t\mathrm{i}+t^2\mathrm{j}+(t\ln t-t)\mathrm{k}+C$, 단 C는 상수벡터이다.

(4) $r'(t) = 2t\mathrm{i} + 3t^2\mathrm{j}+ \sqrt{t}\,\mathrm{k} \Rightarrow r(t) = t^2\mathrm{i} + t^3\mathrm{j}+ \frac{2}{3}t^{3/2}\mathrm{k}+ C$. C는 상수벡터이다.

$\mathrm{i}+\mathrm{j}=r(1) = \mathrm{i}+\mathrm{j} + \frac{2}{3}\mathrm{k} + C$. $C= -\frac{2}{3}\mathrm{k}$, $r(t) = t^2\mathrm{i} + t^3\mathrm{j}+\left(\frac{2}{3}t^{3/2} - \frac{2}{3}\right)\mathrm{k}$

연습문제 4.2

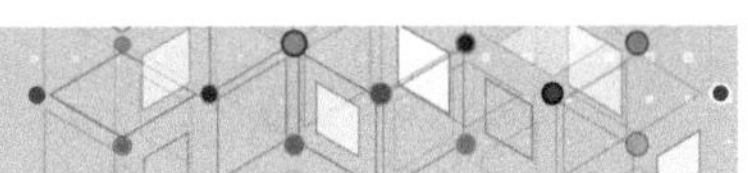

1. 다음을 구하여라.

(a) 다음 벡터방정식으로 주어진 평면곡선을 그려라.

(b) $r'(t)$를 구하라.

(c) 주어진 t값에 대한 위치벡터 $r(t)$와 접선벡터 $r'(t)$를 그려라.

(1) $r(t) = < t^2, t^3 >$

(2) $r(t) = < e^t, e^{-t} >$

2. 벡터함수의 도함수를 구하라.

(1) $r(t) = \langle \tan t, \sec t, 1/t^2 \rangle$

(2) $r(t) = \dfrac{1}{1+t}\mathrm{i} + \dfrac{t}{1+t}\mathrm{j} + \dfrac{t^2}{1+t}\mathrm{k}$

3. $\mathrm{u}(t) = \langle \sin t, \cos t, t \rangle$와 $\mathrm{v}(t) = \langle t, \cos t, \sin t \rangle$에 대해 다음을 구하라.

(1) $\dfrac{d}{dt}[\mathrm{u}(t) \cdot \mathrm{v}(t)]$

(2) $\dfrac{d}{dt}[\mathrm{u}(t) \times \mathrm{v}(t)]$

4. $\mathrm{u}(2) = < 1, 2, -1 >$, $\mathrm{u}'(2) = < 3, 0, 4 >$, $\mathrm{v}(t) = < t, t^2, t^3 >$ 일 때

(1) $f(t) = \mathrm{u}(t) \cdot \mathrm{v}(t)$일 때, $f'(2)$를 구하라.

(2) $r(t) = \mathrm{u}(t) \times \mathrm{v}(t)$일 때, $r'(2)$를 구하라.

연습문제 4.2

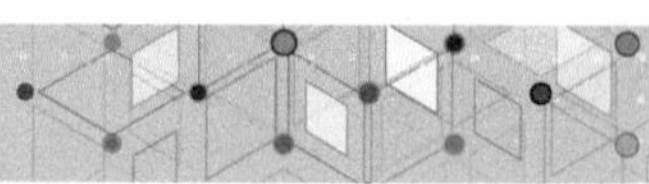

5. $r(t)=2\cos t\,\mathrm{i}+\sin t\,\mathrm{j}+2t\,\mathrm{k}$이면, $\int r(t)\,dt$ 와 $\int_0^{\pi/2} r(t)$를 구하여라.

6. 다음을 구하여라.

(1) $\int_0^1 \left(\frac{4}{1+t^2}\mathrm{j}+\frac{2t}{1+t^2}\mathrm{k}\right)dt$

(2) $\int_1^2 (\mathrm{t}^2\mathrm{i}+t\sqrt{t-1}\,\mathrm{j}+t\sin\pi t\,\mathrm{k})dt$

(3) $\int (\cos\pi t\,\mathrm{i}+\sin\pi t\,\mathrm{j}+t\mathrm{k})dt$

7. 다음 조건에서 $r(t)$를 구하여라.

(1) $r'(t)=2t\mathrm{i}+3t^2\mathrm{j}+\sqrt{t}\,\mathrm{k},\ r(1)=\mathrm{i}+\mathrm{j}$

(2) $r'(t)=t\mathrm{i}+e^t\mathrm{j}+te^t\mathrm{k},\ r(0)=\mathrm{i}+\mathrm{j}+\mathrm{k}$

4.3 호의 길이, 단위접선벡터, 단위법선벡터

4.3.1 호의길이

평면에서 매개방정식 $x = x(t)$, $y = y(t)\,(a \le t \le b)$로 주어지는 평면곡선에서 $t = a$로부터 $t = b$까지의 호의 길이는

$$L = \int_a^b \sqrt{[f'(t)]^2 + [g'(t)]^2}\,dt = \int_a^b \sqrt{\left(\frac{dx}{dt}\right)^2 + \left(\frac{dy}{dt}\right)^2}\,dt \tag{1}$$

이므로 2차원의 벡터함수 $r(t) = (x(t), y(t))$를 써서 (1) 식은($r(t)$의 매개변수 t에 관한 도함수는 $r'(t)$로 나타낸다)

$$\int_a^b |r'(t)|\,dt$$

로 나타내진다.

공간곡선은 매개변수 t에 관한 벡터함수

$$r(t) = x(t)\mathrm{i} + y(t)\mathrm{j} + z(t)\mathrm{k}$$

로 정의되며, $r(t)$가 $t = a$에서 b까지의 구간에서 미분이 가능하면, $t = a$부터 $t = b$까지의 호의 길이는

$$s = \int_a^b |r'(t)|\,dt = \int_a^b \sqrt{\left(\frac{dx}{dt}\right)^2 + \left(\frac{dy}{dt}\right)^2 + \left(\frac{dz}{dt}\right)^2}\,dt \tag{2}$$

로 주어진다.

예제 4.10

곡선의 주어진 일부분의 길이를 구하여라.

(1) $r(t) = (2\cos t)\mathrm{i} + (2\sin t)\mathrm{j} + \sqrt{5}\,t\mathrm{k},\ 0 \le t \le \pi$

(2) $r(t) = (\cos^3 t)\mathrm{j} + (\sin^3 t)\mathrm{k},\ 0 \le t \le \pi/2$

풀이

(1) $r = (2\cos t)\mathrm{i} + (2\sin t)\mathrm{j} + \sqrt{5}\,t\mathrm{k} \Rightarrow \mathrm{v} = (-2\sin t)\mathrm{i} + (2\cos t)\mathrm{j} + \sqrt{5}\,\mathrm{k}$

$\Rightarrow |\mathrm{v}| = \sqrt{(-2\sin t)^2 + (2\cos t)^2 + (\sqrt{5})^2} = \sqrt{4\sin^2 t + 4\cos^2 t + 5} = 3;$

$\text{길이} = \int_0^{\pi} |\mathrm{v}|\,dt = \int_0^{\pi} 3\,dt = [3t]_0^{\pi} = 3\pi$

(2) $r = (\cos^3 t)\mathrm{j} + (\sin^3 t)\mathrm{k} \Rightarrow \mathrm{v} = (-3\cos^2 t\sin t)\mathrm{j} + (3\sin^2 t\cos t)\mathrm{k}$

$\Rightarrow |\mathrm{v}| = \sqrt{(-3\cos^2 t\sin t)^2 + (3\sin^2 t\cos t)^2} = \sqrt{(9\cos^2 t\sin^2 t)(\cos^2 t + \sin^2 t)} = 3\,|\cos t\sin t|;$

$\text{길이} = \int_0^{\pi/2} 3\,|\cos t\sin t|\,dt = \int_0^{\pi/2} 3\cos t\sin t\,dt = \int_0^{\pi/2} \frac{3}{2}\sin 2t\,dt = \left[-\frac{3}{4}\cos 2t\right]_0^{\pi/2} = \frac{3}{2}$

특히 $r'(t)$가 $[a, b]$에서 연속이면 $a \le t \le b$인 임의의 t에 관하여 곡선의 호의 길이는 다음과 같이 t의 함수 $s(t)$로 나타내진다.

$$s(t) = \int_a^t |r'(t)|\,dt \tag{3}$$

s를 이 곡선에 대한 호의 길이 매개변수(arc length parameter)라고 부른다. 이 매개변수의 값은 t가 증가하는 방향에서는 증가한다. 호의길이 매개변수는 특히 공간곡선의 회전과 비틀기의 성질을 조사하는데 효과적이다. 우리는 문자 t를 상극한으로서 사용하고 있으므로 그리스 문자 μ(뮤)를 적분변수로서 사용한다. 기준점 $P(t_0)$을 가진 호의 길이 매개변수

$$s(t) = \int_{t_0}^t \sqrt{[x'(\mu)]^2 + [y'(\mu)]^2 + [z'(\mu)]^2}\,du = \int_{t_0}^t |\mathrm{v}(\mu)|\,d\mu \tag{4}$$

한 곡선 $r(t)$가 어떤 매개변수 t에 관하여 이미 주어져 있고 $s(t)$가 식 (4)에 의하여 주어진 호의 길이 함수이면 t를 s : $t = t(s)$의 함수로서 풀 수 있다. 그러면 이 곡선은 $t : r = r(t(s))$에 대하여 치환함으로써 s에 관하여 재매개변수화 될 수 있다.

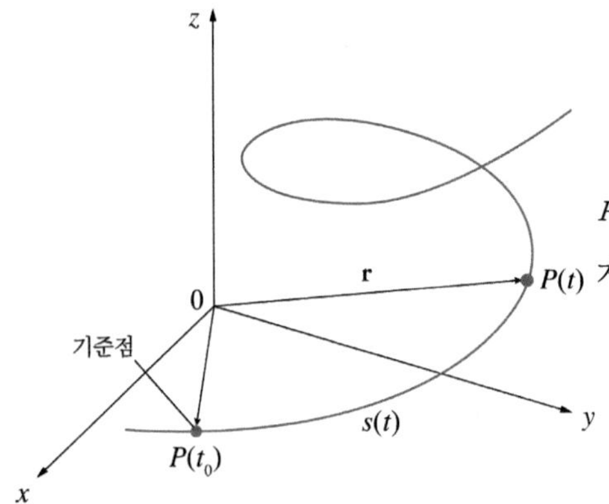

$P(t_0)$에서 임의의 점 $P(t)$까지 곡선을 따라서 잰 방향 거리: $s(t) = \int_{t_0}^{t} |\mathrm{v}(\mu)| d\mu$

그림 4.8

예제 4.11

적분 $s = \int_0^t |\mathrm{v}(t)|\, dt$ **의 값을 구함으로써** $t = 0$**인 점으로부터 다음곡선의 호의길이 매개변수를 구하여라.** $r(t) = (4\cos t)\mathrm{i} + (4\sin t)\mathrm{j} + 3t\mathrm{k},\ 0 \le t \le \pi/2$

풀이

$r = (4\cos t)\mathrm{i} + (4\sin t)\mathrm{j} + 3t\mathrm{k}$

$\Rightarrow \mathrm{v} = (-4\sin t)\mathrm{i} + (4\cos t)\mathrm{j} + 3\mathrm{k}$

$\Rightarrow |\mathrm{v}| = \sqrt{(-4\sin t)^2 + (4\cos t)^2 + 3^2}$

$= \sqrt{25} = 5 \Rightarrow s(t) = \int_0^t 5\, dt = 5t \Rightarrow t = \frac{s}{5}$이므로 $r(t) = \left(4\cos\frac{s}{5}\right)\mathrm{i} + \left(4\sin\frac{s}{5}\right)\mathrm{j} + 3\frac{s}{5}\mathrm{k}$

예제 4.12

곡선 $r(t) = 2t\,\mathrm{i} + (1-3t)\mathrm{j} + (5+4t)\mathrm{k}$를 $t=0$인 점에서 t가 증가하는 방향으로 측정한 호의 길이에 관해 다시 매개변수화하라.

풀이

$$r(t) = 2t\,\mathrm{i} + (1-3t)\mathrm{j} + (5+4t)\mathrm{k} \Rightarrow r'(t) = 2\mathrm{i} - 3\mathrm{j} + 4\mathrm{k},\ \frac{ds}{dt} = |r'(t)| = \sqrt{4+9+16} = \sqrt{29}$$

$$s = s(t) = \int_0^t |r'(\mu)|\,d\mu = \int_0^t \sqrt{29}\,d\mu = \sqrt{29}\,t$$

그러므로 $t = \frac{s}{\sqrt{29}}$ 이고, t를 대입하여 구하고자 하는 s대한 매개변수화를 얻는다.

$$r(t(s)) = \frac{2}{\sqrt{29}}s\,\mathrm{i} + \left(1 - \frac{3}{\sqrt{29}}s\right)\mathrm{j} + \left(5 + \frac{4}{\sqrt{29}}s\right)\mathrm{k}$$

4.3.2 단위접선벡터

속도벡터 $\mathrm{v} = dr/dt$는 곡선에 접한다는 것을 이미 알고 있고 그래서 벡터

$$T = \frac{\mathrm{v}}{|\mathrm{v}|} \tag{5}$$

는 (매끄러운) 곡선에 접하는 단위벡터이다. 3차원 곡선에서의 단위 접선벡터가 다음과 같이 정의된다.

$$T(t) = \frac{r'(t)}{|r'(t)|} \tag{6}$$

예제 4.13

곡선의 단위접선벡터를 구하여라. 곡선의 주어진 일부분의 길이를 구하여라.

(1) $r(t)=(2\cos t)\mathrm{i}+(2\sin t)\mathrm{j}+\sqrt{5}t\mathrm{k},\ 0\le t\le \pi$

(2) $r(t)=t\,\mathrm{i}+(2/3)t^{3/2}\mathrm{k},\ 0\le t\le 8$

풀이

(1) $r=(2\cos t)\mathrm{i}+(2\sin t)\mathrm{j}+\sqrt{5}t\mathrm{k}\Rightarrow \mathrm{v}=(-2\sin t)\mathrm{i}+(2\cos t)\mathrm{j}+\sqrt{5}\mathrm{k}$

$=|\mathrm{v}|=\sqrt{(-2\sin t)^2+(2\cos t)^2+(\sqrt{5})^2}=\sqrt{4\sin^2 t+4\cos^2 t+5}=3;\ T=\dfrac{\mathrm{v}}{|\mathrm{v}|}$

$=\left(-\dfrac{2}{3}\sin t\right)\mathrm{i}+\left(\dfrac{2}{3}\cos t\right)\mathrm{j}+\dfrac{\sqrt{5}}{3}\mathrm{k}$, 길이 $=\displaystyle\int_0^\pi|\mathrm{v}|dt=\int_0^\pi 3\,dt=[3t]_0^\pi=3\pi$

(2) $r=t\mathrm{i}+\dfrac{2}{3}t^{3/2}\mathrm{k}\Rightarrow \mathrm{v}=\mathrm{i}+t^{1/2}\mathrm{k}\Rightarrow|\mathrm{v}|=\sqrt{1^2+(t^{1/2})^2}=\sqrt{1+t};$

$T=\dfrac{\mathrm{v}}{|\mathrm{v}|}=\dfrac{1}{\sqrt{1+t}}\mathrm{i}+\dfrac{\sqrt{t}}{\sqrt{1+t}}\mathrm{k}$, 길이 $=\displaystyle\int_0^8\sqrt{1+t}\,dt=\left[\dfrac{2}{3}(1+t)^{3/2}\right]_0^8=\dfrac{52}{3}$

4.3.3 법선벡터와 종법선벡터

매끄러운(smooth) 공간곡선 $r(t)$ 상의 주어진 점에서 단위접선벡터 $T(t)$에 수직인 벡터가 존재한다. 모든 t에 대하여 $|T(t)|=1$이므로 $T(t)\cdot T'(t)=0$이다. 따라서 $T(t)$와 $T'(t)$는 수직이다. $T'(t)$는 $T(t)$에 수직인 법선벡터이다. 단위법선벡터 $N(t)$는

$$N(t)=\frac{T'(t)}{|T'(t)|}\qquad(7)$$

로 정의된다.

예제 4.14

평면곡선에 대한 T, N 를 구하여라. $r(t) = (2t+3)\mathrm{i} + (5-t^2)\mathrm{j}$

풀이

$$r = (2t+3)\mathrm{i}+(5-t^2)\mathrm{j} \Rightarrow \mathrm{v} = 2\mathrm{i} - 2t\mathrm{j} \Rightarrow |\mathrm{v}| = \sqrt{2^2+(-2t)^2} = 2\sqrt{1+t^2} \Rightarrow T = \frac{\mathrm{v}}{|\mathrm{v}|}$$

$$= \frac{2}{2\sqrt{1+t^2}}\mathrm{i} + \frac{-2t}{2\sqrt{1+t^2}}\mathrm{j} = \frac{1}{\sqrt{1+t^2}}\mathrm{i} - \frac{t}{\sqrt{1+t^2}}\mathrm{j}\ ;\ \frac{dT}{dt} = \frac{-t}{\left(\sqrt{1+t^2}\right)^3}\mathrm{i} - \frac{1}{\left(\sqrt{1+t^2}\right)^3}\mathrm{j}$$

$$\Rightarrow \left|\frac{dT}{dt}\right| = \sqrt{\left(\frac{-t}{\left(\sqrt{1+t^2}\right)^3}\right)^2 + \left(-\frac{1}{\left(\sqrt{1+t^2}\right)^3}\right)^2} = \sqrt{\frac{1}{(1+t^2)^2}} = \frac{1}{1+t^2} \Rightarrow N = \frac{\left(\frac{dT}{dt}\right)}{\left|\frac{dT}{dt}\right|}$$

$$= \frac{-t}{\sqrt{1+t^2}}\mathrm{i} - \frac{1}{\sqrt{1+t^2}}\mathrm{j}$$

예제 4.15

공간곡선에 대하여 T, N 를 구하여라. $r(t) = (3\sin t)\mathrm{i} + (3\cos t)\mathrm{j} + 4t\mathrm{k}$

풀이

$$r = (3\sin t)\mathrm{i} + (3\cos t)\mathrm{j} + 4t\mathrm{k} \Rightarrow \mathrm{v} = (3\cos t)\mathrm{i} + (-3\sin t)\mathrm{j} + 4\mathrm{k} \Rightarrow |\mathrm{v}|$$

$$= \sqrt{(3\cos t)^2 + (-3\sin t)^2 + 4^2}$$

$$= \sqrt{25} = 5 \Rightarrow T = \frac{\mathrm{v}}{|\mathrm{v}|} = \left(\frac{3}{5}\cos t\right)\mathrm{i} - \left(\frac{3}{5}\sin t\right)\mathrm{j} + \frac{4}{5}\mathrm{k} \Rightarrow \frac{dT}{dt} = \left(-\frac{3}{5}\sin t\right)\mathrm{i} - \left(\frac{3}{5}\cos t\right)\mathrm{j}$$

$$\Rightarrow \left|\frac{dT}{dt}\right| = \sqrt{\left(-\frac{3}{5}\sin t\right)^2 + \left(-\frac{3}{5}\cos t\right)^2} = \frac{3}{5} \Rightarrow N = \frac{\left(\frac{dT}{dt}\right)}{\left|\frac{dT}{dt}\right|} = (-\sin t)\mathrm{i} - (\cos t)\mathrm{j}$$

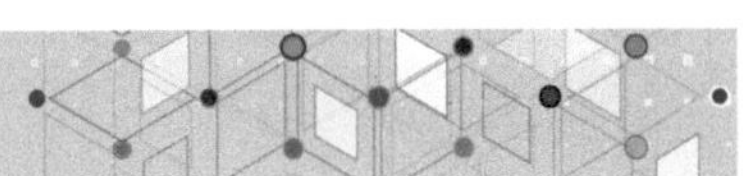

연습문제 4.3

1. 점$(1, 0, 0)$에서 점 $(1, 0, 2\pi)$까지 벡터방정식이 $r(t) = \cos t\mathrm{i} + \sin t\mathrm{j} + t\mathrm{k}$인 원형나선의 호의 길이를 구하라.

2. 다음 벡터방정식의 호의 길이를 구하라.

   (1) $r(t) = t\mathrm{i} + (2/3)t^{3/2}\mathrm{k},\ 0 \le t \le 8$

   (2) $r(t) = (t\cos t)\mathrm{i} + (t\sin t)\mathrm{j} + (2\sqrt{2}/3)t^{3/2}\mathrm{k}, 0 \le t \le \pi$

3. 나선 $r(t) = \cos t\mathrm{i} + \sin t\,\mathrm{j} + t\mathrm{k}$를 시점 $(1, 0, 0)$으로부터 t가 증가하는 방향으로 측정한 호의 길이에 관해 다시 매개변수화하라.

4. 곡선의 단위접선벡터를 구하여라.

   (1) $r(t) = \langle t, 3\cos t, 3\sin t\rangle$

   (2) $r(t) = \langle \sqrt{2}t, e^t, e^{-t}\rangle$

5. $r(t) = (1+t^2)\mathrm{i} + te^{-t}\mathrm{j} + \sin 2t\mathrm{k}$의 도함수를 구하고, $t = 0$에서 단위접선벡터를 구하여라.

6. 다음 원형나선의 단위법선벡터를 구하라.

   $r(t) = \cos t\mathrm{i} + \sin t\mathrm{j} + t\mathrm{k}$

연습문제 4.3

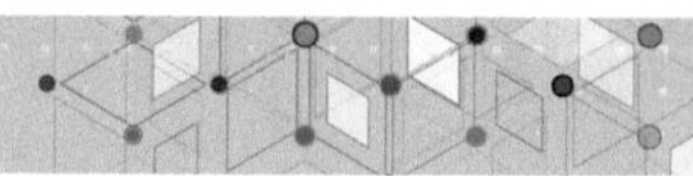

7. 원운동 $r(t) = (\cos 2t)\mathrm{i} + (\sin 2t)\mathrm{j}$ 에 대하여 T와 N을 구하여라.

8. 다음 원형나선에 대한 단위법선벡터와 종법선벡터를 구하라.

$r(t) = \cos t\,\mathrm{i} + \sin t\mathrm{j} + t\mathrm{k}$

4.4 곡률과 곡률 반지름

4.4.1 곡률의 정의

그림 4.9에서 점 Q에서보다 점 P에서 곡선이 더 예리하게 굽었다는 것을 알수있다. 이때 점 Q에서보다 점 P에서 곡률(curvature)이 더 크다고 말한다. 그림 4.10에서처럼 호의 길이 매개변수 s에 대한 단위접선벡터 T의 변화율의 크기를 계산하여 곡률을 구할 수 있다.

s가 호의 길이 매개변수일 때, $r(s)$로 주어진 매끄러운 곡선(평면 또는 공간곡선) C에 대하여 s에서 곡률은

$$K = \left| \frac{dT}{ds} \right| = |T'(s)| \tag{1}$$

이다.

구는 구의 어떤 점에서도 같은 곡률을 갖는다. 곡률과 원의 반지름은 서로 역수이다. 즉 반지름이 큰 원은 작은 원보다 곡률이 작고 작은 원은 큰 원보다 곡률이 크다.

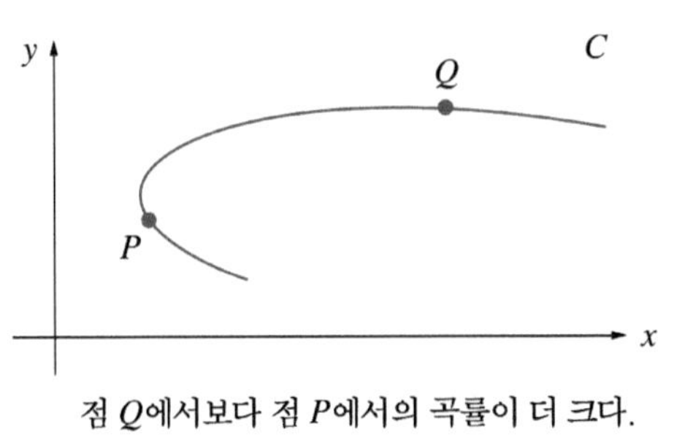

점 Q에서보다 점 P에서의 곡률이 더 크다.

그림 4.9

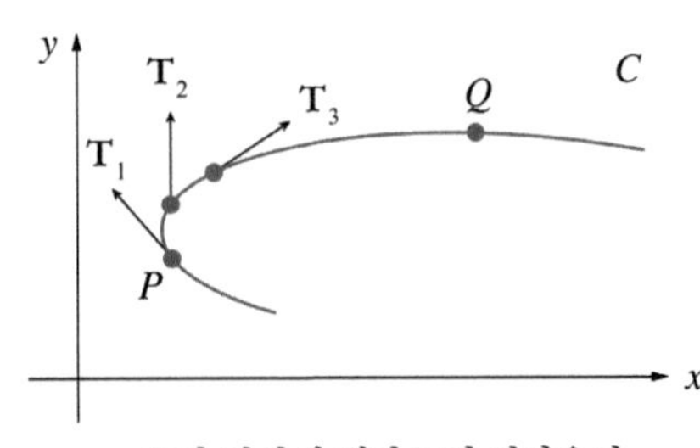

호의 길이에 대한 T의 변화율의 크기가 곡선의 곡률이다.

그림 4.10

매개변수가 s 대신에 t로 표현되면 곡률을 보다 쉽게 계산할 수 있으므로, 연쇄 법칙을 이용해서 다음과 같이 쓴다.

$$\frac{dT}{dt}=\frac{dT}{ds}\frac{ds}{dt},\ K=\frac{|dT|}{|ds|}=\left|\frac{dT/dt}{ds/dt}\right| \tag{2}$$

그러나 $ds/dt=|r'(t)|$ 이므로 다음이 성립한다.

$$K(t)=\left|\frac{T'(t)}{r'(t)}\right|=\frac{|T'(t)|}{|\mathrm{v}|} \tag{3}$$

예제 4.16

다음 곡선의 곡률을 구하여라(공식 3을 이용)

(1) $r(t)=\langle t,\ 3\mathrm{cos}t,\ 3\mathrm{sin}t\rangle$

(2) $r(t)=(3\sin t)\mathrm{i}+(3\cos t)\mathrm{j}+4t\mathrm{k}$

풀이

(1) $r(t)=\langle t, 3\mathrm{cos}t, 3\mathrm{sin}t\rangle \Rightarrow r'(t)=\langle 1, -3\sin t, 3\cos t\rangle \Rightarrow |r'(t)|=\sqrt{1+9\sin^2 t+9\cos^2 t}=\sqrt{10}$

$T(t)=\dfrac{r'(t)}{|r'(t)|}=\dfrac{1}{\sqrt{10}}\langle 1,-3\sin t, 3\cos t\rangle$ 또는 $\left\langle \dfrac{1}{\sqrt{10}},-\dfrac{3}{\sqrt{10}}\sin t, \dfrac{3}{\sqrt{10}}\cos t\right\rangle$

$T'(t)=\dfrac{1}{\sqrt{10}}\langle 0, -3\cos t,-3\sin t\rangle \ \Rightarrow\ |T'(t)|=\dfrac{1}{\sqrt{10}}\sqrt{0+9\cos^2 t+9\sin^2 t}=\dfrac{3}{\sqrt{10}}$

$K(t)=\dfrac{|T'(t)|}{|r'(t)|}=\dfrac{3/\sqrt{10}}{\sqrt{10}}=\dfrac{3}{10}$

(2) $r=(3\sin t)\mathrm{i}+(3\cos t)\mathrm{j}+4t\mathrm{k} \Rightarrow \mathrm{v}=(3\cos t)\mathrm{i}+(-3\sin t)\mathrm{j}+4\mathrm{k} \Rightarrow |\mathrm{v}|$

$=\sqrt{(3\mathrm{cos}t)^2+(-3\sin t)^2+4^2}$

$=\sqrt{25}=5 \Rightarrow T=\dfrac{\mathrm{v}}{|\mathrm{v}|}=\left(\dfrac{3}{5}\cos t\right)\mathrm{i}-\left(\dfrac{3}{5}\sin t\right)\mathrm{j}+\dfrac{4}{5}\mathrm{k} \Rightarrow \dfrac{dT}{dt}=\left(-\dfrac{3}{5}\sin t\right)\mathrm{i}-\left(\dfrac{3}{5}\cos t\right)\mathrm{j}$

$\Rightarrow \left|\dfrac{dT}{dt}\right|=\sqrt{\left(-\dfrac{3}{5}\sin t\right)^2+\left(-\dfrac{3}{5}\cos t\right)^2}=\dfrac{3}{5},\quad K=\dfrac{1}{5}\cdot\dfrac{3}{5}=\dfrac{3}{25}$

4.4.2 곡률의 공식

일반적으로 임의의 매개변수 t로 나타낸 곡선의 곡률을 구하는 공식은 다음과 같다.

매끄러운 곡선 C가 $r(t)$일 때, t에서 C의 곡률은

$$K = \frac{|T'(t)|}{|r'(t)|} = \frac{|r'(t) \times r''(t)|}{|r'(t)|^3} \tag{4}$$

이다.

증명

$T = r'/|r'|$이고, $|r'| = ds/dt$이므로 다음과 같다.

$$r' = |r'|T = \frac{ds}{dt}T$$

그러므로 곱의 미분법에 따라 다음을 얻는다.

$$r'' = \frac{d^2s}{dt^2}T + \frac{ds}{dt}T'$$

$T \times T = 0$ 이므로 다음이 성립한다.

$$r' \times r'' = \left(\frac{ds}{dt}\right)^2 (T \times T')$$

이제 모든 t에 대해 $|T(t)| = 1$이므로, T와 T'은 직교한다. 따라서 다음이 성립한다.

$$|r' \times r''| = \left(\frac{ds}{dt}\right)^2 |T \times T'| = \left(\frac{ds}{dt}\right)^2 |T||T'| = \left(\frac{ds}{dt}\right)^2 |T'|$$

따라서 다음을 얻는다.

$$|T'| = \frac{|r' \times r''|}{\left(\frac{ds}{dt}\right)^2} = \frac{|r' \times r''|}{|r'|^2} \qquad K = \frac{|T'|}{|r'|} = \frac{|r' \times r''|}{|r'|^3}$$

예제 4.17

다음 곡선의 곡률을 구하라.

(1) $r(t)=t^3\mathrm{j}+t^2\mathrm{k}$

(2) $r(t)=3t\mathrm{i}+4\sin t\mathrm{j}+4\cos t\mathrm{k}$

풀이

(1) $r(t)=t^3\mathrm{j}+t^2\mathrm{k} \Rightarrow r'(t)=3t^2\mathrm{j}+2t\mathrm{k},\ r''(t)=6t\mathrm{j}+2\mathrm{k},\ |r'(t)|=\sqrt{0^2+(3t^2)^2+(2t)^2}$

$=\sqrt{9t^4+4t^2}$

$r'(t)\times r''(t)=-6t^2\mathrm{i},\ |r'(t)\times r''(t)|=6t^2,\ K(t)=\dfrac{|r'(t)\times r''(t)|}{|r'(t)|^3}=\dfrac{6t^2}{\left(\sqrt{9t^4+4t^2}\right)^3}$

$=\dfrac{6t^2}{(9t^4+4t^2)^{3/2}}$

(2) $r(t)=3t\mathrm{i}+4\sin t\mathrm{j}+4\cos t\mathrm{k} \Rightarrow r'(t)=3\mathrm{i}+4\cos t\mathrm{j}-4\sin t\mathrm{k},\ r''(t)=-4\sin t\mathrm{j}-4\cos t\mathrm{k}$

$|r'(t)|=\sqrt{9+16\cos^2 t+16\sin^2 t}=\sqrt{9+16}=5,\ r'(t)\times r''(t)=-16\mathrm{i}+12\cos t\mathrm{j}-12\sin t\mathrm{k},$

$|r'(t)\times r''(t)|=\sqrt{256+144\cos^2 t+144\sin^2 t}=\sqrt{400}=20,\ K(t)=\dfrac{|r'(t)\times r''(t)|}{|r'(t)|^3}=\dfrac{20}{5^3}=\dfrac{4}{25}$

예제 4.18

점$(1,\ 1,\ 1)$에서 $r(t)=\langle t, t^2, t^3\rangle$의 곡률을 구하라.

풀이

$r(t)=\langle t, t^2, t^3\rangle \Rightarrow r'(t)=\langle 1, 2t, 3t^2\rangle$. $(1, 1, 1)$는 $t=1$일때이다. $r'(1)=\langle 1,2,3\rangle$

$\Rightarrow |r'(1)|=\sqrt{1+4+9}=\sqrt{14},\ r''(t)=\langle 0, 2, 6t\rangle \Rightarrow r''(1)=\langle 0,2,6\rangle$. $r'(1)\times r''(1)=\langle 6,-6,2\rangle,$

$|r'(1)\times r''(1)|=\sqrt{36+36+4}=\sqrt{76}$.따라서 $K(1)=\dfrac{|r'(1)\times r''(1)|}{|r'(1)|^3}=\dfrac{\sqrt{76}}{(\sqrt{14})^3}=\dfrac{1}{7}\sqrt{\dfrac{19}{14}}$

4.4.3 직교좌표에서의 곡률

C가 $y=f(x)$로 주어진 두 번 미분가능인 함수의 그래프이면 점(x,y)에서 곡률은

$$K=\frac{|y''|}{\left[1+(y')^2\right]^{3/2}} \tag{5}$$

이다.

증명

곡선 C를 $r(x)=x\mathrm{i}+f(x)\mathrm{j}+0\mathrm{k}$($x$는 매개변수)로 나타내면

$r'(x)=i+f'(x)j$, $|r'(x)|=\sqrt{1+[f'(x)]^2}$ 이고 $r''(x)=f''(x)j$이다.

$r'(x)\times r''(x)=f''(x)k$ 이므로 곡률은

$$\begin{aligned} K&=\frac{|r'(x)\times r''(x)|}{|r'(x)|^3} \\ &=\frac{|f''(x)|}{\{1+[f'(x)]^2\}^{3/2}} \\ &=\frac{|y''|}{\{1+(y')^2\}^{3/2}} \end{aligned}$$

이다.

곡선 C가 점 P에서 곡률 K를 갖는다고 하자. 반지름$r=1/K$이고 P를 지나는 원이 곡선 C의 오목한 쪽에 있을 때 이 원을 곡률원(circle of curvature), r을 P에서의 곡률반지름(radius of curvature), 곡률원의 중심을 곡률중심(center of curvature)이라 한다.(그림 4.11). 곡선 C와 곡률원은 점 P에서 같은 접선을 갖는다. 곡률반지름이 r이면 곡선의 곡률 K는 $K=1/r$이다.

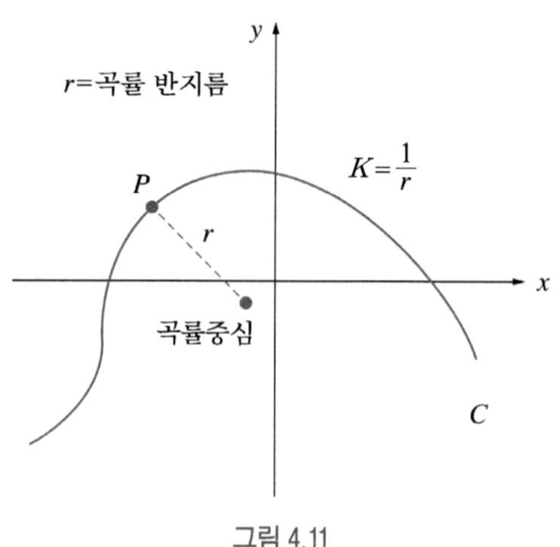

그림 4.11

예제 4.19

다음 곡선의 곡률을 구하여라.

(1) $y = x^4$ (2) $y = xe^x$

풀이

(1) $f(x) = x^4,\ f'(x) = 4x^3,\ f'(x) = 12x^3,\ K(x) = \dfrac{|f''(x)|}{\left[1+(4x^3)^2\right]^{3/2}} = \dfrac{12x^2}{(1+16x^6)^{3/2}}$

(2) $f(x) = xe^x,\ f'(x) = xe^x + e^x,\ f''(x) = xe^x + 2e^x,$

$$K(x) = \frac{|f''(x)|}{\left[1+(f'(x))^2\right]^{3/2}} = \frac{|x+2|e^x}{\left[1+(xe^x+e^x)^2\right]^{3/2}}$$

연습문제 4.4

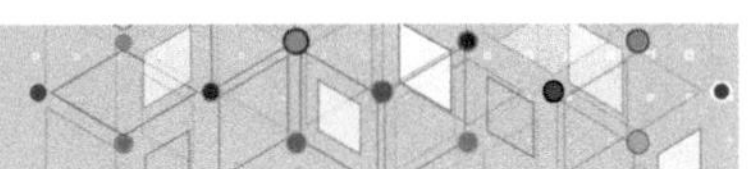

1. 반지름 a인 원의 곡률이 $1/a$임을 보여라

2. 평면곡선에 대한 T, N, K를 구하여라.

   (1) $r(t) = t\mathrm{i} + (\ln \cos t)\mathrm{j}, \quad -\pi/2 < t < \pi/2$

   (2) $r(t) = (2t+3)\mathrm{i} + (5-t^2)\mathrm{j}$

3. 공간곡선에 대하여 T, N, K를 구하여라.

   (1) $r(t) = (e^t \cos t)\mathrm{i} + (e^t \sin t)\mathrm{j} + 2\mathrm{k}$

   (2) $r(t) = (t^3/3)\mathrm{i} + (t^2/2)\mathrm{j}, \ t > 0$

4. $r(t) = 2t\mathrm{i} + t^2\mathrm{j} - \frac{1}{3}t^3\mathrm{k}$ 로 주어진 곡선의 곡률을 구하여라.

5. 임의의 점과 $(0, 0, 0)$에서 비틀린 삼차곡선 $r(t) = \langle t, t^2, t^3 \rangle$ 의 곡률을 구하라.

6. 다음 곡선의 곡률을 구하여라.

   $r(t) = t\mathrm{i} + t\mathrm{j} + (1+t^2)\mathrm{k}$

7. 점 $(1, 0, 0)$에서 $r(t) = \langle e^t \cos t, e^t \sin t, t \rangle$의 곡률을 구하여라.

연습문제 4.4

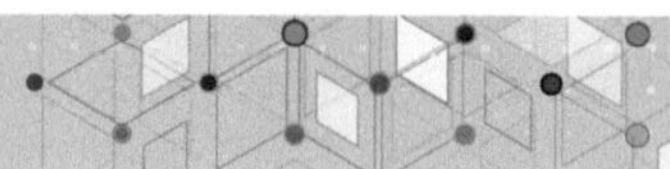

8. 점$(0,\ 0)$, $(1,\ 1)$, $(2,\ 4)$ 에서 포물선 $y=x^2$의 곡률을 구하라.

9. 곡선 $f(x)=\tan x$의 곡률을 구하여라.

4.5 공간에서 속도와 가속도

4.5.1 속도, 가속도, 속력

이 절에서는 접선벡터, 법선벡터 및 곡률의 개념을 물리학에서 속도와 가속도를 포함해서 공간곡선을 따라 움직이는 물체의 운동을 연구하는 데 어떻게 이용하는지를 보인다.

r이 공간의 매끄러운 곡선을 따라서 움직이는 한 입자의 위치벡터라 할 때

$$\mathrm{v}(t) = \frac{dr}{dt} \tag{1}$$

를 그 곡선에 접하는 입자의 **속도벡터**(velocity vector)라 한다. 임의의 시간 t에서, v의 방향을 **운동방향**(direction of motion), v의 크기를 그 입자의 **속력**(speed), 미분계수 $a = d\mathrm{v}/dt$ (존재할 때)를 그 입자의 **가속도벡터**(acceleration vector)라 한다. 요약하면

1. 속도는 위치벡터의 미분계수 : $\mathrm{v} = \dfrac{dr}{dt}$
2. 속력은 속도의 크기 : 속력 $= |\mathrm{v}|$
3. 가속도는 속도의 미분계수 : $a = \dfrac{d\mathrm{v}}{dt} = \dfrac{d^2r}{dt^2}$
4. 단위벡터 $\mathrm{v}/|\mathrm{v}|$는 시간 t에서 운동방향

예제 4.20

주어진 위치벡터가 다음과 같을 때 속도, 가속도, 속력을 구하고 기하학적으로 설명하라.

(1) $r(t) = 3\cos t\,\mathrm{i} + 2\sin t\,\mathrm{j},\ t = \pi/3$

(2) $r(t) = t\,\mathrm{i} + t^2\mathrm{j} + 2\mathrm{k},\ t = 1$

풀이

(1) $r(t) = 3\cos t\mathrm{i} + 2\sin t\mathrm{j} \quad \Rightarrow t = \pi/3:$

$$\mathrm{v}(t) = -3\sin t\mathrm{i} + 2\cos t\mathrm{j} \Rightarrow \mathrm{v}\left(\frac{\pi}{3}\right) = -\frac{3\sqrt{3}}{2}\mathrm{i} + \mathrm{j}$$

$$a(t) = -3\cos t\mathrm{i} - 2\sin t\mathrm{j} \Rightarrow a\left(\frac{\pi}{3}\right) = -\frac{3}{2}\mathrm{i} - \sqrt{3}\mathrm{j}$$

$$|\mathrm{v}(t)| = \sqrt{9\sin^2 t + 4\cos^2 t} = \sqrt{4 + 5\sin^2 t}$$

$x^2/9 + y^2/4 = \sin^2 t + \cos^2 t = 1,$

즉, 분자의 경로는 타원이다.

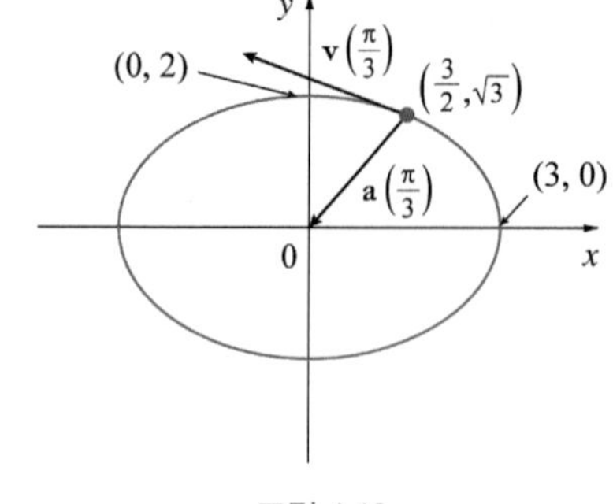

그림 4.12

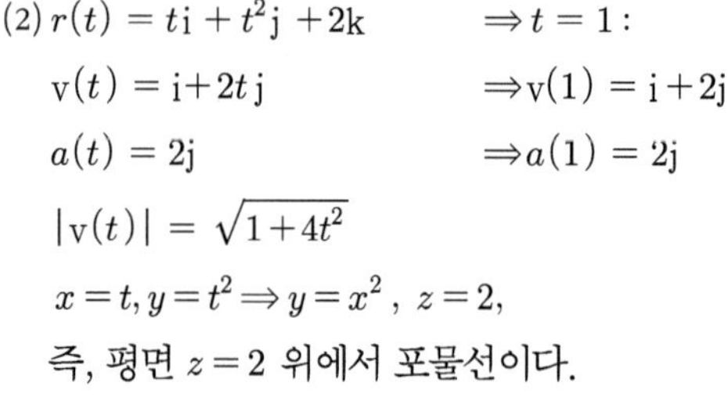

(2) $r(t) = t\mathrm{i} + t^2\mathrm{j} + 2\mathrm{k} \quad \Rightarrow t = 1:$

$\mathrm{v}(t) = \mathrm{i} + 2t\mathrm{j} \quad \Rightarrow \mathrm{v}(1) = \mathrm{i} + 2\mathrm{j}$

$a(t) = 2\mathrm{j} \quad \Rightarrow a(1) = 2\mathrm{j}$

$|\mathrm{v}(t)| = \sqrt{1 + 4t^2}$

$x = t, y = t^2 \Rightarrow y = x^2,\ z = 2,$

즉, 평면 $z = 2$ 위에서 포물선이다.

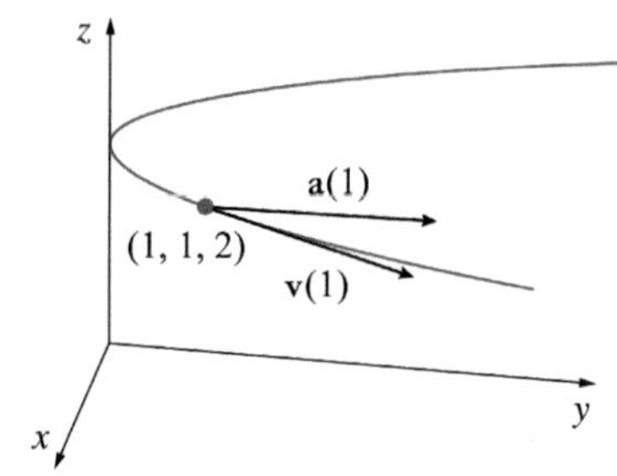

그림 4.13

예제 4.21

위치함수가 다음으로 주어진 입자의 속도, 가속도, 속력을 구하라.

(1) $r(t) = \langle t^2 + 1,\ t^3,\ t^2 - 1 \rangle$ (2) $r(t) = \langle 2\cos t,\ 3t,\ 2\sin t \rangle$

(3) $r(t) = t^2\mathrm{i} + 2t\mathrm{j} + \ln t\,\mathrm{k}$

풀이

(1) $r(t) = \langle t^2+1, t^3, t^2-1 \rangle \Rightarrow \mathrm{v}(t) = r'(t) = \langle 2t, 3t^2, 2t \rangle,\ a(t) = \mathrm{v}'(t) = \langle 2, 6t, 2 \rangle$

$$|\mathrm{v}(t)| = \sqrt{(2t)^2 + (3t^2)^2 + (2t)^2} = \sqrt{9t^4 + 8t^2} = |t|\sqrt{9t^2 + 8}$$

(2) $r(t) = \langle 2\cos t, 3t, 2\sin t \rangle \Rightarrow \mathrm{v}(t) = r'(t) = \langle -2\sin t, 3, 2\cos t \rangle,$

$a(t) = \mathrm{v}'(t) = \langle -2\cos t, 0, -2\sin t \rangle,\ |\mathrm{v}(t)| = \sqrt{4\sin^2 t + 9 + 4\cos^2 t} = \sqrt{13}$

(3) $r(t) = t^2\mathrm{i} + 2t\mathrm{j} + \ln t\mathrm{k} \Rightarrow \mathrm{v}(t) = r'(t) = 2t\mathrm{i} + 2\mathrm{j} + (1/t)\mathrm{k},\ a(t) = \mathrm{v}'(t) = 2\mathrm{i} - (1/t^2)\mathrm{k}$

$$|\mathrm{v}(t)| = \sqrt{4t^2 + 4 + (1/t^2)} = |2t + (1/t)|$$

일반적으로 벡터적분을 이용하면 다음과 같이 가속도를 알 때는 속도를, 속도를 알 때에는 위치를 다시 찾을 수 있다.

$$\mathrm{v}(t) = \mathrm{v}(t_0) + \int_{t_0}^{t} a(u)du,\ r(t) = r(t_0) + \int_{t_0}^{t} \mathrm{v}(u)du \tag{2}$$

예제 4.22

가속도, 초기 속도와 초기 위치가 다음과 같은 입자의 속도와 위치벡터를 구하라.

(1) $a(t) = \mathrm{i} + 2\mathrm{j}$, $\mathrm{v}(0) = \mathrm{k}$, $r(0) = \mathrm{i}$

(2) $a(t) = 2t\mathrm{i} + \sin t\mathrm{j} + \cos 2t\mathrm{k}$, $\mathrm{v}(0) = \mathrm{i}$, $r(0) = \mathrm{j}$

풀이

(1) $a(t) = \mathrm{i}+2\mathrm{j} \Rightarrow \mathrm{v}(t) = \int a(t)dt = \int (\mathrm{i}+2\mathrm{j})dt = t\mathrm{i}+2t\mathrm{j}+C$, $\mathrm{k} = \mathrm{v}(0) = C$,

$C = \mathrm{k}$, $\mathrm{v}(t) = t\mathrm{i}+2t\mathrm{j}+\mathrm{k}$, $r(t) = \int \mathrm{v}(t)dt = \int (t\mathrm{i}+2t\mathrm{j}+\mathrm{k})dt = \frac{1}{2}t^2\mathrm{i}+t^2\mathrm{j}+t\mathrm{k}+D$.

$\mathrm{i} = r(0) = D$, $D = \mathrm{i}$, $r(t) = \left(\frac{1}{2}t^2+1\right)\mathrm{i}+t^2\mathrm{j}+t\mathrm{k}$.

(2) $a(t) = 2t\mathrm{i}+\sin t\mathrm{j}+\cos 2t\mathrm{k} \Rightarrow$

$\mathrm{v}(t) = \int (2t\mathrm{i}+\sin t\mathrm{j}+\cos 2t\mathrm{k})dt = t^2\mathrm{i}-\cos t\mathrm{j}+\frac{1}{2}\sin 2t\mathrm{k}+C$

$\mathrm{i} = \mathrm{v}(0) = -\mathrm{j}+C$, $C = \mathrm{i}+\mathrm{j}$

$\mathrm{v}(t) = (t^2+1)\mathrm{i}+(1-\cos t)\mathrm{j}+\frac{1}{2}\sin 2t\,\mathrm{k}$

$$r(t) = \int \left[(t^2+1)\mathrm{i}+(1-\cos t)\mathrm{j}+\frac{1}{2}\sin 2t\mathrm{k}\right]dt$$

$$= \left(\frac{1}{3}t^3+t\right)\mathrm{i}+(t-\sin t)\mathrm{j}-\frac{1}{4}\cos 2t\mathrm{k}+D$$

$\mathrm{j} = r(0) = -\frac{1}{4}\mathrm{k}+D$, $D = \mathrm{j}+\frac{1}{4}\mathrm{k}$, $r(t) = \left(\frac{1}{3}t^3+t\right)\mathrm{i}+(t-\sin t+1)\mathrm{j}+\left(\frac{1}{4}-\frac{1}{4}\cos 2t\right)\mathrm{k}$

4.5.2 가속도와 힘

입자에 힘이 작용할 때 가속도는 Newton의 제2 운동법칙으로부터 구해진다. 임의시간 t에 질량 m인 물체에 힘 F가 작용하였을 때의 가속도를 $a(t)$라면 다음 관계가 성립된다.

$$F(t) = ma(t) \tag{3}$$

이것은 질량 m인 물체에 가속도 a를 생기게 하는 힘의 크기에 관한 관계식이다.

예제 4.23

질량 m인 물체가 일정한 각속도 w로 타원궤도를 따라 움직일 때 물체의 위치 벡터는 $r(t) = b\cos wti + a\sin wtj$ 이다. 물체에 작용하는 힘을 구하고, 힘이 중심을 향하고 있음을 밝혀라.

풀이

$\mathrm{v}(t) = r'(t) = -bw\sin wti + aw\cos wtj$

$a(t) = \mathrm{v}'(t) = -bw^2\cos wti - aw^2\sin wtj$

Newton의 제2 운동법칙에 의하여

$$F(t) = ma(t)$$
$$= -mw^2(b\cos wti + a\sin wtj)$$
$$F(t) = -mw^2 r(t)$$

이다. $-$는 힘이 위치 벡터 $r(t)$에 반대방향으로 작용함을 나타낸다. 이러한 힘을 구심력(centripetal force)이라 한다.

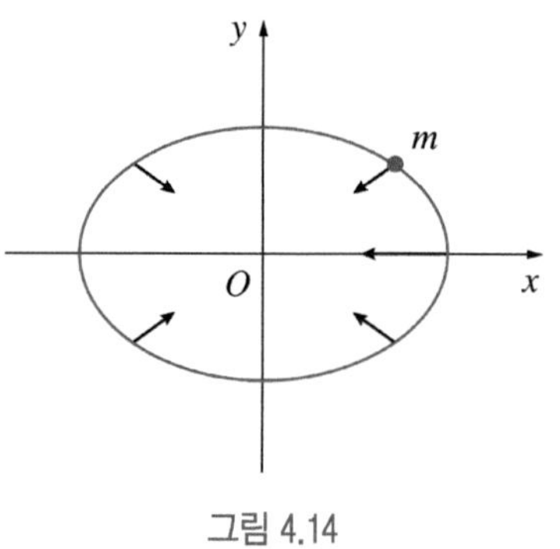

그림 4.14

예제 4.24

입자를 수평면에 대하여 각 α, 초속도 v_0로 던졌다. 공기의 저항을 무시하고, 중력에 의한 작용만 받는다. 입자의 위치벡터를 구하라.

풀이

그림과 같이 좌표축을 정한다. 힘은 중력으로 아래로 작용하므로

$F = ma = -mgj$ 　단 $g = |a| = 9.8m/s^2$

따라서 $a = -gj$, $v'(t) = a$ 이므로

$v(t) = -gtj + C_1,\ C_1 = v(0) = v_0$

$r'(t) = v(t) = -gtj + v_0$

적분하면

$r(t) = -\frac{1}{2}gt^2 j + v_0 t + C_2,\ C_2 = r(0) = 0$

이므로 입자의 위치벡터는

$r(t) = -\frac{1}{2}gt^2 j + v_0 t$

초속도 v_0를

$v_0 = v_0 \cos\alpha i + v_0 \sin\alpha j$

라면

$r(t) = (v_0\cos\alpha)ti + \left[(v_0\sin\alpha)t - \frac{1}{2}gt^2\right]j$

이므로 입자의 매개방정식은 다음과 같다.

$x(t) = (v_0\cos\alpha)t,\ \ y(t) = (v_0\sin\alpha)t - \frac{1}{2}gt^2$

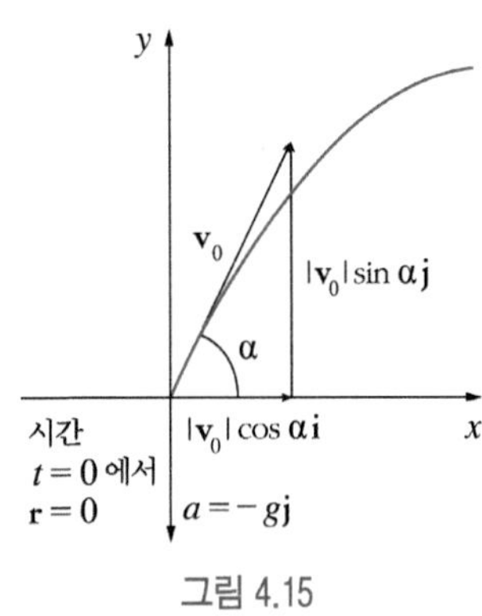

그림 4.15

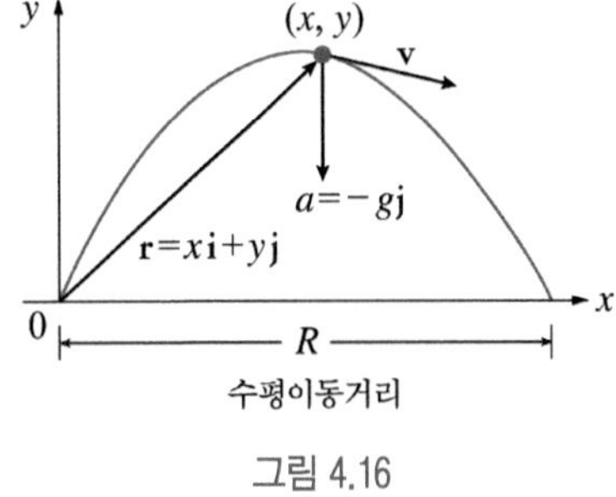

그림 4.16

예제 4.25

발사체가 지면의 원점으로부터 초기속력 $500m\ /\mathrm{sec}$와 초기각 60°로 발사된다. 이 발사체의 10초 후의 지점의 위치를 구하여라.

풀이

식(4)에서 $v_0 = 500,\ \alpha = 60\,^\circ,\ g = 9.8,\ t = 10$일 때 이 발사체의 성분을 구한다.

$$r = (v_0\cos\alpha)t\mathrm{i} + \left((\mathrm{v}_0\sin\alpha)t - \frac{1}{2}gt^2\right)\mathrm{j}$$

$$= (500)\left(\frac{1}{2}\right)(10)\mathrm{i} + \left((500)\left(\frac{\sqrt{3}}{2}\right)10 - \left(\frac{1}{2}\right)(9.8)(100)\right)\mathrm{j}$$

$$\approx 2500\mathrm{i} + 3840\mathrm{j}$$

따라서 발사 10초 후 발사체는 공중으로 약 3840m 지상에서 2500m 거리에 있다.

연습문제 4.5

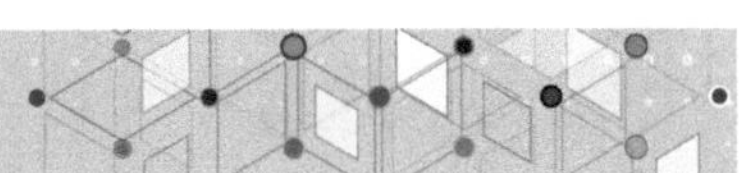

1. 평면에서 움직이는 물체의 위치벡터가 $r(t)=t^3\mathrm{i}+t^2\mathrm{j}$ 로 주어진다. $t=1$일 때 속도, 속력 및 가속도를 구하고, 기하학적으로 설명하라

2. 위치벡터가 $r(t)=\langle t^2, e^t, te^t\rangle$ 인 입자의 속도, 가속도 및 속력을 구하라.

3. 움직이는 입자가 초기 위치 $r(0)=\langle 1,0,0\rangle$에서 초기속도 $\mathrm{v}(0)=\mathrm{i}-\mathrm{j}+\mathrm{k}$로 출발한다. 그 가속도가 $a(t)=4t\mathrm{i}+6t\mathrm{j}+\mathrm{k}$일 때 시각 t에서 속도와 위치를 구하라.

4. 주어진 위치벡터가 다음과 같을 때 속도, 가속도 속력을 구하고 기하학적으로 설명하여라.

   (1) $r(t)=\left\langle -\dfrac{1}{2}t^2, t\right\rangle,\ t=2$

   (2) $r(t)=t\mathrm{i}+2\cos t\mathrm{j}+\sin t\mathrm{k},\ t=0$

5. 위치함수가 다음으로 주어진 입자의 속도, 가속도, 속력을 구하라.

   (1) $r(t)=\sqrt{2}t\mathrm{i}+e^t\mathrm{j}+e^{-t}\mathrm{k}$

   (2) $r(t)=t\sin t\mathrm{i}+t\cos t\mathrm{j}+t^2\mathrm{k}$

6. 가속도, 초기 속도와 초기 위치가 다음과 같은 입자의 속도와 위치벡터를 구하라.

   (1) $a(t)=2\mathrm{i}+6t\mathrm{j}+12t^2\mathrm{k},\ \mathrm{v}(0)=\mathrm{i},\ r(0)=\mathrm{j}-\mathrm{k}$

   (2) $a(t)=t\mathrm{i}+e^t\mathrm{j}+e^{-t}\mathrm{k},\ \mathrm{v}(0)=\mathrm{k},\ r(0)=\mathrm{j}+\mathrm{k}$

연습문제 4.5

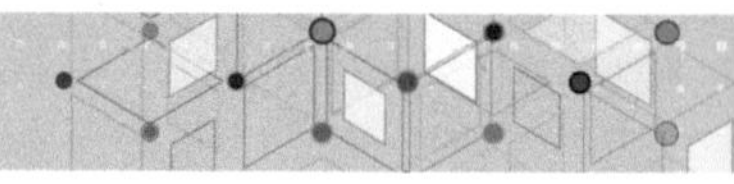

7. 한 발사체가 초기속력 $840m$ / sec, 60°의 각도로 발사된다. 지면에서의 거리가 21km가 될 때의 시간을 구하여라.

8. 운동선수가 그림에서처럼 16 Ib의 포환을 수평각도 45° 로 지면에서의 6.5 ft 높이에서 초기속도 44ft/sec로 던진다. 포환을 던진 후 지면에 도달할 때 걸릴 시간과 정지판의 안쪽 모서리에서 지면에 도달된 지점까지의 거리를 구하여라.

9. 골프공이 30°의 각도로 90 ft/sec 속력으로 지면에서 날아간다. 135ft 아래의 페어웨이에서 30 ft 길이의 나무의 꼭대기를 넘길 수 있을까? 그 이유를 설명하여라.

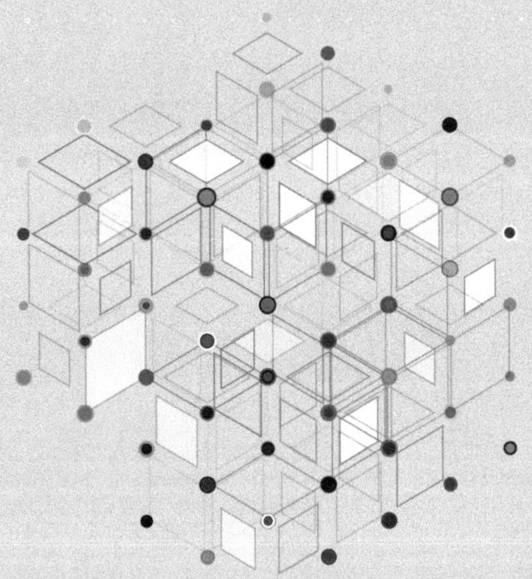

CHAPTER 5

편도함수

다변수함수 5.1
극한과 연속 5.2
편도함수 5.3
연쇄법칙 5.4
방향도함수와 기울기벡터 5.5
최대값과 최소값 5.6
라그랑지 승수 5.7

학습정리

이 장에서는 다변수 함수의 극한과 연속 및 편도함수를 다루고 다변수 함수의 연쇄법칙과 방향도함수 및 극대, 극소와 라그랑지승수 등을 알아보기로 한다.

5.1 다변수함수

5.1.1 2변수 또는 3변수 함수

xy-좌표평면 위의 점 $P(x,y)$는 간단히 (x,y)로 쓰고, 3차원 공간 안의 점 $P(x,y,z)$는 (x,y,z)라고 쓴다. D가 xy-좌표평면의 부분집합일 때, D의 각 점 (x,y)에 대해 실수 $f(x,y)$를 대응시키는 함수관계를 2변수 함수라 한다. 이때, D는 함수 f의 정의역이라고 하고, 함수의 값 $f(x,y)$들의 집합은 치역이라 한다.

예제 5.1

주어진 함수에 대하여 $f(2,-1)$과 정의역, 치역을 구하여라

$$f(x,y) = \cos(x+2y)$$

풀이

$f(2,-1) = \cos(2-2) = \cos 0 = 1$

정의역은 $x+2y$가 모든실수이고, 치역은 $-1 \le f(x,y) \le 1$이다.

예제 5.2

다음함수의 정의역을 구하고 정의역의 그래프를 그려라

(1) $f(x,y) = \sqrt{xy}$

(2) $f(x,y) = \ln(9-x^2-9y^2)$

(3) $f(x,y) = \dfrac{\sqrt{y-x^2}}{1-x^2}$

(4) $f(x,y,z) = \sqrt{1-x^2-y^2-z^2}$

풀이

(1) $xy \geq 0$이므로 $D=\{(x,y) \mid xy \geq 0\}$

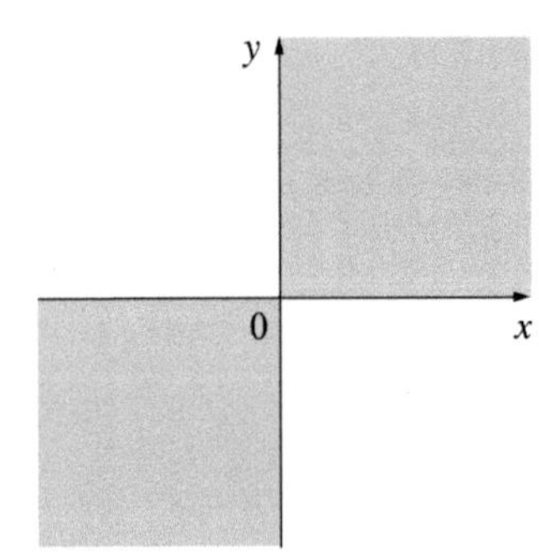

그림 5.1

(2) $9-x^2-9y^2>0$, $D=\left\{(x,y) \mid \frac{1}{9}x^2+y^2<1\right\}$

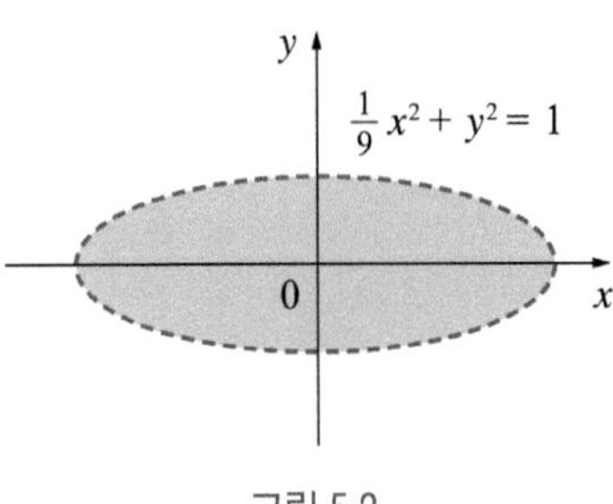

그림 5.2

(3) $y-x^2 \geq 0,\ 1-x^2 \neq 0$

$\Leftrightarrow y \geq x^2, x \neq \pm 1, D=\{(x,y) \mid y \geq x^2,\ x \neq \pm 1\}$

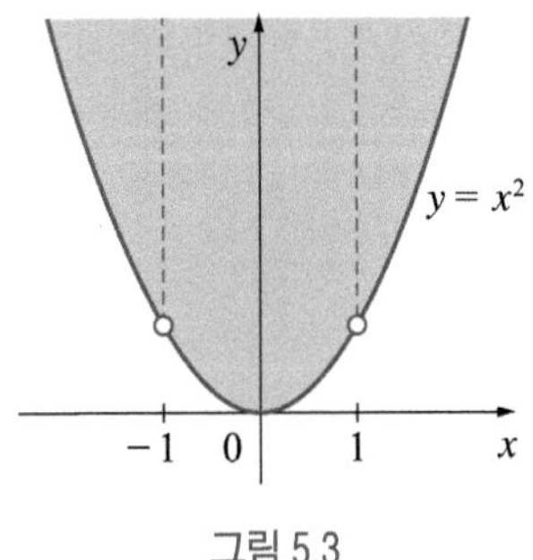

그림 5.3

(4) $1-x^2-y^2-z^2 \geq 0$

$\Rightarrow x^2+y^2+z^2 \leq 1, D=\{(x,y,z) \mid x^2+y^2+z^2 \leq 1\}$

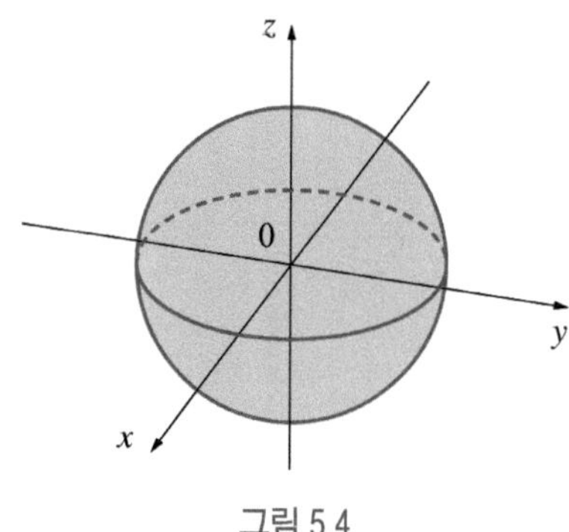

그림 5.4

5.1.2 그래프 ; 등위선과 등위곡면

우선 $xy-$평면의 부분집합 D위에서 정의된 2변수 함수 f부터 생각하여 보자. 이 함수 f의 그래프라 하면, 방정식

$$z=f(x,y),\ (x,y)\in D$$

의 그래프, 즉 이 방정식을 만족하는 점 (x,y,z)의 집합을 말한다.

예제 5.3

함수 $f(x,y) = 3 - 6x - 4y$의 그래프를 그려라.

풀이

주어진 함수의 정의역은 $xy-$평면 전체이다.

f의 그래프 평면 : $z=12-6x-4y$

이며 절편은 $x=2, y=3, z=12$이다(그림 5.5).

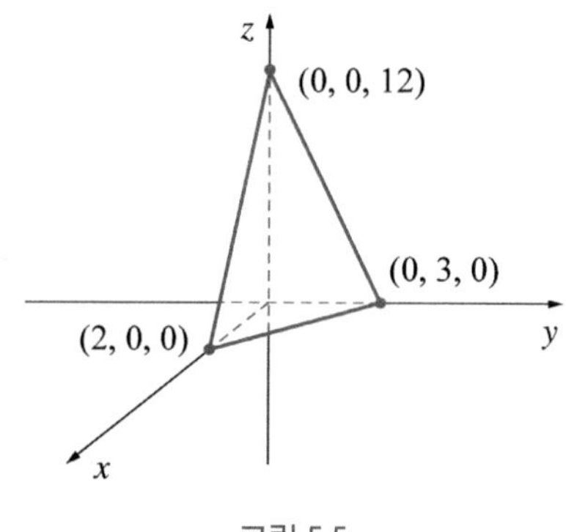

그림 5.5

예제 5.4

함수 $f(x,y) = \sqrt{r^2 - (x^2 + y^2)}$ 의 그래프를 그려라.

풀이

정의역은 $r^2 - (x^2 + y^2) \geq 0$ 에서 $D = \{(x,y) \mid x^2 + y^2 \leq r^2\}$ 에서만 정의된다.

이 함수의 그래프는 $z = \sqrt{r^2 - (x^2 + y^2)}$ (그림 5.6), 즉 구 $x^2 + y^2 + z^2 = r^2$의 위쪽 반이다.

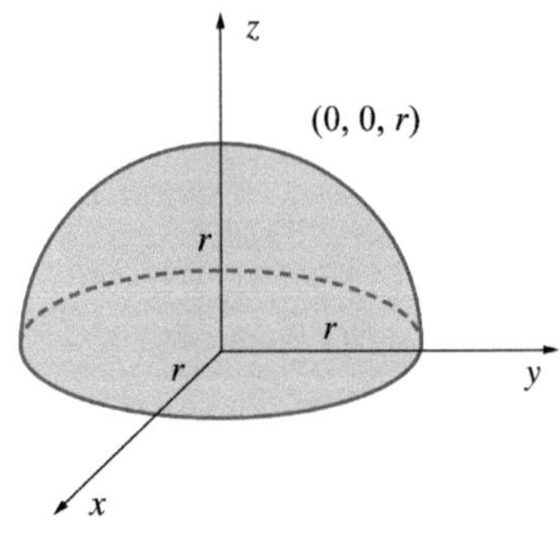

그림 5.6

■ 등위선과 등위곡면

실제의 상황에서 2변수 함수의 그래프를 그리는 것은 쉽지 않으며 또, 그려진 그래프를 알아보는 것도 쉽지 않다. 이를 쉽게 하기 위하여 지도에서의 등고선의 아이디어를 쓰면 좋다. 즉 2변수 함수 $f(x,y)$가 $xy-$평면의 부분집합에 정의되어 있으면, 어느 점에서 $f(x,y)$의 값이 되는 실수 c에 대하여 $f(x,y) = c$로 정의되는 곡선을 그린다. 이런 곡선을 f의 등위선이라 한다. 등위선은 정의에서 보는 바와 같이 f의 그래프와 수평인 평면 $z = c$ 와의 교선을 $xy-$평면에 사영한 것이다.

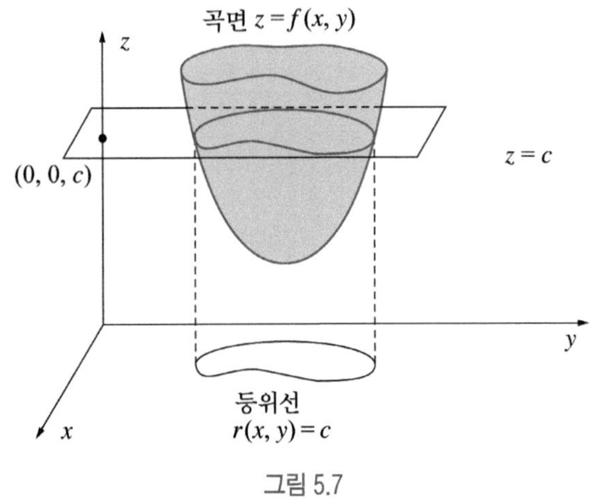

그림 5.7

등위선 $f(x,y)=c$는 f의 정의역에 포함되어 있고 등위선 위에서의 f의 값은 어디서나 상수 c이다. 이 등위선을 적당히 그려놓고 값을 붙여 놓으면 함수의 값의 변동을 비교적 잘 알 수 있다. 함수 f가 삼변수이고 c가 상수이면 방정식 $f(x,y,z)=c$의 그래프를 f의 등위곡면(level surface)라 한다.

예제 5.5

등위선을 몇 개만 보여주고, 다음 함수의 등위선 그래프를 그려라.

(1) $f(x,y) = x^3 - y$　　(2) $f(x,y) = \ln(x^2+4y^2)$

(3) $f(x,y) = xy$

풀이

(1) $x^3 - y = c,\ y = x^3 - c$

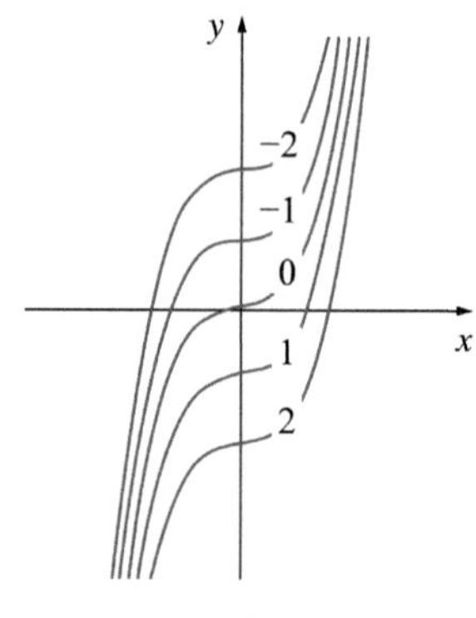

그림 5.8

(2) $\ln(x^2+4y^2) = c,\ x^2+4y^2 = e^c$

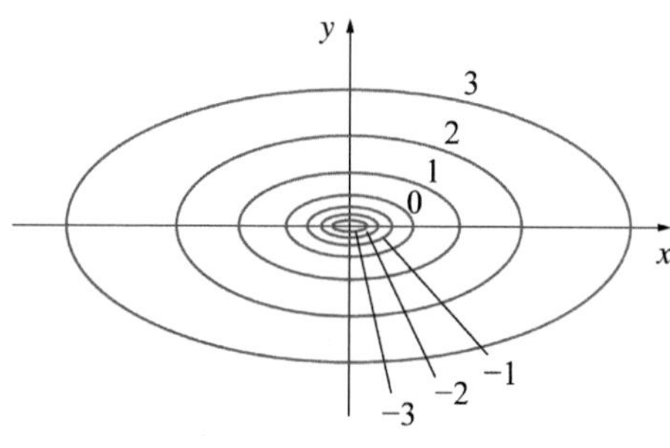

그림 5.9

(3) $xy = c, y = \frac{c}{x}$

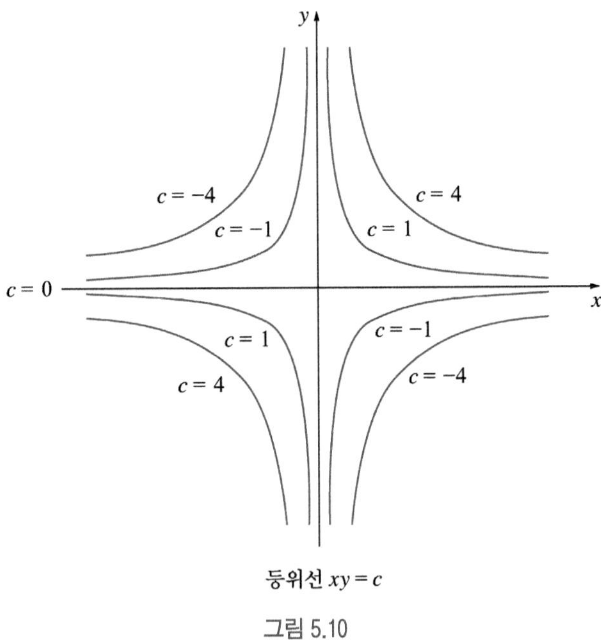

등위선 $xy = c$

그림 5.10

연습문제 5.1

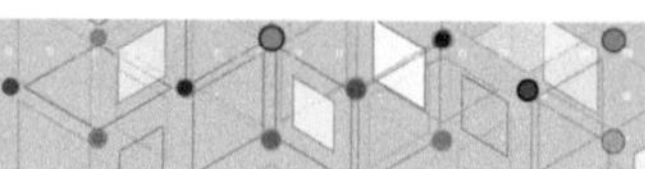

1. $f(x,y) = 1 + \sqrt{4 - y^2}$ 이라 하자.

(1) $f(3,1)$을 구하여라.

(2) $f(x,y)$의 정의역을 구하여라.

(3) $f(x,y)$의 치역을 구하여라.

2. $f(x,y,z) = x^3y^2z\sqrt{10 - x - y - z}$ 이라 하자.

(1) $f(1,2,3)$을 구하여라.

(2) f의 정의역을 구하여라.

3. 다음 함수의 정의역을 구하고, 정의역의 그래프을 그려라.

(1) $f(x,y) = \sqrt{x+y}$

(2) $f(x,y) = \sqrt{x^2 - y^2}$

(3) $f(x,y) = \sqrt{y} + \sqrt{25 - x^2 - y^2}$

(4) $f(x,y) = \arcsin(x^2 + y^2 - 2)$

4. 다음 함수의 등위선 몇 개만 보여주고, 등위선을 그려라.

(1) $f(x,y) = (y - 2x)^2$

(2) $f(x,y) = \sqrt{x} + y$

(3) $f(x,y) = ye^x$

(4) $f(x,y) = \sqrt{y^2 - x^2}$

5.2 극한과 연속

5.2.1 극한

편도함수의 정의에서 쓰인 극한의 개념은 1개의 변수를 제외하고는 모두 고정되어 있으므로 1변수함수의 극한과 다름이 없다. 이제부터는 다음과 같은 형태의 극한을 생각해 보자.

$$\lim_{(x,y)\to(x_0,y_0)} f(x,y) \text{ 및 } \lim_{(x,y,z)\to(x_0,y_0,z_0)} f(x,y,z)$$

위의 두 경우를 같이 다루기 위하여 다음과 같이 나타내자.

$$\lim_{\mathrm{x}\to\mathrm{x}_0} f(\mathrm{x})$$

즉, x는 (x,y) 또는 (x,y,z) 등을 나타내고 x_0도 마찬가지이다. 우선 함수 f는 x_0를 제외한 x_0의 임의의 근방에서는 정의되어 있다고 하자. 이때,

$$\lim_{\mathrm{x}\to\mathrm{x}_0} f(\mathrm{x}) = l$$

이라고 하는 것은 x_0에 충분히 가까운 $\mathrm{x}(\neq \mathrm{x}_0)$에서의 값 $f(\mathrm{x})$는 l에 가깝다는 뜻이다.

예제 5.6

함수 $f(x,y) = \dfrac{xy+y^3}{x^2+y^2}$이 (0,0)에서 극한을 갖지 않음을 보여라.

풀이

우선 좌표축을 따라서 (0,0)에 접근할 때의 극한은 0으로 다음과 같다.

x축, $y=0$이므로 $f(x,y)=f(x,0)=0$, 따라서 0으로 수렴,

y축, $x=0$이므로 $f(x,y)=f(0,y)=y$, 따라서 0으로 수렴,

그러나 $y=2x$를 따라서 (0,0)에 접근할 경우 극한은 $\frac{2}{5}$ 이다.

$f(x,y)=f(x,2x)=\frac{2x^2+8x^3}{x^2+4x^2}=\frac{2}{5}+\frac{8}{5}x$, 따라서 $\frac{2}{5}$ 로 수렴.

이와 같이 (0,0)으로 접근하는 경로를 따라서 극한값이 서로 다르므로 극한이 존재하지 않는다.

예제 5.7

극한이 존재할 경우 구하고 존재않음도 조사하여라.

(1) $\lim_{(x,y)\to(0,0)} \frac{xy}{\sqrt{x^2+y^2}}$

(2) $\lim_{(x,y)\to(0,0)} \frac{xy\cos y}{3x^2+y^2}$

(3) $\lim_{(x,y,z)\to(\pi,0,1/3)} e^{y^2}\tan(xz)$

풀이

(1) 샌드위치정리에 의하여 $|y| \le \sqrt{x^2+y^2}$ 이므로 $0 \le \left|\frac{xy}{\sqrt{x^2+y^2}}\right| \le |x|$이다.

$(x,y)\to(0,0)$ 일때 $|x|\to 0$ 따라서 $\lim_{(x,y)\to(0,0)} f(x,y)=0$

(2) $y=0$이면 $f(x,0)=0$ 이다, 따라서 $f(x,y)\to 0$

$x=0$이면 $f(0,y)=0$ 이다, 따라서 $f(x,y)\to 0$

$y=x$ 이면 $f(x,y)=\frac{1}{4}\cos x$, 따라서 $f(x,y)\to\frac{1}{4}$

그러므로 존재하지 않는다.

(3) $\lim_{(x,y,z)\to(\pi,0,1/3)} e^{y^2}\tan(xz) = e^{\circ}\tan\left(\frac{\pi}{3}\right)=\sqrt{3}$

5.2.2 연속

연속인 다변수 함수는 각 변수에 대하여도 각각 연속이 된다. 즉, 2변수의 경우라면

$$\lim_{(x,y)\to(x_0,y_0)} f(x,y) = f(x_0,y_0)$$

이면

$$\lim_{x\to x_0} f(x,y_0) = f(x_0,y_0) \text{ 이고 } \lim_{y\to y_0} f(x_0,y) = f(x_0,y_0)$$

이다. 이 사실은 정의로부터 당연하나, 이 사실의 역은 성립되지 않는다. 즉, 각 변수에 대하여 따로따로는 연속이더라도 다변수 함수로서는 연속이 아닌 함수가 있다.

예제 5.8

$f(x,y) = \begin{cases} \dfrac{2xy}{x^2+y^2}, & (x,y) \neq (0,0) \\ 0, & (x,y) = (0,0) \end{cases}$ **의 연속인 함수인지 알아 보아라.**

풀이

위의 함수 f는 좌표축을 따라서는 $\lim_{x\to 0} f(x,0) = 0 = f(0,0)$, $\lim_{y\to 0} f(0,y) = 0 = f(0,0)$ 이므로 (0,0)에서 (x,y)에 관하여 각각 연속이나, $f(x,y)$는 (0,0)에서 연속이 아니다. 예를들어 직선 $y=x$ 위의 점들 (t,t)를 따라서 (0,0)에 접근한 경우 $f(t,t) = \dfrac{2tt}{t^2+t^2} = 1$ 이므로 f의 (0,0)에서의 극한은 $f(0,0) = 0$이 될 수 없다.

예제 5.9

다음 함수는 연속인가?

$$f(x,y) = \begin{cases} \dfrac{3x^2y}{x^2+y^2} & , \quad (x,y) \neq (0,0) \\ 0 & , \quad (x,y) = (0,0) \end{cases}$$

풀이

$(x,y) \neq (0,0)$ 일때 f가 연속함수이다. 유리함수 이기 때문이다.

또한 $\displaystyle\lim_{(x,y)\to(0,0)} \frac{3x^2y}{x^2+y^2} = 0 = f(0,0)$ 이다.

그러므로 f는 (0,0)에서 연속이고, 따라서 R^2위에서 연속이다.

예제 5.10

극좌표를 이용하여 다음 함수의 극값을 구하여라.

$$\lim_{(x,y)\to(0,0)} \frac{e^{-x^2-y^2}-1}{x^2+y^2}$$

풀이

$$\begin{aligned} \lim_{(x,y)\to(0,0)} \frac{e^{-x^2-y^2}-1}{x^2+y^2} &= \lim_{r\to0^+} \frac{e^{-r^2}-1}{r^2} \\ &= \lim_{r\to0^+} \frac{e^{-r^2} \cdot (-2r)}{2r} = -e^{\circ} = -1 \end{aligned}$$

연습문제 5.2

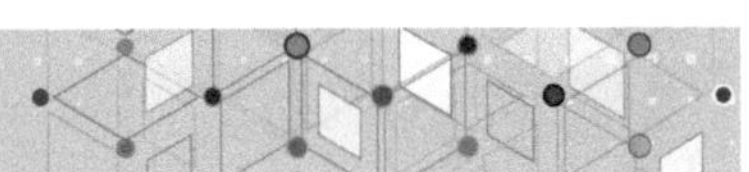

1. 극한을 구하여라.

(1) $\lim_{(x,y)\to(5,2)} (x^5+4x^3y-5xy^2)$

(2) $\lim_{(x,y)\to(2,1)} \dfrac{4-xy}{x^2+3y^2}$

(3) $\lim_{(x,y)\to(0,0)} \dfrac{y^4}{x^4+3y^4}$

(4) $\lim_{(x,y)\to(0,0)} \dfrac{xy\cos y}{3x^2+y^2}$

(5) $\lim_{(x,y)\to(0,0)} \dfrac{xy}{\sqrt{x^2+y^2}}$

(6) $\lim_{(x,y)\to(0,0)} \dfrac{x^2ye^y}{x^4+4y^2}$

(7) $\lim_{(x,y)\to(0,0)} \dfrac{x^2+y^2}{\sqrt{x^2+y^2+1}-1}$

(8) $\lim_{(x,y,z)\to(3,0,1)} e^{-xy}\sin(\pi z/2)$

(9) $\lim_{(x,y,z)\to(0,0,0)} \dfrac{xy+yz^2+xz^2}{x^2+y^2+z^4}$

(10) $\lim_{(x,y,z)\to(0,0,0)} \dfrac{2x^2+3xy+4y^2}{3x^2+5y^2}$

2. 연속인 집합을 구하여라.

(1) $f(x,y)=\dfrac{1}{x^2-y}$

(2) $f(x,y)=\arctan(x+\sqrt{y})$

(3) $g(x,y)=\ln(x^2+y^2-4)$

(4) $f(x,y,z)=\dfrac{\sqrt{y}}{x^2-y^2+z^2}$

(5) $f(x,y)=\begin{cases} \dfrac{x^2y^3}{2x^2+y^2}, & (x,y)\neq(0,0) \\ 1, & (x,y)\neq(0,0) \end{cases}$

연습문제 5.2

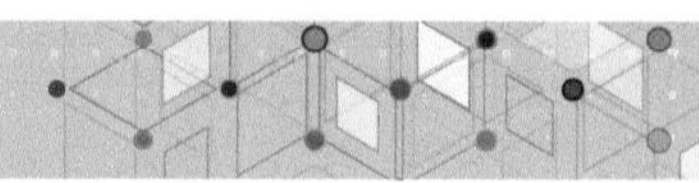

3. 다음 극한을 계산 하여라.

(1) $\lim_{(x,y)\to(1,3)} \frac{x^2y}{4x^2-y}$

(2) $\lim_{(x,y,z)\to(1,0,2)} \frac{4xz}{y^2+z^2}$

(3) $\lim_{(x,y)\to(0,0)} \frac{4xy}{3y^2-x^2}$

(4) $\lim_{(x,y)\to(0,0)} \frac{\sqrt{x}\,y^2}{x+y^3}$

(5) $\lim_{(x,y)\to(0,0)} \frac{2x^2\sin y}{2x^2+y^2}$

(6) $\lim_{(x,y,z)\to(0,0,0)} \frac{3x^3}{x^2+y^2+z^2}$

4. 주어진 함수가 연속인 모든 점을 결정하여라.

(1) $f(x,y) = 4xy + \sin 3x^2y$

(2) $f(x,y) = \sqrt{9-x^2-y^2}$

(3) $f(x,y) = \ln(3-x^2+y)$

(4) $f(x,y,z) = \frac{x^3}{y} + \sin z$

(5) $f(x,y,z) = \sqrt{x^2+y^2+z^2-4}$

5.3 편도함수

5.3.1 2변수 함수의 경우

$f(x,y)=3x^2y-5x\cos\pi y$ 와 같이 함수 f가 x,y의 함수일 때, x에 대한 f의 편도함수는 함수 f에서 변수 y를 상수로 보고 x에 관하여 미분하여 얻은 함수 f_x이다. 즉 위의 함수의 경우에는

$$f_x(x,y)=6xy-5\cos\pi y$$

y에 대한 f의 편도함수는 함수 f에서 변수x를 상수로 보고 y에 관하여 미분하여 얻은 함수 f_y이며, 위의 경우에는

$$f_y(x,y)=3x^2+5\pi x\sin\pi y$$

이 편도함수들을 정식으로 정의하면 다음과 같다.

$$f_x(x,y)=\lim_{h\to 0}\frac{f(x+h,y)-f(x,y)}{h},\qquad f_y(x,y)=\lim_{h\to 0}\frac{f(x,y+h)-f(x,y)}{h}$$

예제 5.11

함수 $f(x,y)=x\tan^{-1}xy$ 일때 $f_x(x_0,y_0)$와 $f_y(x_0,y_0)$의 의미를 설명하여라.

풀이

$$f(x,y)=x\tan^{-1}xy$$

$$f_x(x,y)=x\cdot\frac{y}{1+(xy)^2}+\tan^{-1}xy=\frac{xy}{1+x^2y^2}+\tan^{-1}xy,$$

$$f_y(x,y)=x\cdot\frac{x}{1+(xy)^2}=\frac{x^2}{1+x^2y^2}$$

1변수 함수의 경우에는 $f'(x_0)$는 $x = x_0$에서 $f(x)$의 x에 대한 함수값의 변화율이다. 2변수의 경우에는, $f_x(x_0, y_0)$는 $x = x_0$에서의 $f(x, y_0)$의 x에 대한 함수값의 변화율이고, $f_y(x_0, y_0)$는, $y = y_0$에서의 $f(x_0, y)$의 y에 대한 함수값의 변화율이다.

예제 5.12

함수 $f(x,y) = e^{xy} + \ln(x^2+y)$ 일때, $f_x(2,1)$ 과 $f_y(2,1)$을 구하고, 설명하여라.

풀이

$f(x,y) = e^{xy} + \ln(x^2+y)$ 이면, $f_x(x,y) = ye^{xy} + \dfrac{2x}{x^2+y}$이고 $f_y(x,y) = xe^{xy} + \dfrac{1}{x^2+y}$이다. 편미분계수 $f_x(2,1) = e^2 + \dfrac{4}{5}$ 는 함수 $f(x,1) = e^x + \ln(x^2+1)$ 의 $x=2$에서의 x에 대한 변화율을 뜻하며 편미분계수 $f_y(2,1) = 2e^2 + \dfrac{1}{5}$은 함수 $f(2,y) = e^{2y} + \ln(4+y)$의 $y=1$에서 y에 대한 변화율을 뜻한다.

5.3.2 기하학적인 해석

그림 5.11은 곡면 $z = f(x,y)$의 일부분을 나타내고 있다. 이 곡면의 한가운데로 $xz-$평면에 평행한 평면 $y = y_0$가 지나고 있다. 평면 $y = y_0$는 이 곡면의 y_0-절선 (section)에서 이 곡면과 만난다. y_0-절선은 평면 $y = y_0$ 위에 함수

$$g(x) = f(x, y_0)$$

의 그래프를 그린 것이다. 이 함수 $g(x)$를 x에 대하여 미분하면,

$$g'(x) = f_x(x, y_0)$$

이고 따라서 $g'(x_0) = f_x(x_0, y_0)$이다.

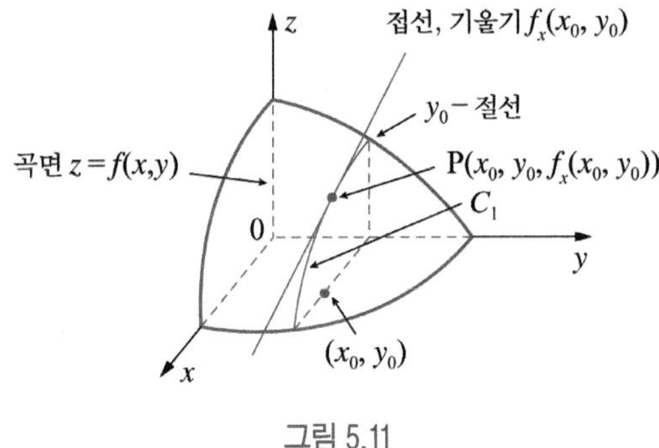

그림 5.11

즉 $f_x(x_0, y_0)$라는 숫자는 점 $P = P(x_0, y_0, f(x_0, y_0))$에서 곡면 $z = f(x, y)$의 y_0-절선의 기울기이다. 편도함수 f_y에 대하여도 마찬가지로 해석할 수 있다. 그림 5.12에서 보이듯이, 같은 곡면 $z = f(x,y)$가 $yz-$평면과 평행한 평면 $x = x_0$와 x_0-절선에서 만나고 있다. 이 곡면의 x_0-절선은 평면 $x = x_0$ 위에 그려진 함수

$$h(y) = f(x_0,y)$$

의 그래프이고, 이 함수를 y에 대하여 미분하면

$$h'(y) = f_y(x_0, y)$$

이므로 $h'(y_0) = f_y(x_0, y_0)$라는 숫자는 위의 점 P에서의 곡면 $z = f(x,y)$의 x_0-절선의 기울기이다.

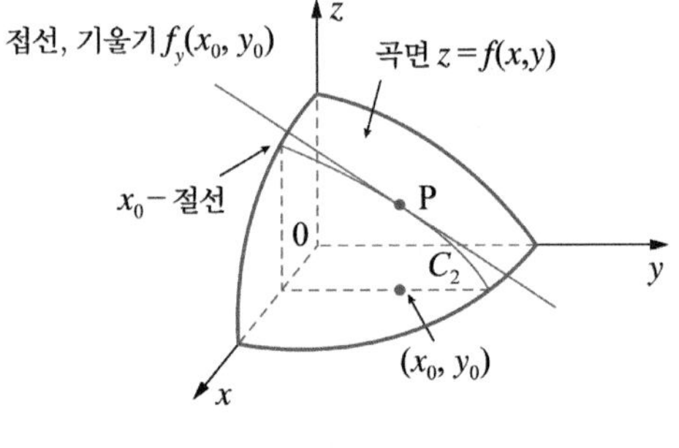

그림 5.12

5.3.3 3변수 함수의 경우

함수의 변수가 3개인 경우에는 3개의 서로 다른 편도함수를 생각할 수 있다. 즉 변수 x, y 및 변수 z에 대한 편도함수들이다.

$$f_x(x,y,z),\ f_y(x,y,z),\ f_z(x,y,z)$$

이들의 정의는 다음과 같다.

$$f_x(x,y,z) = \lim_{h\to0}\frac{f(x+h,y,z) - f(x,y,z)}{h}$$

$$f_y(x,y,z) = \lim_{h\to0}\frac{f(x,y+h,z) - f(x,y,z)}{h}$$

$$f_z(x,y,z) = \lim_{h\to0}\frac{f(x,y,z+h) - f(x,y,z)}{h}$$

위의 편도함수들은 각각 첨자로 쓰여 있는 변수에 대하여(다른 변수들을 상수로 생각하고) 미분하여 계산할 수 있다.

예제 5.13

함수 $f(x,y,z) = xy^2z^3$ 일때 , f_x, f_y, f_z을 구하고 $(1,-2,-1)$에서 f_x, f_y, f_z의 기울기를 구하여라.

풀이

함수 $f(x,y,z) = xy^2z^3$의 편도함수들은

$f_x(x,y,z) = y^2z^3, f_y(x,y,z) = 2xyz^3, f_z(x,y,z) = 3xy^2z^2$

따라서 $f_x(1,-2,-1) = -4,\ f_y(1,-2,-1) = 4,\ f_z(1,-2,-1) = 12$이다.

예제 5.14

함수 $f(x, y, z) = x^2 e^{y/z}$ 일때 f_x, f_y, f_z 을 구하여라.

풀이

$f(x,y,z) = x^2 e^{y/z}$ 이면

$f_x(x,y,z) = 2xe^{y/z}$,

$f_y(x,y,z) = \frac{x^2}{z} e^{y/z}$

$f_z(x,y,z) = -\frac{x^2 y}{z^2} e^{y/z}$

$f_x(x_0, y_0, z_0)$라는 수는 $x = x_0$에서의 함수 $f(x, y_0, z_0)$의 x에 대한 변화율을 나타내며, $f_y(x_0, y_0, z_0)$는 $y = y_0$에서의 함수 $f(x_0, y, z_0)$의 y에 대한 변화율을 $f_z(x_0, y_0, z_0)$는 $z = z_0$에서의 함수 $f(x_0, y_0, z)$의 z에 대한 변화율을 나타낸다. 예를 들면
함수 $f(x,y,z) = xy^2 - yz^2$의 편도함수는

$f_x(x,y,z) = y^2, f_y(x,y,z) = 2xy - z^2, f_z(x,y,z) = -2yz$

$f_x(1,2,3) = 4$는 함수 $f(x,2,3) = 4x - 18$의 $x = 1$에서의 변화율이며,
$f_y(1,2,3) = -5$는 함수 $f(1,y,3) = y^2 - 9y$의 $y = 2$에서의 변화율이고,
$f_z(1,2,3) = -12$는 함수 $f(1,2,z) = 4 - 2z^2$의 $z = 3$에서의 변화율이다.

예제 5.15

원추대(그림 5.13)의 부피는 다음 함수로 나타내어진다.

$$V(R, r, h) = \frac{1}{3}\pi h(R^2 + Rr + r^2)$$

$R = 8$, $r = 4$, $h = 6$일 때에 각 변수 R,r 및 h에 대한 부피의 변화율을 구하여라.

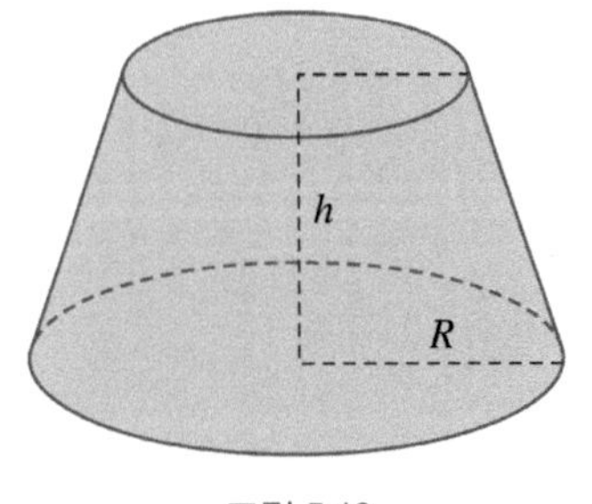

그림 5.13

풀이

V의 편도함수는 다음과 같이 주어진다.

$$V_R(R, r, h) = \frac{1}{3}\pi h(2R+r)$$

$$V_r(R, r, h) = \frac{1}{3}\pi h(R+2r)$$

$$V_h(R, r, h) = \frac{1}{3}\pi(R^2+Rr+r^2)$$

$R=8$, $r=4$, $h=6$일 때에

R에 대한 V의 변화율은 $V_R(8,4,6)=40\pi$

r에 대한 V의 변화율은 $V_r(8,4,6)=32\pi$

h에 대한 V의 변화율은 $V_h(8,4,6)=\frac{112}{3}\pi$

편도함수를 나타내기 위하여 첨자만을 쓰지는 않는다. 1변수함수 때의 라이프니츠 (Leibniz)의 도함수기호 $\frac{df}{dx}$를 변형시켜서 편도함수 f_x, f_y, f_z 등을 다음과 같이 나타낸다.

$$\frac{\partial f}{\partial x}, \frac{\partial f}{\partial y}, \frac{\partial f}{\partial z}$$

따라서, $f(x, y, z) = x^3y^2z + \sin xy$에 대하여

$$\frac{\partial f}{\partial x}(x, y, z) = 3x^2y^2z + y\cos xy$$

$$\frac{\partial f}{\partial y}(x, y, z) = 2x^3yz + x\cos xy$$

$$\frac{\partial f}{\partial z}(x, y, z) = x^3y^2$$

이며 또 다음과 같이도 쓴다.

$$\frac{\partial f}{\partial x} = 3x^2y^2z + y\cos xy$$

또는

$$\frac{\partial}{\partial x}(x^3y^2z + \sin xy) = 3x^2y^2z + y\cos xy$$

이러한 라이프니츠의 기호도 변수 x, y, z에만 국한되지 아니한다. 이를테면,

$$\frac{\partial}{\partial r}(r^2\cos\theta + e^{\theta r}) = 2r\cos\theta + \theta e^{\theta r}$$

$$\frac{\partial}{\partial \theta}(r^2\cos\theta + e^{\theta r}) = -r^2\sin\theta + re^{\theta r}$$

또, $\rho = \sin 2\theta \cdot \cos 3\phi$ 이면,

$$\frac{\partial \rho}{\partial \theta} = 2\cos 2\theta \cos 3\phi, \quad \frac{\partial \rho}{\partial \phi} = -3\sin 2\theta \sin 3\phi$$

이다.

5.3.4 고계 편도함수

미분가능한 2변수 (x, y)의 함수 f의 편도함수 $\frac{\partial f}{\partial x}$와 $\frac{\partial f}{\partial y}$는 다시 (x,y)의 함수가 된다. 따라서 이들 편도함수의 편도함수들을 생각할 수 있다.

$$\frac{\partial}{\partial x}\left(\frac{\partial f}{\partial x}\right) = \frac{\partial^2 f}{\partial x^2}, \quad \frac{\partial}{\partial y}\left(\frac{\partial f}{\partial x}\right) = \frac{\partial^2 f}{\partial y \partial x}$$

$$\frac{\partial}{\partial x}\left(\frac{\partial f}{\partial y}\right) = \frac{\partial^2 f}{\partial x \partial y}, \quad \frac{\partial}{\partial y}\left(\frac{\partial f}{\partial y}\right) = \frac{\partial^2 f}{\partial y^2}$$

이 함수들을 f의 2계 편도함수라고 한다.

예제 5.16

함수 $f(x,y) = \sin x^2 y$의 1계 편도함수들을 구하라.

풀이

$$\frac{\partial f}{\partial x} = 2xy\cos x^2 y, \qquad \frac{\partial f}{\partial y} = x^2 \cos x^2 y$$

2계 편도함수들은

$$\frac{\partial^2 f}{\partial x^2} = -4x^2 y^2 \sin x^2 y + 2y\cos x^2 y \qquad \frac{\partial^2 f}{\partial y \partial x} = -2x^3 y \sin x^2 y + 2x\cos x^2 y$$

$$\frac{\partial^2 f}{\partial x \partial y} = -2x^3 y \sin x^2 y + 2x\cos x^2 y \qquad \frac{\partial^2 f}{\partial y^2} = -x^4 \sin x^2 y$$

편도함수의 기호들을 간편히 하여 $\frac{\partial^2 f}{\partial x^2} = f_{xx}$, $\frac{\partial^2 f}{\partial y \partial x} = f_{xy}$, $\frac{\partial^2 f}{\partial x \partial y} = f_{yx}$, $\frac{\partial^2 f}{\partial y^2} = f_{yy}$ 등으로 나타내기도 한다.

예제 5.17

함수 $f(x, y) = \ln(x^2 + y^3)$의 1계 편도함수들과 2계 편도함수들을 구하여라.

풀이

$$f_x(x,y) = \frac{2x}{x^2 + y^3}, \qquad f_y(x,y) = \frac{3y^2}{x^2 + y^3}$$

이고,

$$f_{xx}(x,y) = \frac{(x^2 + y^3)2 - 2x(2x)}{(x^2 + y^3)^2} = \frac{2(y^3 - x^2)}{(x^2 + y^3)^2}$$

$$f_{xy}(x,y) = \frac{-2x(3y^2)}{(x^2 + y^3)^2} = \frac{-6xy^2}{(x^2 + y^3)^2}$$

$$f_{yx}(x,y) = \frac{-6xy^2}{(x^2 + y^3)^2}, \qquad f_{yy}(x,y) = \frac{3y(3x^2 - y^3)}{(x^2 + y^3)^2}$$

위의 예에서 $\frac{\partial^2 f}{\partial y \partial x} = \frac{\partial^2 f}{\partial x \partial y}$로 되고 있음을 알 수 있다. 위에서 주어진 함수들이 x, y에 관하여 한번씩 편미분한 결과가 편미분의 순서에 상관없는 것은 함수의 대칭성에 기인한 것은 아니고, 사실은 편도함수의 연속성에 기인한다. 즉 다음을 증명할 수 있다.(여기서 증명은 하지 않는다).

■ 정리 5.1

함수 f와 그의 편도함수들 f_x, f_y, f_{xy}, f_{yx}가 어떤 개집합 E에서 연속이면, 집합 E에서

$$\frac{\partial^2 f}{\partial y \partial x} = \frac{\partial^2 f}{\partial x \partial y}$$

이다.

3변수함수의 경우에는 3개의 1계 편도함수들

$$\frac{\partial f}{\partial x}, \frac{\partial f}{\partial y}, \frac{\partial f}{\partial z}$$

와 9개의 2계 편도함수들

$$\frac{\partial^2 f}{\partial x^2}, \frac{\partial^2 f}{\partial x \partial y}, \frac{\partial^2 f}{\partial x \partial z} \frac{\partial^2 f}{\partial y \partial x}, \frac{\partial^2 f}{\partial y^2}, \frac{\partial^2 f}{\partial y \partial z} \frac{\partial^2 f}{\partial z \partial x}, \frac{\partial^2 f}{\partial z \partial y}, \frac{\partial^2 f}{\partial z^2}$$

를 찾을 수 있다. 여기서도 마찬가지로 f의 1계 편도함수들과 2계 편도함수들이 연속이면

$$\frac{\partial^2 f}{\partial y \partial x} = \frac{\partial^2 f}{\partial x \partial y}, \frac{\partial^2 f}{\partial z \partial x} = \frac{\partial^2 f}{\partial x \partial z}, \frac{\partial^2 f}{\partial y \partial z} = \frac{\partial^2 f}{\partial z \partial y}$$

이다.

예제 5.18

$f(x, y, z) = xe^y \sin \pi z$ 에서 9개의 2계의 도함수를 구하라.

풀이

$f_x = e^y \sin \pi z,\ \ f_y = xe^y \sin \pi z,\ \ f_z = \pi xe^y \cos \pi z,$

$f_{xx} = 0,\qquad f_{yy} = xe^y \sin \pi z,\ \ f_{zz} = -\pi^2 xe^y \sin \pi z,$

$f_{xy} = f_{yx} = e^y \sin \pi z$

$f_{xz} = f_{zx} = \pi e^y \cos \pi z$

$f_{yz} = f_{zy} = \pi xe^y \cos \pi z$

연습문제 5.3

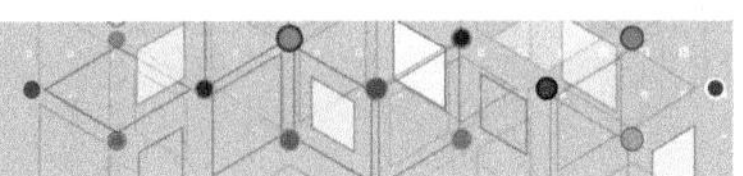

1. 도함수를 구하여라.

(1) $f(x, y) = 3x - 2y^4$

(2) $z = xe^{3y}$

(3) $f(x,y) = \dfrac{x-y}{x+y}$

(4) $w = \sin\alpha\cos\beta$

(5) $f(r, s) = r\ln(r^2 + s^2)$

(6) $f(x,y,z) = xz - 5x^2y^3z^4$

(7) $w = \ln(x + 2y + 3z)$

(8) $u = xy\sin^{-1}(yz)$

2. 도함수를 구하여라

(1) $f(x, y) = 3xy^4 + x^3y^2; f_{xxy}, f_{yyy}$

(2) $f(x,y,z,) = \cos(4x + 3y + 2z); f_{xyz}, f_{yzz}$

(3) $u = e^{r\theta}\sin\theta; \dfrac{\partial^3 u}{\partial r^2 \partial\theta}$

(4) $w = \dfrac{x}{y+2z}; \dfrac{\partial^3 w}{\partial z\partial y\partial x}, \dfrac{\partial^3 w}{\partial x^2 \partial y}$

3. 모든 일계편도함수를 구하여라.

(1) $f(x,y) = x^3 - 4xy^2 + y^4$

(2) $f(x,y) = x^2e^y - 4y$

(3) $f(x,y) = x^2\sin xy - 3y^3$

(4) $f(x,y) = 4e^{x/y} - \dfrac{y}{x}$

(5) $f(x,y,z) = 3x\sin y + 4x^3y^2z$

연습문제 5.3

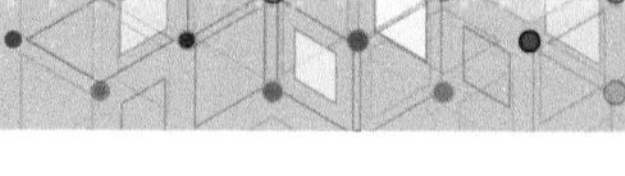

4. 제시된 편도함수를 구하여라.

(1) $f(x,y) = x^3 - 4xy^2 + 3y; \dfrac{\partial^2 f}{\partial x^2}, \dfrac{\partial^2 f}{\partial y^2}, \dfrac{\partial^2 f}{\partial y \partial x}$

(2) $f(x,y) = x^4 - 3x^2y^3 + 5y; f_{xx}, f_{xy}, f_{xyy}$

(3) $f(x,y,z) = x^3y^2 - \sin yz; f_{xx}, f_{yz}, f_{xyz}$

(4) $f(x,y,z) = e^{2xy} - \dfrac{z^2}{y} + xz\sin y : f_{xx}, f_{yy}, f_{yyzz}$

(5) $f(w,x,y,z) = w^2xy - e^{wz}; f_{ww}, f_{wxy}, f_{wwxyz}$

5. 화학반응에서 온도 T, 엔트로피 S, 깁스(Gibbs)의 자유 에너지 G, 엔달피 H사이에서는 $G = H - TS$인 관계가 있다.

$\dfrac{\partial(G/T)}{\partial T} = -\dfrac{H}{T^2}$가 성립함을 보여라.

6. $V = IR$을 만족하는 회로에서 건전지가 닳음에 따라 전압 V는 서서히 떨어지고, 동시에 저항기가 가열됨에 따라 저항은 증가한다.

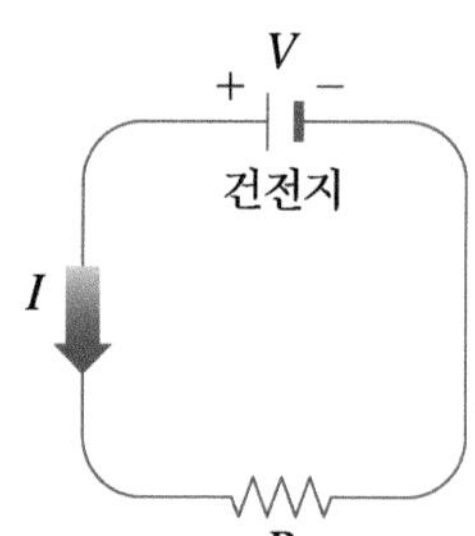

$$\frac{dV}{dt} = \frac{\partial V}{\partial I}\frac{dI}{dt} + \frac{\partial V}{\partial R}\frac{dR}{dt}$$

를 이용하여 $R = 600, I = 0.04$ 암페어, $\dfrac{dR}{dt} = 0.5$옴/초,

$\dfrac{dV}{dt} = -0.01$볼트/초일때 전류는 어떻게 변하는지를 구하여라.

5.4 연쇄법칙

1변수 함수 연쇄법칙에 의하면 $y=f(x), x=g(t)$라 하면 $\frac{dy}{dt}$는 다음의 식과 같다.

$$\frac{dy}{dt}=\frac{dy}{dx}\cdot\frac{dx}{dt}$$

2변수 이상의 함수에 대한 연쇄법칙에 여러 가지 형태가 있다.

■ 정리 5.2

$w=f(x,y,z)$ 가 x, y, z에 관하여 편미분 가능한 함수이며 $x=g(t)$와 $y=h(t)$가 t에 대하여 미분가능하면

$$\frac{dw}{dt}=\frac{\partial f}{\partial x}\frac{dx}{dt}+\frac{\partial f}{\partial y}\frac{dy}{dt}+\frac{\partial f}{\partial z}\frac{dz}{dt}$$

이다. 2변수의 경우에는 z항은 없어지고

$$\frac{dw}{dt}=\frac{\partial f}{\partial x}\frac{dx}{dt}+\frac{\partial f}{\partial y}\frac{dy}{dt}$$

이다.(증명생략)

오른쪽에 주어진 나뭇가지 그림으로 이용하면 연쇄법칙은 쉽게 알 수 있다.

$$\frac{dw}{dt}=\frac{\partial f}{\partial x}\frac{dx}{dt}+\frac{\partial f}{\partial y}\frac{dy}{dt}+\frac{\partial f}{\partial z}\frac{dz}{dt}$$

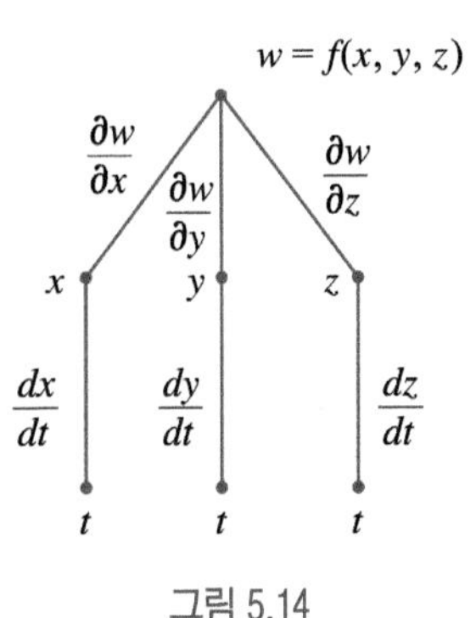

그림 5.14

예제 5.19

$x = \sin t, y = e^t$ 일때, $z = x^2y + 3xy^4$에 대한 $\frac{dz}{dt}$를 구하여라.

풀이

$\frac{dx}{dt} = \cos t,\ \frac{dy}{dt} = e^t$

$\frac{dz}{dx} = 2xy + 3y^4,\ \frac{dz}{dy} = x^2 + 12xy^3$

$$\frac{dz}{dt} = \frac{\partial f}{\partial x}\frac{dx}{dt} + \frac{\partial f}{\partial y}\frac{dy}{dt} = (2xy+3y^4)\cos t + (x^2+12xy^3)e^t$$

$$= (2\sin t + 3e^{3t})e^t\cos t + (\sin^2 t + 12\sin t e^{3t})e^t$$이다.

예제 5.20

$u = x^2 - y^2,\ x = t^2 - 1,\ y = 3\sin\pi t$일 때 du/dt를 구하여라.

풀이

2변수함수의 경우이므로 (정리 5.2)를 쓰면,

$\frac{\partial u}{\partial x} = 2x,\ \frac{\partial u}{\partial y} = -2y$이고 $\frac{dx}{dt} = 2t,\ \frac{dy}{dt} = 3\pi\cos\pi t$

이므로

$$\frac{du}{dt} = (2x)(2t) + (-2y)(3\pi\cos\pi t)$$
$$= 2(t^2-1)(2t) + (-2)(3\sin\pi t)(3\pi\cos\pi t)$$
$$= 4t^3 - 4t - 18\pi\sin\pi t\cos\pi t$$

예제 5.21

원추대의 윗면의 반지름이 10cm, 밑면의 반지름이 12cm이고 높이는 18cm일 때, 윗면의 반지름이 1분에 2cm씩의 속도로 줄어들고, 밑면의 반지름은 1분에 3cm씩의 속도로 늘어나며, 높이는 1분에 4cm씩의 속도로 줄어들면 부피는 어떤 속도로 변하겠는가?

풀이

x를 윗면의 반지름, y는 밑면의 반지름, z를 높이라고 하면, 부피는

$$V=\frac{1}{3}\pi z(x^2+xy+y^2)$$

이므로

$$\frac{\partial V}{\partial x}=\frac{1}{3}\pi z(2x+y),\ \frac{\partial V}{\partial y}=\frac{1}{3}\pi z(x+2y),\ \frac{\partial V}{\partial z}=\frac{1}{3}\pi(x^2+xy+y^2)$$

이다. 이때,

$$\frac{dV}{dt}=\frac{\partial V}{\partial x}\cdot\frac{dx}{dt}+\frac{\partial V}{\partial y}\cdot\frac{dy}{dt}+\frac{\partial V}{\partial z}\frac{dz}{dt}$$

이므로 위의 문제에서는

$$\frac{dV}{dt}=\frac{1}{3}\pi z(2x+y)\frac{dx}{dt}+\frac{1}{3}\pi z(x+2y)\frac{dy}{dt}+\frac{1}{3}\pi(x^2+xy+y^2)\frac{dz}{dt}$$

이다. 여기서

$$x=10,\ y=12,\ z=18,\ \frac{dx}{dt}=-2,\ \frac{dy}{dt}=3,\ \frac{dz}{dt}=-4$$

로 놓으면

$$\frac{dV}{dt}=-\frac{772}{3}\pi$$

이므로 부피는 1분에 $\frac{772\pi}{3}(cm^3)$의 속도로 줄어든다.

5.4.1 다른 연쇄법칙들

다변수 함수들의 사이에서는 여러 가지 모양 연쇄법칙이 있을 수 있다. 몇 개는 여기에서 소개하고 나머지는 연습문제에서 알아본다. 이들은 모두 앞의 연쇄법칙에서 유도할 수 있다. 예를들어

$u=u(x,y)$이고 $x=x(s,t),\ y=y(s,t)$

이면

$$\frac{\partial u}{\partial s}=\frac{\partial u}{\partial x}\frac{\partial x}{\partial s}+\frac{\partial u}{\partial y}\frac{\partial y}{\partial s} \text{ 및 } \frac{\partial u}{\partial t}=\frac{\partial u}{\partial x}\frac{\partial x}{\partial t}+\frac{\partial u}{\partial y}\frac{\partial y}{\partial t}$$

이다.

위의 첫 식을 얻으려면, t를 고정하고 u를 s에 대하여 미분하면 된다. 마찬가지로 둘째 식은 s를 고정하고 t로 미분한다. 그림 5.15 에는 공식을 얻는 나뭇가지 도표를 그려놓았다. 이런 도표는 각 단계에서 그 함수를 직접 결정하는 변수들의 가지를 그려나가면 된다. u에서 출발하여 어떤 변수에서 끝나는 경로들로 도함수의 곱들이 결정된다. 어떤 변수에 대한 u의 편도함수는 u에서 그 변수로 향하는 각 경로를 따른 도함수들의 곱들을 모두 합한 것이다.

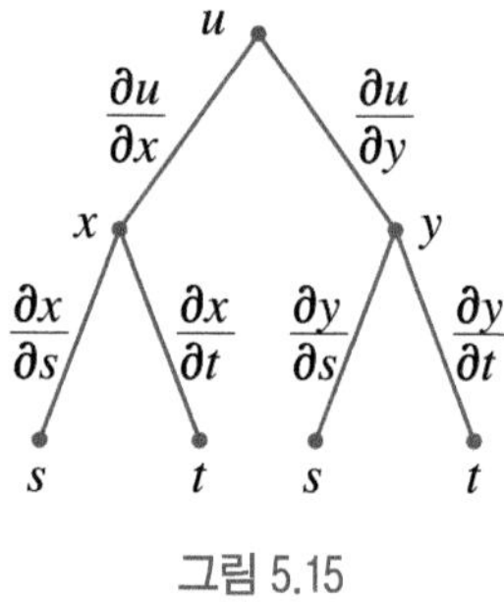

그림 5.15

예제 5.22

$z=e^{x}\sin y, x=uv^{2}, y=u^{2}v$ **일때,** $\frac{\partial z}{\partial u}, \frac{\partial z}{\partial v}$ **를 구하여라.**

풀이

$$\frac{\partial z}{\partial u}=\frac{\partial z}{\partial x}\frac{\partial x}{\partial u}+\frac{\partial z}{\partial y}\frac{\partial y}{\partial u}=e^{x}\sin y \cdot v^{2}+e^{x}\cos y \cdot 2uv$$

$$=(v^{2}\sin u^{2}v+2uv\cos u^{2}v)e^{uv^{2}}$$

$$\frac{\partial z}{\partial v}=\frac{\partial z}{\partial x}\frac{\partial x}{\partial v}+\frac{\partial z}{\partial y}\frac{\partial y}{\partial e}=e^{z}\sin y \cdot 2uv+e^{z}\cos y \cdot u^{2}$$

$$=(2uv\sin u^{2}v+u^{2}\cos u^{2}v)e^{uv^{2}}$$ 이다.

예제 5.23

$z = x^2 + y^2, x = s + t, y = s - t : s = 2, t = -1$ 에서 $\frac{\partial z}{\partial s}, \frac{\partial z}{\partial t}$ 를 구하여라. 주어진 s와 t의 값에 대하여 편도함수를 구하여라.

풀이

연쇄법칙을 이용하면

$z = x^2 + y^2 : x = s + t, y = s - t$

$\frac{\partial z}{\partial s} = \frac{\partial z}{\partial x}\frac{\partial x}{\partial s} + \frac{\partial z}{\partial y}\frac{\partial y}{\partial s} = 2x + 2y = 4s$

$\frac{\partial z}{\partial t} = \frac{\partial z}{\partial x}\frac{\partial x}{\partial t} + \frac{\partial z}{\partial y}\frac{\partial y}{\partial t} = 2x + 2y(-1) = 4t$

$s = 2, t = -1$ 일 때 $\frac{\partial z}{\partial s} = 8, \frac{\partial z}{\partial t} = -4.$

마찬가지로

$u = u(x,y,z)$

이고

$x = x(s,t),\ y = y(s,t),\ z = z(s,t)$

일때는 그림과 같은 나뭇가지 도표가 나온다.

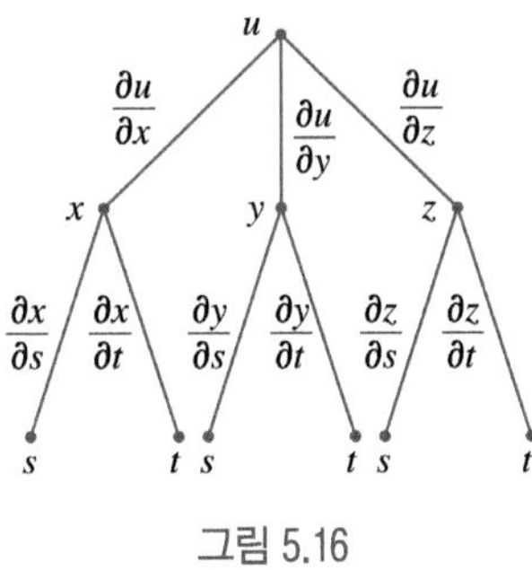

그림 5.16

이 도표에서 s와 t에 대한 u의 편도함수를 읽어보면

$$\frac{\partial u}{\partial s} = \frac{\partial u}{\partial x}\frac{\partial x}{\partial s} + \frac{\partial u}{\partial y}\frac{\partial y}{\partial s} + \frac{\partial u}{\partial z}\frac{\partial z}{\partial s}$$

$$\frac{\partial u}{\partial t} = \frac{\partial u}{\partial x}\frac{\partial x}{\partial t} + \frac{\partial u}{\partial y}\frac{\partial y}{\partial t} + \frac{\partial u}{\partial t}\frac{\partial z}{\partial t}$$

예제 5.24

$w = x + 2y + z^2, x = \frac{r}{s}, y = r^2 + \ln s, z = 2r$일 때 $\frac{\partial w}{\partial r}, \frac{\partial w}{\partial s}$를 r과 s에 관한 함수로 나타내어라.

풀이

$$\frac{\partial w}{\partial r} = \frac{\partial w}{\partial x}\frac{\partial x}{\partial r} + \frac{\partial w}{\partial y}\frac{\partial y}{\partial r} + \frac{\partial w}{\partial z}\frac{\partial z}{\partial r} = (1)\left(\frac{1}{8}\right) + (2)(2r) + (2z)(2) = \frac{1}{8} + 12r$$

$$\frac{\partial w}{\partial s} = \frac{\partial w}{\partial x}\frac{\partial x}{\partial s} + \frac{\partial w}{\partial y}\frac{\partial y}{\partial s} + \frac{\partial w}{\partial z}\frac{\partial z}{\partial s} = (1)\left(-\frac{r}{s^2}\right) + (2z)(0) = \frac{2}{s} - \frac{r}{s^2}$$

예제 5.25

$x = rse^t, y = rs^2e^{-t}, z = r^2 s \sin t$이고, $u = x^4y + y^2z^3$이면 $r = 2, s = 1, t = 0$에서 $\frac{\partial u}{\partial s}$의 값을 구하여라.

풀이

$$\frac{\partial u}{\partial s} = \frac{\partial u}{\partial x}\frac{\partial x}{\partial s} + \frac{\partial u}{\partial y}\frac{\partial y}{\partial s} + \frac{\partial u}{\partial z}\frac{\partial z}{\partial s}$$
$$= (4x^3y)(re^t) + (x^4 + 2yz^3)(2rse^{-t}) + (3y^2z^2)(r^2 \sin t)$$

$r = 2, s = 1, t = 0$ 일 때 $x = 2, y = 2, z = 0$이므로

$$\frac{\partial u}{\partial s} = (64)(2) + (16)(4) + (0)(0) = 192$$

연습문제 5.4

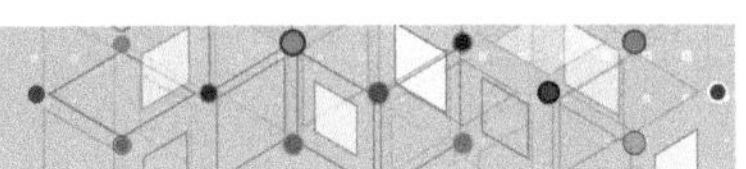

1. 연쇄법칙을 이용하여 $\frac{dz}{dt}$, $\frac{dw}{dt}$ 을 구하여라.

(1) $z = x^2 + y^2 + xy,\ x = \sin t,\ y = e^t$

(2) $z = \cos(x + 4y),\ x = 5t^4, y = 1/t$

(3) $w = xe^{y/z},\ x = t^2,\ y = 1 - t,\ z = 1 + 2t$

(4) $w = \ln\sqrt{x^2 + y^2 + z^2}, x = \sin t,\ y = \cos t, z = \tan t$

2. 연쇄법칙을 이용하여 $\frac{\partial z}{\partial s}$, $\frac{\partial z}{\partial t}$ 을 구하여라.

(1) $z = x^2y^3,\ x = s\cos t, y = s\sin t$

(2) $z = \arcsin(x - y),\ x = s^2 + t^2,\ y = 1 - 2st$

(3) $z = \sin\theta\cos\phi,\ \theta = st^2,\ \phi = s^2t$

(4) $z = e^{x+2y}, x = s/t,\ y = t/s$

(5) $z = e^r\cos\theta,\ r = st,\ \theta = \sqrt{s^2 + t^2}$

(6) $z = \tan(u/v),\ u = 2s + 3t,\ v = 3s - 2t$

3. 다음을 구하여라.

(1) $w = (x + y + z)^2, x = r - s, y = \cos(r + s), z = \sin(r + s)$일 때, $r = 1, s = -1$에서 $\partial w/\partial r$을 구하여라.

(2) $w = xy + \ln z,\ x = v^2/u,\ y = u + v,\ z = \cos u$일 때, $u = -1, v = 2$에서 $\partial w/\partial v$을 구하여라.

(3) $w = x^2 + (y/x),\ x = u - 2v + 1,\ y = 2u + v - 2$일 때, $u = 0, v = 0$에서 $\partial w/\partial v$을 구하여라.

(4) $z = \sin xy + x\sin y,\ x = u^2 + v^2,\ y = uv$일 때, $u = 0, v = 1$에서 $\partial z/\partial u$를 구하여라.

5.5 방향도함수와 기울기벡터

5.5.1 방향도함수

이 절에서는 2변수 혹은 그보다 많은 변수함수에 대하여 모든 방향의 변화율을 계산할 수 있게 해 주는 도함수의 일종인 방향도함수를 소개하고자 한다.

점 $P(a,b)$에서 단위벡터 $\mathrm{u} = (u_1, u_2)$의 방향으로 $f(x,y)$의 순간 변화율을 구해보자.

점 $P(a,b)$를 지나고 u의 방향을 갖는 직선 위의 임의의 한 점을 $Q(x, y)$라고 하자. 그러면 벡터 $\overrightarrow{PQ}$는 u와 평행하다. 두 벡터가 평행일 필요충분조건은 적당한 수 h에 대하여 $\overrightarrow{PQ} = h\mathrm{u}$이다. 즉,

$$\overrightarrow{PQ} = (x-a,\ y-b) = h\mathrm{u} = h(u_1,\ u_2) = (hu_1,\ hu_2)$$

이다.

두 벡터의 대응하는 성분이 모두 같을 때만 두 벡터는 같으므로 $x = a + hu_1, y = b + hu_2$이다. 여기서 점 Q는$(a+hu_1, b+hu_2)$으로 표시된다(그림 5.17). 직선을 따라서 점 P에서 Q까지 $z = f(x,y)$의 평균변화율은

$$\frac{\Delta z}{h} = \frac{f(a+hu_1, b+hu_2) - f(a,b)}{h}$$

으로 쓸 수 있다.

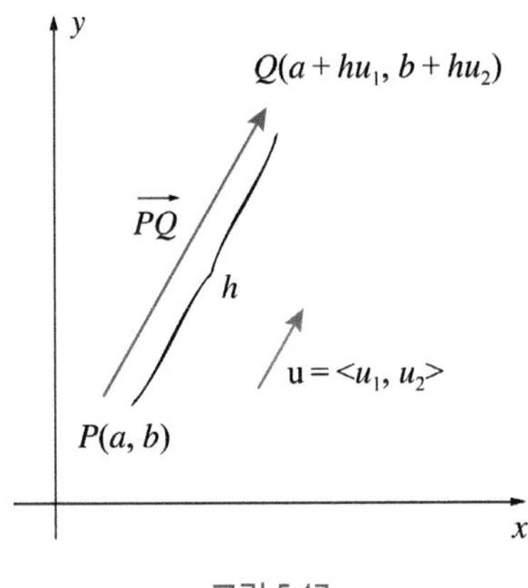

그림 5.17

점 P에서 단위벡터 u의 방향으로 $f(x,y)$의 순간변화율은 $h \to 0$일 때 극한을 취하여 구한다. 이렇게 구한 극한을 방향도함수라고 한다.

점 $a,\ b$에서 단위 벡터 u$=(u_1,\ u_2)$의 방향으로 $f(x,y)$의 방향 도함수는 극한이 존재할 때 이 경우에 두 변수 모두 변한다는 것을 제외한다면, 이 극한은 편미분의 정의와 비슷하다. 또 양의 x축의 방향(즉, 단위벡터 u $=(1,\ 0)$의 방향)으로 방향도함수는

$$D_{\mathrm{u}}f(a,b) = \lim_{h \to 0} \frac{f(a+h,b) - f(a,b)}{h}$$

이고 이것은 편미분 $\dfrac{\partial f}{\partial x}$ 이다. 마찬가지로, 양의 y축의 방향(즉, 단위벡터 u $=(0,1)$)으로 방향도함수는 $\dfrac{\partial f}{\partial y}$ 이다. 실제로, 임의의 방향도함수는 일계편도함수로 간단히 계산할 수 있다.

■ 정리 5.3

f가 점 $(a,\ b)$에서 미분 가능하고 u$=(u_1,\ u_2)$가 단위 벡터라고 가정하자. 그러면

$$D_{\mathrm{u}}f(a,b) = f_x(a,b)u_1 + f_y(a,b)u_2$$

이다(증명생략).

예제 5.25

$\mathrm{u}=\left(\frac{1}{\sqrt{2}}\right)\mathrm{i}+\left(\frac{1}{\sqrt{2}}\right)\mathrm{j}$ 방향에 대한 $P_0(1,2)$에서 $f(x,y)=x^2+xy$의 방향도함수의 정의를 이용하여 구하여라.

풀이

$D_{\mathrm{u}}f(x_0,y_0)=\lim_{x\to0}\frac{f(x_0+hu_1,y_0+hu_2)-f(x_0,y_0)}{h}$ 이므로

$$D_{\mathrm{u}}f(1,2)=\lim_{x\to0}\frac{f\left(1+h\cdot\frac{1}{\sqrt{2}},2+h\cdot\frac{1}{\sqrt{2}}\right)-f(1,2)}{h}$$

$$=\lim_{x\to0}\frac{\left(1+\frac{h}{\sqrt{2}}\right)^2+\left(1+\frac{h}{\sqrt{2}}\right)\left(2+\frac{h}{\sqrt{2}}\right)-(1^2+1\cdot2)}{h}$$

$$=\lim_{x\to0}\frac{\left(1+\frac{2h}{\sqrt{2}}+\frac{h^2}{2}\right)+\left(2+\frac{3h}{\sqrt{2}}+\frac{h^2}{2}\right)-3}{h}$$

$$=\lim_{x\to0}\frac{\frac{5h}{\sqrt{2}}+h^2}{h}=\lim_{x\to0}\left(\frac{5}{\sqrt{2}}+h\right)=\left(\frac{5}{\sqrt{2}}+0\right)=\frac{5}{\sqrt{2}}$$

$\mathrm{u}=\left(\frac{1}{\sqrt{2}}\right)\mathrm{i}+\left(\frac{1}{\sqrt{2}}\right)\mathrm{j}$ 방향에 대한 $P_0(1,2)$ 에서의 $f(x,y)=x^2+xy$의 변화율은 $\frac{5}{\sqrt{2}}$ 이다.

예제 5.26

$\mathrm{v}=\mathrm{i}+\mathrm{j}$ 방향에 대한 $P_0(1,0)$에서 $f(x,y)=x^2+y^2$의 방향도함수를 구하여라.

풀이

v 의 방향의 단위벡터는

$\mathrm{u}=\frac{1}{\sqrt{2}}\mathrm{i}+\frac{1}{\sqrt{2}}\mathrm{j}$ 이다.

$$D_{\mathrm{u}}f(1,0)=\lim_{h\to0}\frac{f\left(1+\frac{h}{\sqrt{2}},\frac{h}{\sqrt{2}}\right)-f(1,0)}{h}=\lim_{h\to0}\frac{\left(1+\frac{h}{\sqrt{2}}\right)^2+\left(\frac{h}{\sqrt{2}}\right)^2-1}{h}$$

$$= \lim_{h \to 0} \frac{\sqrt{2}\,h + h^2}{h} = \lim_{h \to 0}(\sqrt{2} + h) = \sqrt{2}$$

이다.

예제 5.27

$f(x,y) = x^3 - 3xy + 4y^2$이고 단위벡터 $\mathrm{u} = \frac{\sqrt{3}}{2}\mathrm{i} + \frac{1}{2}\mathrm{j}$로 주어질 때 $D_{\mathrm{u}}f(1,2)$의 값은 얼마인가?

풀이

$$D_{\mathrm{u}}f(x,y) = f_x(x,y)\frac{\sqrt{3}}{2} + f_y(x,y)\frac{1}{2}$$
$$= (3x^2 - 3y)\frac{\sqrt{3}}{2} + (-3x + 8y)\frac{1}{2} = \frac{1}{2}[3\sqrt{3}\,x^2 - 3x + (8 - 3\sqrt{3})y$$

그러므로

$$D_{\mathrm{u}}f(1,2) = \frac{1}{2}[3\sqrt{3}(1)^2 - 3(1) + (8 - 3\sqrt{3}(2)] = \frac{13 - 3\sqrt{3}}{2}$$

5.5.2 기울기벡터

방향도함수는 두 벡터의 내적으로 쓸 수 있다.

$$D_{\mathrm{u}}f(x,y) = f_x(x,y)u_1 + f_y(x,y)u_2$$
$$= (f_x(x,y), f_y(x,y)) \cdot (u_1, u_2)$$
$$= (f_x(x,y), f_y(x,y)) \cdot \mathrm{u}$$

이 내적에서 첫 번째 벡터는 방향도함수를 계산할 때 뿐만 아니라, 다른 많은 상황에서도 나타난다. 그래서 f의 기울기벡터라는 특별한 이름을 붙이고, grad f 또는 ∇f(델 f라고 읽는다)로 표기한다.

f가 두 변수 x와 y의 함수이면 f의 기울기벡터(gradient)는 아래와 같이 정의된 벡터 함수 ∇f이다.

$$\nabla f(x,y) = (f_x(x,y), f_y(x,y)) = \frac{\partial f}{\partial x}\mathrm{i} + \frac{\partial f}{\partial y}\mathrm{j}$$

예제 5.28

$f(x,y) = \sin x + e^{xy}$이면 $\nabla f(x,y)$을 구하여라.

풀이

$\nabla f(x,y) = (f_x, f_y) = (\cos x + ye^{xy}, xe^{xy})$

$\nabla f(0,1) = (2,0)$

이다.

기울기벡터에 대한 표기법을 사용하여 방향도함수를 다음과 같이 다시 쓸 수 있다.

$$\boxed{D_{\mathrm{u}} f(x,y) = \nabla f(x,y) \cdot \mathrm{u}}$$

이것은 u 위에 기울기벡터를 정사영하여 얻어진 벡터의 크기로서, u 방향에 대한 함수 f의 방향도함수를 나타낸다.

예제 5.29

점 (2,0)에서 $\mathrm{v} = 3\mathrm{i} - 4\mathrm{j}$ 방향에 대한 $f(x,y) = xe^y + \cos(xy)$의 도함수를 구하여라.

풀이

v의 방향은 v를 그 길이로 나누어서 얻어진 단위벡터이다.

$$\mathrm{u} = \frac{\mathrm{v}}{|\mathrm{v}|} = \frac{\mathrm{v}}{5} = \frac{3}{5}\mathrm{i} - \frac{4}{5}\mathrm{j}$$

f의 편도함수는 연속이고 (2,0)에서 다음과 같다.

$$f_x(2,0) = (e^y - y\sin(xy))_{(2,0)} = e^0 - 0 = 1$$
$$f_y(2,0) = (xe^y - x\sin(xy))_{(2,0)} = 2e^0 - 2 \cdot 0 = 2$$

(2,0)에서 f의 기울기는 다음과 같다.

$$\nabla f(2,0) = f_x(2,0)\,\mathrm{i} + f_y(2,0)\,\mathrm{j} = \mathrm{i} + 2\,\mathrm{j}$$

(2,0)에 v 방향에 대한 f의 도함수는 다음과 같다.

$$D_{\mathrm{u}} f(2,0) = \triangle f(2,0) \cdot \mathrm{u}$$
$$= (\mathrm{i} + 2\mathrm{j}) \cdot \left(\frac{3}{5}\mathrm{i} - \frac{4}{5}\mathrm{j}\right) = \frac{3}{5} - \frac{8}{5} = -1$$

예제 5.30

벡터 $\mathrm{v} = 2\mathrm{i} + 5\mathrm{j}$의 방향에 대한 점 (2,−1)에서의 함수 $f(x,y) = x^2y^3 - 4y$의 방향도함수를 구하여라.

풀이

먼저 (2,-1)에서 기울기벡터를 계산한다.

$$\nabla f(x,y) = 2xy^3\,\mathrm{i} + (3x^2y^2 - 4)\,\mathrm{j}$$

$\nabla f(2,-1) = -4\,\mathrm{i} + 8\,\mathrm{j}$,v는 단위벡터가 아님을 주목하여라. 그러나 $|\mathrm{v}| = \sqrt{29}$ 이므로, v 방향으로의 단위벡터는 $\mathrm{u} = \frac{\mathrm{v}}{|\mathrm{v}|} = \frac{2}{\sqrt{29}}\mathrm{i} + \frac{5}{\sqrt{29}}\mathrm{j}$ 이다. 그러므로

$$D_{\mathrm{u}} f(2,-1) = \nabla f(2,-1) \cdot \mathrm{u} = (-4\mathrm{i} + 8\mathrm{j}) \cdot \left(\frac{2}{\sqrt{29}}\mathrm{i} + \frac{5}{\sqrt{29}}\mathrm{j}\right)$$
$$= \frac{-4 \cdot 2 + 8 \cdot 5}{\sqrt{29}} = \frac{32}{\sqrt{29}}$$

5.5.3 3변수 함수의 방향도함수

비슷한 방법으로 3변수함수에 대해서도 방향도함수를 정의할 수 있다. 즉, $D_{\mathrm{u}}f(x,y,z)$는 단위벡터 u 방향에 대한 함수 f의 변화율로 해석될 수 있다.

단위 벡터 $\mathrm{u} = (u_1, u_2, u_3)$방향으로 (x_0, y_0, z_0)에서의 f의 방향 도함수는

$$D_{\mathrm{u}}f(x_0, y_0, z_0) = \lim_{h\to 0}\frac{f(x_0 + hu_1,\ y_0 + hu_2,\ z_0 + hu_3) - f(x_0, y_0, z_0)}{h}$$

로 정의된다.

벡터 표기법을 이용하면 다음과 같이 간단히 쓸 수 있다.

$$D_{\mathrm{u}}f(\mathrm{x}_0) = \lim_{h\to 0}\frac{f(\mathrm{x}_0 + h\mathrm{u}) - f(\mathrm{x}_0)}{h}$$

여기에서 n=2이면 $\mathrm{x}_0=(x_0,y_0)$, n=3이면 $\mathrm{x}_0 = (x_0,y_0,z_0)$이다. 위 정의는 타당하다. 왜냐하면 벡터 u 방향으로 x_0를 통과하는 직선의 벡터방정식은 $\mathrm{x} = \mathrm{x}_0 + t\,\mathrm{u}$ 로 주어지고 따라서 $f(\mathrm{x}_0 + h\mathrm{u})$는 이 직선 위의 한 점에서 f의 값을 나타내기 때문이다.

만약 $f(x,y,z)$가 미분가능하고 $\mathrm{u}= (u_1, u_2, u_3)$이면, 다음 사실을 증명할 수 있다.

$$D_{\mathrm{u}}f(x,y,z) = f_x(x,y,z)u_1 + f_y(x,y,z)u_2 + f_z(x,y,z)u_3$$

3변수 함수에 대한 기울기벡터는 grad f 또는 ∇f 로 표기하며,

$$\nabla f(x,y,z) = (f_x(x,y,z), f_y(x,y,z), f_z(x,y,z))$$

로 정의되고, 간단히 표기하면 다음과 같다.

$$\nabla f = (f_x, f_y, f_z) = \frac{\partial f}{\partial x}\mathrm{i} + \frac{\partial f}{\partial y}\mathrm{j} + \frac{\partial f}{\partial z}\mathrm{k}$$

그러면 2변수함수처럼 방향도함수에 대한 식은 다음과 같이 쓸 수 있다.

$$D_{\mathrm{u}} f(x, y, z) = \nabla f(x, y, z) \cdot \mathrm{u}$$

예제 5.31

$f(x,y,z) = x\sin yz$ **일 때,**

(1) f 의 기울기벡터를 구하여라.

(2) $\mathrm{v} = \mathrm{i} + 2\mathrm{j} - \mathrm{k}$ 방향으로 (1,3,0)에서의 f 의 방향도함수를 구하여라.

풀이

(1) f의 기울기벡터는 다음과 같이 계산된다.

$$\begin{aligned}\nabla f(x,y,z) &= (f_x(x,y,z), f_y(x,y,z), f_z(x,y,z)) \\ &= (\sin yz,\ xz\cos yz,\ xy\cos yz)\end{aligned}$$

(2) (1,3,0)에서 $\nabla f(1,3,0) = (0,0,3)$이다. $\mathrm{v} = \mathrm{i} + 2\mathrm{j} - \mathrm{k}$ 방향의 단위벡터는

$\mathrm{u} = \frac{1}{\sqrt{6}}\mathrm{i} + \frac{2}{\sqrt{6}}\mathrm{j} - \frac{1}{\sqrt{6}}\mathrm{k}$ 이므로 다음을 얻는다.

$$\begin{aligned}D_{\mathrm{u}} f(1,3,0) &= \nabla f(1,3,0) \cdot \mathrm{u} \\ &= 3\mathrm{k} \cdot \left(\frac{1}{\sqrt{6}}\mathrm{i} + \frac{2}{\sqrt{6}}\mathrm{j} - \frac{1}{\sqrt{6}}\mathrm{k}\right) \\ &= 3\left(-\frac{1}{\sqrt{6}}\right) = -\sqrt{\frac{3}{2}}\end{aligned}$$

예제 5.32

$f(x,y,z) = x^3 - xy^2 - z$ **일때**

(1) f 의 기울기벡터를 구하여라.

(2) $\mathrm{v} = 2\mathrm{i} - 3\mathrm{j} + 6\mathrm{k}$ 방향으로 (1,1,0)에서의 f 의 방향도함수를 구하여라.

풀이

(1) f의 기울기벡터는 다음과 같이 계산된다.

$$\begin{aligned}\nabla f(x,y,z) &= (f_x(x,y,z), f_y(x,y,z), f_z(x,y,z)) \\ &= (3x^2 - y^2,\ -2xy,\ -1)\end{aligned}$$

(2) (1,1,0)에서 $\nabla f(1,1,0) = (2,-2,-1)$이다.

$\mathrm{v} = 2\mathrm{i} - 3\mathrm{j} + 6\mathrm{k}$ 방향의 단위벡터는

$\mathrm{u} = \frac{2}{7}\,\mathrm{i} - \frac{3}{7}\,\mathrm{j} + \frac{6}{7}\,\mathrm{k}$ 이므로

$$\begin{aligned}D_{\mathrm{u}} f(1,1,0) &= \nabla f(1,1,0) \cdot \mathrm{u} \\ &= (2\,\mathrm{i} - 2\,\mathrm{j} - \mathrm{k}) \cdot \left(\frac{2}{7}\,\mathrm{i} - \frac{3}{7}\,\mathrm{j} + \frac{6}{7}\,\mathrm{k}\right) \\ &= \frac{4}{7} + \frac{6}{7} - \frac{6}{7} = \frac{4}{7}\end{aligned}$$

5.5.4 방향도함수의 최대화

2변수 또는 3변수함수 f가 주어졌다고 가정하고, 주어진 점에서 가능한 모든 방향에 대한 f의 방향도함수를 생각해 보자. 이것은 모든 가능한 방향에서의 f의 변화율을 제공하여 준다. 그러면 다음과 같은 문제를 생각해 보자. 어느 방향에서 f의 함숫값 변화가 가장 빠른가? 변화율의 최댓값은 얼마인가? 이것의 답은 다음의 정리로 주어진다.

■ 정리 5.4

f가 2변수 또는 3변수의 미분 가능한 함수라고 가정하자. 방향 도함수 $D_{\mathrm{u}} f(\mathrm{x})$의 최대값은 $|\nabla f(\mathrm{x})|$이고, 이것은 벡터 u의 방향이 기울기벡터 $\nabla f(\mathrm{x})$와 일치할 때 생긴다.

증명

$$D_{\mathrm{u}} f = \nabla f \cdot \mathrm{u} = |\nabla f|\,|\mathrm{u}| \cos\theta = |\nabla f| \cos\theta$$

이때 θ는 ∇f와 u 사이의 각이다. $\cos\theta$의 최댓값은 1이고, $\theta=0$일 때 나타난다. 그러므로 $D_{\mathrm{u}} f$의 최댓값은 $|\nabla f|$이고, $\theta = 0$에서 나타난다. 즉, ∇f와 u의 방향이 일치할 때이다.

예제 5.33

(1) $f(x,y)=xe^y$일 때, $P(2,0)$에서 $Q\left(\frac{1}{2},2\right)$ 방향으로 점 $P(2,0)$에서의 f의 변화율을 구하여라.

(2) 어느 방향에서 f는 최대 변화율을 갖는가? 그 변화율의 최대값은 얼마인가?

풀이

(1) 우선 기울기벡터를 계산하면

$$\nabla f(x,y)=(f_x,f_y)=(e^y,xe^y)$$
$$\nabla f(2,0)=(1,2)$$

$\overrightarrow{PQ}=(-1.5,\ 2)$의 방향으로 단위벡터는 $\mathrm{u}=\left(-\frac{3}{5},\frac{4}{5}\right)$이고, P부터 Q방향으로 f의 변화율은

$$D_{\mathrm{u}}f(2,0)=\nabla f(2,0)\cdot\mathrm{u}=(1,2)\cdot\left(-\frac{3}{5},\frac{4}{5}\right)=1\left(-\frac{3}{5}\right)+2\left(\frac{4}{5}\right)=1$$

(2) 기울기벡터 $\nabla f(2,0)=(1,2)$의 방향에서 f가 가장 빨리 증가한다.
최대변화율은 $|\nabla f(2,0)|=|(1,2)|=\sqrt{5}$이다.

예제 5.34

공간 위의 점 (x,y,z)에서의 온도가 함수

$$T(x,y,z)=\frac{80}{1+x^2+2y^2+3z^2}$$

으로 주어졌다고 하자. 단, T의 단위는 ° C이고, x,y,z의 단위는 미터이다. 점(1,1,−2)에서 온도가 가장 빨리 증가하는 방향은 어디인가? 그리고 증가율의 최댓값은 얼마인가?

풀이

T의 기울기벡터는

$$\nabla T=\frac{\partial T}{\partial x}\mathrm{i}+\frac{\partial T}{\partial y}\mathrm{j}+\frac{\partial T}{\partial z}k$$
$$=-\frac{160x}{(1+x^2+2y^2+3z^2)^2}\mathrm{i}-\frac{320y}{(1+x^2+2y^2+3z^2)^2}\mathrm{j}-\frac{480z}{(1+x^2+2y^2+3z^2)^2}\mathrm{k}$$

$$= \frac{160}{(1+x^2+2y^2+3z^2)^2}(-x\,\mathrm{i} - 2y\,\mathrm{j} - 3z\,\mathrm{k})$$

점 (1,1,-2)에서 기울기벡터는

$$\nabla T(1,1,-2) = \frac{160}{256}(-\mathrm{i} - 2\mathrm{j} + 6\mathrm{k}) = \frac{5}{8}(-\mathrm{i} - 2\mathrm{j} + 6\mathrm{k})$$

온도는 기울기벡터 $\nabla T(1,1,-2) = \frac{5}{8}(-\mathrm{i} - 2\mathrm{j} + 6\mathrm{k})$, 즉 $-\mathrm{i}-2\mathrm{j}+6\mathrm{k}$방향, 즉 단위벡터 $\frac{-\mathrm{i} - 2\mathrm{j} + 6\mathrm{k}}{\sqrt{41}}$ 방향으로 가장 빨리 증가한다. 증가율의 최댓값은 기울기벡터의 길이이다.

$$|\nabla T(1,1,-2)| = \left|\frac{5}{8}\right| |\mathrm{i} - 2\mathrm{j} + 6\mathrm{k}| = \frac{5}{8}\sqrt{41}$$

그러므로 온도의 최대`증가율은 $\frac{5}{8}\sqrt{41} \approx 4°C/m$이다.

5.5.5 등위곡면에 대한 점평면과 법선

곡면 S가 방정식 $f(x,y,z)=k$에 의하여 주어졌다고 하자. S는 3변수 함수에 대한 등위곡면이다. $P(x_0, y_0, z_0)$이 S의 점이고 P를 지나는 S의 곡선 C의 벡터값 함수를

$$r(t) = x(t)\mathrm{i} + y(t)\mathrm{j} + z(t)\mathrm{k}$$

로 하면 모든 t에 대하여

$$f(x(t), y(t), z(t)) = k$$

이다.

f가 미분가능이고 $x'(t)$, $y'(t)$, $z'(t)$가 모두 존재하면 연쇄법칙에 따라 다음을 얻는다.

$$0 = f_x(x, y, z)x'(t) + f_y(x, y, z)y'(t) + f_z(x, y, z)z'(t)$$

그러나 $\nabla f = < f_x, f_y, f_z >$이고 $r'(t) = < x'(t), y'(t), z'(t) >$이므로 다음과 같이 내적을 이용하여 쓸 수 있다.

$\nabla f \cdot r'(t) = 0$

점 $(x_0,\ y_0,\ z_0)$에서 동치인 벡터 형태는 다음과 같다.

$0 = \nabla f(x_0,\ y_0,\ z_0) \cdot r'(t_0)$

이 결과는 점 P에서 기울기벡터와 P를 통과하는 S의 모든 곡선의 접선벡터가 수직임을 의미한다. 그래서 S의 모든 접선 벡터는 한 평면에 놓인다 그림 5.18같이 이 평면은 $\nabla f(x_0,\ y_0,\ z_0)$에 수직이고 점 P를 포함한다.

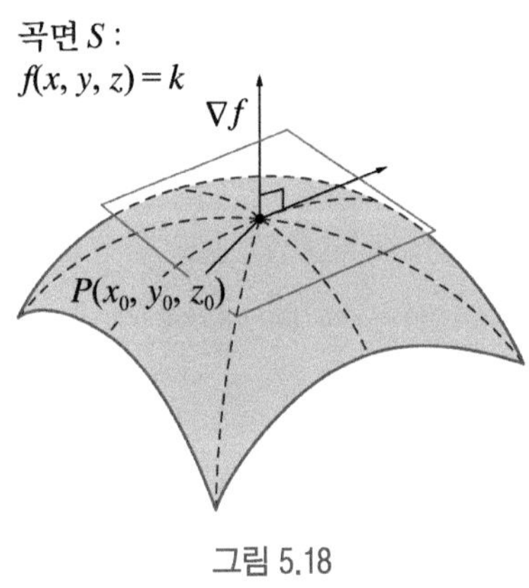

그림 5.18

접평면과 법선의 정의

f가 $f(x_0,\ y_0,\ z_0) \neq 0$을 만족하는 $f(x,\ y,\ z)$으로 주어진 곡면 S의 한 점 $P(x_0,\ y_0,\ z_0)$에서 미분가능이라고 하면

$\nabla f(x_0,\ y_0,\ z_0)$에 수직이고 점 P를 지나는 평면은 점 P에서 S의 접평면이다.

$\nabla f(x_0,\ y_0,\ z_0)$의 방향이고 점 P를 지나는 직선의 점 P에서 S의 법선이다.

임의의 상수 k에 대하여, 방정식 $f(x,y,z) = k$은 함수 $f(x,y,z)$의 등위곡면을 정의한다. 등위곡면 위의 점 (a,b,c)에서 등위곡면 $f(x,y,z) = k$의 접평면 위에 놓여 있는 임의의 한 단위벡터를 u라 하자. 그러면 점 (a,b,c)에서 u 방향으로 f의 변화율[방향도함수

$D_u f(a,b,c)$으로 주어진다는 0이다. 왜냐하면 f는 한 등위곡면 위에서 일정한 상수이기 때문이다.

$$0 = D_u f(a,b,c) = \nabla f(a,b,c) \cdot \mathrm{u}$$

이다. 이것은 벡터 $\nabla f(a,b,c)$와 u가 직교할 때만 일어난다. u는 접평면 위에 놓여 있는 임의 벡터로 택하였으므로 $\nabla f(a,b,c)$은 점 (a,b,c)에서 접평면 위에 놓여 있는 각 벡터와 직교한다. 이것은 $\nabla f(a,b,c)$이 점 (a,b,c)에서 곡면 $f(x,y,z) = k$의 접평면의 법선 벡터임을 말한다. 따라서 다음 정리가 성립한다.

■ 정리 5.5

함수 $f(x, y, z)$가 점(a, b, c)에서 연속인 편도 함수를 갖는다고 하자.

∇f는 곡면 $f(x, y, z) = k$위의 점 (a,b,c)에서 접평면의 법선 벡터이다. 또 접평면의 방정식은

$$\frac{x-a}{f_x(a, b, c)} = \frac{y-b}{f_y(a, b, c)} = \frac{z-c}{f_z(a, b, c)}$$

즉, $f_x(a, b, c)(x-a) + f_y(a, b, c)(y-b) + f_z(a, b, c)(z-c) = 0$

이다. 점 (a, b, c)를 지나고 방향이 $\nabla f(a,b,c)$인 직선을 점 (a,b,c)에서 곡면의 법선이라 부른다. 이 법선의 방정식은 다음과 같다.

$$x = a + f_x(a,b,c)t,\ y = b + f_y(a,b,c)t,\ z = c + f_z(a,b,c)t$$

다음 예제에서, 한 점에서 기울기벡터를 이용하여 그점에서 곡면의 접평면의 방정식을 구하는 방법을 제시한다.

예제 5.35

점 (1,2,3)에서 $x^3y - y^2 + z^2 = 7$의 접평면과 법선의 방정식을 구하여라.

풀이

곡면을 함수 $f(x,y,z) = x^3y - y^2 + z^2$의 등위곡면으로 해석하면`점(1,2,3)에서 접평면의 법선벡터는 $\nabla f(1,2,3)$이다. 따라서 $\nabla f = (3x^2y, x^3 - 2y, 2z)$이고 $\nabla f(1,2,3) = (6,-3,6)$이다. 법선벡터 $(6,-3,6)$와 점$(1,2,3)$이 주어지면 접평면의 방정식은 $6(x-1) - 3(y-2) + 6(z-3) = 0$이고, 법선의 방정식은 $\dfrac{x-1}{6} = \dfrac{y-2}{-3} = \dfrac{z-3}{6}$에서 $x = 1+6t,\ y = 2-3t,\ z = 3+6t$이다.

예제 5.36

다음의 타원면 위의 점 (-2,1,-3)에서의 접평면과 법선의 방정식을 구하여라.

$$\frac{x^2}{4} + y^2 + \frac{z^2}{9} = 3$$

풀이

이 타원면은 $k=3$으로 하는 함수 $f(x,y,z) = \dfrac{x^2}{4} + y^2 + \dfrac{z^2}{9}$의 등위곡면이다. 법선벡터를 구하기 위하여 다음을 계산하자.

$$f_x(x,y,z) = \frac{x}{2}, \qquad f_y(x,y,z) = 2y, \qquad f_z(x,y,z) = \frac{2z}{9}$$

$$f_x(-2,1,-3) = -1, \quad f_y(-2,1,-3) = 2, \qquad f_z(-2,1,-3) = -\frac{2}{3}$$

점 (-2,1,-3)에서의 접평면에 대한 식을 구하면 다음과 같다.

$$-1(x+2) + 2(y-1) - \frac{2}{3}(z+3) = 0$$

위 식을 간단히 하면 접평면의 방정식 $3x - 6y + 2z + 18 = 0$을 얻는다. 법선의 방정식은

$\dfrac{x+2}{-1} = \dfrac{y-1}{2} = \dfrac{z+3}{\frac{-2}{3}}$에서 $x = -2-t,\ y = 1+2t,\ z = -3 - \dfrac{2}{3}t$이다.

연습문제 5.5

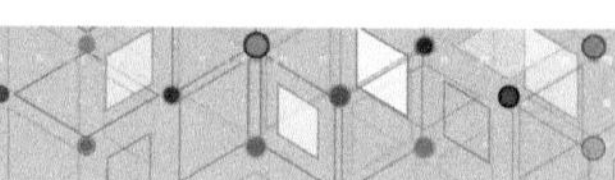

1. 다음 함수의 기울기벡터를 구하여라.

(1) $f(x,y) = x^2 + 4xy^2 - y^5$

(2) $f(x, y) = xe^{xy^2} + \cos y^2$

2. 주어진 점에서 다음 함수의 기울기벡터를 구하여라.

(1) $f(x,y) = 2e^{4x/y} - 2x$, $(2,-1)$

(2) $f(x, y, z) = 3x^2y - z\cos x$, $(0, 2, -1)$

(3) $f(x,y,z) = x^2 + y^2 - 2z^2 + z\ln x$, $(1,1,1)$

(4) $f(x, y, z) = (x^2 + y^2 + z^2)^{-1/2} + \ln(xyz)$, $(-1, 2, -2)$

(5) $f(x,y,z) = e^{x+y}\cos z + (y+1)\sin^{-1}x$, $(0,0,\pi/6)$

3. 다음 함수의 주어진 점에서 주어진 방향으로의 방향도함수를 구하여라.

(1) $f(x,y) = x^2y + 4y^2$, $(2,1)$, $\mathrm{u} = \left(\frac{1}{2}, \frac{\sqrt{3}}{2}\right)$

(2) $f(x,y) = e^{4x^2 - y}$, $(1, 4)$, $\mathrm{u} = (-2, -1)$

(3) $f(x,y) = \cos(2x - y)$, $(\pi,0)$, u는 $(\pi,0)$에서 $(2\pi,\pi)$까지의 방향

(4) $f(x,y) = 1 + 2x\sqrt{y}$, $(1,4)$, $\mathrm{u} = (4, -3)$

(5) $f(x,y,z) = xe^y + ye^z + ze^x$, $(0,0,0)$, $\mathrm{u} = (5,1,-2)$

(6) $f(x, y, z) = (x + 2y + 3z)^{\frac{3}{2}}$, $(1, 1, 2)$, $\mathrm{u} = (0, 2, -1)$

연습문제 5.5

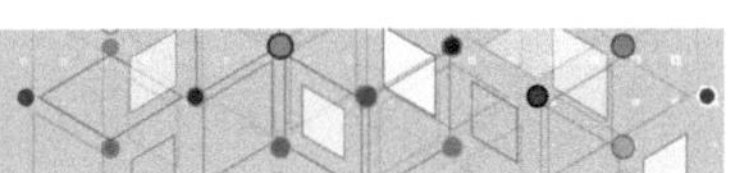

4. 주어진 점에서 f의 값의 최대변화가 일어나는 방향벡터와 f의 최대 변화율을 구하여라.

(1) $f(x,y)=x^2-y^3$, $(2,1)$

(2) $f(x,y)=y^2e^{4x}$, $(0,-2)$

(3) $f(x,y)=x\cos 3y$, $(2,0)$

(4) $f(x,y,z)=4x^2yz^3$, $(1,2,1)$

5. 주어진 점에서 곡면의 접평면의 방정식과 법선의 방정식을 구하여라.

(1) $z=x^2+y^3-z$, $(1,-1,0)$

(2) $x^2+y^2+z^2=6$, $(-1,2,1)$

(3) $2(x-2)^2+(y-1)^2+(z-3)^2=10$, $(3,3,5)$

(4) $x^2-2y^2+z^2+yz=2$, $(2,1,-1)$

(5) $z+1=xe^y\cos z$, $(1,0,0)$

5.6 최대값과 최소값

여기서는 1변수함수의 극값들의 이론과 같은 주제를 다변수함수에 대하여 알아보자. 그 방법은 1변수와 다를 것이 없다.

■ 정리 5.6

f는 다변수 함수이고, (a,b)는 f의 영역의 내점이라고 하면, f가 (a,b)에서 극대라는 것은 (a,b)의 적당한 근방안의 모든 (x,y)에 대하여

$$f(a,b) \geq f(x,y)$$

f가 (a,b)에서 극소라는 것은 (a,b)의 적당한 근방 안의 모든 (x,y)에 대하여

$$f(a,b) \leq f(x,y)$$

라는 뜻이다.

1변수함수의 경우와 같이, 극대값과 극소값을 통틀어 극값(extreme value) 이라고 부른다. 1변수함수의 경우에는, f가 x_0에서 극값을 가지면,

$f'(x_0) = 0$이거나 "$f'(x_0)$가 존재하지 않는다"

는 사실을 알고 있다. 다변수의 경우에도 마찬가지이다.

■ 정리 5.7

함수f가 (a,b)에서 극값을 가지면, $f_x(a,b) = 0$, $f_y(a,b) = 0$ 이거나 $f_x(a,b) = 0$, $f_y(a,b) = 0$ 가 존재하지 않는다.(증명생략)

함수의 영역의 내점으로 $f_x(a,b)=0$, $f_y(a,b)=0$ 또는 이러한 편도함수가 존재하지 않는 점(a,b)을 f의 임계점(critical point)이라고 한다.

예제 5.38

함수 $f(x,y)=x^2+y^2-2x-6y+12$ 에서 극값을 구하여라.

풀이

$f_x(x,y)=2x-2=0$, $f_y(x,y)=2y-6=0$ 임계점은 (1,3)이다.
또한 $f(x,y)=(x-1)^2+(y-3)^2+2$ 이므로 $f(x,y)\geq 2$ 그러므로 $f(1,3)=4$ 이 극소값이며 최소값이다. f의 그래프는 그림 5.19에 보여지는 바와 같이 극소점(1,3,2)로 하는 회전포물면이다.

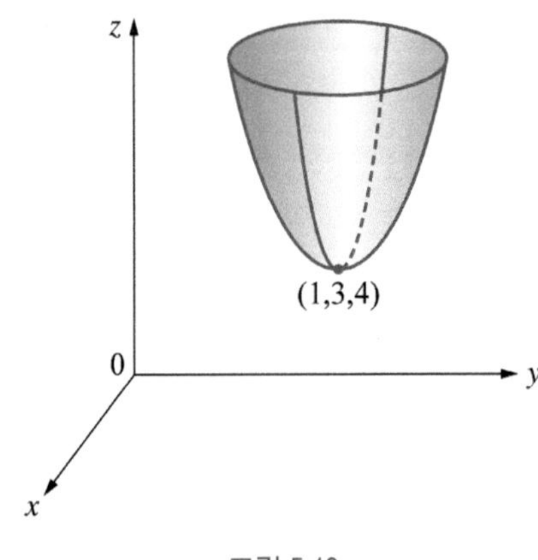

그림 5.19

예제 5.39

$f(x,y)=y^2-x^2$ 의 극값을 구하여라.

풀이

$f_x=-2x$, $f_y=2y$이므로 임계점은 (0,0)이다. x축 위의 모든점은 $y=0$로 표현된다. 따라서 $f(x,0)=-x^2<0$ 이다. 한편 y축 위의 모든 점은 $x=0$로 표현된다. 따라서 $f(0,y)=y^2>0$이다. 따라서 (0,0)를 갖는 내점에 대해서, 함수 f가 양의 값이기도 하고, 음의 값이기도 한다. 따라서 $f(0,0)=0$는 f에 대한 극값이 될 수 없고, 그러므로 f는 극값을 가지지 않는다.

예제 5.39는 임계점에서 함수가 반드시 최대 또는 최소값을 갖지 않아도 된다는 사실을 설명한다 그림 5.20은 어떻게 이것이 가능한지 보여준다. f의 그래프는 쌍곡포물면 $z=x^2-y^2$ 이고, 이것은 원점에서 수평의 접평면을 가진다. $f(0,0)=0$. x축 방향 에서는 최대이나, y축 방향에서는 최소라는 것을 볼 수 있다. 원점 근방에서 그래프는 말안장 모양을 하며, 따라서 (0,0)은 f의 말안장 점(saddle point)이라고 한다.

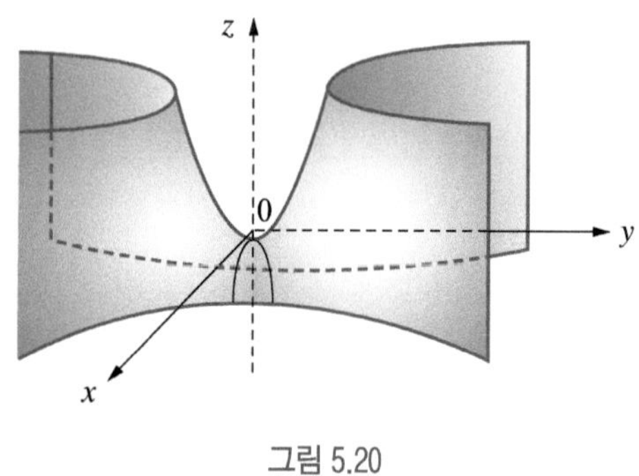

그림 5.20

다음은 미분 가능한 함수들의 극값을 구해본다. 이 때는 매번 극점으로부터 찾는다.

예제 5.40

함수 $f(x,y)=2x^2+y^2-xy-7y$에 대하여 극값을 구하여라.

풀이

$f_x=4x-y,\ \ f_y=2y-x-7$

이라는 방정식을 얻는다. 이 연립방정식의 해는 $x=1,\ y=4$이므로 (1,4)만이 극점이다. 이 극점이 극대, 극소점으로 되는지를 알아보기 위해 (1,4)에서의 f의 값을 이 부근의 점들$(1+h,\ 4+k)$에서의 값과 비교하여 보면,

$f(1,4)=2+16-4-28=-14$

$$\begin{aligned} f(1+h,\ 4+k) &= 2(1+h)^2+(4+k)^2-(1+h)(4+k)-7(4+k) \\ &= 2h^2+k^2-hk-14 \end{aligned}$$

따라서 이 두 값의 차이는

$$f(1+h,4+k)-f(1,4)=2h^2+k^2-hk$$
$$=(k-\frac{1}{2}h)^2+\frac{7}{4}h^2$$

으로 되어, 모든 작은 h,k에 대하여 음이 아니므로, f는 (1,4)에서 극소값 -14를 가진다.

예제 5.41

함수 $f(x,y)=y^2-xy+2x+y+1$의 경우 극값을 찾아라.

풀이

$f_x=-y+2,\ f_y=2y-x+1$

이므로

$2-y=0, \qquad 2y-x+1=0$

이 연립방정식의 해는 $x=5,\ y=2$이다. 따라서 점 (5,2)만이 극점이다. 위에서와 마찬가지로 부근의 함수값과 비교하면

$$f(5,2)=4-10+10+2+1=7$$
$$f(5+h,2+k)=(2+k)^2-(5+h)(2+k)+2(5+h)+(2+k)+1$$
$$=k^2-hk+7$$

이고, 따라서 이 둘의 차는

$$f(5+h,2+k)-f(5,2)=k^2-hk=k(k-h)$$

로 되어 이는 h,k의 값에 따라 ((0,0)의 어떤 근방에서도) 부호가 변한다. 즉 (5,2)는 안장점이다.

■ 2계 도함수 판정법

1변수함수 g가 x_0에서 $g'(x_0)\neq 0$이라고 하면, 2계도함수 판정법에 의하여,

$g''(x_0)>0$ 이면 g는 x_0에서 극소가 되고

$g''(x_0)<0$이면 g는 x_0에서 극대가 된다.

2변수함수에 대하여도 이와 같은 판정법이 있다. 예상하지 어렵지 않듯이, 이 판정법은 서술하기도 비교적 복잡하고, 증명도 훨씬 어렵다. 따라서 여기서는 증명을 생략하기로 한다.

■ 정리 5.8

함수 f는 점(a, b)의 어떤 근방에서도 2계도함수까지 연속이고, $f_x(a,b)=0$, $f_y(a,b)=0$이라고 하자.

$$A = f_{xx}(a,b)\ ,\ B = f_{xy}(a,b)\ ,\ C = f_{yy}(a,b)$$

라 놓고 판별식 D를 다음과 같이 정의하자.

$$D = B^2 - AC$$

1. $D>0$ 이면, (a,b)는 안장점이다.
2. $D<0$이면, $A>0$ 일때는, (a,b)에서 극소이고
   $A<0$ 일때는, (a,b)에서 극대이다.

예제 5.42

$f(x,y) = 2x^2 + y^2 - xy - 7y$의 극값을 구하여라.

풀이

$f_x = 4x - y,\ f_y = 2y - x - 7$

이므로 이 편미분계수가 모두0이 되는 점은 (1,4)뿐이다. 2계도함수들은 상수들이다. 즉 $f_{xx}=4$, $f_{xy}=-1$, $f_{yy}=2$ 따라서 $A=4$, $B=-1$, $C=2$이며, $D=B^2-AC=-7<0$이다. $A>0$ 이므로 2계도함수 판정법에 의하여 $f(1,4)=2+16-4-28=-14$는 극소이다.

예제 5.43

함수 $f(x,y) = \dfrac{x}{y^2} + xy$의 극값을 구하여라.

풀이

$f(x,y) = \dfrac{x}{y^2} + xy$의 편도함수는

$$f_x = \frac{1}{y^2} + y, \quad f_y = -\frac{2x}{y^3} + x$$

이다. 이들 도함수를 0으로 놓으면,

$$\frac{1}{y^2} + y = 0, \quad x\left(-\frac{2}{y^3} + 1\right) = 0$$

이며, 이 연립방정식을 풀면 해는 (0,-1)뿐이다. 또 2계도함수는

$$f_{xx} = 0, \ f_{xy} = -\frac{2}{y^3} + 1, \ f_{yy} = \frac{6x}{y^4}$$

이다. 이 도함수들을 (0,-1)에서 계산하면 $A=0$, $B=3$, $C=0$임을 알 수 있다. 따라서

$$D = B^2 - AC = 9 > 0$$

이며 (0,-1)은 안장점이다. 이 사실은 앞절에서와 같이 $f(h,-1+k) - f(0,-1)$을 계산함으로써도 알 수 있다.

예제 5.44

점(2,−1,1) 와 평면 $x + y - z = 2$ 사이의 최소거리를 구하여라.

풀이

$x + y - z = 2$위의 임의 점(x,y,z)에서 (2,-1,1) 까지 거리는 $d = \sqrt{(x-2)^2 + (y+1)^2 + (z-1)^2}$ 이다. $z = x + y - 2$이고 $d = \sqrt{(x-2)^2 + (y+1)^2 + (x+y-3)^2}$ 을 얻는다. $d^2 = f(x,y)$ 라 하면,

$$d^2 = f(x,y) = (x-2)^2 + (y+1)^2 + (x+y-3)^2$$
$$f_x = 2(x-2) + 2(x+y-3) = 0$$
$$f_y = 2(y+1) + 2(x+y-3) = 0$$

임계점은 $\left(\frac{8}{3},-\frac{1}{3}\right)$이다.

$A=f_{xx}\left(\frac{8}{3},-\frac{1}{3}\right)=4,\ C=f_{yy}\left(\frac{8}{3},-\frac{1}{3}\right)=4, B=f_{xy}\left(\frac{8}{3},-\frac{1}{3}\right)=2$ 이므로 $D=B^2-AC=-12<0$,

$A>0$이므로 $f\left(\frac{8}{3},-\frac{1}{3}\right)=\frac{4}{3}$는 극소이며 최소이다. 점 (2,-1,1)에서 평면 $x+y-z=2$ 까지의 최단 거리는 $d=\sqrt{\frac{4}{3}}=\frac{2}{\sqrt{3}}$이다.

예제 5.45

뚜껑이 없는 직육면체 모양의 상자를 $12m^2$ 넓이의 판지로 만들려고 한다. 이 상자의 체적의 최대값을 구하여라.

풀이

길이, 폭, 높이를 x, y, z라 하자, 상자의 체적은

$V=xyz$

이다.

상자의 네 옆면과 바닥면의 넓이가 $2xz+2yz+xy=12$라는 사실을 이용하여 V를 x와 y의 함수로 표현한다.

v에 관해 이 식을 풀면 $z=(12-xy)/[2(x+y)]$을 얻을 수 있고,

$$V=xy\frac{12-xy}{2(x+y)}=\frac{12xy-x^2y^2}{2(x+y)}$$

이다. 편도함수를 계산하면

$$\frac{\partial V}{\partial x}=\frac{y^2(12-2xy-x^2)}{2(x+y)^2} \qquad \frac{\partial V}{\partial y}=\frac{x^2(12-2xy-y^2)}{2(x+y)^2}$$

이다. 다음 방정식에서

$$12-2xy-x^2=0 \qquad 12-2xy-y^2=0$$

$x^2=y^2$이고 $x=y$이다. 두 식에 $x=y$를 대입하면 $12-3x^2=0$을 얻으며, 이것은 $x=2$, $y=2$, $z=(12-2\cdot2)/2(2+2)=1$을 얻는다.

이계도함수 판정법에 의해서, $V=2\cdot2\cdot1=4m^3$가 최대값이다.

임계점 뿐만 아니라 양 끝 점 α, β에서 f의 값들을 계산함으로써 최대값, 최소값을 구할 수 있다. 이변함수에 대해서도 비슷하다 R^2에서 폐집합은 모든 경계점을 포함한다.

■ 정리 5.9

R^2 상의 유계인 폐집합 D에서 f가 연속이면 f가 최대값 $f(x_1, y_1)$과 최소값 $f(x_2, y_2)$를 D안 점 $(x_1, y_1), (x_2, y_2)$ 에서 갖는다.

(x_1, y_1)에서 f가 극값을 가지면 (x_1, y_1)는 임계점 또는 D의 경계점이다.

■ 폐구간에서 2변수함수의 최대,최소값 구하는 방법

유계인 폐집합 D에서 연속함수 f의 최대, 최소값을 구하기 위해 정리하면 다음과 같다.

1. D에서 f의 임계점에서 f의 값을 구한다.
2. D의 경계에서 f의 극값을 구한다.
3. 1과 2로부터의 가장 큰 값은 최대값, 가장 작은 값은 최소값이다.

예제 5.46

$D = (x, y) \mid x = 0,\ y = 2,\ y = 2x$ **에서 함수** $f(x, y) = 2x^2 - 4x + y^2 - 4y + 1$**의 최대값과 최소값을 구하라.**

풀이

f는 다항식이므로 D에서 연속이다. 따라서 최대값과 최소값이 존재한다. 다음 4단계로 최대값과 최소값을 구한다.

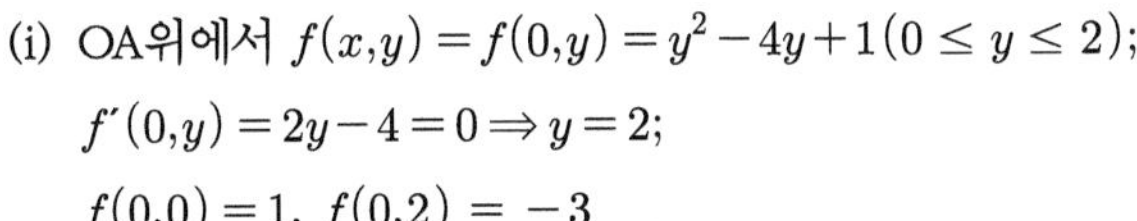

(i) OA위에서 $f(x,y) = f(0,y) = y^2 - 4y + 1 (0 \le y \le 2)$;

$f'(0,y) = 2y - 4 = 0 \Rightarrow y = 2$;

$f(0,0) = 1,\ f(0,2) = -3$

(ii) AB 위에서 $f(x,y) = f(x,2) = 2x^2 - 4x - 3 (0 \le x \le 1)$;

$f'(x,2) = 4x - 4 = 0 \Rightarrow x = 1$;

$f(0,2) = -3,\ f(1,2) = -5$

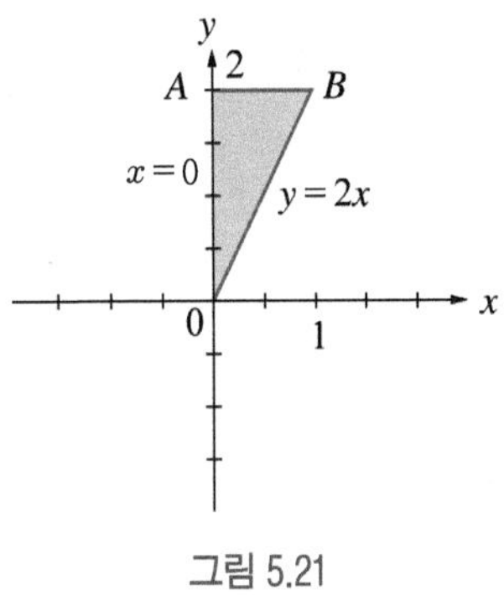

그림 5.21

(iii) OB위에서 $f(x,y)=f(x,2x)=6x^2-12x+1$

$(0 \le x \le 1)$; 끝점일 때의 함수값은 위에서 계산하였고,

$f'(x,2x)=12x-12=0 \Rightarrow x=1, y=2$, 그런데(1,2)는 OB의 내부점이 아니다

(iv) 삼각형 영역의 내부점에 대해, $f_x(x,y)=4x-4=0$, $f_y(x,y)=2y-4=0$

$\Rightarrow x=1, y=2$, 그런데 (1,2)는 영역의 내부점이 아니다. 그러므로, 최대값은 (0,0)에서 1이며 최소값은 (1,2)에서 -5이다.

예제 5.47

직사각형의 영역 $0 \le x \le 5,\ -3 \le y \le 0$에서 함수 $f(x,\ y)\ =\ x^2+xy+y^2-6x+2$의 최대값과 최소값을 구하여라.

풀이

f는 다항식이므로 직사각형 영역에서 연속이므로 최대값,최소값이 존재한다.

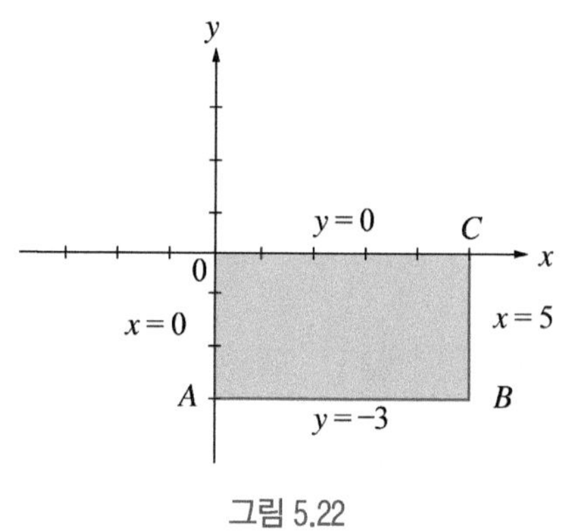

그림 5.22

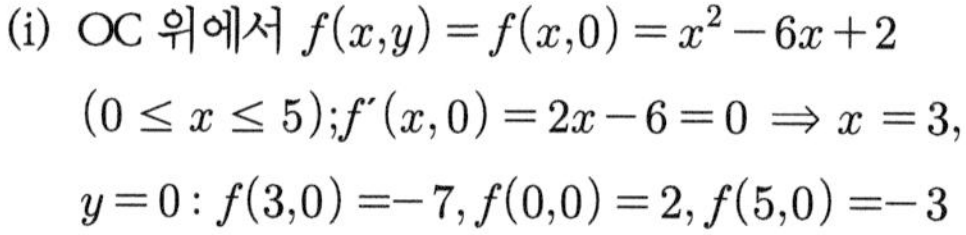
(i) OC 위에서 $f(x,y)=f(x,0)=x^2-6x+2$

$(0 \le x \le 5); f'(x,0)=2x-6=0 \Rightarrow x=3$,

$y=0: f(3,0)=-7, f(0,0)=2, f(5,0)=-3$

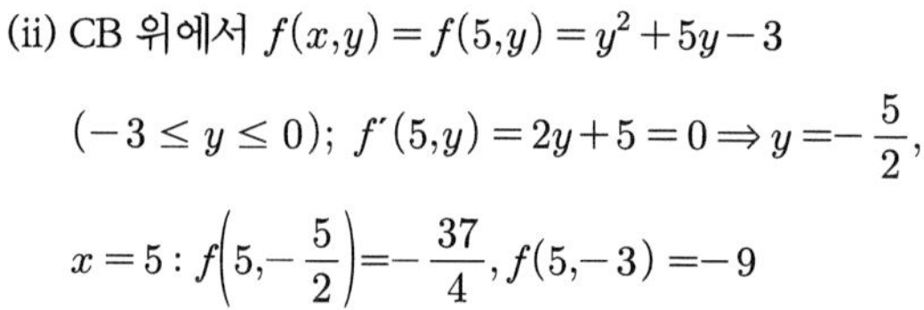
(ii) CB 위에서 $f(x,y)=f(5,y)=y^2+5y-3$

$(-3 \le y \le 0);\ f'(5,y)=2y+5=0 \Rightarrow y=-\dfrac{5}{2}$,

$x=5: f\left(5,-\dfrac{5}{2}\right)=-\dfrac{37}{4}, f(5,-3)=-9$

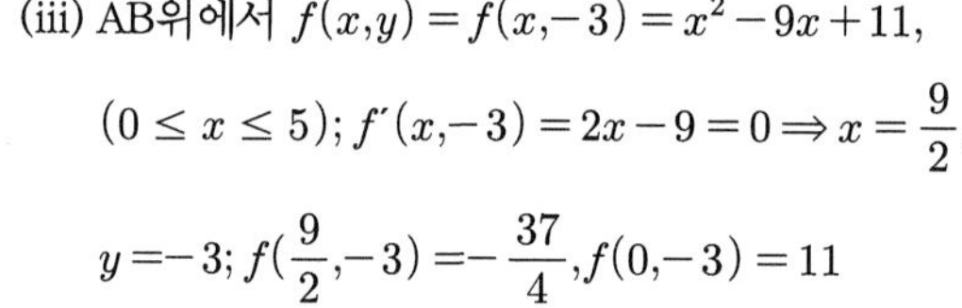
(iii) AB위에서 $f(x,y)=f(x,-3)=x^2-9x+11$,

$(0 \le x \le 5); f'(x,-3)=2x-9=0 \Rightarrow x=\dfrac{9}{2}$,

$y=-3; f(\dfrac{9}{2},-3)=-\dfrac{37}{4}, f(0,-3)=11$

(iv) AO 위에서 $f(x,y)=f(0,y)=y^2+2(-3 \le y \le 0); f'(0,y)=2y=0 \Rightarrow y=0, x=0$ 하지만 (0,0)은 AO의 내부점이 아니다.

(v) 직사각형영역의 내부점에 대해, $f_x(x,y)=2x+y-6=0$, $f_y(x,y)=x+2y=0 \Rightarrow x=4$

$y=-2, f(4,-2)$에서 내부 임계점$=-10$. 그러므로 최대값은 (0,-3)에서 11이고, 최소값은 (4,-2)에서 -10이다.

연습문제 5.6

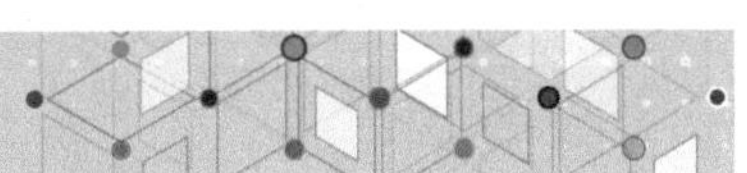

1. 연속인 2계도함수를 갖는 함수 f가 임계점으로 $(1,1)$을 가질 때, 다음 각 경우 f에 대하여 알 수 있는 것은 무엇인가?

(1) $f_{xx}(1,1)=4,\ f_{xy}(1,1)=1,\ f_{yy}(1,1)=2$

(2) $f_{xx}(1,1)=4,\ f_{xy}(1,1)=3,\ f_{yy}(1,1)=2$

2. 연속인 2계도함수를 갖는 함수 g가 임계점으로 $(1,1)$을 가질 때, 다음 각 경우 g에 대하여 알 수 있는 것은 무엇인가?

(1) $g_{xx}(0,2)=-1,\ g_{xy}(0,2)=6,\ g_{yy}(0,2)=1$

(2) $g_{xx}(0,2)=-1,\ g_{xy}(0,2)=2,\ g_{yy}(0,2)=-8$

(3) $g_{xx}(0,2)=4,\ g_{xy}(0,2)=6,\ g_{yy}(0,2)=9$

3. 다음 함수들의 극대값, 극솟값, 말안장점을 구하여라.

(1) $f(x,y)=9-2x+4y-x^2-4y^2$

(2) $f(x,y)=x^2+y^2+x^2y+4$

(3) $f(x,y)=xy-2x-y$

(4) $f(x,y)=x^3-12xy+8y^3$

(5) $f(x,y)=e^{4y-x^2-y^2}$

연습문제 5.6

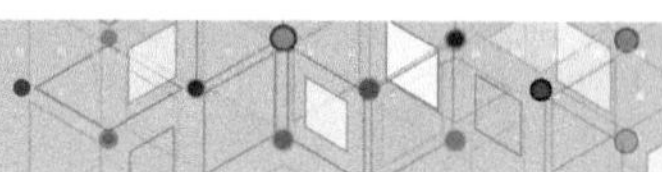

4. 집합 D상에서 다음 함수의 최대값과 최솟값을 구하여라.

(1) $f(x,y)=1+4x-5y$ 이고 D는 꼭짓점이 (0,0), (2,0), (0,3) 으로 이루어진 폐삼각형 영역

(2) $f(x,y)=x^2+y^2+x^2y+4,\ D=\{(x,y)\mid |x|\le 1, |y|\le 1\}$

(3) $f(x,y)=x^4+y^4-4xy+2,\ D=\{(x,y)\mid 0\le x\le 3, 0\le y\le 2\}$

5. 점(1, 2, 3)에서 평면 $2x+2y+z=5$에 이르는 최단거리를 구하라.

6. 영역 $x^2+y^2\le 1$ 안에 있는 각 점(x,y)에서의 섭씨로 젠 온도는 $T=16x^2+24x+40y^2$ 일 때 이 영역에서 가장 높은 온도와 가장 낮은 온도를 구하라.

5.7 라그랑지 승수

여기서는 2변수 및 3변수의 경우를 동시에 다루기 위하여 벡터 표기법을 쓰기로 한다. 다음에서는 f는 연속미분가능한 2변수 또는 3변수함수이다. 접선벡터 $r'(t)$가 0(벡터)이 아닌 곡선

$$C : r = r(t),$$

를 잡으면, 다음이 성립된다.

■ 정리 5.10

곡선 C 위에서, $f(\mathrm{x})$가 x_0에서 최대 또는 최소가 되면 $\nabla f(\mathrm{x}_0)$는 x_0에서 C에 수직이다.

증명

$r(t_0) = \mathrm{x}_0$로 되는 t_0를 잡으면, 합성함수 $f(r(t))$는 t_0에서 최대 또는 최소가 된다. 따라서 이 함수의 도함수

$$\frac{d}{dt} f[r(t)] = \nabla f(r(t)) \cdot r'(t)$$

는 t_0에서 0이 되어야 한다. 즉,

$$0 = \nabla f(r(t_0)) \cdot r'(t_0) = \nabla f(\mathrm{x}_0) \cdot r'(t_0)$$

그러므로, $\nabla f(\mathrm{x}_0) \perp r'(t_0)$이며 $r'(t_0)$가 C에 접하므로 $\nabla f(\mathrm{x}_0)$는 x_0에서 C에 수직이다.

본 문제로 돌아가서, f의 정의역의 어떤 부분집합에서 연속미분가능한 함수 g가 주어져 있다고 하자. 라그랑지는 다음 사실이 성립함을 알았다.

■ 정리 5.11

$g(\mathrm{x})=0$이라는 조건 하에서, $f(\mathrm{x})$가 x_0에서 최대값 또는 최소값을 가지면, $\nabla f(\mathrm{x}_0)$와 $\nabla g(\mathrm{x}_0)$는 평행하다. 따라서 $\nabla g(\mathrm{x}_0) \neq \mathbf{0}$이면 적당한 상수 λ에 대하여 다음이 성립한다.

$$\nabla f(\mathrm{x}_0)=\lambda \nabla g(\mathrm{x}_0)$$

이 상수 λ를 라그랑지(Lagrange)의 미정계수(또는 승수 : multiplier)라고 한다.

증명

$g(\mathrm{x})=0$이라는 조건 아래서 $f(\mathrm{x})$가 x_0에서 최대 또는 최소가 된다고 하자. 만일 $\nabla g(\mathrm{x}_0)=\mathbf{0}$이면, 모든 벡터가 $\mathbf{0}$과는 평행하므로 위의 사실이 성립한다. 따라서 $\nabla g(\mathrm{x}_0) \neq \mathbf{0}$ 이라고 가정하자. 2변함수의 경우에는

$$\mathrm{x}_0=(x_0, y_0)\text{이고, 조건은 } g(x, y)=0$$

으로 된다. $g=0$이라는 조건은, 이때 접벡터가 $\mathbf{0}$이 아닌 곡선 C를 정의한다(접벡터는 $\partial g/\partial y(x_0, y_0)\,\mathrm{i}-\partial g/\partial x(x_0, y_0)\,\mathrm{j} \neq \mathbf{0}$와 평행하다). 곡선 C 위에서 $f(x, y)$는 (x_0, y_0)에서 최대 또는 최소이므로 정리 5.10으로부터 $\nabla f(x_0, y_0)$는 이 점에서 곡선 C와 수직임을 알 수 있다. 정리 5.10에 의해서 $\nabla g(x_0, y_0)$도 이 점에서 C와 수직이므로 이 두 기울기벡터는 서로 평행함을 알 수 있다. 3변수함수의 경우에는

$$\mathrm{x}_0=(x_0, y_0, z_0)\text{이고, 조건은 } g(x, y, z)=0$$

이다. 따라서 조건 $g=0$은 f의 정의역 안에서 곡면 S를 정의한다. 지금 (x_0, y_0, z_0)를 지나며 곡면 S 위에 놓이는 접벡터가 $\mathbf{0}$이 아닌 곡선 C를 생각하자. C 위에서도 f는 (x_0, y_0, z_0)에서 최대값 또는 최소값을 가지므로 $\nabla f(x_0, y_0, z_0)$는 이 점에서 C에 수직이다. $\nabla f(x_0, y_0, z_0)$는 이러한 모든 곡선과 수직이므로 곡면 S에도 수직이다. 한편 $\nabla g(x_0, y_0, z_0)$도 이 점에서 곡면 S에 수직이므로 이 두 기울기벡터는 서로 평행하다.

이제부터 라그랑지의 방법이 잘 적용되는 문제를 풀어보자.

예제 5.46

원 $x^2+y^2=1$에서 함수 $f(x, y)=xy$의 최대값과 최소값을 구하여라.

풀이

f는 연속이며, 원은 유계인 폐집합이므로 최대와 최소가 존재함은 명백하다. 라그랑지의 방법을 적용하기 위해

$$g(x, y)=x^2+y^2-1$$

이라고 놓으면, 기울기벡터는

$$\nabla f(x, y)=y\mathrm{i}+x\mathrm{j}, \qquad \nabla g(x, y)=2x\mathrm{i}+2y\mathrm{j}$$

이다. 여기서 방정식

$$\nabla f(x, y)=\lambda\nabla g(x, y)$$

를 써 보면

$$y=2\lambda x, \quad x=2\lambda y$$

이므로 $x^2+y^2=1$인 점들 중에서 위의 방정식을 만족하는 점을 찾기 위하여 위의 두 방정식에 각각 x와 y를 곱하면,

$$y^2=2\lambda xy, \quad x^2=2\lambda xy$$

이므로 $x^2=y^2$임을 알 수 있다. 이를 $x^2+y^2=1$에 대입하면 풀면 $2x^2=1$에서 $x=\pm\frac{1}{2}\sqrt{2}$를 얻는다. 따라서 구하는 점들은

$$\left(\frac{1}{2}\sqrt{2}, \frac{1}{2}\sqrt{2}\right), \left(\frac{1}{2}\sqrt{2}, -\frac{1}{2}\sqrt{2}\right), \left(-\frac{1}{2}\sqrt{2}, \frac{1}{2}\sqrt{2}\right), \left(-\frac{1}{2}\sqrt{2}, -\frac{1}{2}\sqrt{2}\right)$$

이다. 첫째와 넷째점에서의 f의 값은 $\frac{1}{2}$이고, 다른 두 점에서의 함수값은 $-\frac{1}{2}$이므로 최대값은 $\frac{1}{2}$, 최소값 $-\frac{1}{2}$이다.

예제 5.47

쌍곡선 $x^2 - y^2 = 1$에서 함수 $f(x, y) = x^2 + (y-2)^2$의 최소값을 구하여라.

풀이

이 최소값은 점 $(0, 2)$에서 쌍곡선까지의 거리의 제곱이므로 당연히 최소값이 존재한다. 여기서

$$g(x, y) = x^2 - y^2 - 1$$

이라 놓고 $g = 0$에 대하여 함수 f의 최소값을 라그랑지의 방정식으로 구하면,

$$\nabla f(x, y) = 2x\mathrm{i} + 2(y-2)\mathrm{j}, \quad \nabla g(x, y) = 2x\mathrm{i} - 2y\mathrm{j}$$

이므로

$$2x = 2\lambda x, \quad 2(y-2) = -2\lambda y$$

여기서 $x^2 - y^2 = 1$이므로 $x \neq 0$이다. 따라서 첫 식의 양변을 x로 나누면,

$$\lambda = 1$$

이다. 이를 둘째 식에 대입하면, $y-2 = -y$, 즉 $y = 1$이다. $x^2 - y^2 = 1$에서

$$x^2 = 2, \text{ 즉 } x = \pm\sqrt{2}$$

를 얻어 두 점 $(\sqrt{2}, 1)$과 $(-\sqrt{2}, 1)$을 얻었고 이 두 점에서 f의 값은 모두 3이다. 즉 이 두점이 최소점이고 최소값은 3이다.

참고

위의 예는 조건을 $x^2 = 1 + y^2$으로 쓰고 이를 f에 대입하여 x를 소거하면 쉽게 $1 + y^2 + (y-2)^2 = 2y^2 - 4y + 5$의 최소값을 찾는 문제로 된다.

예제 5.48

$x^3 + y^3 + z^3 = 1,\ x \geq 0,\ y \geq 0,\ z \geq 0$이라는 조건 아래서 함수 $f(x, y, z) = xyz$의 최대값을 구하여라.

풀이

예의 조건을 만족하는 점들의 집합은 폐집합임을 보일 수 있다. f는 연속함수이므로 구하는 최대값은 존재함을 알 수 있다. 우선

$$g(x, y, z) = x^3 + y^3 + z^3 - 1$$

이라고 놓자. 여기서 문제는 라그랑지의 방정식

$$\nabla f(x, y, z) = \lambda \nabla g(x, y, z), \quad g(x, y, z) = 0$$

을 푸는 것이다. 기울기벡터를 계산하면

$$\nabla f(x, y, z) = yz\mathrm{i} + zx\mathrm{j} + xy\mathrm{k}, \quad \nabla g(x, y, z) = 3x^2\mathrm{i} + 3y^2\mathrm{j} + 3z^2\mathrm{k}$$

로 되므로 위의 방정식은 $g = 0$이고

$$yz = \lambda 3x^2, \quad xz = \lambda 3y^2, \quad xy = \lambda 3z^2$$

으로 된다. 이 세 방정식의 좌변에 각각 x, y, z를 곱하면

$$xyz = 3\lambda x^3 = 3\lambda y^3 = 3\lambda z^3$$

이고 따라서 $\lambda x^3 = \lambda y^3 = \lambda z^3$이 된다. 여기서 $\lambda = 0$인 경우는 최대값을 찾는 대상에서 제외할 수 있다. 이유는 만일 $\lambda = 0$이면 x, y, z중의 하나는 0이 되고 따라서 이때의 함수 f는 값이 0이 되나, 이는 명백히 최대값이 아니다. 따라서 방정식을 λ로 나누면

$$x^3 = y^3 = z^3, \ \text{즉 } x = y = z$$

이고 $x^3 + y^3 + z^3 = 1$이므로

$$x = \left(\frac{1}{3}\right)^{1/3}, \quad y = \left(\frac{1}{3}\right)^{1/3}, \quad z = \left(\frac{1}{3}\right)^{1/3}$$

이며 찾는 최대값은 $\dfrac{1}{3}$이다.

두 제약조건 $g(x, y, z) = k$와 $h(x, y, z) = c$를 만족하는 $f(x, y, z)$의 최대값과 최소값을 구하기 원한다고 가정하자. 기하학적으로, 이것은 등위곡면 $g(x, y, z) = k$와 $h(x, y, z) = c$의 교차곡선 C 위에 존재하는 점 (x, y, z)에서 f의 최대, 최소값을 조사한다는 뜻이다(그림 5.23 참조). 만약 최대, 최소값이 $P(x_0, y_0, z_0)$에서 일어나면, 기울기벡터 ∇f는 P에서 곡선 C에 수직

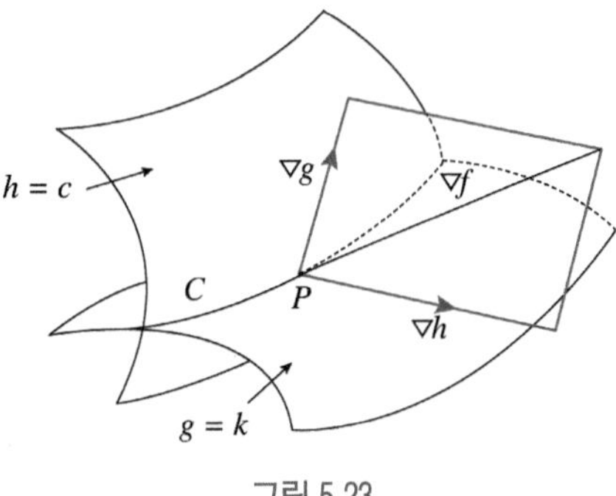

그림 5.23

이다. 또한 ∇g는 $g(x, y, z)=k$에 수직이고 ∇h는 $h(x, y, z)=c$에 수직이므로 ∇g와 ∇h도 곡선 C에수직이다. 이것은 기울기벡터 $\nabla f(x_0, y_0, z_0)$가 $\nabla g(x_0, y_0, z_0)$와 $\nabla h(x_0, y_0, z_0)$에 의하여 결정되는 평면 위에 놓여 있음을 의미한다(∇f, ∇g는 0도 아니고 평행하지도 않다고 가정한다). 따라서, 다음의 연립방정식을 만족하는 λ와 μ(라그랑주 승수라고 부름)가 존재한다.

$$\nabla f(x_0, y_0, z_0)=\lambda\nabla g(x_0, y_0, z_0)+\mu\nabla h(x_0, y_0, z_0)$$

이 경우 라그랑주의 방법은 다섯 개의 미지수 x, y, z, λ, μ에 관한 다섯 개의 방정식을 풀어서 최대, 최솟값을 찾는 방법이다. 이러한 방정식은 그것의 성분들과 조건식을 이용하여 방정식으로부터 얻어진다. 즉

$$f_x=\lambda g_x+\mu h_x$$
$$f_y=\lambda g_y+\mu h_y$$
$$f_z=\lambda g_z+\mu h_z$$
$$g(x, y, z)=k$$
$$h(x, y, z)=c$$

예제 5.49

라그랑즈 승수를 이용하여 두 제약조건에서 주어진 함수 f의 극값을 구하여라. 각 경우에서 x, y, z는 모두 음이 아니다.

(1) $f(x, y, z)=xyz$ **최대값**

제약조건 : $x+y+z=32$, $x-y+z=0$

(2) $f(x, y, z)=xy+yz$ **최대값**

제약조건 : $x+2y=6$, $x-3z=0$

풀이

(1) $f(x, y, z)=xyz$의 최대화

제약조건 : $x+y+z=32$
$x-y+z=0$

$\nabla f=\lambda\nabla g+\mu\nabla h$

$yz\,\mathrm{i}+xz\,\mathrm{j}+xy\,\mathrm{k}=\lambda(\mathrm{i}+\mathrm{j}+\mathrm{k})+\mu(\mathrm{i}-\mathrm{j}+\mathrm{k})$

$$\left.\begin{aligned} yz&=\lambda+\mu \\ xz&=\lambda-\mu \\ xy&=\lambda+\mu \end{aligned}\right\} yz=xy \Rightarrow x=z$$

$$\left.\begin{aligned} x+y+z&=32 \\ x-y+z&=0 \end{aligned}\right\} 2x+2z=32 \quad \Rightarrow \quad x=z=8, \quad y=16$$

$f(8, 16, 8)=1024$

(2) $f(x,\ y,\ z)=xy+yz$의 최대화

제약조건 : $x+2y=6$
$x-3z=0$

$\nabla f=\lambda\nabla g+\mu\nabla h$

$y\mathrm{i}+(x+z)\mathrm{j}+y\mathrm{k}=\lambda(\mathrm{i}+2\mathrm{j})+\mu(\mathrm{i}-3\mathrm{k})$

$$\left.\begin{aligned} y&=\lambda+\mu \\ x+z&=2\lambda \\ y&=-3\mu \end{aligned}\right\} y=\frac{3}{4}\lambda \ \Rightarrow\ x+z=\frac{8}{3}y$$

$$x+2y=6 \quad \Rightarrow \quad y=3-\frac{x}{2}$$

$$x-3z=0 \quad \Rightarrow \quad z=\frac{x}{3}$$

$$x+\frac{x}{3}=\frac{8}{3}\left(3-\frac{x}{2}\right)$$

$$x=3,\ \ y=\frac{3}{2},\ \ z=1$$

$$f\left(3,\ \frac{3}{2},\ 1\right)=6$$

연습문제 5.7

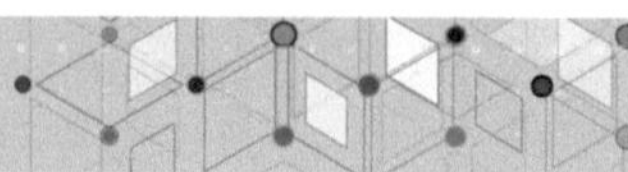

1. x와 y가 양일 때 라그랑즈 승수를 이용하여 다음 극값을 구하여라.

(1) $f(x, y) = x^2 - y^2$ 최소값, 제약조건 : $x - 2y + 6 = 0$

(2) $f(x, y) = 2x + 2xy + y$ 최대값, 제약조건 : $2x + y = 100$

(3) $f(x, y) = \sqrt{6 - x^2 - y^2}$ 최대값, 제약조건 : $x + y = 2$

(4) $f(x, y) = e^{xy}$ 최대값, 제약조건 : $x^2 + y^2 = 8$

2. 제약조건 $x^2 + y^2 \leq 1$에서 라그랑즈 승수를 이용하여 함수 $f(x, y) = x^2 + 3xy + y^2$의 극값을 구하여라.

3. x와 y가 양일 때, 라그랑즈 승수를 이용하여 다음 극값을 구하여라.

(1) $f(x, y, z) = x^2 + y^2 + z^2$ 최소값

제약조건 : $x + y + z - 6 = 0$

(2) $f(x, y, z) = x^2 + y^2 + z^2$ 최소값

제약조건 : $x + y + z = 1$

4. 라그랑즈 승수를 이용하여 두 제약조건에서 주어진 함수 f의 극값을 구하여라. 각 경우에서 x, y, z는 모두 음이 아니다.

(1) $f(x, y, z) = x^2 + y^2 + z^2$

제약조건 : $x + 2z = 6$, $x + y = 12$

(2) $f(x, y, z) = xyz$

제약조건 : $x^2 + z^2 = 5$, $x - 2y = 0$

연습문제 5.7

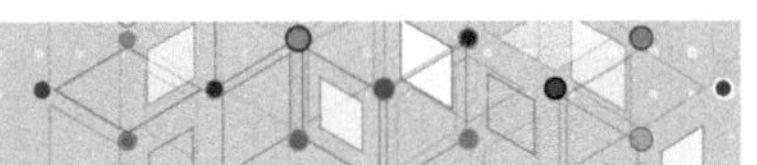

5. 라그랑즈 승수를 이용하여 주어진 점과 주어진 곡선 또는 곡면까지의 거리의 최소값을 구하여라.

(1) 직선 : $2x+3y=-1$, $(0, 0)$

(2) 평면 : $x+y+z=1$, $(2, 1, 1)$

6. 라그랑즈 승수를 이용하여 한변의 길이와 길이와 수직단면의 둘레의 합이108인치인 조건하에서 가장 큰 부피의 직사각형 상자의 가로,세로,높이를 구하여라.

7. 라그랑즈 승수를 이용하여 부피가 V_0이고 겉넓이가 최소인 원기둥의 반지름과 높이를 구하여라.

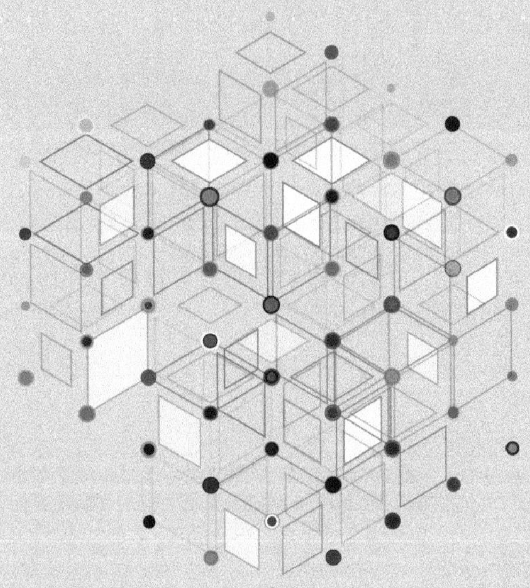

CHAPTER 6

다중적분

2중적분의 개념 6.1

반복적분 6.2

극좌표로 나타낸 반복적분 6.3

삼중적분 6.4

원주좌표에 의한 삼중적분 6.5

구면좌표에 의한 삼중적분 6.6

변수변환, 자코비안 6.7

학습정리

이 절에서는 일변수 함수의 적분, 즉 $\int_a^b f(x)dx$ 의 정의를 다시 살펴본 후에 이변수 함수의 새로운 적분을 정의한다. 일변수 함수와 이변수 함수의 적분을 비교해 보면 비슷한 전개과정과 공통된 응용 분야를 발견하게 될 것이다.
이변수 함수의 새로운 적분의 계산을 다룰것이다. 3차원 공간에서 새로운 두 좌표계, 즉 원주좌표와 구면좌표를 소개한다. 이 좌표계는 어떤 입체영역에서 삼중적분의 계산을 단순하게 한다.

6.1 2중적분의 개념

구간 $a \le x \le b$에서 1변수함수 $f(x)$의 정적분

$$\int_a^b f(x)dx \tag{1}$$

는, 모든 k에 대하여 $\Delta x_k \to 0$ 이고 $n \to \infty$ 일 때, 합

$$f(x_1{}')\Delta x_1 + f(x_2{}')\Delta x_2 + \cdots\cdots + f(x_n{}')\Delta x_n$$

의 극한값으로 정의 되었다. 2차원에서 이 정의를 일반화한 것을 2중적분 이라하고, 다음과 같이 정의한다. D의 평면에서 하나 또는 둘 이상의 곡선으로 둘러싸인 유계 폐영역이라 하고, $f(x,y)$를 D에서 정의된 유계 2변수함수라 하자.

함수 f는 직사각형 영역 $R : a \le x \le b,\ c \le y \le d$에서 정의된 연속함수이다. 여기서 2중적분

$$\iint_R f(x,y)\,dxdy$$

를 정의하여 보자. 1변수함수의 적분을 정의할 때와 마찬가지 방법을 따르면, 우선 구간 [a,b]의 분할 $P_1 = \{x_0, x_1, \cdots, x_m\}$ 과 구간 [c, d]의 분할

$P_2 = \{y_0, y_1, \cdots, y_n\}$을 생각하여 보자. 이로부터 만들어진 집합

$$P = P_1 \times P_2 = \{(x_i, y_j) \mid x_i \in P_1, y_j \in P_2\}$$

를 R의 분할(partition)이라고 한다. (그림 6.1) P는 그물점 (x_i, y_j) 들로 이루어져 있다.

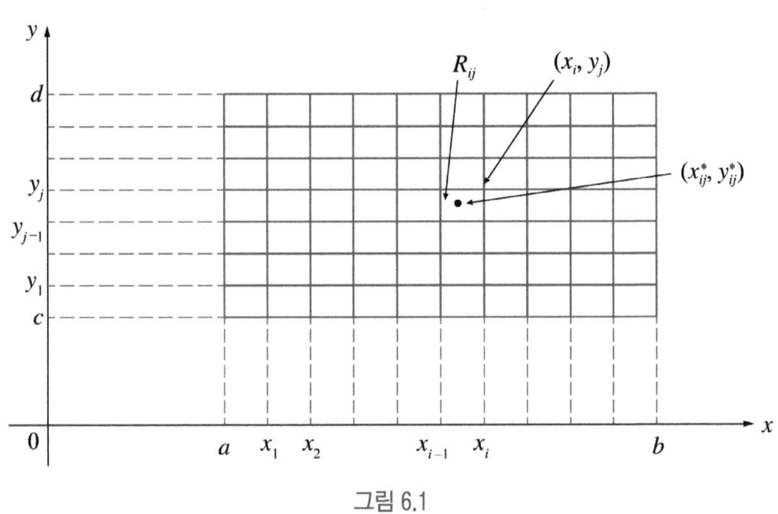

그림 6.1

분할 P는 영역 R을 mn 개의 서로 겹치지 않는 작은 사각형 영역들

$$R_{ij} : x_{i-1} \le x \le x_i, \ y_{j-1} \le y \le y_j$$

로 나눈다. f는 연속이므로, 각각의 사각형 R_{ij}에서 최대값 M_{ij}와 최소값 m_{ij}를 가진다. 이때, 다음값

$$M_{ij}(R_{ij}\text{의 면적}) = M_{ij}(x_i - x_{i-1})(y_j - y_{j-1}) = M_{ij}\Delta x_i \Delta y_j$$

의 합을 함수 f의 P-상합(upper sum)이라고 부른다. 즉

$$U_f(P)=\sum_{i=1}^{m}\sum_{j=1}^{n}M_{ij}(R_{ij}\text{의 면적})=\sum_{i=1}^{m}\sum_{j=1}^{n}M_{ij}\Delta x_i\Delta y_j \tag{2}$$

마찬가지로 다음을 P-하합(lower sum)이라고 한다.

$$L_f(P)=\sum_{i=1}^{m}\sum_{j=1}^{n}m_{ij}(R_{ij}\text{의 면적})=\sum_{i=1}^{m}\sum_{j=1}^{n}m_{ij}\,\Delta x_i\Delta y_j$$

단일적분을 근사시키기 위해 사용한 방법 중 중점 법칙 은 모두 이중적분에 대해서도 적용된다. 이것은 R_{ij}에서 R_{ij}의 중점 $(\overline{x_i},\ \overline{y_j})$를 표본점 $(x_{ij}^*,\ y_{ij}^*)$으로 택할 때, 이중적분을 이중 리만 합으로 근사시키는 것을 의미한다. 바꿔 말하면 $\overline{x_i}$는 $[x_{i-1},\ x_i]$의 중점, $\overline{y_j}$는 $[y_{j-1}, y_j]$의 중점이다.

$[x_{i-1},\ x_i]$의 중점 $\overline{x_i}$와 $[y_{j-1}, y_j]$의 중점 $\overline{y_j}$에 대해 다음이 성립한다.

$$M_f(P)=\sum_{i=1}^{m}\sum_{j=1}^{n}f(\overline{x_i},\ \overline{y_j})\Delta x_i\Delta y_j$$

예제 6.1

함수 $f(x,y)=xy$가 영역 $R: 0\le x\le 6,\ 0\le y\le 4$ 위에 정의되어 있을 때, $m=3,\ m=2$인 리만합을 이용하여 즉, 구간 [0, 6]의 분할 $P_1=\{0,\ 2,\ 4,\ 6\}$와 구간 [0,4]의 분할 $P_2=\{0,\ 2,\ 4\}$에 대하여 R의 분할 $P=P_1\times P_2$을 생각하여 상합과 하합, 중점을 이용한 합을 구하여라.

풀이

그림과 같이 정사각형을 나눈다 , $\Delta A=4$

$$\begin{aligned}U_f(P)&=\sum_{i=1}^{3}\sum_{j=1}^{2}f(x_i,\ y_j)\Delta A\\&=f(2,2)\Delta A+f(2,4)\Delta A+f(4,2)\Delta A+f(4,4)\Delta A+f(6,2)\Delta A+f(6,4)\Delta A\\&=4(4)+8(4)+8(4)+16(4)+12(4)+24(4)\end{aligned}$$

$= 288$

$$L_f(P) = \sum_{i=1}^{3}\sum_{j=1}^{2} f(x_i, y_j)\Delta A$$

$= f(0,0)\Delta A + f(0,2)\Delta A + f(2,0)\Delta A + f(2,2)\Delta A + f(4,0)\Delta A + f(4,2)\Delta A$

$= 0(4) + 0(4) + 0(4) + 4(4) + 0(4) + 8(4)$

$= 48$

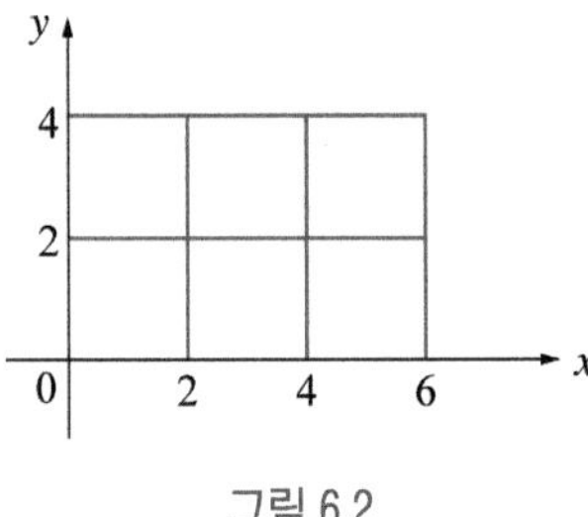

그림 6.2

$$M_f(P) = \sum_{i=1}^{3}\sum_{j=1}^{2} f(\overline{x_i}, \overline{y_j})\Delta A = f(1,1)\Delta A + f(1,3)\Delta A + f(3,1)\Delta A + f(3,3)\Delta A$$

$+ f(5,1)\Delta A + f(5,3)\Delta A$

$= 1(4) + 3(4) + 3(4) + 9(4) + 5(4) + 15(4) = 144$

적분의 정의로 돌아가서, 1변수의 경우와 마찬가지로 f가 연속이면, R의 모든 분할 P에 대하여

$$L_f(P) \le I \le U_f(P)$$

가 성립하는 수 I가 단 하나만 존재한다는 것을 보일 수 있다.

> [정의 6.1]
> R의 모든 분할 P에 대하여 부등식
> $$L_f(P) \le I \le U_f(P)$$

를 만족하는 유일한 수 I를 R 위에서의 f의 2중적분이라 하고 이를 다음과 같이 표시한다.

$$\iint_R f(x,y)\, dxdy$$

또는

$$\lim_{m,n\to\infty}\sum_{i=1}^{m}\sum_{j=1}^{n} f(x_i^*, x_j^*)\Delta A = \iint_R f(x,y)dxdy \qquad (3)$$

이다.

정적분 (1)이 평면에서 어떤 면적을 나타낸 것과 같이 2중적분(3)은 어떤 입체의 체적을 표시한다. 가령, $f(x,y)>0$이면, $z=f(x,y)$는 그림과 같이 영역의 상부에 놓인 곡면을 표시한다. 만일 ΔA_k가 작으면 $f(x_k,y_k)\Delta A_k$는 ΔA_k 의 상부와 곡면의 하부에 놓인 수직 기둥의 체적과 근사적으로 같다. 그러므로 합(2)는 입체의 전체적의 근사값이 된다. 따라서 완전한 체적은 다음과 같이 정의된다.

$$V=\iint_D f(x,y)dA \qquad (4)$$

D에서 $f(x,y)<0$이면 곡면이 xy평면의 밑에 있으므로 (4)는 음수가된다.

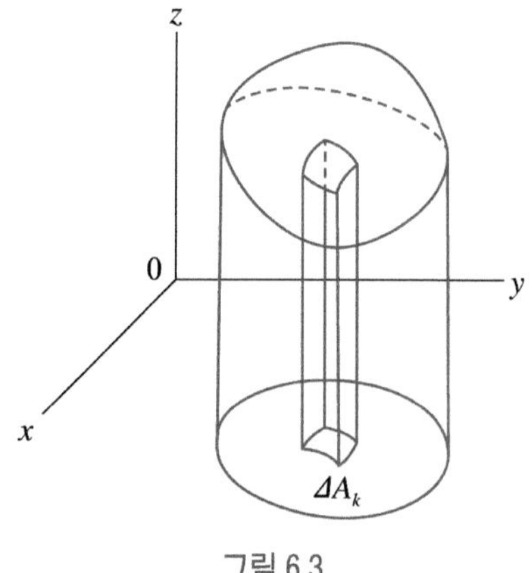

그림 6.3

영역 D를 엷은 평판이라고 생각하고 점 (x,y)에서의 단위면적의 질량(밀도)이 $f(x,y)$일 때는 2중적분 (3)은 엷은 평판의 전 질량이 된다. 곧

$$M = \iint_D f(x,y)dA \tag{5}$$

특히 D에서 $f(x,y) = 1$ 이면 (4)나 (5) 의 적분값은 영역 D의 면적과 같다. 곧

$$A = \iint_D dA$$

2중적분은 많은 물리적인 원리를 공식화 하는데 도움이 된다. 그러나 이것을 이용할 때는 항상 합의 극한값을 구해야만 될 것 같으나 다행히도 2중적분은 반복적분이라는 간단한 방법으로 계산할 수 있으므로 극한값을 구할 필요는 없다.

연습문제 6.1

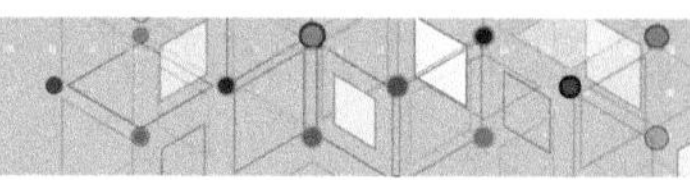

1. 함수 $f(x,y)=x+y-2$가 영역 $R: 1 \leq x \leq 4,\ 1 \leq y \leq 3$ 위에 정의되어 있을 때, 구간 $[1,4]$의 분할 $P_1=\{1,2,3,4\}$와 구간 $[1,3]$의 분할 $P_2=\left\{1, \frac{3}{2}, 3\right\}$에 대하여 R의 분할 $P=P_1 \times P_2$ 를 생각하여 f의 P−상합과 P−하합을 구하여라.

2. 타원포물면 $z = 16-x^2-2y^2$과 정사각형 $R=[0, 2]\times[0, 2]$ 위에 놓인 입체의 부피를 추정하라. R을 네 개의 같은 정사각형으로 나누고, 표본점은 R_{ij}의 오른쪽위의 모서리 점을 선택한다.

3. $R=\{(x,y) \mid 0 \leq x \leq 2,\ 1 \leq y \leq 2\}$일 때 $m=n=2$인 중점 법칙을 이용해서 적분 $\iint_R (x-3y^2)dA$의 값을 추정하라.

4. 곡면 $z=1+x^2+3y$의 아래와 사각형 $R=\{(x,y) \mid 1 \leq x \leq 2,\ 0 \leq y \leq 3\}$위에 놓인 입체의 부피를 m = n = 2인 리만합인 (a)하합과 (b) 중점합으로 추정하여라.

6.2 반복적분

편도함수를 구할 때와 같은 방법으로 두 개의 독립변수를 가진 함수의 적분은 한 변수를 상수로 보고 다른 한 변수에 관하여 적분 할 수 있다.

가령 x를 상수로 보면

$$\int_{2x}^{2}(x-y)dy \;=\; [xy-\frac{1}{2}y^2]_{2x}^{2} \;=\; 2x-2$$

이 과정을 y에 관한 편적분이라 한다. 위의 예와 같이 적분한계가 x의 함수일 때 적분된 함수는 x의 함수가 된다. 그러므로 그 결과를 x에 관하여 다시 적분할 수 있다.

$$\int_0^1\int_{2x}^{2}(x-y)dy\,dx \;=\; \int_0^1 2x-2dx \;=\; [x^2-2x]_0^1 \;=\; -1$$

일반적으로 a, b가 상수일 때 다음과 같은 형의 식을 반복적분(Iterated integral)이라 한다.

$$\int_a^b\int_{y_1(x)}^{y_2(x)}f(x,y)dydx\,,\text{ 또는 }\int_a^b\left[\int_{y_1(x)}^{y_2(x)}f(x,y)dy\right]dx \tag{1}$$

(1)의 값은, $f(x,y)$를 y에 관하여 먼저 편적분하고 y의 한계를 대입해서 얻은 함수 $F(x)$를 다시 x에 관하여 정적분한 $\int_a^b F(x)dx$이다.

같은 방법으로 2중적분

$$\int_c^d\int_{x_1(y)}^{x_2(y)}f(x,y)dx\,dy\,,\text{ 또는 }\int_c^d\left[\int_{x_1(y)}^{x_2(y)}f(x,y)dx\right]dy$$

는, 한계 $x_1(y)$, $x_2(y)$ 사이에서 x에 관한 편적분을 구한 다음, 그 결과를 한계 c,d 사이에서 y에 관하여 적분해서 얻는다.

예제 6.2

다음 반복적분의 값을 구하라.

(1) $\int_0^1 \int_1^2 (4x^3 - 9x^2y^2)\,dy\,dx$ (2) $\int_0^1 \int_1^2 \frac{xe^x}{y}\,dy\,dx$

(3) $\int_0^1 \int_{x^2}^x (1+2y)\,dy\,dx$ (4) $\int_0^1 \int_0^v \sqrt{1-v^2}\,du\,dv$

풀이

(1) $$\int_0^1 \int_1^2 (4x^3 - 9x^2y^2)\,dy\,dx = \int_0^1 \left[4x^3y - 3x^2y^3\right]_{y=1}^{y=2} dx = \int_0^1 \left[(8x^3 - 24x^2) - (4x^3 - 3x^2)\right] dx$$
$$= \int_0^1 (4x^3 - 21x^2)\,dx = \left[x^4 - 7x^3\right]_0^1 = (1-7) - (0-0) = -6$$

(2) $$\int_0^1 \int_1^2 \frac{xe^x}{y}\,dy\,dx = \int_0^1 xe^x\,dx \int_1^2 \frac{1}{y}\,dy$$
$$= \left[xe^x - e^x\right]_0^1 \left[\ln|y|\right]_1^2$$
$$= \left[(e-e) - (0-1)\right](\ln 2 - 0) = \ln 2$$

(3) $$\int_0^1 \int_{x^2}^x (1+2y)\,dy\,dx = \int_0^1 \left[y + y^2\right]_{y=x^2}^{y=x} dx = \int_0^1 \left[x + x^2 - x^2 - (x^2)^2\right] dx$$
$$= \int_0^1 (x - x^4)\,dx = \left[\frac{1}{2}x^2 - \frac{1}{5}x^5\right]_0^1 = \frac{1}{2} - \frac{1}{5} - 0 + 0 = \frac{3}{10}$$

(4) $$\int_0^1 \int_0^v \sqrt{1-v^2}\,du\,dv = \int_0^1 \left[u\sqrt{1-v^2}\,\right]_{u=0}^{u=v} dv = \int_0^1 v\sqrt{1-v^2}\,dv$$
$$= -\frac{1}{3}(1-v^2)^{3/2}\Big]_0^1 = -\frac{1}{3}(0-1) = \frac{1}{3}$$

일변수적분에서 x축에 수직인 평면으로 어떤 입체를 잘랐을 때 단면적을 $A(x)$로 나타내면 입체의 체적은 적분

$$V = \int_a^b A(x)\,dx \tag{2}$$

으로 주어짐을 보았다. 이 결과는 다음과 같이 2중적분의 값을 결정하는데 이용된다. 그림 6.4와 같이, 어떤 평면이 x에서 $xy-$ 평면의 영역 D위에 세워진 입체기둥을 짤랐을때, 단면적은 다음의 적분으로 표시 될 수 있다.

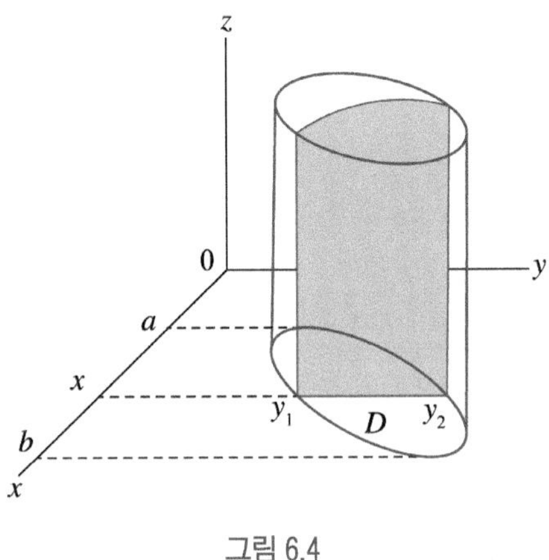

그림 6.4

$$A(x) = \int_{y_1}^{y_2} f(x, y)dy$$

여기에서 적분한계 $y_1(x)$과 $y_2(x)$은 D을 둘러싼 곡선과 x좌표와 교점이다. x가 D에서 취할 수 있는 최소 및 최대값이 각자 a, b이면 체적은 다음과 같은 반복적분으로 표시된다.

$$V = \int_a^b A(x)\,dx = \int_a^b \left[\int_{y_1}^{y_2} f(x,y)dy \right] dx$$

위와 유사하게 입체를 y 축에 수직인 평면으로 잘라서 체적을 나타내면

$$V = \int_c^d \left[\int_{x_1}^{x_2} f(x,y)dx \right] dy$$

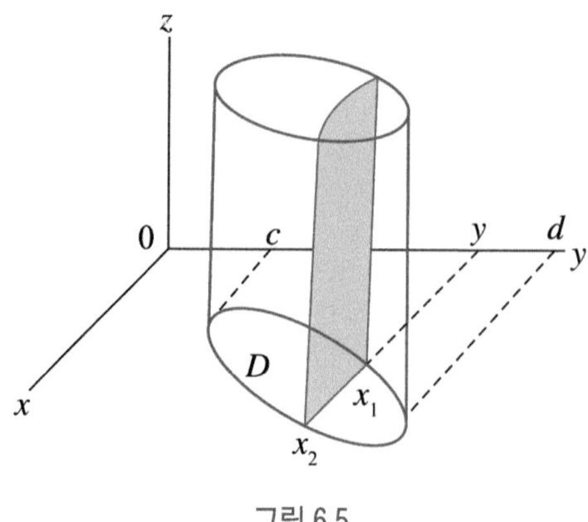

그림 6.5

여기서 적분한계 $x_1(y)$와 $x_2(y)$는 D를 둘러싼 곡선과 y축에 수직인 평면에 의해서 결정된 y의 함수이고, c, d 는 y가 D에서 취할 수 있는 최소값과 최대값이다. (그림 6.5)

함수 $f(x, y)$가 연속이고 적분값이 존재 할때 체적의 기하학적 개념(그림 6.4, 그림 6.5)을 도시하면, 다음과 같은 중요한 정리를 얻을 수 있다.

■ 정리 6.1

어떤 폐영역 $D = \{(x,y) \mid a \le x \le b,\ y_1(x) \le y \le y_2(x)\}$에서 연속함수일 때 (형태I)

$$\iint_D f(x,y)dA = \int_a^b \int_{y_1(x)}^{y_2(x)} f(x,y)\,dy\,dx$$

어떤 폐영역 $D = \{(x,y) \mid c \le y \le d,\ \ x_1(y) \le x \le x_2(y)\}$에서 연속함수 일때 (형태II)

$$\iint_D f(x,y)dA = \int_c^d \int_{x_1(y)}^{x_2(y)} f(x,y)dx\,dy$$

이다.

예제 6.3

폐영역 D가 그림 6.6와 같을 때 $\iint_D (x^2 - y)dx\,dy$ 을 구하여라.

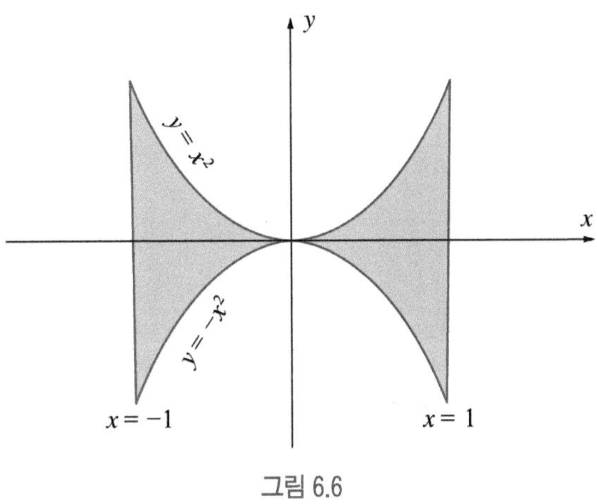

그림 6.6

풀이

D를 x축에 사영하면 [-1, 1]로 된다. D는 $-1 \le x \le 1$, $-x^2 \le y \le x^2$으로 정의된다. 이 영역은 형태 I에 해당되므로

$$\begin{aligned}
\iint_D (x^2 - y)dxdy &= \int_{-1}^{1}\left(\int_{-x^2}^{x^2}(x^2 - y)dy\right)dx \\
&= \int_{-1}^{1}\left[x^2y - \frac{1}{2}y^2\right]_{-x^2}^{x^2}dx \\
&= \int_{-1}^{1}\left[(x^4 - \frac{1}{2}x^4) - (-x^4 - \frac{1}{2}x^4)\right]dx \\
&= \int_{-1}^{1}2x^4dx = \left[\frac{2}{5}x^5\right]_{-1}^{1} = \frac{4}{5}
\end{aligned}$$

예제 6.4

직선 $y=x$와 $x=-1,\ y=1,\ y=0$에 의해 유계된 영역 D에 대해 $\iint_D (xy-y^3)dx\,dy$ 를 구하여라.

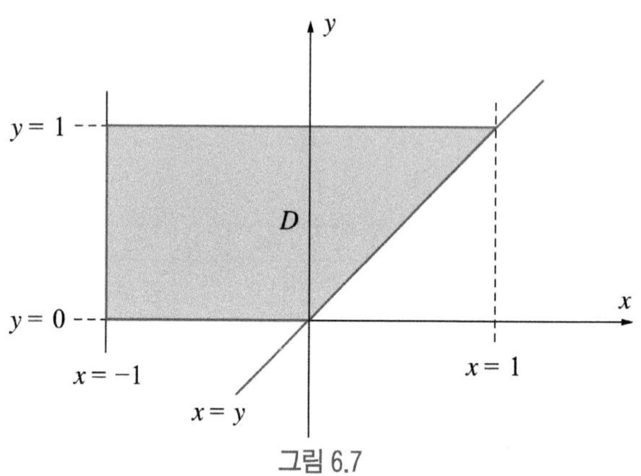

그림 6.7

풀이

D를 y축에 사영하면 구간 [0,1]을 얻는다. 따라서 D는

$0 \le y \le 1, \quad -1 \le x \le y$

로 정의된다. 이는 형태 II의 경우이므로

$$\iint_D (xy-y^3)dxdy = \int_0^1 \left(\int_{-1}^{y} (xy-y^3) dx \right) dy$$

$$= \int_0^1 \left[\frac{1}{2}x^2y - xy^3 \right]_{-1}^{y} dy$$

$$= \int_0^1 (-\frac{1}{2}y - \frac{1}{2}y^3 - y^4)dy = \left[-\frac{1}{4}y^2 - \frac{1}{8}y^4 - \frac{1}{5}y^5 \right]_0^1 = -\frac{23}{40}$$

D를 x축으로 사영하여도 된다.

$$\iint_D (xy-y^3)dy\,dx = \int_{-1}^{0}\int_0^1 (xy-y^3)dy\,dx + \int_0^1\int_x^1 (xy-y^3)dy\,dx$$

$$= \left(-\frac{1}{2}\right) + \left(-\frac{3}{40}\right) = -\frac{23}{40}$$

예제 6.5

정사각형 $D=\{(x,y)\mid 0\le x\le 1,\ 0\le y\le 1\}$을 밑면으로 포물면 $z=4-x^2-y^2$을 윗면으로 가진 수직기둥의 체적을 구하라.

풀이

형태 I에 의하여

$$V=\int_0^1\int_0^1(4-x^2-y^2)\,dy\,dx$$

$$=\int_0^1\left(\frac{11}{3}-x^2\right)dx=\frac{10}{3}$$

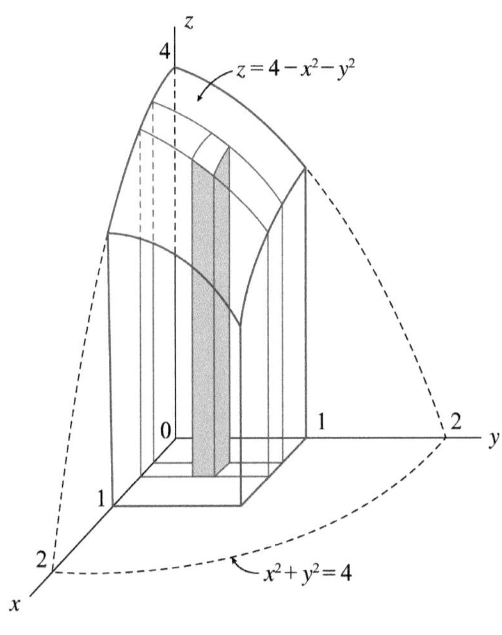

그림 6.8

예제 6.6

포물기둥 $y=4-x^2$ 을 평면 $x+y+z=6$으로 짜른 밑 부분 중에서 제 1팔분공간에 놓인 입체의 체적을 구하라(그림 6.9).

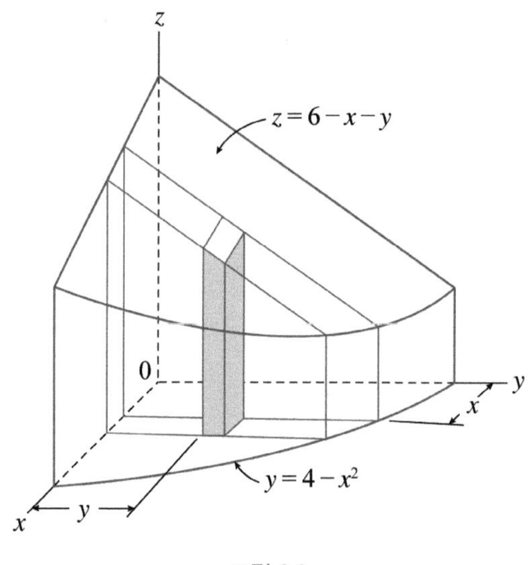

그림 6.9

풀이

$$V=\int_0^2\int_0^{4-x^2}(6-x-y)\,dy\,dx$$

$$=\int_0^2\left[6x-xy-\frac{1}{2}y^2\right]_0^{4-x^2}dx$$

$$=\frac{292}{15}$$

형태 II의해서도 같은 결과를 얻는다. 곧

$$V=\int_0^4\int_0^{\sqrt{4-y}}(6-x-y)\,dx\,dy$$

$$=\frac{292}{15}$$

연습문제 6.2

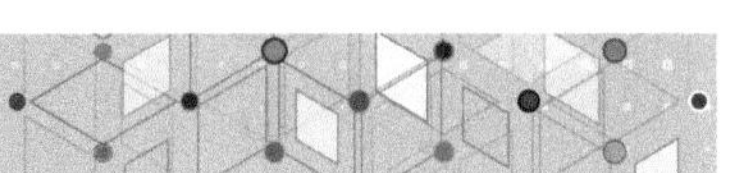

1. 다음을 반복적분하여라.

(1) $\int_{\pi/6}^{\pi/2}\int_{-1}^{5}\cos y\,dx\,dy$ (2) $\int_{0}^{1}\int_{0}^{3}e^{x+3y}dx\,dy$

(3) $\int_{0}^{2}\int_{0}^{\pi}r\ \sin^2\theta\,d\theta\,dr$ (4) $\int_{0}^{1}\int_{0}^{1}\sqrt{s+t}\,ds\,dt$

2. 다음 이중적분을 계산하여라

(1) $\iint_D (y+xy^{-2})dA$, $D=[(x,y)\,|\,0\le x\le 2,\ 1\le y\le 2]$

(2) $\iint_D \frac{1+x^2}{1+y^2}dA,\ \ D=\{(x,y)\ |\ 0\le x\le 1,\ 0\le y\le 1\}$

(3) $\iint_D \frac{x}{1+xy}dA$, $D=[0,1]\times[0,1]$

(4) $\iint_D ye^{-xy}dA$, $D=[0,2]\times[0,3]$

3. 쌍곡포물면 $z=3y^2-x^2+2$ 아래와 직사각형 $D=[-1,1]\times[1,2]$ 위에 놓여 있는 입체부피를 구하여라.

4. 곡면 $z=1+e^x\sin y$와 평면 $x=\pm1,\ y=0,\ y=\pi$로 둘러싸인 입체의 부피를 구하라.

연습문제 6.2

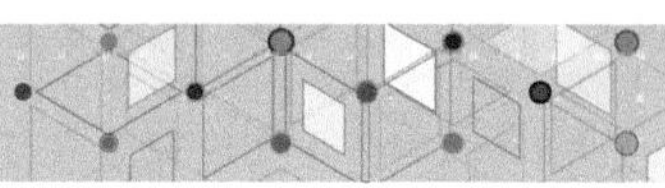

5. 다음 반복 적분을 구하여라.

(1) $\int_0^1 \int_{2x}^2 (x-y)dy\,dx$

(2) $\int_0^1 \int_0^{s^2} \cos(s^3)dt\,ds$

6. 다음 이중적분을 구하여라.

(1) $\iint_D \frac{y}{x^5+1}dA$, $D = \{(x,y) \mid 0 \le x \le 1,\ 0 \le y \le x^2\}$

(2) $\iint_D x^3 dA,\ \ D = \{(x,y) \mid 1 \le x \le e,\ 0 \le y \le \ln x\}$

(3) $\iint_D (x^2+2y)dA$, D는 $y=x,\ y=x^3,\ x \ge 0$에 의해 유계된 영역

(4) $\iint_D xy^2 dA$, D는 $x=0,\ x=\sqrt{1-y^2}$ 에 의해 유계된 영역

7. 다음 입체의 부피를 구하여라.

(1) 곡면 $z=2x+y^2$아래와 $x=y^2, x=y^3$에 의해 유계된 영역위의 있는 입체

(2) 포물면 $z=x^2+3y^2$과 평면 $x=0, y=1, y=x, z=0$로 둘러싸인 입체

6.3 극좌표로 나타낸 반복적분

f를 폐영역 D에서 연속함수라 하자. $f(x,y)$를

$$f(r\cos\theta,\ r\sin\theta) = F(r,\ \theta)$$

와 같이 극좌표로 표시하면 D에서 f의 2중적분을 다음과 같이 쓸 수 있다.

$$\iint_D f(x,\ y)dA$$

또는

$$\iint_D F(r,\ \theta)dA \tag{1}$$

폐영역 $E = \{(r,\theta) \mid a \le r \le b,\ \alpha \le \theta \le \beta\}$ 는 D를 포함 한다고 하자.

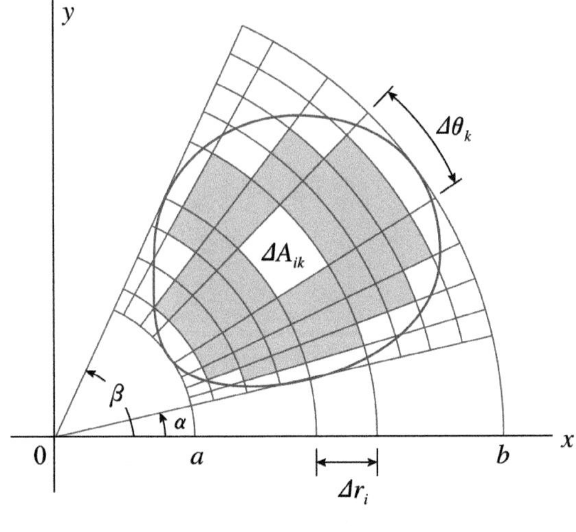

그림 6.10

이제 $[a, b]$의 분할 $P=\{r_0,\cdots,r_n\}$ 과 $[\alpha, \beta]$의 분할 $Q=\{\theta_0,\cdots,\theta_m\}$에 대하여 E를 mn개의 작은 영역 $E_{ik}=\{(r, \theta) \mid r_{i-1} \le r \le r_i, \theta_{k-1} \le \theta \le \theta_k\}, (i=1,\cdots, n, k=1, \cdots, m)$로 나누고 (r'_i, θ'_k)을 E_{ik}의 임의이 점이라 하자. 만일 극한값

$$\lim_{n,m\to\infty}\sum_{i=1}^{n}\sum_{k=1}^{m}F(r_i', \theta_k')\Delta A_{ik} \tag{2}$$

가 존재하면 그것은 2중적분(1)과 같다. 즉

$$\iint_D F(r, \theta)dA = \operatorname{Lim}_{n,m\to\infty}\sum_{i-1}^{n}\sum_{k-2}^{m}F(r_i',\theta_k')\Delta A_{ik}$$

여기서 ΔA_{ik}는 E_{ik}의 면적이며 총합은 물론 D의 내부와 주변전체에 걸쳐서 i와 k에 대하여 취한 것이다.

$$\Delta A_{ik} = \frac{1}{2}\left[(r_i+\Delta r_i)^2 - r_i{}^2\right]\Delta\theta_k$$

$$= (r_i + \frac{1}{2}\Delta r_i)\Delta r_i \Delta\theta_k$$

이므로 (2)에서의 r_i'을 $r_i + \frac{1}{2}\Delta r_i$ 로 취하면

$$\Delta A_{ik} = r_i'\Delta r_i\Delta\theta_k$$

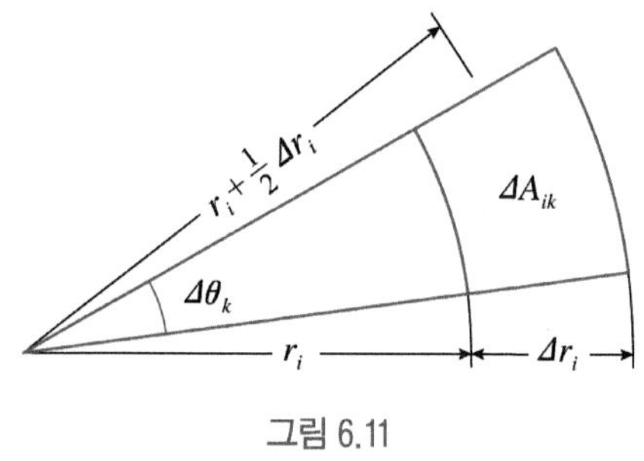

그림 6.11

가 되고

$$\iint_D F(r,\theta)dA = \int_\alpha^\beta \int_{r_1(\theta)}^{r_2(\theta)} F(r,\theta)\, r\, dr\, d\theta$$

예제 6.7

원 $x^2+y^2=1, x^2+y^2=4$에 의해 둘러싸이고 x축 위쪽 반 평면에 있는 영역을 R이라 할 때 $\int\int_R (3x+4y^2)dxdy$를 계산하여라.

풀이

$$\int\int_R (3x+4y^2)dydx = \int_0^\pi \int_1^2 (3r\cos\theta + 4r^2\sin^2\theta)rdrd\theta = \int_0^\pi (7\cos\theta + 15\sin^2\theta)d\theta = \frac{15\pi}{2}$$

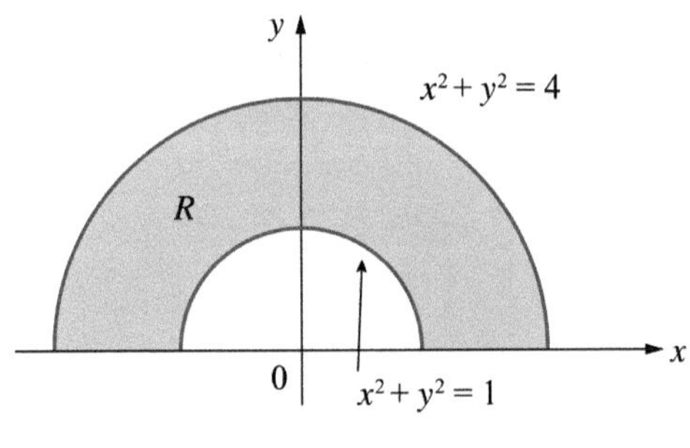

그림 6.12

예제 6.8

$x^2+y^2=1, x^2+y^2=9$로 둘러싸인 제1사분면 R에서 $\int\int_R e^{x^2+y^2}dxdy$를 구하여라.

풀이

적분영역 R을 극좌표로 변형하면

$$R' = \left\{(r,\theta)|1 \le r \le 3, 0 \le \theta \le \frac{\pi}{2}\right\}$$

이고 $dxdy = rdrd\theta, x^2+y^2=r^2$ 이므로

$$\int\int_R e^{x^2+y^2}dxdy = \int\int_{R'} e^{r^2}rdrd\theta = \frac{1}{2}\int_0^{\frac{\pi}{2}}\int_1^3 2re^{r^2}drd\theta = \frac{1}{2}\int_0^{\frac{\pi}{2}}(e^9-e)d\theta = \frac{\pi(e^9-e)}{4}$$ 이다.

예제 6.9

정규분포 확률밀도함수 $f(x) = \frac{1}{\sqrt{2\pi}\,\sigma}e^{-(x-\mu)^2/2\sigma^2}$ 일 때, X는 정규분포를 따른다고 한다.

$y=f(x)$ 아래의 면적이 1임을 보여라.

풀이

$I = \int_{-\infty}^{\infty} e^{-x^2}dx$ 이라면

$$I^2 = \int_{-\infty}^{\infty} e^{-x^2}dx\int_{-\infty}^{\infty} e^{-y^2}dy = \int_{-\infty}^{\infty}\int_{-\infty}^{\infty} e^{-(x^2+y^2)}dxdy$$

$x=r\cos\theta,\ y=r\sin\theta$인 극좌표로 변수변환하면

$$I^2 = \int_0^{2\pi}d\theta\int_0^{\infty} re^{-r^2}dr = -\frac{1}{2}\int_0^{2\pi}d\theta\int_0^{\infty} -2re^{-r^2}dr = -\frac{1}{2}\int_0^{2\pi}d\theta\,[e^{-r^2}]_0^{\infty} = \pi$$

따라서 $I = \int_{-\infty}^{\infty} e^{-x^2}dx = \sqrt{\pi}$

$y = \frac{x-\mu}{\sqrt{2}\,\sigma}$ 이라면, $dy = \frac{1}{\sqrt{2}\,\sigma}dx,\ dx = \sqrt{2}\,\sigma\,dy$ 에서

$$\int_{-\infty}^{\infty}\frac{1}{\sqrt{2\pi}\,\sigma}e^{-(x-\mu)^2/2\sigma^2}dx = \int_{-\infty}^{\infty}\frac{1}{\sqrt{\pi}}e^{-y^2}dy = \frac{1}{\sqrt{\pi}}\sqrt{\pi} = 1$$

따라서 $f(x)$는 확률밀도함수이다.

예제 6.10

포물면 $z = 4-x^2-y^2$과 xy평면으로 둘러싸인 입체의 체적을 구하라.

풀이

방법 I

D를 구하기 위하여 $z=0$로 놓고 곡면과 xy평면과의 교선을 구하면 $x^2+y^2=4$ 가 되므로 D는 원 $x^2+y^2=4$와 그 내부가 된다.(그림 6.13) 따라서 입체의 대칭성에 의하여 구하는 체적은

$$V=4\int_0^2\int_0^{\sqrt{4-x^2}}(4-x^2-y^2)\,dy\,dx=8\pi$$

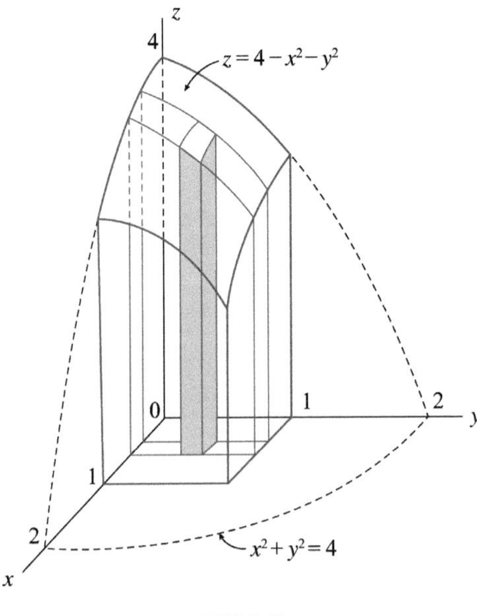

그림 6.13

방법 II

곡면의 방정식은 $z=4-r^2$ 이 되고 이 곡면과 xy평면의 교선은 $r=2$가 되므로

$$V=\int_0^{2\pi}\int_0^2(4-r^2)\,r\,dr\,d\theta$$

$$=\int_0^{2\pi}\left[2r^2-\frac{1}{4}r^4\right]_0^2 d\theta=8\pi$$

연습문제 6.3

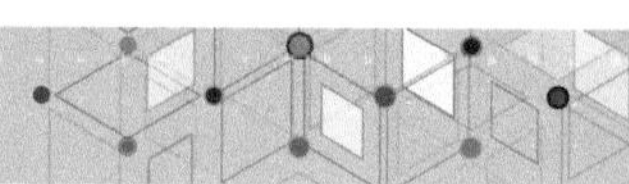

1. 극 좌표계를 사용하여 이중적분을 계산하여라.

(1) R이 $x^2+y^2 \le 9$일 때,

$$\iint_R \sqrt{x^2+y^2}\,dA$$

(2) R이 $x^2+y^2 \le 4$일 때, $\iint_R e^{-x^2-y^2}dA$

(3) R이 $r=2-\cos\theta$의 내부일 때, $\iint_R ydA$

(4) R이 $x^2+y^2=9$의 내부일 때,

$$\iint_R (x^2+y^2)dA$$

2. 직교 좌표계를 극 좌표계로 변환하여 반복적분을 계산하여라.

(1) $\int_{-2}^{2}\int_{-\sqrt{4-x^2}}^{\sqrt{4-x^2}} \sqrt{x^2+y^2}\,dydx$

(2) $\int_{0}^{2}\int_{-\sqrt{4-x^2}}^{\sqrt{4-x^2}} e^{-x^2-y^2}dydx$

(3) $\int_{0}^{2}\int_{0}^{\sqrt{8-x^2}} (x^2+y^2)^{3/2}dydx$

(4) 작은 동물 종의 개체군 밀도가 $f(x,y)=20,000e^{-x^2-y^2}$일 때 영역 $x^2+y^2=1$에서 개체군수를 구하여라.

연습문제 6.3

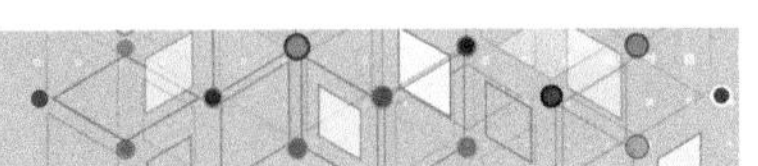

3. 적절한 좌표계를 사용하여 주어진 입체의 체적을 구하여라.

(1) $z = x^2 + y^2$ 아래, $z = 0$ 위, $x^2 + y^2 = 9$ 내부

(2) $z = \sqrt{x^2 + y^2}$ 아래, $z = 0$ 위, $x^2 + y^2 = 4$ 내부

4. 영역 R은 중심이 원점이고 반지름이 2인 원이다. $\int\int_R (x^2 + y^2 + 3)dydx$을 계산하여라.

5. xy평면 위의 원 기둥 $x^2 + y^2 = 4$의 외부와 포물면 $z = 9 - x^2 - y^2$의 내부가 이루는 입체의 체적을 구하여라.

6. 반복적분 $\int_{-1}^{1} \int_{0}^{\sqrt{1-x^2}} x^2 (x^2 + y^2)^2 dydx$을 계산하여라.

6.4 삼중적분

중적분의 개념을 삼중적분으로 일반화할 수 있다. 이제 $\mu = f(x, y, z)$가 공간상의 직육면체 B에서 x, y, z 각각에 대하여 연속이라 하자.

그리고 직육면체 $B = \{(x, y, z) | a \le x \le b, c \le y \le d, r \le z \le s\}$를 x, y, z축 방향으로 각각 l, m, n개로 분할하여 만들어지는 부분 직육면체를 $B_{ijk} = [x_{i-1}, x_i] \times [y_{j-1}, y_j] \times [z_{k-1}, z_k]$라고 하면 직육면체 B는 lmn개의 작은 직육면체들로 분할된다. (그림 6.8참조)

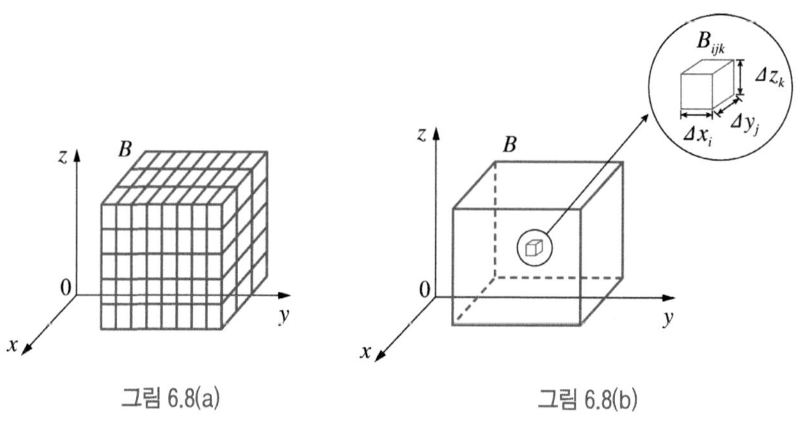

그림 6.8(a) 그림 6.8(b)

이 때, B_{ijk}의 부피는 $\triangle V_{ijk} = \triangle x_i \triangle y_j \triangle z_k$이다.

이제 B_{ijk} 내부의 임의의 점 $(x_{ijk}{}^*, y_{ijk}{}^*, z_{ijk}{}^*)$에 대한 $\sum_{i=1}^{l}\sum_{j=1}^{m}\sum_{k=1}^{n} f(x_{ijk}{}^*, y_{ijk}{}^*, z_{ijk}{}^*) \triangle V$에 대하여 $l, m, n \to \infty$ 일 때, 유한 확정값에 수렴한다면 그 수렴값을 3중적분(triple integral)이라 한다. 즉,

$$\iiint_B f(x, y, z)\, dV = \iiint_B f(x, y, z)\, dx\,dy\,dz$$

$$= \lim_{l, m, n \to \infty} \sum_{i=1}^{l}\sum_{j=1}^{m}\sum_{k=1}^{n} f(x_i{}^*, y_j{}^*, z_k{}^*) \triangle V_{ijk}$$

그리고 이러한 3중적분의 계산도 역시 2중적분의 계산 방법에 따른다.

중적분과 같이 삼중적분을 계산하는 실제적인 방법은 다음과 같이 삼중적분을 반복적분으로 표현하는 것이다.

f가 $B=[a, b]\times[c, d]\times[r, s]$ 위에서 적분가능한 경우,

$$\iiint_B f(x, y, z)dV=\int_r^s\int_c^d\int_a^b f(x, y, z)\,dx\,dy\,dz$$

예제 6.11

$B=\{(x,y,z)\mid 0\le x\le 1, -1\le y\le 2, 0\le z\le 3\}$일 때 $\int\int\int_B xyz^2dxdydz$를 계산하여라.

풀이

$$\int_0^3\int_{-1}^2\int_0^1 xyz^2dxdydz=\int_0^3\int_{-1}^2\frac{1}{2}yz^2dydz=\int_0^3\frac{3z^2}{4}dz=\frac{27}{4}$$

예제 6.12

$Q=\{(x,y,z)|1\le x\le 2, 0\le y\le 1, 0\le z\le \pi\}$에서 삼중적분 $\iiint_Q 2xe^y\sin z\ dxdydz$을 계산하여라.

풀이

$$\int_0^\pi\int_0^1\int_1^2 2xe^y\sin z dxdydz=\int_0^\pi\int_0^1 x^2e^y\sin z|_{x=1}^{x=2}dydz=3\int_0^\pi e^y\sin z|_{y=0}^{y=1}dz$$

$$=3(e-1)\int_0^\pi \sin zdz=3(e^1-1)(-\cos z)|_{z=0}^{z=\pi}=3(e-1)(-\cos\pi+\cos 0)=6(e-1)$$

이 삼중적분은 본질적으로 중적분의 성질과 같다. 연속함수 f와 간단한 형태의 영역들에 대해 우리의 관심을 두겠다.

$$E = \{(x,\ y,\ z) \mid (x,\ y) \in D, \phi_1(x,\ y) \le z \le \phi_2(x,\ y), \phi_1, \phi_2 \text{ 연속}\}$$

D는 그림 6.9에서처럼 E의 xy-평면으로의 정사영이다. 위의 E영역을 형태 1인 입체영역이라 한다.

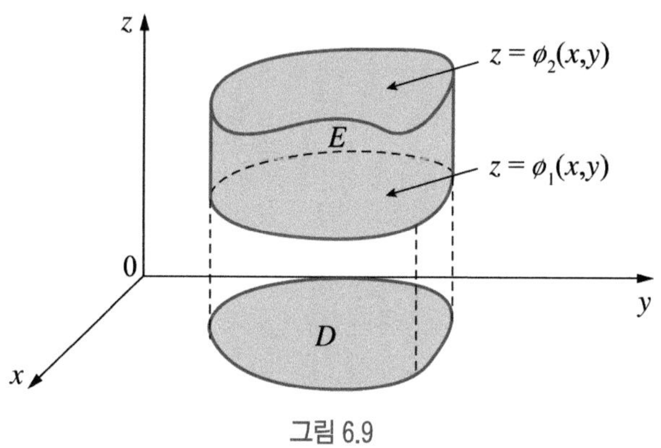

그림 6.9

이때는 다음과 같이 된다.

$$\iiint_E f(x,\ y,\ z)dV = \iint_D \left[\int_{\phi_1(x,y)}^{\phi_2(x,y)} f(x,\ y,\ z)\,dz \right] dA$$

특히, 정사영 D가 형태 I 인 평면영역인 경우(그림 6.10),

$$E = \{(x,\ y,\ z) \mid a \le x \le b, g_1(x) \le y \le g_2(x), \phi_1(x,y) \le z \le \phi_2(x,y)\}$$

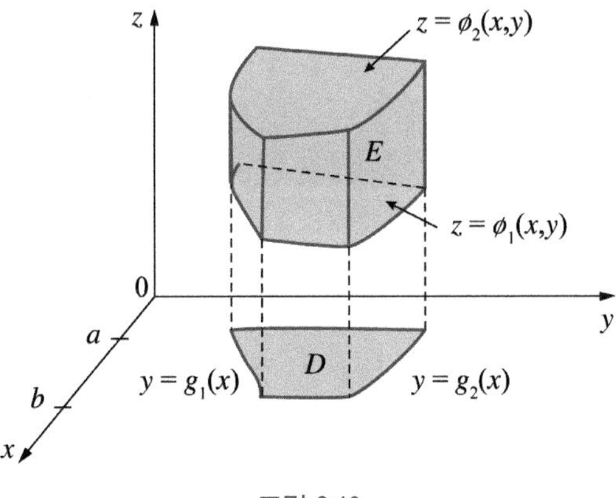

그림 6.10

이고,

$$\iiint_E f(x,\ y,\ z)dV = \int_a^b \int_{g_1(x)}^{g_2(x)} \int_{\phi_1(x,y)}^{\phi_2(x,y)} f(x,y,z)\,dz\,dy\,dx$$

가 된다.

한편, D가 형태 II인 평면영역인 경우(그림 6.11)

$$E = \{(x,\ y,\ z) \mid c \le y \le d,\ \ h_1(y) \le x \le h_2(y),\ \ \phi_1(x,\ y) \le z \le \phi_2(x,\ y)\}$$

이고

$$\iiint_E f(x,\ y,\ z)dV = \int_c^d \int_{h_1(y)}^{h_2(y)} \int_{\phi_1(x,y)}^{\phi_2(x,y)} f(x,y,z)\,dz\,dx\,dy$$

가 된다.

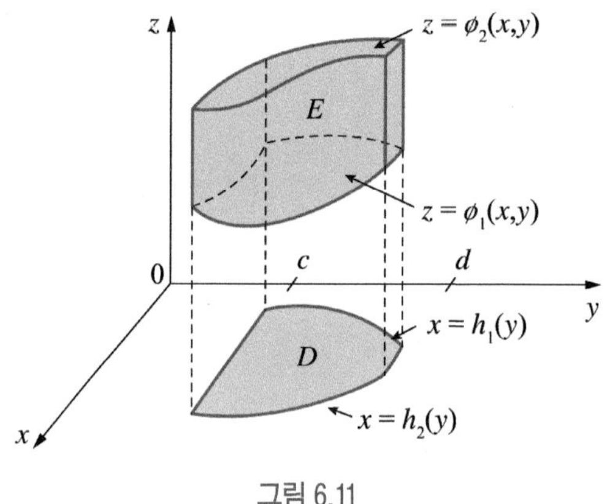

그림 6.11

예제 6.13

다음 반복적분을 구하여라.

(1) $\int_0^2 \int_0^{z^2} \int_0^{y-z} (2x-y)\,dx\,dy\,dz$ (2) $\int_1^2 \int_0^{2z} \int_0^{\ln x} xe^{-y}\,dy\,dx\,dz$

풀이

(1)
$$\int_0^2 \int_0^{z^2} \int_0^{y-z} (2x-y)\,dx\,dy\,dz = \int_0^2 \int_0^{z^2} \left[x^2 - xy\right]_{x=0}^{x=y-z} dy\,dz$$
$$= \int_0^2 \int_0^{z^2} (z^2 - yz)\,dy\,dz = \int_0^2 \left[yz^2 - \frac{1}{2}y^2 z\right]_{y=0}^{y=z^2} dx$$
$$= \int_0^2 \left(z^4 - \frac{1}{2}z^5\right) dz$$
$$= \left[\frac{1}{5}z^5 - \frac{1}{12}z^6\right]_0^2 = \frac{32}{5} - \frac{64}{12} = \frac{16}{15}$$

(2)
$$\int_1^2 \int_0^{2z} \int_0^{\ln x} xe^{-y}\,dy\,ds\,dz = \int_1^2 \int_0^{2z} \left[-xe^{-y}\right]_{y=0}^{y=\ln x} dx\,dz = \int_1^2 \int_0^{2z} (-xe^{-\ln x} + xe^0)\,dx\,dz$$
$$= \int_1^2 \int_0^{2z} (-1+x)\,dx\,dz = \int_1^2 \left[-x + \frac{1}{2}x^2\right]_{x=0}^{x=2z} dz$$
$$= \int_1^2 (-2z + 2z^2)\,dz = \left[-z^2 + \frac{2}{3}z^3\right]_1^2 = -4 + \frac{16}{2} + 1 - \frac{2}{3} = \frac{5}{3}$$

예제 6.14

E가 평면들 $x=0,\ y=0,\ z=0$ 그리고 $x+y+z=1$에 의해 유계된 사면체인 경우 $\iiint z\, dV$ 를 계산하여라.

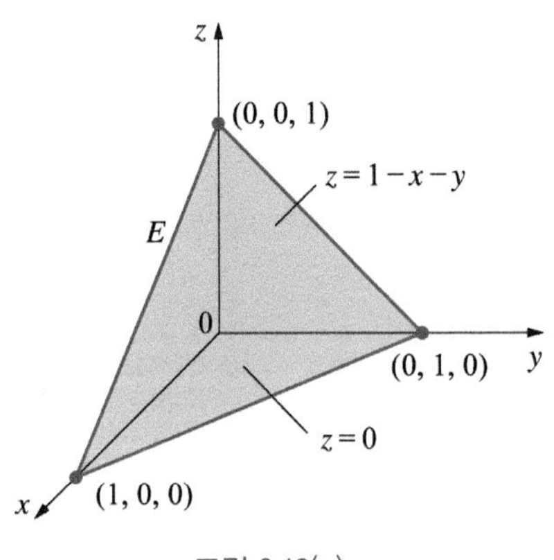

그림 6.12(a)

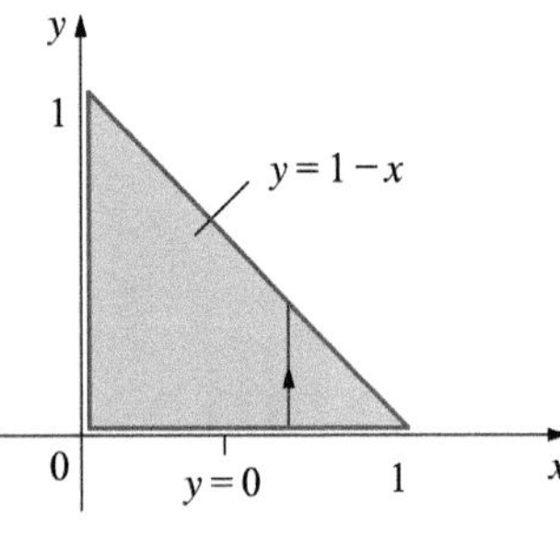

그림 6.12(b)

풀이

그림 6.12에서,

$$\iiint_E z\, dV = \int_0^1 \int_0^{1-x} \int_0^{1-x-y} z\, dz\, dy\, dx$$

$$= \int_0^1 \int_0^{1-x} \left[\frac{z^2}{2} \right]_{z=0}^{z=1-x-y} dy\, dx$$

$$= \frac{1}{2} \int_0^1 \int_0^{1-x} (1-x-y)^2\, dy\, dx$$

$$= \frac{1}{2} \int_0^1 \left[-\frac{(1-x-y)^3}{3} \right]_{y=0}^{y=1-x} dx$$

$$= \frac{1}{6} \int_0^1 (1-x)^3 dx = \frac{1}{6} \left[-\frac{(1-x)^4}{4} \right]_0^1 = \frac{1}{24}$$

예제 6.15

E는 곡선 $y=x^2$와 $x=y^2$에 의해 둘러싸인 xy평면 위와 $z=x+y$ 아래에 놓여 있는 경우 $\iiint_E xy\, dV$를 구하여라.

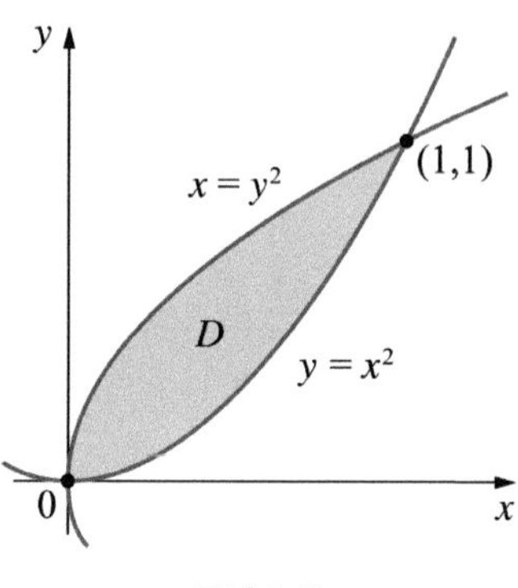

그림 6.13

풀이

그림 6.13에서

$$\begin{aligned}\iiint_E xy\, dV &= \int_0^1 \int_{x^2}^{\sqrt{x}} \int_0^{x+y} xy\, dz\, dy\, dx = \int_0^1 \int_{x^2}^{\sqrt{x}} xy(x+y)\, dy\, dx \\ &= \int_0^1 \int_{x^2}^{\sqrt{x}} (x^2y+xy^2)\, dy\, dx = \int_0^1 \left[\frac{1}{2}x^2y^2+\frac{1}{3}xy^3\right]_{y=x^2}^{y=\sqrt{x}} dx \\ &= \int_0^1 \left(\frac{1}{2}x^3+\frac{1}{3}x^{\frac{5}{2}}-\frac{1}{2}x^6-\frac{1}{3}x^7\right)dx \\ &= \left[\frac{1}{8}x^4+\frac{2}{21}x^{7/2}-\frac{1}{14}x^7-\frac{1}{24}x^8\right]_0^1 \\ &= \frac{1}{8}+\frac{2}{21}-\frac{1}{14}-\frac{1}{24}=\frac{3}{28}\end{aligned}$$

연습문제 6.4

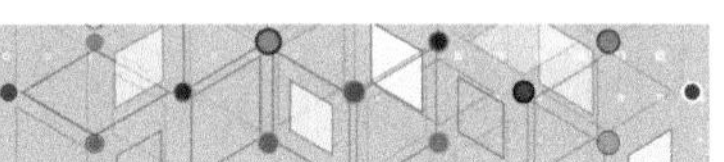

1. 삼중적분 $\iiint_B f(x, y, z)dV$을 계산하여라.

(1) $f(x, y, z,) = 2x + y - z$

$B = \left\{ \begin{matrix} (x, y, z) | 0 \leq x \leq 2, \\ -2 \leq y \leq 2, 0 \leq z \leq 2 \end{matrix} \right\}$

(2) $f(x, y, z,) = \sqrt{y} - 3z^2$

$B = \left\{ \begin{matrix} (x, y, z) | 2 \leq x \leq 3, 0 \leq y \leq 1, \\ -1 \leq z \leq 1 \end{matrix} \right\}$

2. 다음을 삼중적분 하여라.

(1) $\int_0^1 \int_0^z \int_0^{x+z} 6xz \, dydxdz$

(2) $\int_0^3 \int_0^1 \int_0^{\sqrt{1-z^2}} ze^y \, dxdzdy$

(3) $\int_0^{\pi/2} \int_0^y \int_0^x \cos(x+y+z) \, dzdxdy$

3. 다음을 삼중적분 하여라.

(1) $\iiint_E 2x \, dzdxdy$

$E = \left\{ \begin{matrix} (x,y,z) \mid 0 \leq y \leq 2, 0 \leq x \leq \sqrt{4-y^2} \\ , 0 \leq z \leq y \end{matrix} \right\}$

(2) $\iiint_E 6xy \, dV$, E는 곡선 $y = \sqrt{x}$와 $y = 0$, $x = 1$에 의해 둘러싸인 xy평면의 위와 평면 $z = 1 + x + y$ 아래에 놓여있는 부분

연습문제 6.4

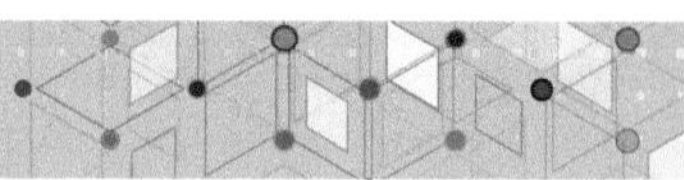

4. 좌표평면과 평면 $2x+y+z=4$에 의하여 둘러싸인 사면체의 부피를 구하여라.

5. 적분값을 구하시오.

(1) $\int_0^1\int_0^1\int_0^1 (x^2+y^2+z^2)\,dzdydx$

(2) $\int_1^e\int_1^e\int_1^e \frac{1}{xyz}\,dxdydz$

(3) $\int_0^1\int_0^\pi\int_0^\pi y\sin z\,dxdydz$

(4) $\int_0^3\int_0^{\sqrt{9-x^2}}\int_0^{\sqrt{9-x^2}} dzdydx$

(5) $\int_0^1\int_0^{2-x}\int_0^{2-x-y} dzdydx$

(6) $\int_0^\pi\int_0^\pi\int_0^\pi \cos(u+v+w)\,dudvdw$

(7) $\int_1^e\int_1^e\int_1^e \ln r\ln s\ln t\,dtdrds$

6. $B=\{(x,y,z)\mid -1\le x\le 1,\ 0\le y\le 2,\ 0\le z\le 1\}$ 일때,
$\iiint_B (xz-y^3)\,dx\,dy\,dz$를 구하여라.

7. 구면 $y=x^2$, 평면 $z=0$, $y+z=1$ 로 둘러싸인 입체를 삼중적분을 이용하여 입체의 부피를 구하라.

6.5 원주좌표에 의한 삼중적분

평면기하에서 어떤 곡선과 영역을 보다 편리하게 설명하기 위하여 극좌표계를 소개한 바 있다. 삼차원 공간에서는 일반적으로 나타나는 어떤 곡면과 입체를 편리하게 설명하게 해주면서 극좌표계와 유사한 두 좌표계가 있다. 이들은 부피와 삼중적분을 계산할 때 특히 유용하다.

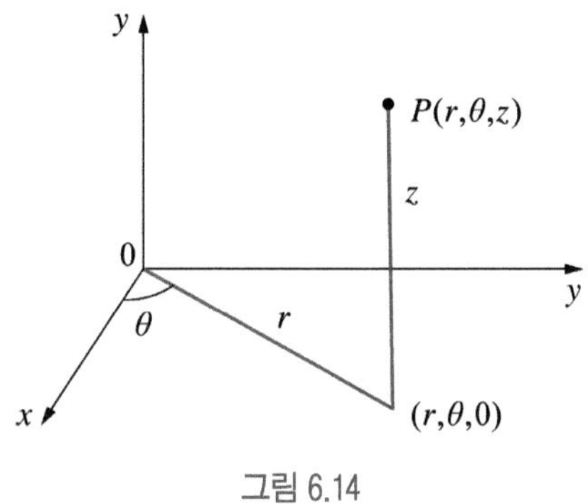

그림 6.14

원주좌표계(cylindrical coordinate system)에서는 삼차원 공간의 점 P를 순서조 $(r,\ \theta,\ z)$로 나타낸다. 이때 r과 θ는 xy-평면위의 P의 사영의 극좌표이고 z는 xy-평면에서 P까지의 방향이 주어진 거리이다. (그림 6.14 참조)

원주좌표를 직교좌표로 변환하기 위해서는 방정식

$$x = r\cos\theta \qquad y = r\sin\theta \qquad z = z$$

를 이용하고, 직교좌표를 원주좌표로 변환하기 위하여는

$$r^2 = x^2 + y^2 \qquad \tan\theta = \frac{y}{x} \qquad z = z$$

를 이용한다. 6.3절에서 어떤 중적분은 극좌표를 사용하여 더 쉽게 계산되어졌다. 이절에서는, 어떤 삼중적분들이 원주좌표 또는 구면좌표를 사용하여 더 쉽게 계산된다는 것을 알 수 있다.

예제 6.16

(1) 원주좌표가 $(2,\ \frac{\pi}{4},\ 1)$인 점을 그리고, 그 직교좌표를 구하여라.

(2) 원주좌표가 $(4,\ -\frac{\pi}{3},\ 5)$인 점을 그리고, 그 직교좌표를 구하여라.

풀이

(1) $x = 2\cos(\pi/4) = \sqrt{2}, y = 2\sin(\pi/4) = \sqrt{2}, z = 1$이다. 직교좌표$(\sqrt{2}, \sqrt{2}, 1)$

(2) $x = 4\cos(-\pi/3) = 2, y = 4\sin(-\pi/3) = -2\sqrt{3}, z = 5$이다. 직교좌표$(2, -2\sqrt{3}, 5)$

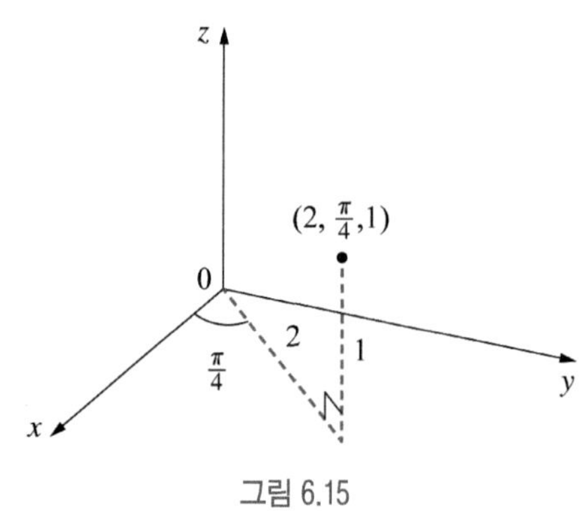

그림 6.15

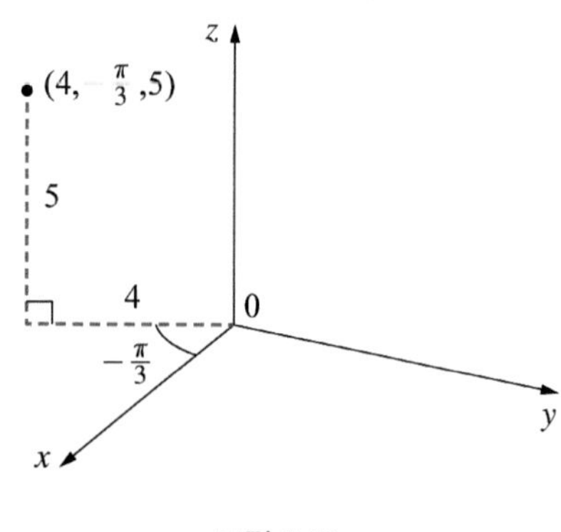

그림 6.16

예제 6.17

(1) 직교좌표가 $(1,\ -1,\ 4)$인 점의 원주좌표를 구하여라.

(2) 직교좌표가 $(-1,\ -\sqrt{3},\ 2)$인 점의 원주좌표를 구하여라.

풀이

(1) $r = \sqrt{1^2 + (-1)^2} = \sqrt{2}$, $\tan\theta = -\frac{1}{1} = -1$, $\theta = 2n\pi + \frac{7}{4}\pi$, $z = 4$이 얻어진다. 따라서 하나의 원주좌표는 $(\sqrt{2},\ \frac{7}{4}\pi,\ 4)$

(2) $r = \sqrt{(-1)^2 + (-\sqrt{3})^2} = 2$, $\tan\theta = \frac{-\sqrt{3}}{-1} = \sqrt{3}$, $\theta = 2n\pi + \frac{4}{3}\pi$이다. 따라서 하나의 원주좌표는 $(2,\ \frac{4}{3}\pi,\ 2)$

어떤 입체의 체적 또는 입체의 체적에 관련된 량을 직교좌표 x, y, z로 나타낸 직 6면체의 체적소로 입체를 분할하여 구하였으나 가끔 이것과는 다른 모양의 체적소로 분할하여 구하는 것이 더 쉬울 때가 있다. 이런 것 중의 하나가 주변 좌표에 의한 분할법인데 이 경우에는 (a) z축을 지나고 각의 크기가 $d\theta$되는 평면속과 (b) z축을 축으로 가지고 반경의 차가 dr되는 공축원기둥과 (c) z축에 수직이고 간격이 dz되는 나란한 두 평면에 의하여 입체를 체적소로 나눈다.

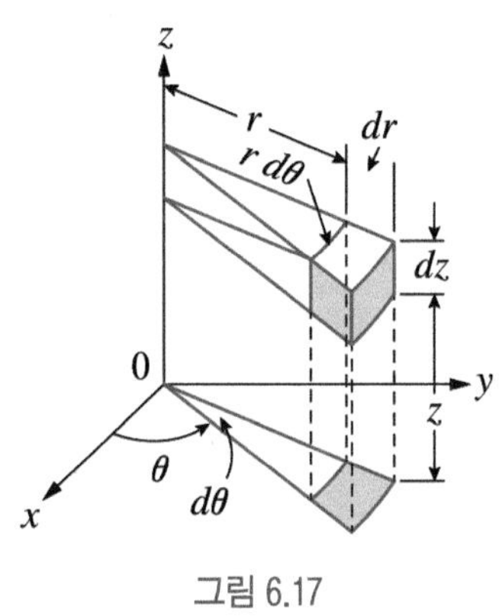

그림 6.17

각 체적소 (그림 6.17)는 단면적이 $rdrd\theta$이고 높이 dz인 입체가 되므로 체적의 미분은 다음과 같다.

$$dV = r\,dz\,dr\,d\theta \tag{1}$$

E가 형태 1의 영역이고 xy-평면으로의 E의 정사영 D가 극좌표로 쉽게 표현되어진다고 하자(그림 6.18) 특히, f가 연속함수이고

$$E = \{(x,\ y,\ z) \mid (x,\ y) \in D,\ \phi_1(x,\ y) \le z \le \phi_2(x,\ y)\}$$
$$D = \{(r,\ \theta) \mid \alpha \le \theta \le \beta,\ h_1(\theta) \le r \le h_2(\theta)\}$$

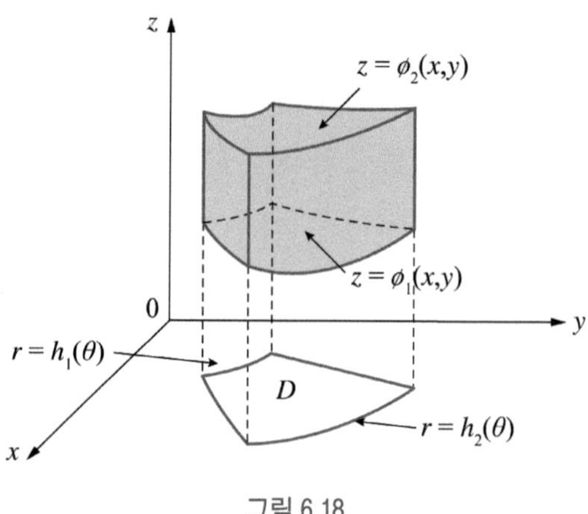

그림 6.18

라면 그림 6.18 으로부터

$$\iiint_E f(x,\ y,\ z)\,dV = \iint_D \left[\int_{\phi_1(x,y)}^{\phi_2(x,y)} f(x,\ y,\ z)dz\right] dA$$

즉,

$$\iiint_E f(x,\ y,\ z)d\mathrm{V} = \int_{\alpha}^{\beta}\int_{h_1(\theta)}^{h_2(\theta)}\int_{\phi_1(r\cos\theta,\, r\sin\theta)}^{\phi_2(r\cos\theta,\, r\sin\theta)} f(r\cos\theta,\ r\sin\theta,\ z)\,r\,dz\,dr\,d\theta$$

원주좌표에 의한 삼중적분에 대한 공식이다. 여기서 $d\mathrm{V}$를 $r\,dz\,dr\,d\theta$로 치환했다.(그림 6.19)

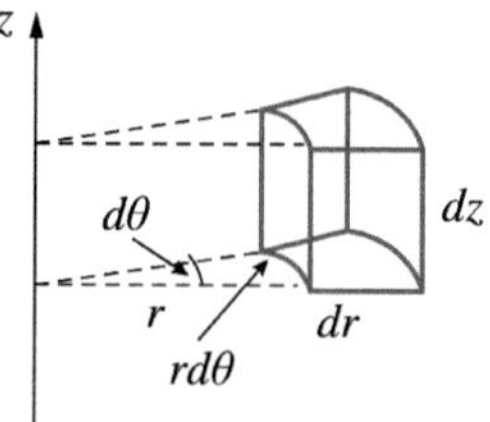

그림 6.19

예제 6.18

다음 적분에 의하여 주어지는 부피를 가지는 입체를 그리고, 적분값을 구하여라

$$\int_0^4 \int_0^{2\pi} \int_r^4 r\, dz\, d\theta\, dr$$

풀이

이 반복적분은 공간영역

$E = \{(r, \theta, z) | 0 \le \theta \le 2\pi, 0 \le r \le 4, r \le z \le 4\}$

이 입체는 $z = r$과 $z = 4$로 둘러싸인 입체영역이다.

$$\int_0^4 \int_0^{2\pi} \int_r^4 r\, dz\, d\theta\, dr = \int_0^4 \int_0^{2\pi} [rz]_{z=r}^{z=4} d\theta\, dr = \int_0^4 \int_0^{2\pi} r(4-r) d\theta\, dr$$

$$= \int_0^4 (4r - r^2) dr \int_0^{2\pi} d\theta = \left[2r^2 - \frac{1}{3}r^3\right]_0^4 [\theta]_0^{2\pi}$$

$$= (32 - \frac{64}{3})(2\pi) = \frac{64\pi}{3}$$

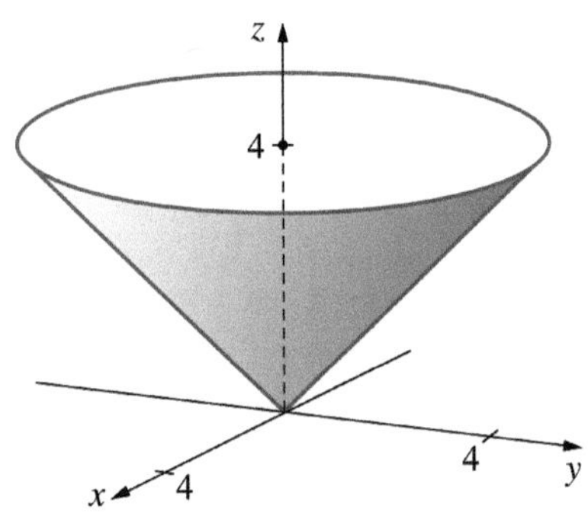

그림 6.20

예제 6.19

E는 원주면 $x^2+y^2=16$의 안쪽에서 평면 $z=-5$와 $z=4$ 사이의 영역을 나타낼 때, $\iiint_E \sqrt{x^2+y^2}\,dV$를 구하여라.

풀이

원주좌표에서 공간영역 E는

$\{(r,\theta,z)\,|\,0\le\theta\le 2\pi,\ 0\le r\le 4,\ -5\le z\le 4\}$

$$\iiint_E \sqrt{x^2+y^2}\,dV = \int_0^{2\pi}\int_0^4\int_{-5}^4 \sqrt{r^2}\,r\,dz\,dr\,d\theta = \int_0^{2\pi} d\theta \int_0^4 r^2 dr \int_{-5}^4 dz$$
$$= [\theta]_0^{2\pi}\left[\frac{1}{3}r^3\right]_0^4 [z]_{-5}^4 = (2\pi)\left(\frac{64}{3}\right)(9) = 384\pi$$

연습문제 6.5

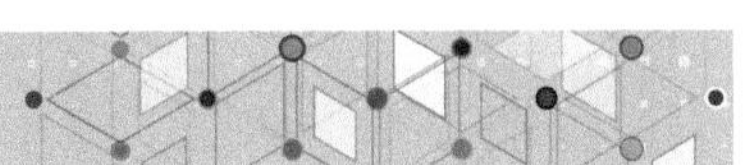

1. 다음 원주좌표의 점을 그리고, 그 직교좌표를 구하여라

(1) $(1,\ \pi,\ e)$ (2) $\left(1,\ \dfrac{3\pi}{2},\ 2\right)$

2. 원주좌표를 직교좌표로 바꾸어라

(1) $(3,\ -3,\ -7)$ (2) $(2\sqrt{3},\ 2,\ -1)$

3. $\displaystyle\int_{-2}^{2}\int_{-\sqrt{4-x^2}}^{\sqrt{4-x^2}}\int_{\sqrt{x^2+y^2}}^{2}(x^2+y^2)\,dz\,dy\,dx$를 계산하여라.

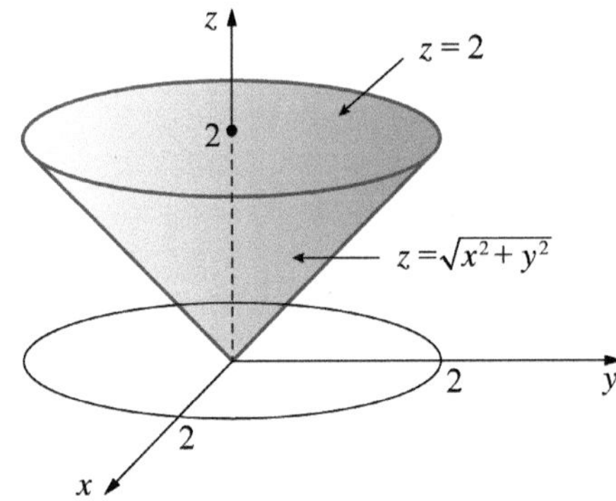

4. 다음 적분에 의하여 주어지는 부피를 가지는 입체를 그리고, 적분값을 구하여라.

$$\int_{0}^{\pi/2}\int_{0}^{2}\int_{0}^{9-r^2} r\,dz\,dr\,d\theta$$

연습문제 6.5

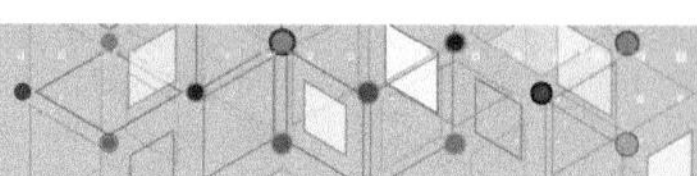

5. 원주좌표를 사용하여 다음을 구하여라.

(1) E는 원주면 $x^2+y^2=16$의 안쪽에서 평면 $z=-5$와 $z=4$ 사이의 영역을 나타낼 때, $\iiint_E \sqrt{x^2+y^2}\,dV$를 구하여라.

(2) E는 포물면 $z=x^2+y^2$와 평면 $z=4$로 둘러싸인 영역을 나타낼 때, $\iiint_E z\,dV$를 구하여라.

(3) E는 원주면 $x^2+y^2=1$의 안쪽에 놓여 있으면서 평면 $z=0$의 위쪽과 원추면 $z^2=4x^2+4y^2$의 아래쪽에 놓인 영역일 때, $\iiint_E x^2\,dV$를 구하여라.

(4) 원주면 $x^2+y^2=1$과 구 $x^2+y^2+z^2=1$로 둘러싸인 입체의 부피를 구하여라.

6.6 구면좌표에 의한 삼중적분

3차원 공간에서의 점 P의 구면좌표(ρ, θ, ϕ)는 그림 6.21에 표시 되어있다.

$$\rho \geq 0, \quad 0 \leq \theta \leq 2\pi, \quad 0 \leq \phi \leq \pi$$

여기서 첫째 좌표인 ρ는 원점에서부터의 거리를 나타낸다. 따라서 $\rho \geq 0$이다. 둘째 좌표인 θ는 원기둥좌표의 둘째 좌표와 같으며 0에서부터 2π까지의 값을 갖는다. 셋째 좌표 ϕ는 z축의 양의 방향에서부터의 각으로써 정의되며 0에서 π까지의 값을 갖는다.

좌표명면은

$$\rho = \rho_0, \ \theta = \theta_0, \ \phi = \phi_0$$

로 정의되는 곡면들로 그림 6.22에 표시 되어 있다.

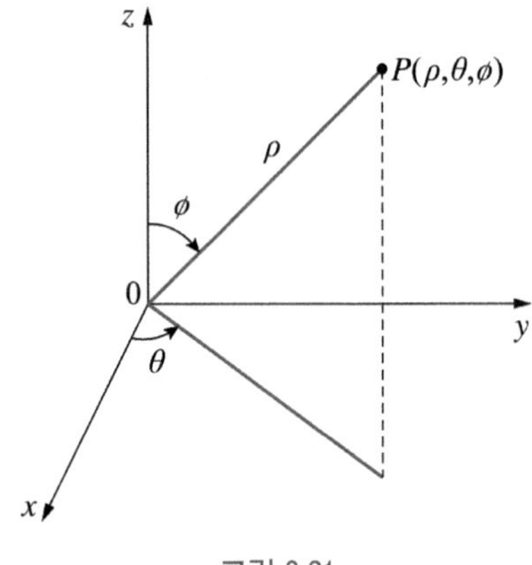

그림 6.21

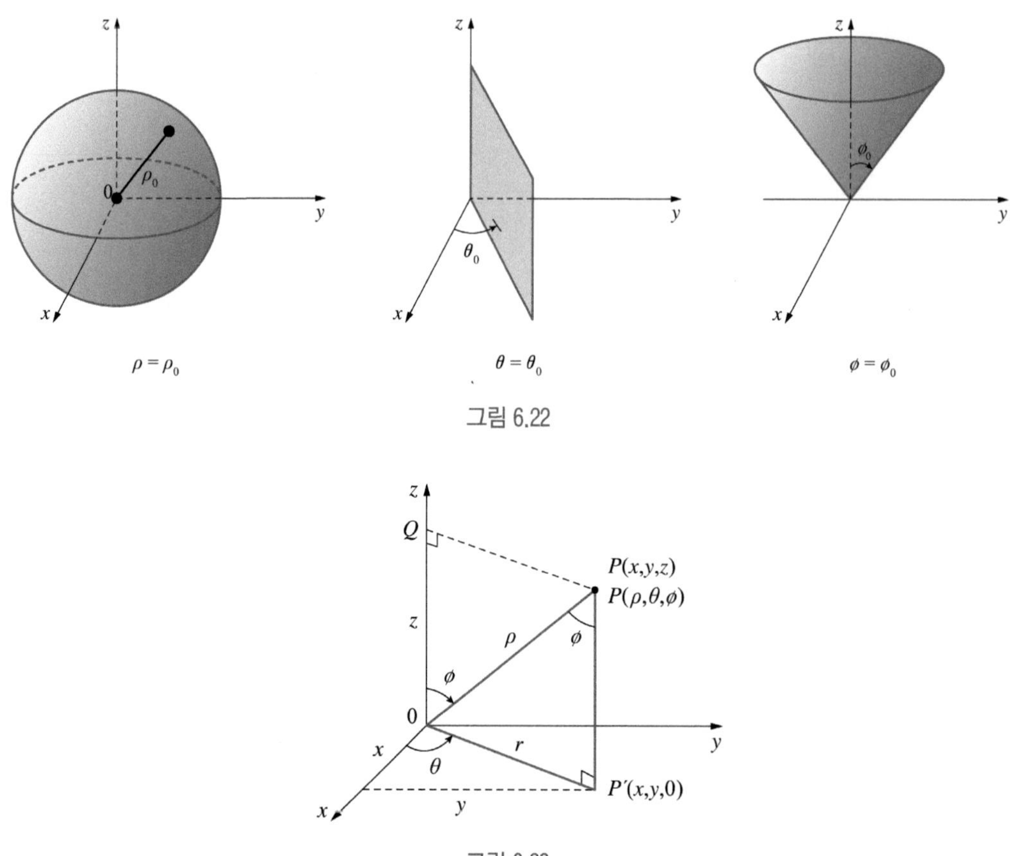

그림 6.22

그림 6.23

반지름이 ρ_0인 구면이다. 둘째 좌표면 $\theta = \theta_0$는 원기둥좌표의 경우와 마찬가지로 z축에서 출발하여 x축의 양의 방향과 θ_0(radian)의 각을 이루는 반면면이다. 셋째 좌표면 $\phi = \phi_0$는 조금 복잡하다. $0 < \phi_0 < \frac{1}{2}\pi$이거나 $\frac{1}{2}\pi < \phi_0 < \pi$일 때는 이 곡면은 원점을 출발하여 z축의 양의 방향과 ϕ_0의 각을 이루는 반직선을 z축을 중심으로 회전하여 생긴 원추이다. 좌표면 $\phi = \frac{1}{2}\pi$는 $xy-$평면이다. 또 $\phi = 0$는 양의 z축이고, $\phi = \pi$는 음의 z축이다. 직교좌표와 구면좌표사이의 관계는 그림 6.23에서 알 수 있다. 삼각형 OPQ와 OPP'로부터

$$z = \rho\cos\phi \qquad r = \rho\sin\phi$$

얻는다. 그런데 $x = r\cos\theta$, $y = r\sin\theta$이므로

$$x = \rho\sin\phi\cos\theta \qquad y = \rho\sin\phi\sin\theta \qquad z = \rho\cos\phi$$

이다. 또한 거리공식으로부터

$$\rho^2 = x^2 + y^2 + z^2$$

예제 6.20

다음 구면좌표를 그리고 그 직교좌표를 구하여라

(1) $(1,\ 0,\ 0)$ (2) $(2,\ \pi/3,\ \pi/4)$

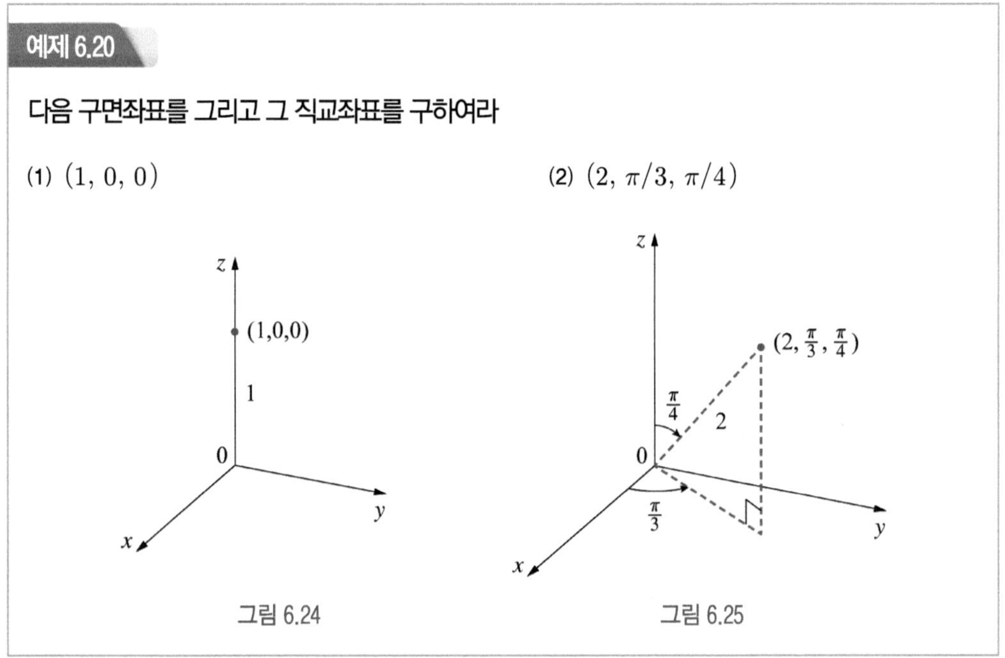

그림 6.24

그림 6.25

풀이

(1) $x = \rho\sin\phi\cos\theta = (1)\sin 0\cos 0 = 0,$

$y = \rho\sin\phi\sin\theta = (1)\sin 0\sin 0 = 0,$

$z = \rho\cos\phi = (1)\cos 0 = 1$

따라서 직교좌표 (0,0,1)이다.

(2) $x = 2\sin\frac{\pi}{4}\cos\frac{\pi}{3} = \frac{\sqrt{2}}{2}$, $y = 2\sin\frac{\pi}{4}\sin\frac{\pi}{3} = \frac{\sqrt{6}}{2}$,

$z = 2\cos\frac{\pi}{4} = \sqrt{2}$ 직교좌표 $\left(\frac{\sqrt{2}}{2},\ \frac{\sqrt{6}}{2},\ \sqrt{2}\right)$이다.

예제 6.21

직교좌표를 구면좌표로 바꾸어라

(1) $(1,\ \sqrt{3},\ 2\sqrt{3})$

(2) $(0,\ -1,\ -1)$

풀이

(1) $\rho = \sqrt{x^2+y^2+z^2} = \sqrt{1+3+12} = 4$, $\cos\phi = \frac{z}{\rho} = \frac{2\sqrt{3}}{4} = \frac{\sqrt{3}}{2}$

$\Rightarrow \quad \phi = \frac{\pi}{6}$, $\cos\theta = \frac{x}{\rho\sin\phi} = \frac{1}{4\sin(\pi/6)} = \frac{1}{2}$

$\Rightarrow \ \theta = \frac{\pi}{3}\,[y>0]$ 그러므로 구면좌표 $\left(4,\ \frac{\pi}{3},\ \frac{\pi}{6}\right)$이다.

(2) $\rho = \sqrt{0+1+1} = \sqrt{2}$, $\cos\phi = \frac{-1}{\sqrt{2}} \quad \Rightarrow \quad \phi = \frac{3\pi}{4}$,

$\cos\theta = \frac{0}{\sqrt{2}\sin(3\pi/4)} = 0 \quad \rightarrow \ \theta - \frac{3\pi}{2}\,[y<0]$

그러므로 구면좌표 $\left(\sqrt{2},\ \frac{3\pi}{2},\ \frac{3\pi}{4}\right)$이다.

이 구면좌표계에서 어떤 직사각형 영역과 비슷한 것은 다음과 같은 형태의 영역이다.

$$E = \{(\rho,\ \theta,\ \phi)\,|\, a \le \rho \le b,\ \ \alpha \le \theta \le \beta,\ \ c \le \phi \le d\}$$

여기서 $\alpha \ge 0$, $\beta - \alpha \le 2\pi$ 그리고 $d - c \le \pi$이다. 이 영역 E위에서 적분하기 위하여 E를 세밀한 소영역 E_{ijk}로의 구면분할P를 생각한다.(그림 6.26 참조) 그리고 분할 P의 노음(norm), $\|P\|$는 이 소영역들 중에서 가장 긴 대각선의 길이로 약속한다.

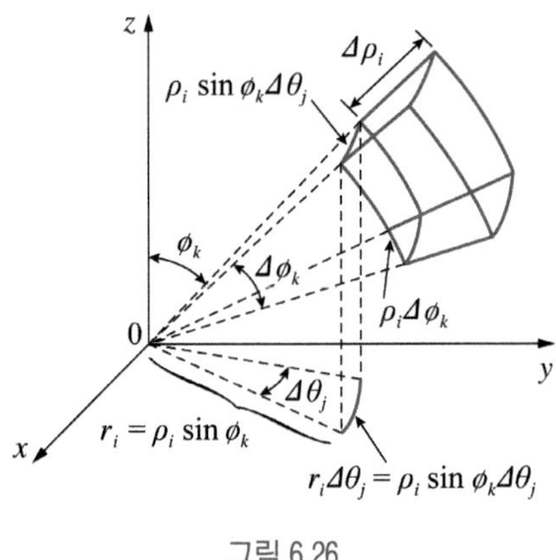

그림 6.26

E_{ijk}의 체적 $\triangle V_{ijk}$는

$$\triangle V_{ijk} \approx \rho_i^2 \sin\phi_k \ \triangle\rho_i \ \triangle\theta_j \ \triangle\phi_k$$

사실상, 평균치정리를 이용하여

$$\triangle V_{ijk} = \overline{\rho_i}^2 \sin\widetilde{\phi_k} \ \triangle\rho_i \ \triangle\theta_j \ \triangle\phi_k$$

이다.(여기서, $(\widetilde{\rho_i}, \ \widetilde{\theta_j}, \ \widetilde{\phi_k})$는 E_{ijk}의 적당한 점이다.)

$$\begin{aligned}\iiint f(x, y, z)dV &= \lim_{\|P\|\to 0} \sum_{i=1}^{l} \sum_{j=1}^{m} \sum_{k=1}^{n} f(x_{ijk}^*, \ y_{ijk}^*, \ z_{ijk}^*)\triangle V_{ijk} \\ &= \lim_{\|P\|\to 0} \sum_{i=1}^{l} \sum_{j=1}^{m} \sum_{k=1}^{n} f(\widetilde{\rho_i} \sin\tilde{\phi}_k \cos\widetilde{\theta}_j, \ \widetilde{\rho_i} \sin\tilde{\phi}_k \sin\widetilde{\theta}_j, \\ &\qquad \widetilde{\rho_i} \cos\tilde{\phi}_k) \, \tilde{\rho}_i^2 \sin\tilde{\phi}_k \triangle\rho_i \triangle\theta_j \triangle\phi_k\end{aligned}$$

이 점의 직교좌표로의 점을 $(x_{ijk}^*, \ y_{ijk}^*, \ z_{ijk}^*)$라 하면,

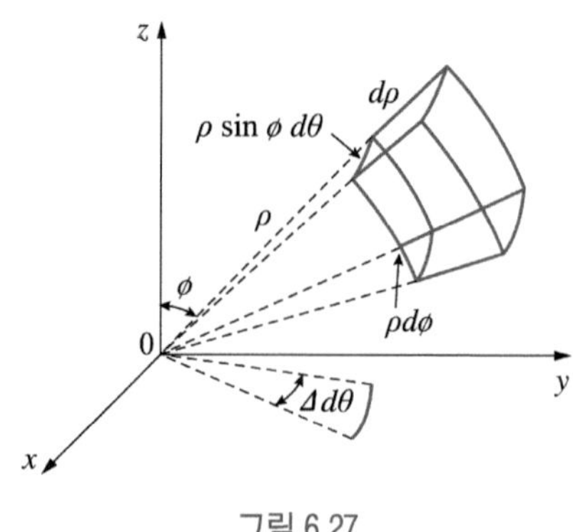

그림 6.27

$F(\rho,\ \theta,\ \phi) = \rho^2 \sin\phi f(\rho\sin\phi\cos\theta,\ \rho\sin\phi\sin\theta,\ \rho\cos\phi)$

결과적으로, 구면좌표의 삼중적분에 대한 다음 공식을 얻는다.

$$\iiint_E f(x,y,z)dV = \int_c^d \int_\alpha^\beta \int_a^b f(\rho\sin\phi\cos\theta, \rho\sin\phi\sin\theta, \rho\cos\phi)\rho^2 \sin\phi\, d\rho\, d\theta\, d\phi$$

$$E = \{(\rho,\theta,\phi)\,|\,a \le \rho \le b,\ \alpha \le \theta \le \beta,\ c \le \phi \le d\}$$

여기서 dV는 $\rho^2 \sin\phi\, d\rho\, d\theta\, d\phi$로 치환 하였다.

예제 6.22

$B = \{(x,y,z)\,|\,x^2+y^2+z^2 \le 1\}$, 일 때 $\iiint_B e^{(x^2+y^2+z^2)^{\frac{3}{2}}}dV$를 계산하여라.

풀이

구면좌표를 사용하라

$B = \{(\rho,\theta,\phi)\,|\,0 \le \rho \le 1, 0 \le \theta \le 2\pi, 0 \le \phi \le \pi\}$

$x^2+y^2+z^2 = \rho^2$

$$\iiint_B e^{(x^2+y^2+z^2)^{\frac{3}{2}}}dV = \int_0^\pi \int_0^{2\pi} \int_0^1 e^{(\rho^2)^{\frac{3}{2}}} \rho^2 \sin\phi\, d\rho\, d\theta\, d\phi$$

$$= \int_0^\pi \sin\phi\, d\phi \int_0^{2\pi} d\theta \int_0^1 \rho^2 e^{\rho^3} d\rho$$

$$= [-\cos\phi]_0^\pi\ (2\pi)\left[\frac{1}{3}e^{\rho^3}\right]_0^1 = \frac{4\pi}{3}(e-1)$$

예제 6.23

원주면 $z = \sqrt{x^2 + y^2}$ 위와 구면 $x^2 + y^2 + z^2 = 1$ 아래에 놓인 도형의 체적을 구면좌표를 사용하여 구하여라(그림 6.28)

풀이

구면좌표를 사용하여 구면의 방정식은 다음과 같이 변환 된다.

$x = \rho \sin\phi \cos\theta,\ y = \rho \sin\phi \sin\theta,\ z = \rho \cos\phi$

이므로

$$\begin{aligned} \rho \cos\phi &= \sqrt{\rho^2 \sin^2\phi \cos^2\theta + \rho^2 \sin^2\phi \sin^2\theta} \\ &= \rho \sin\phi \end{aligned}$$

이것은 $\cos\phi = \sin\phi$, 즉 $\phi = \frac{\pi}{4}$ 이다. 구면 좌표를 사용하여 입체 E는 다음과 같이 된다.

$$E = \left\{(\rho,\ \theta,\ \phi) \mid 0 \le \theta \le 2\pi,\ 0 \le \phi \le \frac{\pi}{4},\ 0 \le \rho \le 1\right\}$$

$$\begin{aligned} V &= \int_0^{2\pi} \int_0^{\pi/4} \int_0^1 \rho^2 \sin\phi \, d\rho d\phi d\theta \\ &= \int_0^{2\pi} d\theta \int_0^{\pi/4} \sin\phi \, d\phi \int_0^1 \rho^2 d\rho \\ &= 2\pi\left(-\frac{\sqrt{2}}{2} + 1\right)\left(\frac{1}{3}\right) \\ &= \frac{1}{3}\pi\left(2 - \sqrt{2}\right) \end{aligned}$$

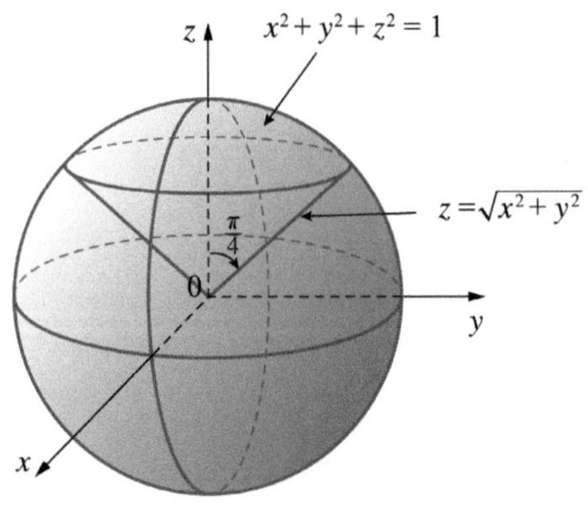

그림 6.28

연습문제 6.6

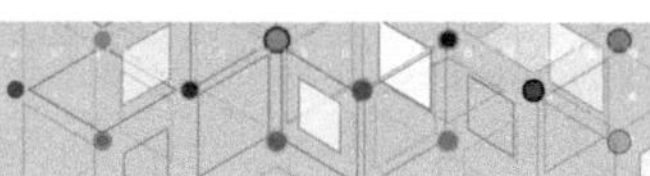

1. 점 $(2, \pi/4, \pi/3)$이 주어져 있다. 그 직교좌표를 구하여라.

2. 점 $(0, 2\sqrt{3}, -2)$가 직교좌표로 주어져 있다. 그 구면좌표를 구하여라.

3. 방정식 $x^2 - y^2 - z^2 = 1$인 이엽쌍곡면의 구면좌표방정식을 구하여라.

4. 구면방정식이 $\rho = \sin\theta \sin\phi$ 인 곡면의 직교방정식을 구하여라

5. 다음 구면좌표를 그리고 그 직교좌표를 구하여라.

(1) $(5, \pi, \pi/2)$ (2) $(4, 3\pi/4, \pi/3)$

6. 직교좌표를 구면좌표로 바꾸어라.

(1) $(1, 1, \sqrt{2})$ (2) $(-\sqrt{3}, -3, -2)$

7. 다음 적분에 의하여 주어지는 부피를 가지는 입체를 그리고, 적분값을 구하여라.

$$\int_0^{\frac{\pi}{6}} \int_0^{\frac{\pi}{2}} \int_0^3 \rho^2 \sin\phi \, d\rho \, d\theta \, d\phi$$

연습문제 6.6

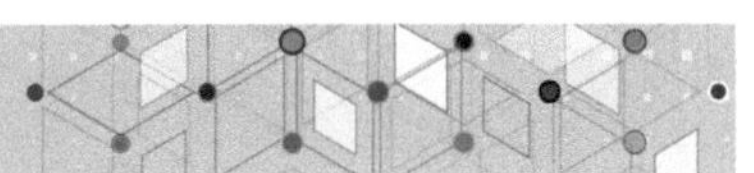

8. B가 중심이 원점이고 반지름이 5인 구일 때, $\iiint_B (x^2+y^2+z^2)^2 dV$를 구하여라.

9. E는 제 1팔분공간에 위치하며 $x^2+y^2+z^2=1$과 구면 $x^2+y^2+z^2=4$ 사이에 놓여 있을 때, $\iiint_E z\,dV$를 구하여라.

6.7 변수변환, 자코비안

적분 $\int_a^b f(x)dx$에 대하여 $x = g(u)$라 하면 $a = g(c)$, $b = g(d)$일 때 $dx = g'(u)du$ 이므로 $\int_a^b f(x)dx = \int_c^d f(g(u))g'(u)du$로 변수를 변환하는 것과 같이 이중적분에서도 $x = g(u, v)$, $y = h(u, v)$로 변수를 변환하여

$$\iint_R f(x, y)dA = \iint_S f(g(u, v),\ h(u, v))\left|\frac{\partial x}{\partial u}\frac{\partial y}{\partial v} - \frac{\partial y}{\partial u}\frac{\partial x}{\partial v}\right| du\, dv$$

로 나타낼 수 있다.

■ 야코비안의 정의

$x = g(u,v)$, $y = h(u, v)$이면 u와 v에 대한 x와 y의 자코비안(Jacobian)은 $\partial(x,y)/\partial(u, v)$로 나타내고 다음과 같이 정의한다.

$$\frac{\partial(x, y)}{\partial(u, v)} = \begin{vmatrix} \frac{\partial x}{\partial u} & \frac{\partial x}{\partial v} \\ \frac{\partial y}{\partial u} & \frac{\partial y}{\partial v} \end{vmatrix} = \frac{\partial x}{\partial u}\frac{\partial y}{\partial v} - \frac{\partial y}{\partial u}\frac{\partial x}{\partial v}$$

예제 6.24

$x = r\cos\theta$와 $y = r\sin\theta$로 정의되는 변수변환의 자코비안을 구하여라.

풀이

자코비안의 정의에서 다음을 얻는다.

$$\frac{\partial(x, y)}{\partial(r, \theta)} = \begin{vmatrix} \frac{\partial x}{\partial r} & \frac{\partial x}{\partial \theta} \\ \frac{\partial y}{\partial r} & \frac{\partial y}{\partial \theta} \end{vmatrix}$$

$$= \begin{vmatrix} \cos\theta & -r\sin\theta \\ \sin\theta & r\cos\theta \end{vmatrix}$$

$$= r\cos^2\theta + r\sin^2\theta$$

$$= r$$

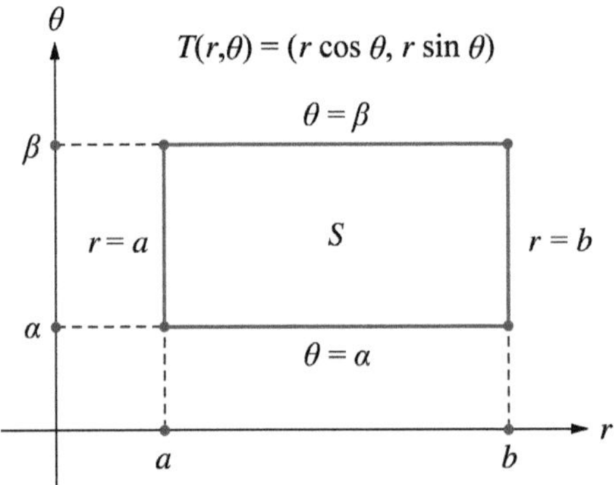

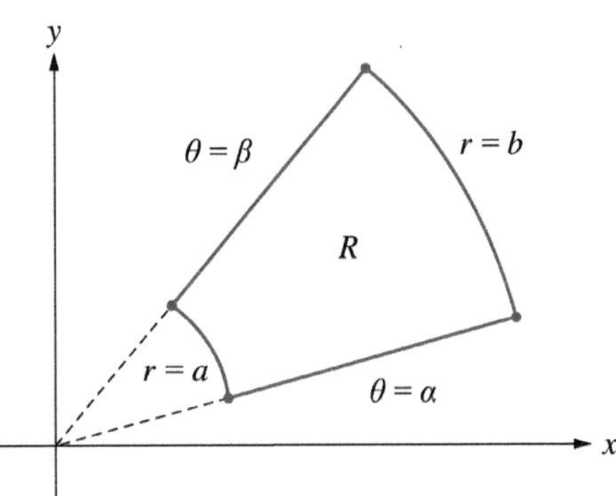

그림 6.29

예제 6.24과 같이 이중적분에 대하여 직교좌표에서 극좌표로 변수변환하여 xy평면의 영역 R에 $r\theta$평면의 영역 S가 대응될 때 (그림 6.29)와 같이 나타낼 수 있다.

$$\int_R\int f(x, y)dA = \int_S\int f(r\cos\theta,\ r\sin\theta)r\,dr\,d\theta,\ \ r > 0$$
$$= \int_S\int f(r\cos\theta,\ r\sin\theta)\left|\frac{\partial(x,\ y)}{\partial(r,\ \theta)}\right|dr\,d\theta$$

일반적으로 변수변환은 uv평면의 영역 S에서 xy평면의 영역 R로의 일대일변환 T로 g, h가 S에서 연속인 일계편도함수를 가질 때

$$T(u,\ v) = (x,\ y) = (g(u, v),\ h(u,\ v))$$

로 나타낸다. 이때 $(u,v) \in S$, $(x,\ y) \in R$이고 영역 R보다 더 단순한 영역 S에서 변환 T를 구한다.

예제 6.25

R은 직선

$$x-2y=0, \quad x-2y=-4, \quad x+y=4, \quad x+y=1$$

로 둘러싸인 영역이다.(그림 6.30) S가 u, v축에 평행한 변을 갖는 직사각형인 영역일 때 S에서 R로의 변환 T를 구하여라.

풀이

$u=x+y$, $v=x-2y$라 하고 $T(u,\ v)=(x,\ y)$가 되는 x ,y를 연립방정식으로 풀어서 구하면

$$x=\frac{1}{3}(2u+v), \quad y=\frac{1}{3}(u-v)$$

이다. xy평면의 R에서 네 경계로 uv평면의 S의 경계를 구하면

xy평면의 경계		uv평면의 경계
$x+y=1$	→	$u=1$
$x+y=4$	→	$u=4$
$x-2y=0$	→	$v=0$
$x-2y=-4$	→	$v=-4$

이다. 변환 T는 S의 꼭짓점을 R의 꼭짓점으로 변환한다.

$$T(1,0)=\left(\frac{1}{3}[2(1)+0],\ \frac{1}{3}[1-0]\right)$$
$$=\left(\frac{2}{3},\ \frac{1}{3}\right)$$
$$T(4,\ 0)=\left(\frac{1}{3}[2(4)+0],\ \frac{1}{3}[4-0]\right)$$
$$=\left(\frac{8}{3},\ \frac{4}{3}\right)$$
$$T(4,\ -4)=\left(\frac{1}{3}[2(4)-4],\ \frac{1}{3}[4-(-4)]\right)$$
$$=\left(\frac{4}{3},\ \frac{8}{3}\right)$$

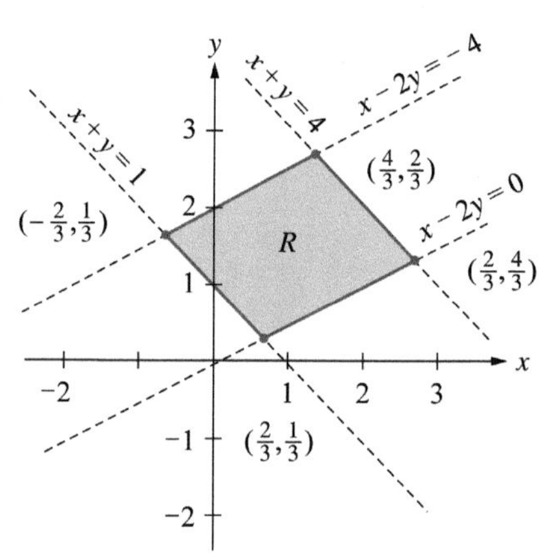

그림 6.30 xy평면의 R

$$T(1, -4) = \left(\frac{1}{3}[2(1)-4],\ \frac{1}{3}[1-(-4)]\right)$$
$$= \left(-\frac{2}{3},\ \frac{5}{3}\right)$$

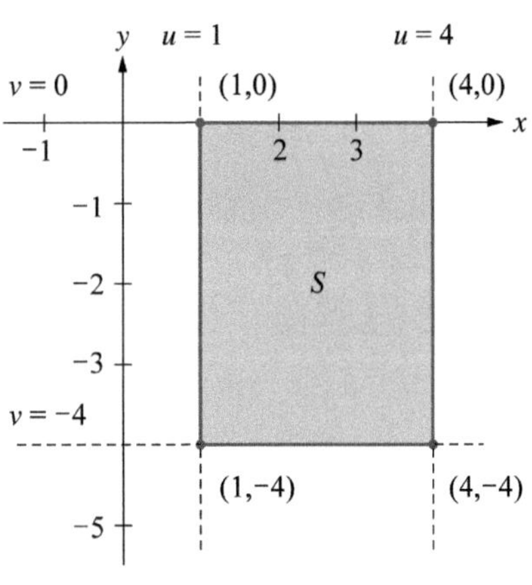

그림 6.31 uv평면의 S

R과 S는 xy평면과 uv평면의 영역으로 $x = g(u, v)$, $y = h(u, v)$인 관계이며 R의 각 점은 S의 유일한 점의 상(image)이다. f가 R에서 연속이고, g와 h는 S에서 연속인 일계편도함수를 가지며, $\partial(x, y)/\partial(u, v)$가 S에서 0이 아닐 때

$$\int_R\int f(x, y)\,dx\,dy = \int_S\int f(g(u, v), h(u, v))\left|\frac{\partial(x, y)}{\partial(u, v)}\right| du\ dv$$

이다.

다음 두 예제는 변수변환으로 적분과정을 어떻게 간단히 하는지를 보여준다. 단순화하는 방법에는 여러 가지가 있다. 영역 R 또는 피적분함수 $f(x,y)$ 또는 둘 다 단순화 하기 위하여 변수변환을 한다.

예제 6.26

R은 직선 $x-2y=0$, $x-2y=-4$, $x+y=4$, $x+y=1$로 둘러싸인 영역이다. (그림 6.32) 다음 이중적분 $\int_R\int 3xy\,dA$를 계산하여라.

풀이

예제 6.25로부터 변수변환

$x=\frac{1}{3}(2u+v)$와 $y=\frac{1}{3}(u-v)$

로 쓸 수 있다. x와 y의 편도함수는

$$\frac{\partial x}{\partial u}=\frac{2}{3},\quad \frac{\partial x}{\partial v}=\frac{1}{3},\quad \frac{\partial y}{\partial u}=\frac{1}{3},\quad \frac{\partial y}{\partial v}=-\frac{1}{3}$$

이므로 자코비안은

$$\frac{\partial(x,\ y)}{\partial(u,\ v)}=\begin{vmatrix}\frac{\partial x}{\partial u} & \frac{\partial x}{\partial v}\\ \frac{\partial y}{\partial u} & \frac{\partial y}{\partial v}\end{vmatrix}=\begin{vmatrix}\frac{2}{3} & \frac{1}{3}\\ \frac{1}{3} & -\frac{1}{3}\end{vmatrix}=-\frac{2}{9}-\frac{1}{9}=-\frac{1}{3}$$

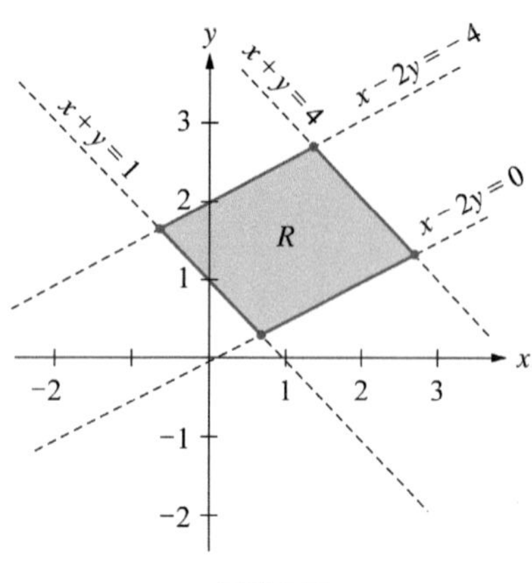

그림 6.32

이고 변수변환공식에 따라

$$\int_R\int 3xydA=\int_S\int 3[\frac{1}{3}(2u+v)\frac{1}{3}(u-v)]|\frac{\partial(x,y)}{\partial(u,v)}|dvdu$$

$$=\int_1^4\int_{-4}^0\frac{1}{9}[2u^2v-\frac{uv^2}{2}-\frac{v^3}{3}]_{-4}^0du=\frac{1}{9}\int_1^4(8u^2+8u-\frac{64}{3})du$$

$$=\frac{164}{9}$$

이다.

예제 6.27

영역 R은 꼭짓점이 $(0,1)$, $(1,2)$, $(2,1)$, $(1,0)$인 정사각형 영역이다.
적분 $\int_R\int(x+y)^2\sin^2(x-y)dA$를 계산하여라.

풀이

영역 R은 직선 $x+y=1$, $x-y=1$, $x+y=3$, $x-y=-1$로 둘러싸인 영역이다.(그림6.33)
$u=x+y$, $v=x-y$라 하면 uv평면의 영역 S의 범위는 $1\le u\le 3$, $-1\le v\le 1$이다.(그림 6.34)
$u=x+y$, $v=x-y$에서 x,y에 대하여 풀면

$$x=\frac{1}{2}(u+v),\quad y=\frac{1}{2}(u-v)$$

이고 x와 y의 편도함수는

$$\frac{\partial x}{\partial u}=\frac{1}{2},\quad \frac{\partial x}{\partial v}=\frac{1}{2},\quad \frac{\partial y}{\partial u}=\frac{1}{2},\quad \frac{\partial y}{\partial v}=-\frac{1}{2}$$

이므로 자코비안은

$$\frac{\partial(x,\ y)}{\partial(u,\ v)} = \begin{vmatrix} \frac{\partial x}{\partial u} & \frac{\partial x}{\partial v} \\ \frac{\partial y}{\partial u} & \frac{\partial y}{\partial v} \end{vmatrix} = \begin{vmatrix} \frac{1}{2} & \frac{1}{2} \\ \frac{1}{2} & -\frac{1}{2} \end{vmatrix} = -\frac{1}{4} - \frac{1}{4} = -\frac{1}{2}$$

이고 변수변환공식에 따라

$$\iint_R (x+y)^2 \sin(x-y)\,dA$$

$$= \int_{-1}^{1}\int_{1}^{3} u^2 \sin^2 v\left(\frac{1}{2}\right)du\,dv$$

$$= \frac{1}{2}\int_{-1}^{1} (\sin^2 v)\frac{u^3}{3}\bigg]_1^3 dv$$

$$= \frac{13}{3}\int_{-1}^{1} \sin^2 v\,dv$$

$$= \frac{13}{6}\int_{-1}^{1} (1-\cos 2v)\,dv$$

$$= \frac{13}{6}\left[v - \frac{1}{2}\sin 2v\right]_{-1}^{1}$$

$$= \frac{13}{6}\left[2 - \frac{1}{2}\sin 2 + \frac{1}{2}\sin(-2)\right]$$

$$= \frac{13}{6}(2 - 2\sin 2) \approx 2.363$$

이다.

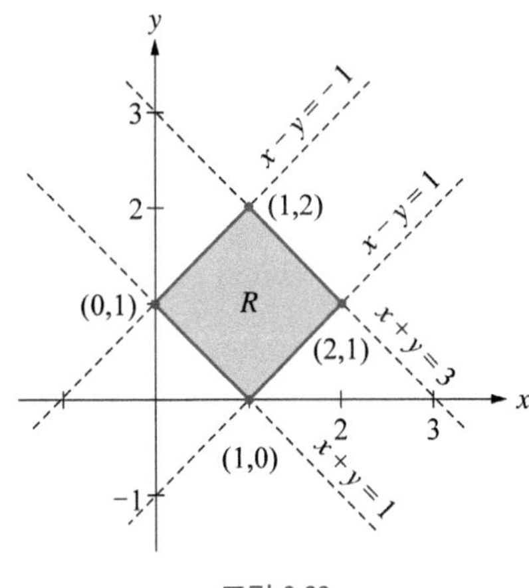

그림 6.33

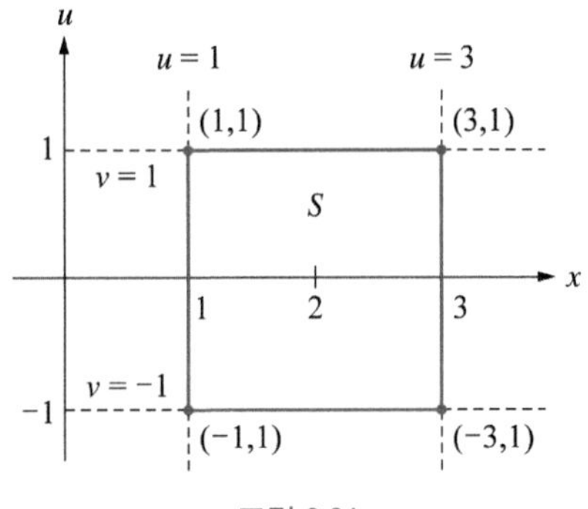

그림 6.34

이 절의 변수변환의 예제들에서 영역 S는 u축 또는 v축에 평행한 변을 갖는 직사각형이었다. 가끔 변수변환은 다른 형태의 영역에서 사용된다. 예를들어 $T(u,\ v) = (x, y) = \left(u,\ \frac{1}{2}v\right)$ 을 택하면 원형영역 $u^2 + v^2 = 1$은 타원영역 $x^2 + (y^2/4) = 1$로 변환된다.

연습문제 6.7

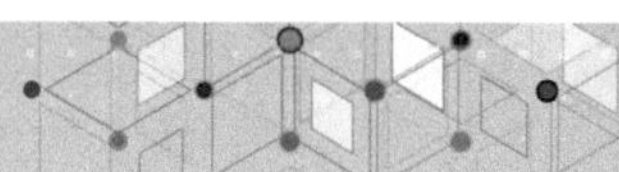

1. 다음 변수변환에 대한 자코비안 $\partial(x,\ y)/\partial(u,\ v)$를 구하여라.

(1) $x = au + bv, \quad y = cu + dv$

(2) $x = uv - 2u, \quad y = uv$

(3) $x = u + a, \quad y = v + a$

(4) $x = \dfrac{u}{v}, \quad y = u + v$

2. 주어진 변환으로 xy평면의 영역 R의 uv평면으로의 상(image) S를 그려라.

(1) $x = 3u + 2v$
$y = 3v$

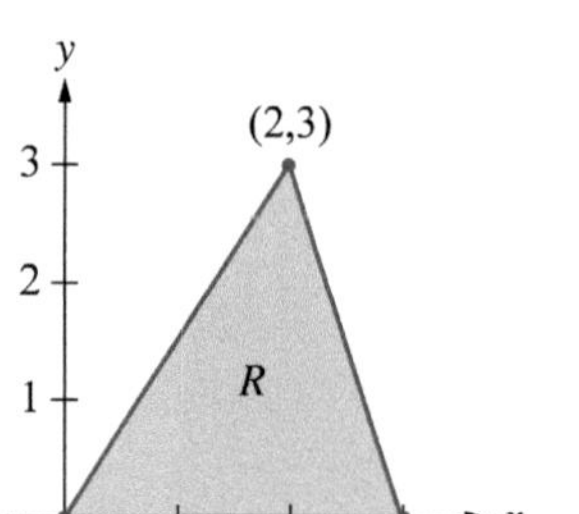

(2) $x = \dfrac{1}{3}(4u - v)$
$y = \dfrac{1}{3}(u - v)$

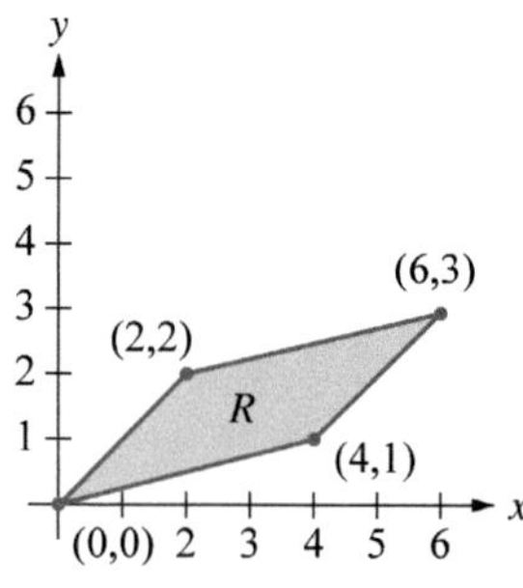

3. 다음 주어진 변수변환으로 이중적분을 계산하여라.

(1) $\displaystyle\iint_R 4(x^2 + y^2)\,dA, \quad x = \frac{1}{2}(u + v), \quad y = \frac{1}{2}(u - v)$

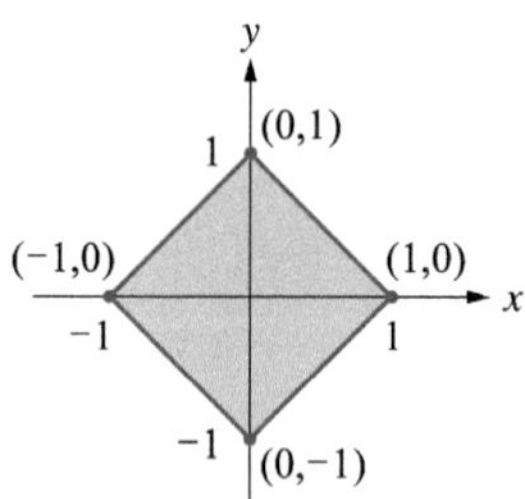

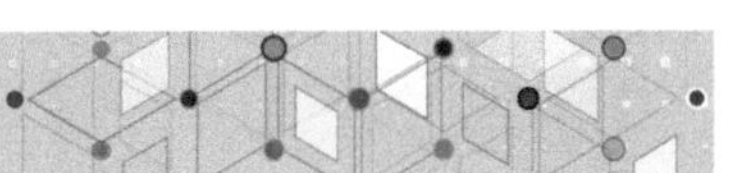

연습문제 6.7

(2) $\displaystyle\iint_R y(x-y)\,dA,\ \ x=u+v,\quad y=u$

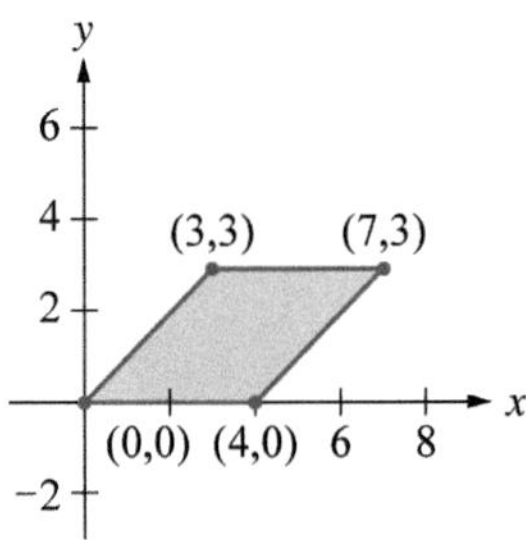

(3) $\displaystyle\iint_R y\sin xy\,dA,\quad x=\frac{u}{v},\quad y=v$

(R은 $xy=1$, $xy=4$, $y=1$, $y=4$의 그래프 사이의 영역)

4. 변수변환으로 다음 곡면 $z=f(x,\ y)$의 아래와 평면영역 R의 위로 둘러싸인 입체의 부피를 구하여라.

(1) $f(x,\ y)=(x+y)e^{x-y}$

(R : 꼭짓점이 $(4,0)$, $(6,2)$, $(4,4)$, $(2,2)$인 정사각형 영역)

(2) $f(x,\ y)=\sqrt{(x-y)(x+4y)}$

(R : 꼭짓점이 $(0,0)$, $(1,1)$, $(5,0)$, $(4,-1)$인 평행사변형 영역)

(3) $f(x,\ y)=\sqrt{x+y}$

(R : 꼭짓점이 $(0,0)$, $(a,0)$, $(0,a)$인 삼각형 영역$(a>0)$)

연습문제 6.7

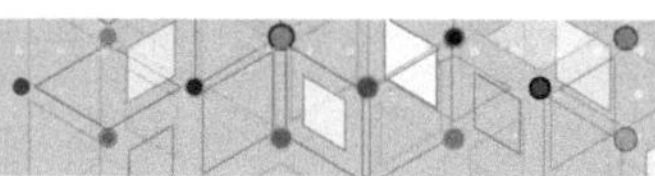

5. xy평면에서 영역 R은 타원 $\frac{x^2}{a^2}+\frac{y^2}{b^2}=1$로 둘러싸인 영역이고 변환은 $x=au,\ y=bv$이다.

(1) 주어진 변환에 대하여 영역R과 상 S의 그래프를 그려라.

(2) $\frac{\partial(x,\ y)}{\partial(u,\ v)}$를 구하여라.

(3) 타원의 넓이를 구하여라.

6. 다음 변수변환에 대하여 자코비안$\partial(x,\ y,\ z)/\partial(u,\ v,\ w)$를 구하여라.

$x=f(u,\ v,\ w),\ y=g(u,\ v,\ w),\ z=h(u,\ v,\ w)$일 때 $u,\ v,\ w$에 대한 $x,\ y,\ z$의 자코비안은 $\partial(x,\ y,\ z)/\partial(u,\ v,\ w)$로 나타내고 다음과 같이 정의한다.

$$\frac{\partial(x,\ y,\ z)}{\partial(u,\ v,\ w)}=\begin{vmatrix} \frac{\partial x}{\partial u} & \frac{\partial x}{\partial v} & \frac{\partial x}{\partial w} \\ \frac{\partial y}{\partial u} & \frac{\partial y}{\partial v} & \frac{\partial y}{\partial w} \\ \frac{\partial z}{\partial u} & \frac{\partial z}{\partial v} & \frac{\partial z}{\partial w} \end{vmatrix}$$

(1) $x=u(1-v),\ \ y=uv(1-w),\ \ z=uvw$

(2) $x=\rho\sin\phi\cos\theta,\ \ y=\rho\sin\phi\cos\theta,\ \ z=\rho\cos\phi$

(3) $x=4u-v,\ \ y=4v-w,\ \ z=u+w$

(4) $x=r\cos\phi,\ \ y=r\sin\phi,\ \ z=z$

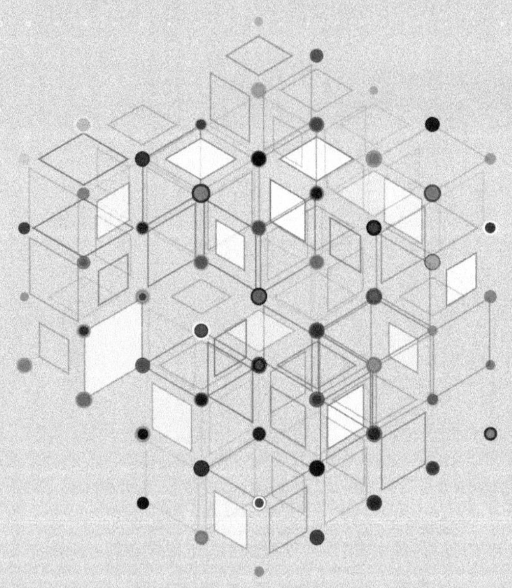

연습문제 해답

CHAPTER 1 미분기초해답

연습문제 1.1

1.

(1) $\dfrac{f(4)-f(2)}{4-2}=\dfrac{24-8}{2}=8$

(2) $\dfrac{f(3)-f(1)}{3-1}=\dfrac{27-1}{2}=13$

(3) $\dfrac{f(5)-f(1)}{5-1}=\dfrac{3-1}{4}=\dfrac{1}{2}$

(4) $\dfrac{f(10)-f(1)}{10-1}=\dfrac{1-0}{9}=\dfrac{1}{9}$

(5) $\dfrac{f(a+h)-f(a)}{a+h-a}=\dfrac{\left(\dfrac{1}{a+h}-\dfrac{1}{a}\right)\cdot a(a+h)}{h\cdot a(a+h)}$

$=\dfrac{a-(a+h)}{h\cdot a(a+h)}=\dfrac{-h}{h\cdot a\cdot (a+h)}$

$=\dfrac{-1}{a(a+h)}$

(6) $\dfrac{f\left(\dfrac{\pi}{3}\right)-f\left(-\dfrac{\pi}{6}\right)}{\dfrac{\pi}{3}-\left(-\dfrac{\pi}{6}\right)}=\dfrac{\left(\dfrac{\sqrt{3}}{2}+\dfrac{1}{2}\right)-\left(-\dfrac{1}{2}+\dfrac{\sqrt{3}}{2}\right)}{\dfrac{\pi}{2}}$

$=\dfrac{1}{\dfrac{\pi}{2}}=\dfrac{2}{\pi}$

2.

(1) (a) $f'(1)=\lim\limits_{h\to 0}\dfrac{f(1+h)-f(1)}{h}$

$=\lim\limits_{h\to 0}\dfrac{(1+h)^2+2(1+h)-3}{h}$

$=\lim\limits_{h\to 0}\dfrac{1+2h+h^2+2+2h-3}{h}$

$=\lim\limits_{h\to 0}\dfrac{h^2+4h}{h}$

$=\lim\limits_{h\to 0}(h+4)=4$

(b) $y-3=4(x-1)$

(2) (a) $f'(1)=\lim\limits_{h\to 0}\dfrac{f(1+h)-f(1)}{h}$

$=\lim\limits_{h\to 0}\dfrac{\left(\dfrac{1}{h+2}-\dfrac{1}{2}\right)\cdot 2(h+2)}{h\cdot 2(h+2)}$

$=\lim\limits_{h\to 0}\dfrac{2-(h+2)}{h\cdot 2(h+2)}$

$=\lim\limits_{h\to 0}\dfrac{-h}{h\cdot 2(h+2)}=-\dfrac{1}{4}$

(b) $y-\dfrac{1}{2}=-\dfrac{1}{4}(x-1)$

(3) (a) $f'(6)=\lim\limits_{h\to 0}\dfrac{f(6+h)-f(6)}{h}$

$=\lim\limits_{h\to 0}\dfrac{\sqrt{4+h}-2}{h}$

$=\lim\limits_{h\to 0}\dfrac{(\sqrt{4+h}-2)\cdot(\sqrt{4+h}+2)}{h\cdot(\sqrt{4+h}+2)}$

$=\lim\limits_{h\to 0}\dfrac{h}{h(\sqrt{4+h}+2)}=\lim\limits_{h\to 0}\dfrac{1}{(\sqrt{4+h}+2)}=\dfrac{1}{4}$

(b) $y-2=\dfrac{1}{4}(x-6)$

연습문제 1.2

1.

(1) $f'(x)=\lim\limits_{h\to 0}\dfrac{f(x+h)-f(x)}{h}$

$=\lim\limits_{h\to 0}\dfrac{(x+h)^3-2(x+h)-[x^3-2x]}{h}$

$=\lim\limits_{h\to 0}\dfrac{x^3+3x^2h+3xh^2+h^3-2x-2h-x^3+2x}{h}$

$=\lim\limits_{h\to 0}(x^2+3xh+h^2-2)$

$=3x^2-2$

(2) $f'(x)=\lim\limits_{h\to 0}\dfrac{f(x+h)-f(x)}{h}$

$=\lim\limits_{h\to 0}\dfrac{(x+h)^4-x^4}{h}$

$=\lim\limits_{h\to 0}\dfrac{x^4+4x^3h+6x^2h^2+4xh^3+h^4-x^4}{h}$

$=\lim\limits_{h\to 0}(4x^3+6x^2h+4xh^2+h^3)$

$=4x^3$

$$f'(x)=\lim_{h\to 0}\frac{f(x+h)-f(x)}{h}$$
$$=\lim_{h\to 0}\frac{\left(\frac{1}{\sqrt{x+h}}-\frac{1}{\sqrt{x}}\right)\sqrt{x+h}\sqrt{x}}{h\sqrt{x+h}\sqrt{x}}$$
$$=\lim_{h\to 0}\frac{\sqrt{x}-\sqrt{x+h}}{h\sqrt{x+h}\sqrt{x}}$$
$$=\lim_{h\to 0}\frac{-h}{h\sqrt{x+h}\sqrt{x}(\sqrt{x}+\sqrt{x+h})}$$
$$=\lim_{h\to 0}\frac{-1}{\sqrt{x+h}\sqrt{x}(\sqrt{x}+\sqrt{x+h})}$$
$$=-\frac{1}{2x\sqrt{x}}$$

$$f'(x)=\lim_{h\to 0}\frac{f(x+h)-f(x)}{h}$$
$$=\lim_{h\to 0}\frac{\left[\frac{1}{(x+h)^2+1}-\frac{1}{x^2+1}\right]\cdot[(x+h)^2+1](x^2+1)}{h\cdot[(x+h)^2+1](x^2+1)}$$
$$=\lim_{h\to 0}\frac{x^2+1-[(x+h)^2+1]}{h\cdot[(x+h)^2+1](x^2+1)}$$
$$=\lim_{h\to 0}\frac{-2xh-h^2}{h\cdot[(x+h)^2+1](x^2+1)}$$
$$=\lim_{h\to 0}\frac{-2x-h}{[(x+h)^2+1](x^2+1)}$$
$$=\frac{-2x}{(x^2+1)(x^2+1)}=\frac{-2x}{(x^2+1)^2}$$

$y'=0$

$y'=-12x^3+\frac{1}{2}$

$y'=-\frac{1}{15}+\frac{3}{15}x^2-\frac{5x^4}{15}=-\frac{1}{15}+\frac{1}{5}x^2-\frac{1}{3}x^4$

$y'=0-\frac{1}{3}\frac{1}{2\sqrt{x}}=-\frac{1}{6\sqrt{x}}$

$g(x)=3x^{-\frac{2}{3}}-2x^{-\frac{3}{2}}$, $g'(x)=-2x^{-\frac{5}{3}}+3x^{-\frac{5}{2}}$

$y=3x+2x^{-1}-x^{-3}$, $y'=3-2x^{-2}+3x^{-4}$

$y=3x^{-1}+2x-x^2$, $y'=-3x^{-2}+2-2x$

$f(x)=x^{\frac{3}{2}}(x-3x^2)=x^{\frac{5}{2}}-3x^{\frac{7}{2}}$, $f'(x)=\frac{5}{2}x^{\frac{3}{2}}-\frac{21}{2}x^{\frac{5}{2}}$

3.

(1) $y'=6x^2-6x=0$

$6x(x-1)=0$

$x=0,\ 1$

$f(0)=0,\ f(1)=-1$

$\therefore (0,0),\ (1,-1)$

(2) $y'=4x-2=2$

$4x=4$

$x=1\quad f(1)=2-2+1=1$

$\therefore (1,1)$

$y-1=2(x-1)$

4.

(1) $\lim_{x\to 1^-}f(x)=\lim_{x\to 1^+}f(x)$

$\lim_{x\to 1^-}(2x+b)=\lim_{x\to 1^+}(ax^2+1)$

$2+b=a+1$

$a-b=1$ ①

$f'(x)=\begin{cases}2, & x<1\\ 2ax, & x>1\end{cases}$

$\lim_{x\to 1^-}f'(x)=2\qquad \lim_{x\to 1^+}f'(x)=2a$

$2=2a$

$\therefore a=1$ ②

② → ① $\therefore b=0$

(2) $\lim_{x\to 1^-}f(x)=\lim_{x\to 1^+}f(x)$

$\lim_{x\to 1^-}(x^3+2ax)=\lim_{x\to 1^+}(ax^2-bx+4)$

$1+2a=a-b+4$

$a+b=3$ ①

$f'(x)=\begin{cases}3x^2+2a, & x<1\\ 2ax-b, & x>1\end{cases}$

$\lim_{x\to 1^-}f'(x)=3+2a\qquad \lim_{x\to 1^+}f'(x)=2a-b$

$3+2a=2a-b$

$\therefore b=-3$ ②

② → ① $\therefore a=6$

(3) $\lim_{x\to4^-}f(x)=\lim_{x\to4^+}f(x)$

$\lim_{x\to4^-}(4\sqrt{x})=\lim_{x\to4^+}(ax^2-bx)$

$8=16a-4b$

$4a-b=2$ ①

$f'(x)=\begin{cases}\dfrac{2}{\sqrt{x}}, & x<4\\ 2ax-b, & x>4\end{cases}$

$\lim_{x\to4^-}f'(x)=1 \qquad \lim_{x\to4^+}f'(x)=8a-b$

$8a-b=1$ ②

①, ②에서 $a=-\dfrac{1}{4},\ b=-3$

5.

(1) $g'=6x(2x^3-1)+(3x^2+2)(6x^2)$

$=12x^4-6x+18x^4+12x^2$

$=30x^4+12x^2-6x$

(2) $y'=2x(3x^2-2x)+(x^2-2)(6x-2)$

$=6x^3-4x^2+6x^3-2x^2-12x+4$

$=12x^3-6x^2-12x+4$

(3) $y'=2\sqrt{x}+(2x-1)\dfrac{1}{2\sqrt{x}}$

$=\dfrac{4x+2x-1}{2\sqrt{x}}=\dfrac{6x-1}{2\sqrt{x}}$

(4) $y'=-2\sqrt{x}+(3-2x)\dfrac{1}{2\sqrt{x}}$

$=\dfrac{-4x+3-2x}{2\sqrt{x}}=\dfrac{3-6x}{2\sqrt{x}}$

6.

$f(4)=0 \quad\Rightarrow\quad \therefore (4,\ 0)$

$y'=\left(1-\dfrac{1}{\sqrt{x}}\right)(x^2-6x+2)+(x-2\sqrt{x})(2x-6)$

$f'(4)=\left(1-\dfrac{1}{2}\right)(16-24+2)+0$

$=\dfrac{1}{2}(-6)=-3 \qquad \therefore y=-3(x-4)$

7.

(1) $y'=\dfrac{3(2x-1)-(1+3x)\cdot 2}{(2x-1)^2}$

$=\dfrac{6x-3-2-6x}{(2x-1)^2}$

$=\dfrac{-5}{(2x-1)^2}$

(2) $y'=\dfrac{1\cdot(x^2+1)-x\cdot 2x}{(x^2+1)^2}$

$=\dfrac{x^2+1-2x^2}{(x^2+1)^2}$

$=\dfrac{1-x^2}{(x^2+1)^2}$

(3) $y'=\dfrac{\dfrac{1}{2\sqrt{x}}(\sqrt{x}+3)-(\sqrt{x}-3)\dfrac{1}{2\sqrt{x}}}{(\sqrt{x}+3)^2}$

$=\dfrac{\left[\dfrac{\sqrt{x}+3}{2\sqrt{x}}-\dfrac{(\sqrt{x}-3)}{2\sqrt{x}}\right]\cdot 2\sqrt{x}}{(\sqrt{x}+3)^2\cdot 2\sqrt{x}}$

$=\dfrac{\sqrt{x}+3-(\sqrt{x}-3)}{2(\sqrt{x}+3)^2\cdot\sqrt{x}}$

$=\dfrac{6}{2(\sqrt{x}+3)^2\sqrt{x}}=\dfrac{3}{(\sqrt{x}+3)^2\sqrt{x}}$

8.

(1) $y'=\dfrac{1\cdot(2x-1)-(1+x)\cdot 2}{(2x-1)^2}$

$=\dfrac{-3}{(2x-1)^2}$

$f'(1)=-3$

$\therefore y-2=-3(x-1)$

(2) $y'=\dfrac{4(x^2+1)-4x\cdot 2x}{(x^2+1)^2}$

$=\dfrac{4x^2+4-8x^2}{(x^2+1)^2}$

$=\dfrac{4-4x^2}{(x^2+1)^2}$

$y'=0 \quad\Rightarrow\quad 4-4x^2=0$

$x^2=1,\quad x=\pm1$

$f(1)=\dfrac{4}{1+1}=2,\quad f(-1)=\dfrac{-4}{1+1}=-2$

$\therefore (1,\ 2), (-1,\ -2)$

$f'(x) = 4x^3 + 6x,\quad f''(x) = 12x^2 + 6$

$f'(x) = 3x^2 - 6 - 2x^{-2},\quad f''(x) = 6x + 4x^{-3}$

습문제 1.3

$y' = 4(3x^2 - \sqrt{x})^3\left(6x - \frac{1}{2\sqrt{x}}\right)$

$y' = 30(x^2 + 4x - 1)^5(2x + 4)$

$= 60(x^2 + 4x - 1)^5(x + 2)$

$y' = 9x^2(2x+3)^4 + 3x^3 \cdot 4(2x+3)^3 \cdot 2$

$= 9x^2(2x+3)^4 + 24x^3(2x+3)^3$

$= 3x^2(2x+3)^3[3(2x+3) + 8x]$

$= 3x^2(2x+3)^3(14x+9)$

$y' = \frac{2(x+1)(2x+1)^3 - (x+1)^2 \cdot 3(2x+1)^2 \cdot 2}{(2x+1)^6}$

$= \frac{2(x+1)(2x+1)^2[(2x+1) - 3(x+1)]}{(2x+1)^6}$

$= \frac{2(x+1)(2x+1-3x-3)}{(2x+1)^4}$

$= \frac{2(x+1)(-x-2)}{(2x+1)^4} = -\frac{2(x+1)(x+2)}{(2x+1)^4}$

$y' = 6x\sqrt{x^2+1} + 3x^2 \cdot \frac{1}{2\sqrt{x^2+1}} \cdot 2x$

$= 6x\sqrt{x^2+1} + \frac{3x^3}{\sqrt{x^2+1}}$

$= \frac{6x(x^2+1) + 3x^3}{\sqrt{x^2+1}} = \frac{9x^3 + 6x}{\sqrt{x^2+1}}$

$y' = \frac{2\sqrt{x^2-2} - 2x \cdot \frac{1}{2\sqrt{x^2-2}} \cdot 2x}{x^2 - 2}$

$= \frac{\left(2\sqrt{x^2-2} - \frac{2x^2}{\sqrt{x^2-2}}\right) \cdot \sqrt{x^2-2}}{(x^2-2) \cdot \sqrt{x^2-2}}$

$= \frac{2(x^2-2) - 2x^2}{(x^2-2)\sqrt{x^2-2}} = \frac{-4}{(x^2-2)\sqrt{x^2-2}}$

2.

$f(1) = \frac{2}{(3-2)^2} = 2 \quad \Rightarrow \quad \therefore (1,\ 2)$

$y = 2(3x-2)^{-2},\ y' = -4(3x-2)^{-3} \cdot 3 = \frac{-12}{(3x-2)^3}$

$f'(1) = -12$

$\therefore y - 2 = -12(x-1)$

3.

(1) $y' = 3[f(x)]^2 \cdot f'(x)$

(2) $y' = 3[f(x^3)]^2 \cdot f'(x^3) \cdot 3x^2$

(3) $y = [f(x)]^{-\frac{1}{2}},\quad y' = -\frac{1}{2}[f(x)]^{-\frac{3}{2}} \cdot f'(x)$

(4) $y' = 12[f(x^2) + 2x]^3 \cdot [f'(x^2) \cdot 2x + 2]$

$= 24[f(x^2) + 2x]^3[xf'(x^2) + 1]$

4.

(1) $\frac{d}{dx}(x^3 - 2xy + y^3) = \frac{d}{dx}(0)$

$3x^2 - (2 \cdot y + 2x \cdot y') + 3y^2 \cdot y' = 0$

$3x^2 - 2y - 2xy' + 3y^2y' = 0$

$y'(3y^2 - 2x) = 2y - 3x^2$

$\therefore \frac{dy}{dx} = \frac{2y - 3x^2}{3y^2 - 2x}$

(2) $\frac{d}{dx}(x^2y^3 - x^3y^2) = \frac{d}{dx}(-5)$

$2x \cdot y^3 + x^2 \cdot 3y^2y' - (3x^2 \cdot y^2 + x^3 \cdot 2yy') = 0$

$2xy^3 + 3x^2y^2y' - 3x^2y^2 - 2x^3yy' = 0$

$y'(3x^2y^2 - 2x^3y) = 3x^2y^2 - 2xy^3$

$\therefore \frac{dy}{dx} = \frac{xy^2(3x-2y)}{x^2y(3y-2x)} = \frac{y(3x-2y)}{x(3y-2x)}$

5.

(1) $4(x^2+y^2)\cdot(2x+2yy')=25(2x-2yy')$

$At\ (-3,\ 1), 40(-6+2y')=25(-6-2y')$

$8(-6+2y')=5(-6-2y'),\ -48+16y'=-30-10y'$

$26y'=18,\ y'=\dfrac{9}{13},\ \therefore \left.\dfrac{dy}{dx}\right|_{(-3,\ 1)}=\dfrac{9}{13}$

$y-1=\dfrac{9}{13}(x+3)$

(2) $\dfrac{1}{2\sqrt{4x-y^2}}(4-2yy')-4\cdot\dfrac{1}{2\sqrt{xy}}(y+xy')=0$

$At\ (2,\ 2),\ \dfrac{1}{4}(4-4y')-4\cdot\dfrac{1}{4}(2+2y')=0$

$1-y'-2-2y'=0,\ y'=-\dfrac{1}{3}$

$\therefore \left.\dfrac{dy}{dx}\right|_{(2,\ 2)}=-\dfrac{1}{3}$

$y-2=-\dfrac{1}{3}(x-2)$

연습문제 1.4

1.

(1) $y'=-\sin(-3x+2)\cdot(-3)$

$=3\sin(-3x+2)$

(2) $y'=-\sin(\sin x)\cdot\cos x$

(3) $y'=-\csc^2(3x^2+2x)\cdot(6x+2)$

$=-(6x+2)\csc^2(3x^2+2x)$

(4) $y'=\sec\left(\dfrac{1}{x}\right)\tan\left(\dfrac{1}{x}\right)\cdot\left(-\dfrac{1}{x^2}\right)$

$=-\dfrac{1}{x^2}\sec\left(\dfrac{1}{x}\right)\tan\left(\dfrac{1}{x}\right)$

(5) $y'=3(\sin x)^2\cdot\cos x$

$=3\sin^2 x\cos x$

(6) $y'=\sec^2(x^3)\cdot 3x^2+3[\tan x]^2\cdot\sec^2 x$

$=3x^2\sec^2(x^3)+3\tan^2 x\sec^2 x$

(7) $y'=3(\sin 2x)^2\cdot\cos 2x\cdot 2+3(\cos 2x)^2\cdot(-\sin 2x)\cdot 2$

$=6\sin^2 2x\cos 2x-6\cos^2 2x\sin 2x$

(8) $y'=2x\cos\dfrac{1}{x}+x^2\left(\sin\left(\dfrac{1}{2}\right)\right)\cdot\left(-\dfrac{1}{x^2}\right)=2x\cos\dfrac{1}{x}-\sin$

(9) $y'=3\sec 2x\tan 2x\cdot 2\cdot\tan 2x+3\sec 2x\cdot\sec^2 2x\cdot$

$=6\sec 2x\tan^2 2x+6\sec^3 2x$

(10) $y=\dfrac{(\cos x)^2}{\sin x}$

$y'=\dfrac{2(\cos x)(-\sin x)(\sin x)-(\cos x)^2\cdot\cos x}{\sin^2 x}$

$=\dfrac{-2\cos x\cdot\sin^2 x-\cos^2 x}{\sin^2 x}=\dfrac{-\cos x(2\sin^2 x+\cos^2}{\sin^2 x}$

2.

(1) $-\sin(x+y)\cdot(1+y')+\cos(x-y)\cdot(1-y')=0$

$-\sin(x+y)-y'\sin(x+y)+\cos(x-y)-y'\cos(x-y)$

$-\sin(x+y)+\cos(x-y)=y'\sin(x+y)+y'\cos(x-y)$

$-\sin(x+y)+\cos(x-y)=y'[\sin(x+y)+\cos(x-y)]$

$\therefore\dfrac{dy}{dx}=\dfrac{-\sin(x+y)+\cos(x-y)}{\sin(x+y)+\cos(x-y)}$

(2) $2x+2y\cdot y'=\sec(xy)\tan(xy)\cdot(y+xy')$

$2x+2yy'=y\sec(xy)\tan(xy)+xy'\sec(xy)\tan(xy)$

$y'[2y-x\sec(xy)\tan(xy)]=y\sec(xy)\tan(xy)-2x$

$\therefore\dfrac{dy}{dx}=\dfrac{y\sec(xy)\tan(xy)-2x}{2y-x\sec(xy)\tan(xy)}$

3.

(1) $y=[\tan x]^3$

$f(\frac{\pi}{4})=(\tan(\frac{\pi}{4}))^3=1\Rightarrow\therefore(\frac{\pi}{4},1)$

$y'=3(\tan x)^2\cdot\sec^2 x$

$f'\left(\dfrac{\pi}{4}\right)=3\left(\tan\dfrac{\pi}{4}\right)^2\cdot\left(\sec\dfrac{\pi}{4}\right)^2$

$=3\cdot1\cdot(\sqrt{2})^2=6$

$\therefore y-1=6\left(x-\dfrac{\pi}{4}\right)$

(2) $f\left(\dfrac{\pi}{6}\right)=\sin\left(\dfrac{\pi}{6}\right)\cos\left(\dfrac{\pi}{3}\right)=\dfrac{1}{2}\cdot\dfrac{1}{2}=\dfrac{1}{4}\quad\Rightarrow\quad\therefore\left(\dfrac{\pi}{6},\ \dfrac{1}{4}\right.$

$y'=\cos x\cdot\cos 2x-2\sin x\cdot\sin 2x$

$f'\left(\dfrac{\pi}{6}\right)=\cos\left(\dfrac{\pi}{6}\right)\cos\left(\dfrac{\pi}{3}\right)-2\cdot\sin\left(\dfrac{\pi}{6}\right)\sin\left(\dfrac{\pi}{3}\right)$

$$= \frac{\sqrt{3}}{2} \cdot \frac{1}{2} - 2 \cdot \frac{1}{2} \cdot \frac{\sqrt{3}}{2}$$

$$= \frac{\sqrt{3}}{4} - \frac{2\sqrt{3}}{4} = \frac{-\sqrt{3}}{4}$$

$$\therefore y - \frac{1}{4} = -\frac{\sqrt{3}}{4}\left(x - \frac{\pi}{6}\right)$$

$$f\left(\frac{\pi}{4}\right) = 2\left(\cot\left(\frac{\pi}{4}\right)\right)^2 - \left(\cos\frac{\pi}{4}\right)^2 = 2(1)^2 - \left(\frac{1}{\sqrt{2}}\right)^2 = \frac{3}{2}$$

$$\Rightarrow \quad \therefore \left(\frac{\pi}{4}, \frac{3}{2}\right)$$

$$y = 2(\cot x)^2 - (\cos x)^2$$

$$y' = 4(\cot x) \cdot (-\csc^2 x) - 2(\cos x)(-\sin x)$$

$$= -4\cot x \cdot \csc^2 x + 2\cos x \sin x$$

$$f'\left(\frac{\pi}{4}\right) = -4\cot\frac{\pi}{4}\csc^2\frac{\pi}{4} + 2\cos\frac{\pi}{4} \cdot \sin\frac{\pi}{4}$$

$$= -4(1) \cdot (\sqrt{2})^2 + 2 \cdot \frac{1}{\sqrt{2}} \cdot \frac{1}{\sqrt{2}}$$

$$= -8 + 1 = -7$$

$$\therefore y - \frac{3}{2} = -7\left(x - \frac{\pi}{4}\right)$$

$$y' = e^{\sec x} \cdot \sec x \tan x$$

$$y' = 4^{\frac{1}{x}} \cdot \left(-\frac{1}{x^2}\right) \cdot \ln 4 = -\frac{4^{\frac{1}{x}} \ln 4}{x^2}$$

$$y' = a^{\cos x}(-\sin x) \cdot \ln a$$

$$= -a^{\cos x} \sin x \ln a$$

$$y' = 2x \cdot 3^x + (x^2+2) \cdot 3^x \ln 3$$

$$= 3^x [2x + (x^2+2)\ln 3]$$

$$y' = e^{ax} \cdot a \cdot \sin bx + e^{ax} \cdot \cos bx \cdot b$$

$$= e^{ax}(a \sin bx + b\cos bx)$$

$$y' = \frac{(e^x + e^{-x}) \cdot (e^x + e^{-x}) - (e^x - e^{-x}) \cdot (e^x - e^{-x})}{(e^x + e^{-x})^2}$$

$$= \frac{(e^{2x} + 2 + e^{-2x}) - (e^{2x} - 2 + e^{-2x})}{(e^x + e^{-x})^2}$$

$$= \frac{4}{(e^x + e^{-x})^2}$$

(7) $y' = \dfrac{-e^{-x} \cdot (e^x - 1) - (e^{-x} + 1) \cdot e^x}{(e^x + 1)^2}$

$$= \frac{-1 + e^{-x} - 1 - e^x}{(e^x - 1)^2}$$

$$= \frac{e^{-x} - 2 - e^x}{(e^x - 1)^2}$$

(8) $e^{xy^3}(1 \cdot y^3 + x \cdot 3y^2 \cdot y') = 1 - y'$

$$y^3 e^{xy^3} + 3xy^2 y' e^{xy^3} = 1 - y'$$

$$y'(3xy^2 e^{xy^3} + 1) = 1 - y^3 e^{xy^3}$$

$$\therefore \frac{dy}{dx} = \frac{1 - y^3 e^{xy^3}}{(3xy^2 e^{xy^3} + 1)}$$

5.

$f(1) = 1 \cdot e^1 = e \quad \Rightarrow \quad \therefore (1, e)$

$y' = 2xe^{\frac{1}{x}} + x^2 e^{\frac{1}{x}}\left(-\frac{1}{x^2}\right)$, $f'(1) = 2e + e^1 \cdot (-1) = e$

$\therefore y - e = e(x - 1) \quad$ (또는 $y = ex$)

6.

(1) $y' = \dfrac{1}{\ln x} \cdot \dfrac{1}{x} = \dfrac{1}{x \ln x}$

(2) $y' = \dfrac{1}{\tan x} \cdot \sec^2 x = \dfrac{\sec^2 x}{\tan x}$

(3) $y' = \dfrac{1}{\sin x} \cdot \cos x \cdot \dfrac{1}{\ln 3} = \dfrac{\cot x}{\ln 3}$

(4) $y' = \dfrac{1}{x \cos x}(\cos x - x \sin x)$

(5) $y' = 2x \ln x + x^2 \cdot \dfrac{1}{x} = 2x \ln x + x$

(6) $y' = \dfrac{1}{\sec x + \tan x}(\sec x \tan x + \sec^2 x) = \sec x$

(7) $y' = \sec^2[\log(x^2+4)] \cdot \dfrac{1}{x^2+4} \cdot 2x \cdot \dfrac{1}{\ln 10}$

$$= \frac{2x \sec^2[\log(x^2+4)]}{(x^2+4)\ln 10}$$

(8) $y' = [\ln y]^3 + x \cdot 3[\ln y]^2 \cdot \dfrac{1}{y} \cdot y'$

$$yy' = y\ln^3 y + 3x \ln^2 y \cdot y'$$

$$y' = \frac{y \ln^3 y}{(y - 3x\ln^2 y)}$$

7.

(1) $y=\ln x+\ln e^{x}-\ln(x-1)$

$=\ln x+x-\ln(x-1),\ y'=\frac{1}{x}+1-\frac{1}{x-1}$

(2) $y=\frac{1}{3}\left[\ln\left(\frac{2x+1}{(2-x)^2}\right)\right]$

$=\frac{1}{3}[\ln(2x+1)-2\ln(2-x)],\ y'=\frac{1}{3}\left[\frac{2}{2x+1}+\frac{2}{2-x}\right]$

(3) $y=\ln(x^4+2x)+3x+2\ln(\sec x)-\ln(\ln x)$,

$y'=\frac{1}{x^4+2x}(4x^3+2)+3+2\cdot\frac{1}{\sec x}$

$\cdot\sec x\tan x-\frac{1}{\ln x}\cdot\frac{1}{x}$

$=\frac{4x^3+2}{x^4+2x}+3+2\tan x-\frac{1}{x\ln x}$

(4) $\ln y=\ln x^{\sin x}$, $\ln y=\sin x\cdot\ln x$, $\frac{1}{y}\cdot y'=\cos x\cdot\ln x$

$+\sin x\cdot\frac{1}{x}$

$y'=y(\cos x\ln x+\frac{\sin x}{x})$

(5) $\ln y=\ln(\ln x)^{\ln x}$, $\ln y=\ln x\cdot\ln(\ln x)$, $\frac{1}{y}y'=\frac{1}{x}\ln(\ln x)$

$+\ln x\cdot\frac{1}{\ln x}\cdot\frac{1}{x}$

$y'=\frac{y}{x}(\ln(\ln x)+1)$

(6) $\ln y=\ln\sqrt{\frac{(x-2)\cos^3x}{x^2+1}}=\frac{1}{2}\ln\left(\frac{(x-2)\cos^3x}{x^2+1}\right)$

$=\frac{1}{2}[\ln(x-2)+3\ln(\cos x)-\ln(x^2+1)]$

$\frac{1}{y}\cdot y'=\frac{1}{2}\left[\frac{1}{x-2}+3\cdot\frac{1}{\cos x}\cdot(-\sin x)-\frac{1}{x^2+1}\cdot 2x\right]$

$y'=\frac{y}{2}\left(\frac{1}{x-2}-3\tan x-\frac{2x}{x^2+1}\right)$

8.

$y=\sqrt{2x+\ln(f(x))}$

$y'=\frac{1}{2\sqrt{2x+\ln(f(x))}}\cdot\left(2+\frac{1}{f(x)}\cdot f'(x)\right)$

$y'(2)=\frac{1}{2\sqrt{4+\ln(f(2))}}\cdot\left(2+\frac{1}{f(2)}\cdot f'(2)\right)$

$=\frac{1}{2\sqrt{4+\ln 1}}\cdot(2+1\cdot 4)=\frac{1}{4}(2+4)=\frac{3}{2}$

연습문제 1.5

1.

(1) $y'=\frac{-6}{x\sqrt{x^4-9}}$

(2) $y'=-\frac{1}{\sqrt{1-(-3x+2)^2}}\cdot(-3)$

$=\frac{3}{\sqrt{1-(-3x+2)^2}}$

(3) $y'=\frac{-1}{\sqrt{2x-x^2}}$

(4) $y'=-2\cdot\frac{1}{\sqrt{1-(\sqrt{x-1})^2}}\cdot\frac{1}{2\sqrt{x-1}}$

$=\frac{-1}{\sqrt{2-x}\sqrt{x-1}}$

(5) $y'=\frac{1}{x[1+(\ln x)^2]}$

(6) $y'=-\frac{1}{1+\left(\frac{1}{x}\right)^2}\cdot\frac{-1}{x^2}$

$=\frac{1}{x^2+1}$

(7) $y=\ln(x^2+4)-x\tan^{-1}\left(\frac{x}{2}\right)$

$\Rightarrow\frac{dy}{dx}=\frac{2x}{x+4}-\tan^{-1}\left(\frac{x}{2}\right)-x\left[\frac{\left(\frac{1}{2}\right)}{1+\left(\frac{x}{2}\right)^2}\right]$

$=\frac{2x}{x^2+4}-\tan^{-1}\left(\frac{x}{2}\right)-\frac{2x}{4+x^2}=-\tan^{-1}\left(\frac{x}{2}\right)$

(8) $y'=-\frac{1}{1+(\csc(x^2))^2}\cdot(-\csc(x^2)\cot(x^2))\cdot 2x$

$=\frac{2x\csc(x^2)\cot(x^2)}{1+\csc^2(x^2)}$

(9) $y'=\frac{1}{|2x+1|\sqrt{x^2+x}}$

$$y' = \frac{1}{\sqrt{1-((1-x^2)^2)^2}} \cdot 2(1-x^2) \cdot (-2x)$$

$$= \frac{-4(1-x^2)}{\sqrt{1-(1-x^2)^4}}$$

$$y = \tan^{-1}\sqrt{x^2-1} + \csc^{-1}x = \tan^{-1}(x^2-1)^{1/2} + \csc^{-1}x$$

$$\Rightarrow \frac{dy}{dx} = \frac{\left(\frac{1}{2}\right)(x^2-1)^{-3/2}(2x)}{1+\left[(x^2-1)^{1/2}\right]^2} - \frac{1}{|x|\sqrt{x^2-1}}$$

$$= \frac{1}{x\sqrt{x^2-1}} - \frac{1}{|x|\sqrt{x^2-1}} = 0, \text{ for } x>1$$

$$y' = \frac{1}{2\sqrt{x^2-1}} \cdot 2x - \frac{1}{|x|\sqrt{x^2-1}}, \ x>1$$

$$= \frac{x}{\sqrt{x^2-1}} - \frac{1}{x\sqrt{x^2-1}}$$

$$= \frac{x^2-1}{x\sqrt{x^2-1}}$$

$$= \frac{\sqrt{x^2-1}}{x}$$

$$f(4) = \sec^{-1}(2) = \cos^{-1}\left(\frac{1}{2}\right) = \frac{\pi}{3} \Rightarrow \therefore \left(4, \frac{\pi}{3}\right)$$

$$y' = \frac{1}{|\sqrt{x}|\sqrt{(\sqrt{x})^2-1}} \cdot \frac{1}{2\sqrt{x}}$$

$$= \frac{1}{\sqrt{x} \cdot \sqrt{x-1}} \cdot \frac{1}{2\sqrt{x}}$$

$$= \frac{1}{2x\sqrt{x-1}}$$

$$f'(4) = \frac{1}{8\sqrt{3}} = \frac{\sqrt{3}}{24}$$

$$\therefore y - \frac{\pi}{3} = \frac{\sqrt{3}}{24}(x-4)$$

$$y' = \tan^{-1}(x^2-1) + x \cdot \frac{1}{1+(x^2-1)^2} \cdot 2x$$

$$= \tan^{-1}(x^2-1) + \frac{2x^2}{1+(x^2-1)^2}$$

$$y'(\sqrt{2}) = \tan^{-1}(1) + \frac{4}{1+1}$$

$$= \frac{\pi}{4} + 2$$

$$f(\sqrt{2}) = \sqrt{2}\tan^{-1}(1) = \frac{\sqrt{2}}{4}\pi$$

$$\because y - \frac{\sqrt{2}}{4}\pi = \left(\frac{\pi}{4}+2\right)(x-\sqrt{2})$$

3.

(1) $(f^{-1})'(2) = \dfrac{1}{f'(f^{-1}(2))} = \dfrac{1}{f'(3)} = \dfrac{1}{-1} = -1$

(2) $(g^{-1})'(4) = \dfrac{1}{g'(g^{-1}(4))} = \dfrac{1}{g'(2)} = \dfrac{1}{5}$

(3) $(g^{-1})'(1) = \dfrac{1}{g'(g^{-1}(1))} = \dfrac{1}{g'(2)} = \dfrac{1}{2}$

4.

(1) $f^{-1}(3) = x, \ 3 = f(x), \ 3 = x^3 - 2x$

$x^3 + 2x - 3 = 0, \ x = 1$

$f'(x) = 3x^2 + 2$

$f'(1) = 5$

$(f^{-1})'(3) = \dfrac{1}{f'(f^{-1}(3))} = \dfrac{1}{f'(2)} = \dfrac{1}{5}$

(2) $f^{-1}(1) = x, \ 1 = f(x), \ 1 = x^3 + x - 1$

$x^3 + x - 2 = 0$

$\therefore x = 1$

$f'(x) = 3x^2 + 1, f'(1) = 4$

$g'(1) = (f^{-1})'(1) = \dfrac{1}{f'(f^{-1}(1))} = \dfrac{1}{f'(1)} = \dfrac{1}{4}$

(3) $f^{-1}(2) = x$

$2 = f(x)$

$2 = e^x + x + 1$

$e^x + x = 1$

$\therefore x = 0$

$f'(x) = e^x + 1$

$f'(0) = 2$

$f(g(x)) = x \quad \Rightarrow \quad g(x) = f^{-1}(x)$

$g'(2) = (f^{-1})'(2) = \dfrac{1}{f'(0)} = \dfrac{1}{2}$

CHAPTER 2 적분기초해답

연습문제 2.1

1.

(1) $t^3+\frac{1}{4}t^2+c$

(2) $-\frac{1}{x}-\frac{1}{3}x^3-\frac{1}{3}x-c$

(3) $\int x^{\frac{1}{2}}+x^{\frac{1}{3}}dx=\frac{2}{3}x^{\frac{3}{2}}+\frac{3}{4}x^{-\frac{4}{3}}+c$

(4) $4y^2-\frac{8}{3}y^{\frac{4}{3}}+c$

(5) $-7\cos\frac{\theta}{3}\cdot 3+c=-21\cos\frac{\theta}{3}+c$

(6) $3\cot x+c$

(7) $-\frac{1}{2}csc\theta+c$

(8) $\frac{1}{3}e^{3x}-5e^{-x}+c$

(9) $4\sec x-2\tan x+c$

(10) $-\frac{1}{2}\cos 2x+\cot x+c$

(11) $\ln x-5\tan^{-1}x+c$

(12) $\tan\theta+c$

(13) $\int\cos\theta(\tan\theta+\sec\theta)d\theta=\int\sin\theta+1d\theta$

$=-\cos\theta+\theta+c$

(14) $-\frac{1}{r+5}+c$

(15) $t=1+x^4$라 하자 $\rightarrow dt=4x^3dx$

$\rightarrow\frac{1}{4}dt=x^3dx$

$\int x^3(1+x^4)^{-\frac{1}{4}}dx=\int\frac{1}{4}t^{-\frac{1}{4}}dt=3t^{\frac{3}{4}}+c$

$=3(1+x^4)^{\frac{3}{4}}+c$

(16) $10\tan\frac{s}{10}+c$

(17) $\int\sin^2\frac{x}{4}dx=\int\frac{1-\cos\frac{x}{2}}{2}dx=\frac{1}{2}\left(x-\frac{\sin\frac{x}{2}}{2}\right)+c$

2.

(1) $u=1-\theta^2\rightarrow du=-2\theta d\theta\rightarrow-\frac{1}{2}du=\theta d\theta$

$\int\theta\sqrt[4]{1-\theta^2}d\theta=\int\sqrt[4]{u}(-\frac{1}{2})du=(-\frac{1}{2})(\frac{4}{5}u^{5/4})$

$=-\frac{2}{5}(1-\theta^2)^{5/4}+c$

(2) $-\frac{2}{1+\sqrt{x}}+c$

(3) $-\ln|\cos x|+c$

(4) $-\frac{2}{3}\cos(x^{\frac{3}{2}}+1)+c$

(5) $u=\cos(2t+1)\rightarrow du=-2\sin(2t+1)dt$

$\rightarrow-\frac{1}{2}du=\sin(2t+1)dt$

$\int\frac{\sin(2t+1)}{\cos^2(2t+1)}dt=\int-\frac{1}{2}\frac{1}{u^2}du$

$=\frac{1}{2u}+c=\frac{1}{2\cos(2t+1)}+c$

(6) $-\frac{1}{2}\sin^2\frac{1}{\theta}+c$

(7) $\mu=\sin^2\theta\rightarrow d\mu=2\sin\theta\cos\theta d\theta\rightarrow\sin 2\theta d\theta=d\mu$

$\int(\sin 2\theta)e^{\sin^2\theta}d\theta=\int e^u du=e^u+c=e^{\sin^2\theta}+c$

(8) $2\tan(e^{\sqrt{x}}+1)+c$

(9) $\mu=1+e^{\frac{1}{x}}\rightarrow d\mu=e^{\frac{1}{x}}(-\frac{1}{x^2})dx\rightarrow-d\mu=\frac{1}{x^2}e^{\frac{1}{x}}d$

준식 $=\int\sec\mu\tan\mu(-d\mu)=-\sec\mu+c$

$=-\sec(1+e^{\frac{1}{x}})+c$

(10) $\ln|\ln x|+c$

(11) $\mu=\frac{2}{3}r\rightarrow d\mu=\frac{2}{3}dr\rightarrow\frac{3}{2}d\mu=dr$

준식 $= \frac{5}{9}\int \frac{1}{1+\left(\frac{2}{3}r\right)^2}dr = \frac{5}{9}\int \frac{\frac{3}{2}}{1+\mu^2}d\mu$

$= \frac{5}{6}\tan^{-1}\mu + c = \frac{5}{6}\tan^{-1}(\frac{2}{3}r) + c$

$e^{\sin^{-1}x} + c$

이때 $u = \sin^{-1}x$ 이고,

$du = \frac{dx}{\sqrt{1-x^2}}$, $\int e^u du = e^u + c = e^{\sin^{-1}x} + c$

$\ln|\tan^{-1}y| + c$

$u = \cos x \rightarrow du = -\sin x\,dx \rightarrow -du = \sin x\,dx$

준식 $= \int 2u^{-\frac{1}{2}}(-du) = -4u^{\frac{1}{2}} + c$

$= -4(\cos x)^{\frac{1}{2}} + c$

$\theta^2 + \theta + \sin(2\theta+1) + c$

$\mu = 2t^{\frac{3}{2}} \rightarrow d\mu = 3t^{\frac{1}{2}}dt \rightarrow \frac{1}{3}d\mu = \sqrt{t}\,dt$

준식 $= \int \sin\mu \frac{1}{3}du = -\frac{1}{3}\cos\mu + c$

$= -\frac{1}{3}\cos(2t^{\frac{3}{2}}) + c$

$\tan(e^x - 7) + c$

$u = \tan x \rightarrow du = \sec^2 x\,dx$

준식 $= \int e^u du = e^u + c = e^{\tan x} + c$

$-\frac{1}{2}(\ln x)^{-2} + c$

$u = 2(r-1) \rightarrow du = 2dr \rightarrow \frac{1}{2}du = dr$

준식 $= \int \frac{3}{\sqrt{1-u^2}}\frac{1}{2}du = \frac{3}{2}\sin^{-1}u + c$

$= \frac{3}{2}\sin^{-1}(2r-2) + c$

$\frac{1}{\sqrt{2}}\tan^{-1}\left(\frac{x-1}{\sqrt{2}}\right) + c$

$u = \frac{2x-1}{2} \rightarrow du = dx \rightarrow du = dx$

준식$= \frac{1}{4}\int \frac{1}{u\sqrt{u^2-1}}du = \frac{1}{4}\sec^{-1}u + c$

$= \frac{1}{4}\sec\frac{2x-1}{2} + c$

(24) $2\sqrt{8x^2+1} + c$

(25) $t = \tan u \rightarrow dt = \sec^2 u\,du$

준식$= \int e^t dt = e^t + c = e^{\tan\mu} + c$

(26) $\frac{2^{\sqrt{w}}}{\ln 2} + c$

(27) $u = s^2 \rightarrow du = 2s\,ds$

준식$= \int \frac{1}{\sqrt{1-u^2}}du = \sin^{-1}u + c$

$= \sin^{-1}(s^2) + c$

(28) $6\sec^{-1}|5x| + c$

3.

(1) $\int \frac{1}{\sqrt{-(t-2)^2+1}}dt = \sin^{-1}(t-2) + c$

(2) $\int \frac{1}{(x+1)\sqrt{(x+1)^2-1}}dx = \sec^{-1}|x+1| + c$

4.

(1) $\int 1 - \frac{1}{x+1}dx = x - \ln|x+1| + c$

(2) $2t^2 - t + 2\tan^{-1}\left(\frac{t}{2}\right) + c$

(3) $\int \frac{1}{\sqrt{1-x^2}} - \frac{x}{\sqrt{1-x^2}}dx$

$= \sin^{-1}x + \sqrt{1-x^2} + c$

(4) $\int x^2 + x + 2 + \frac{2}{x-1}dx$

$= \frac{1}{3}x^3 + \frac{1}{2}x^2 + 2x + 2\ln|x-1| + c$

5.

(1) $\int x\sin\frac{x}{2}dx = x(-\cos\frac{x}{2}) \cdot 2 - \int(-\cos\frac{x}{2}) \cdot 2dx$

$= -2x\cos\frac{x}{2} + 4\sin\frac{x}{2} + c$

(2) $\frac{1}{2}x^2 \ln x - \frac{1}{4}x^2 + c$

(3) $\int x^3 e^x dx = x^3 e^x - \int 3x^2 e^x dx$

$= x^3 e^x - 3(x^2 e^x - \int 2x e^x dx)$

$= x^3 e^x - 3x^2 e^x + 6\int x e^x dx$

$= x^3 e^x - 3x^2 e^x + 6(x e^x - \int e^x dx)$

$= x^3 e^x - 3x^2 e^x + 6x e^x - 6e^x + c$

(4) $-\frac{1}{2}\theta^2 \cos 2\theta + \frac{1}{2}\theta \sin 2\theta + \frac{1}{4}\cos 2\theta + c$

(5) $\int e^{2x} \cos 3x\, dx$를 I라 하자.

$I = e^{2x} \sin 3x \cdot \frac{1}{3} - \int 2e^{2x} \sin 3x \cdot \frac{1}{3} dx$

$= \frac{e^{2x}}{3} \sin 3x - \frac{2}{3}(-e^{2x} \cos 3x \cdot \frac{1}{3}$

$- \int 2e^{2x}(-\sin 3x) \cdot \frac{1}{3} dx)$

$= \frac{e^{2x}}{3} \sin 3x + \frac{2}{9}e^{2x} \cos 3x - \frac{4}{9}I$

$\frac{13}{9}I = \frac{3e^{2x}}{9} \sin 3x + \frac{2}{9}e^{2x} \cos 3x$

$I - \frac{e^{2x}}{13}(3\sin 3x + 2\cos 3x) + c$

6.

(1) $\int \frac{1}{1-x^2} dx = -\int \frac{1}{(x-1)(x+1)} dx$

$= -\frac{1}{2}\int \frac{1}{x-1} - \frac{1}{x+1} dx$

$= -\frac{1}{2}(\ln|x-1| - \ln|x+1|) + c$

(2) $\frac{1}{2}(\ln|x| - \ln|x+2|) + c$

(3) $\frac{x+4}{x^2+5x-6} = \frac{A}{x+6} + \frac{B}{x-1}$ 에서

$A = \frac{2}{7},\ B = \frac{5}{7}$ 이므로

준식$= \frac{2}{7}\int \frac{1}{x+6} dx + \frac{5}{7}\int \frac{1}{x-1} dx$

$= \frac{2}{7}\ln|x+6| + \frac{5}{7}\ln|x-1| + c$

(4) $-\frac{1}{2}\ln|t| + \frac{1}{6}\ln|t+2| + \frac{1}{3}\ln|t-1| + c$

연습문제 2.2

1.

(1) $\mu = \cos x \to du = -\sin x\, dx \to -du = \sin x\, dx$

준식$= \int u^3(-du) = -\frac{1}{4}u^4 + c = -\frac{1}{4}\cos^4 x + c$

(2) $\frac{1}{3}\cos^3 x - \cos x + c$

(3) $u = \sin x \to du = \cos x\, dx$

준식$= \int \cos^2 x \cos x\, dx = \int (1-\sin^2 x)\cos x\, dx$

$= \int 1 - u^2 du = u - \frac{1}{3}u^3 + c = \sin x - \frac{1}{3}\sin^3 x + c$

(4) $\frac{1}{2}x + \frac{1}{4}\sin 2x + c$

(5) $\int 16\sin^2 x \cos^2 x\, dx = \int 16\left(\frac{1-\cos 2x}{2}\right)\left(\frac{1+\cos 2x}{2}\right) dx$

$= 4\int 1 - \cos^2 2x\, dx - 4\int \sin^2 2x\, dx$

$= 4\int \frac{1-\cos 4x}{2} dx = 2\left(x - \frac{\sin 4x}{4}\right) + c$

$= 2x - 4\sin x \cos^3 x + 2\cos x \sin x + c$

2.

(1) $u = \sec x \to du \to \sec x \tan x\, dx$

준식$= \int u\, du = \frac{1}{2}u^2 + c = \frac{1}{2}\sec^2 x + c$

(2) $\frac{1}{3}\tan^3 x + c$

(3) $\int \sec^2 x \sec^2 x\, dx = \int (1+\tan^2 x)\sec^2 x\, dx$

$= \int \sec^2 x dx - \int \tan^2 x \sec^2 x\, dx$

$= \tan x + \frac{1}{3}\tan^3 x + c$

$$\int \tan^2 x \tan^2 x\,dx = \int (\sec^2 x - 1)\tan x\,dx$$

$$= \int \sec^2 x \tan x dx - \int \tan x\,dx$$

$$= \frac{1}{2}\tan^2 x - \ln|\sec x| + c$$

$$\int \sin 3x \cos 2x\,dx = \int \frac{1}{2}(\sin 5x + \sin x)dx$$

$$= -\frac{1}{10}\cos 5x - \frac{1}{2}\cos x + c$$

$$\frac{1}{2}\sin x + \frac{1}{14}\sin 7x + c$$

$$\int \sin 3x \sin 2x\,dx = -\int \frac{1}{2}(\cos 5x - \cos x)dx$$

$$= -\frac{1}{10}\sin 5x + \frac{1}{2}\sin x + c$$

$$-\frac{1}{10}\cos 5x + \frac{1}{2}\cos x + c$$

$\mu = \cos x$라 하면

$d\mu = -\sin x\,dx$

$$\int \mu^2(-d\mu) = -\frac{1}{3}\mu^3 + c$$

$$= -\frac{1}{3}\cos^3 x + c$$

$$\int \cot^3 x \csc^3 x\,dx = \int \cot^2 x \csc^2 x \cot x \csc x\,dx$$

$$= \int (\csc^2 x - 1)\csc^2 x \cot x \csc x\,dx$$

$u = \csc x$라 하면 $du = -\csc x \cot x dx$이므로

$$\int (u^2-1)u^2(-du) = \int (u^2 - u^4)du = \frac{1}{3}u^3 - \frac{1}{5}u^5 + c$$

$$= \frac{1}{3}\csc^3 x - \frac{1}{5}\csc^5 x + c$$

$$\int \cot^2 x \csc^4 x\,dx = \int \cot^2 x \csc^2 x \csc^2 x\,dx$$

$$= \int \cot^2 x(1+\cot^2 x)\csc^2 x\,dx$$

$u = \cot x$라 하면 $du = -\csc x \cot x dx$이므로

$$\int u^2(1+u^2)(-du) = -\int (u^2 + u^4)du$$

$$= -\frac{1}{3}u^3 - \frac{1}{5}u^5 + c$$

$$= -\frac{1}{3}\cot^3 x - \frac{1}{5}\cot^5 x + c$$

(4) $\int \tan x \sec^4 x\,dx$

$u = \tan x, \quad du = \sec^2 x\,dx$

$$\int \tan x(1+\tan^2 x)\sec^2 x\,dx = \int u(1+u^2)du$$

$$= \frac{1}{2}u^2 + \frac{1}{4}u^4 + c$$

$$= \frac{1}{2}\tan^2 x + \frac{1}{4}\tan^4 x + c$$

(5) $u = \sin x$라 놓으면 $du = \cos x\,dx$가 되고

$$\int \sqrt{\sin x}\cos^5 x\,dx = \int \sqrt{\sin x}(1-\sin^2 x)^2 \cos x\,dx$$

$$= \int \sqrt{u}(1-u^2)^2 du$$

$$= \int (u^{1/2} - 2u^{5/2} + u^{9/2})du$$

$$= \frac{2}{3}u^{3/2} - 2\left(\frac{2}{7}\right)u^{7/2} + \frac{2}{11}u^{11/2} + c$$

$$= \frac{2}{3}\sin^{3/2} x - \frac{4}{7}\sin^{7/2} x + \frac{2}{11}\sin^{11/2} x + c$$

이다.

(6) $u = \cos x$라 놓으면 $du = -\sin x\,dx$가 되고,

$$\int \cos^4 x \sin^3 x\,dx = \int \cos^4 x \sin^2 x \sin x\,dx$$

$$= -\int \cos^4 x \sin^2 x(-\sin x)dx$$

$$= -\int (u^4 - u^6)du = -\left(\frac{u^5}{5} - \frac{u^7}{7}\right) + c$$

$$= -\frac{\cos^5 x}{5} + \frac{\cos^7 x}{7} + c$$

이다.

연습문제 2.3

1.

(1) $\int_0^2 x^2 - 3x\,dx = \left[\frac{1}{3}x^3 - \frac{3}{2}x^2\right]_0^2 = -\frac{10}{3}$

(2) 8

(3) $2[\tan x]_0^{\pi/3} = 2\sqrt{3}$

(4) $1 - \frac{\pi}{4}$

(5) $\left[-\frac{1}{2}\cos 2x\right]_0^{\pi/8} = \frac{2-\sqrt{2}}{4}$

(6) -1

(7) $4[\sin^{-1}x]_0^{\frac{1}{2}} = 4\sin^{-1}\frac{1}{2} - 4\sin^{-1}0$

$= 4 \cdot \frac{\pi}{6} = \frac{2\pi}{3}$

2.

(1) $\cos\sqrt{x} \cdot \frac{1}{2\sqrt{x}}$

(2) $3x^2e^{-x^2}$

(3) $\sqrt{1+x^2}$

(4) $-\frac{1}{2}x^{-\frac{1}{2}}\sin x$

(5) $\frac{1}{\sqrt{1-\sin^2 x}} \cdot \cos x = 1$

(6) $2xe^{\frac{1}{2}x^2}$

(7) $\cos(\sin^{-1}x) \cdot \frac{1}{\sqrt{1-x^2}}$

(8) $\frac{2}{x}$

(9) $\sin 4y \cdot \frac{1}{\sqrt{y}} - \sin y \cdot \frac{1}{2\sqrt{y}}$

(10) $2x\ln|x| - x\ln\frac{|x|}{\sqrt{2}}$

(11) $\sin(e^{\ln x}) \cdot \frac{1}{x} = \frac{\sin x}{x}$

3.

(1) $u = \tan x \rightarrow du = \sec^2 x\,dx;\ x = 0 \rightarrow u = 0,$

$x = \frac{\pi}{4} \rightarrow u = 1$

준식$= \int_0^1 u\,du = \frac{1}{2}[u^2]_0^1 = \frac{1}{2}$

(2) 0

(3) $u = x^2 + 1 \rightarrow du = 2x\,dx;\ x = 0 \rightarrow u = 1,$

$x = \sqrt{3} \rightarrow u = 4$

준식$= \int_1^4 \frac{2}{\sqrt{u}}du = \int_1^4 2u^{-\frac{1}{2}}du = 4[u^{\frac{1}{2}}]_1^4 = 4$

(4) $\frac{1}{6}$

(5) $u = 3\sin x + 4 \rightarrow du = 3\cos x\,dx \rightarrow \frac{1}{3}du = \cos x\,dx;$

$x = 0 \rightarrow u = 4,\ x = 2\pi \rightarrow u = 4$

준식$= \int_4^4 \frac{1}{\sqrt{u}}\frac{1}{3}du = 0$

(6) $3^{\frac{5}{2}} - 1$

(7) $u = \tan\theta \rightarrow du \rightarrow \sec^2\theta\,d\theta;$

$x = 0 \rightarrow u = 0,\ x = \frac{\pi}{4} \rightarrow u = 1$

준식$= \int_0^1 1 + e^u du = [u + e^u]_0^1 = e$

(8) $\ln 3$

(9) $u = \ln x \rightarrow du = \frac{1}{x}dx;$

$x = 2 \rightarrow u = \ln 2,\ x = 4 \rightarrow u = \ln 4$

준식 $= \int_{\ln 2}^{\ln 4} \frac{1}{u^2}du = \int_{\ln 2}^{\ln 4} u^{-2}du$

$= [-u^{-1}]_{\ln 2}^{\ln 4} = \frac{1}{\ln 4}$

(10) $\frac{\pi}{12}$

(11) $u = \frac{s}{2} \rightarrow du = \frac{1}{2}ds;\ s = 0 \rightarrow u = 0,$

$s = 1 \rightarrow u = \frac{1}{2}$

준식$= 4\int_0^{\frac{1}{2}} \frac{1}{\sqrt{1-u^2}}du = 4[\sin^{-1}u]_0^{\frac{1}{2}} = \frac{2}{3}\pi$

$\sqrt{3}-1$

준식$=\int_0^{\pi}\frac{1-\cos 10r}{2}dr=\frac{1}{2}\left[r-\frac{\sin 10r}{10}\right]_0^{\pi}=\frac{\pi}{2}$

$6\sqrt{3}-2\pi$

-1

2

$u=1+7\ln x\ \rightarrow\ du=\frac{7}{x}dx\ \rightarrow\ \frac{1}{7}du=\frac{1}{x}dx;$

$x=1\ \rightarrow\ u=1,\ \ x=e\ \rightarrow\ u=8$

준식$=\int_1^8 u^{-\frac{1}{3}}\frac{1}{7}du=\frac{1}{7}\cdot\frac{3}{2}[u^{\frac{2}{3}}]_1^8=\frac{9}{14}$

$\frac{9\ln 2}{4}$

$u=\ln x\ \rightarrow du=\frac{1}{x}dx;$

$x=1\ \rightarrow\ u=0,\ \ x=4\ \rightarrow\ u=\ln 4$

준식$=\int_0^{\ln 4}\frac{1}{2}u^3du=\frac{1}{8}[u^4]_0^{\ln 4}=2(\ln 2)^4$

1

$u=x^2\ \rightarrow\ du=2xdx\ \rightarrow\ \frac{1}{2}du=x\,dx;$

$x=1\ \rightarrow\ u=1,\ \ x=\sqrt{2}\ \rightarrow u=2$

준식$=\int_1^2 2^u\frac{1}{2}du=\frac{1}{2}[2^u]_1^2\frac{1}{\ln 2}=\frac{1}{\ln 2}$

$\frac{6}{\ln 7}$

준식 $=\int_1^4\frac{\ln 2\cdot(\ln x/\ln 2)}{x}dx$

$=\int_1^4\frac{\ln x}{x}dx=\left[\frac{1}{2}(\ln x)^2\right]_1^4=2(\ln 2)^2$

$\frac{3\ln 2}{2}$

$\frac{2}{e}$

$=[x(-\cos x)-1(-\sin x)]_{\frac{\pi}{3}}^{\frac{\pi}{2}}$

$=[-x\cos x+\sin x]_{\frac{\pi}{3}}^{\frac{\pi}{2}}$

$=\frac{\pi}{6}-\frac{\sqrt{3}}{2}+1$

(3) $\frac{\pi^2-4}{8}$

(4) $u=\ln x,\ v'=x$

$u'=\frac{1}{x},\ v=\frac{1}{2}x^2$

$=\left[\frac{1}{2}x^2\ln x\right]_1^e-\int_1^e\frac{1}{2}xdx$

$=\left[\frac{1}{2}x^2\ln x\right]_1^e-\left[\frac{1}{4}x^2\right]_1^e$

$=\frac{1}{4}e^2+\frac{1}{4}$

(5) 1

(6) $u=\tan^{-1}x,\ v'=1$

$u'=\frac{1}{1+x^2},v=x$

$=[x\tan^{-1}x]_0^1-\int_0^1\frac{x}{1+x^2}dx$

$=[x\tan^{-1}x]_0^1-\left[\frac{1}{2}\ln(1+x^2)\right]_0^1$

$=\frac{\pi}{4}-\ln\sqrt{2}$

(7) $\frac{5}{12}\pi-\frac{\sqrt{3}}{2}$

(8) $u=\sqrt{x}$

$u^2=x$

$2udu=dx$

if $x=0, u=o$

if $x=4, u=2$

$=\int_0^2 e^u\cdot 2udu$

$=\int_0^2 2ue^u du$

$=[2u(e^u)-2(e^u)]_0^2$

$=[e^u(2u-2)]_0^2$

$=2e^2+2$

(9) $\frac{e^{\pi}+1}{2}$

5.

(1) $\ln\frac{27}{4}$

(2) $\frac{1}{x^2+2x}=\frac{A}{x}+\frac{B}{x+2}\Rightarrow 1=A(x+2)+Bx;\ x=0$

$\Rightarrow A=\frac{1}{2};x=-2\Rightarrow B=-\frac{1}{2};$

$\int\frac{dx}{x^2+2x}=\frac{1}{2}\int\frac{dx}{x}-\frac{1}{2}\int\frac{dx}{x+2}$

$=\frac{1}{2}[\ln|x|-\ln|x+2|]+C$

(3) $y-2\ln|y+1|+C$

(4) $\frac{x+4}{x^2+5x-6}=\frac{A}{x+6}+\frac{B}{x-1}$

$\Rightarrow x+4=A(x-1)+B(x+6);x=1$

$\Rightarrow B=\frac{5}{7};x=-6\Rightarrow A=\frac{-2}{-7}=\frac{2}{7};$

$\int\frac{x+4}{x^2+5x-6}dx=\frac{2}{7}\int\frac{dx}{x+6}+\frac{5}{7}\int\frac{dx}{x-1}$

$=\frac{2}{7}\ln|x+6|+\frac{5}{7}\ln|x-1|+C$

$=\frac{1}{7}\ln\left|(x+6)^2(x-1)^5\right|+C$

(5) $\frac{1}{t^3+t^2-2t}=\frac{A}{t}+\frac{B}{t+2}+\frac{C}{t-1}$

$\Rightarrow 1=A(t+2)(t-1)+Bt(t-1)+Ct(t+2);t=0$

$\Rightarrow A=-\frac{1}{2};t=-2$

$\Rightarrow B=\frac{1}{6};t=1\Rightarrow C=\frac{1}{3};\int\frac{dt}{t^3+t^2-2t}$

$=-\frac{1}{2}\int\frac{dt}{t}+\frac{1}{6}\int\frac{dt}{t+2}+\frac{1}{3}\int\frac{dt}{t-1}$

$=-\frac{1}{2}\ln|t|+\frac{1}{6}\ln|t+2|+\frac{1}{3}\ln|t-1|+C$

(6) $\frac{1}{(x+1)(x^2+1)}=\frac{A}{x+1}+\frac{Bx+C}{x^2+1}$

$\Rightarrow 1=A(x^2+1)+(Bx+C)(x+1);x=-1\Rightarrow A=\frac{1}{2};$

$A+B=0\Rightarrow B=-\frac{1}{2};$

$A+C\Rightarrow A+C=1\Rightarrow C=\frac{1}{2};\int_0^1\frac{dx}{(x+1)(x^2+1)}$

$\frac{1}{2}\int_0^1\frac{dx}{x+1}+\frac{1}{2}\int_0^1\frac{(-x+1)}{x^2+1}dx$

$=\left[\frac{1}{2}\ln|x+1|-\frac{1}{4}\ln(x^2+1)+\frac{1}{2}\tan^{-1}x\right]_0^1$

$=\left(\frac{1}{2}\ln 2-\frac{1}{4}\ln 2+\frac{1}{2}\tan^{-1}1\right)$

$-\left(\frac{1}{2}\ln 1-\frac{1}{4}\ln 1+\frac{1}{2}\tan^{-1}0\right)$

$=\frac{1}{4}\ln 2+\frac{1}{2}\left(\frac{\pi}{4}\right)=\frac{(\pi+2\ln 2)}{8}$

CHAPTER 3 벡터해답

습문제 3.1

사각형 ABCO, CDEO, DEFO는 모두 평행사변형이므로 벡터 $\overrightarrow{AB}$와 같은 것은 $\overrightarrow{OC}$, $\overrightarrow{ED}$, $\overrightarrow{FO}$
사각형 ABDE는 평행사변형이므로 벡터 $\overrightarrow{AE}$와 같은 것은 $\overrightarrow{BD}$

$\overrightarrow{DC}=\overrightarrow{AB}=\vec{a}$
$\overrightarrow{FG}=\overrightarrow{AD}=\vec{b}$
$\overrightarrow{BF}=\overrightarrow{AE}=\vec{c}$
$\overrightarrow{HG}=\overrightarrow{AB}=\vec{a}$
$\overrightarrow{EH}=\overrightarrow{AD}=\vec{b}$
$\overrightarrow{CG}=\overrightarrow{AE}=\vec{c}$

벡터(크기가 같고 방향이 반대인 벡터)를 찾는다.

$\overrightarrow{BA}=-\overrightarrow{AB}=-\vec{a}$
$\overrightarrow{GH}=-\overrightarrow{HG}=-\overrightarrow{AB}=-\vec{a}$
$\overrightarrow{HE}=-\overrightarrow{EH}=-\overrightarrow{AD}=-\vec{b}$
$\overrightarrow{GF}=-\overrightarrow{FG}=-\overrightarrow{AD}=-\vec{b}$
$\overrightarrow{FB}=-\overrightarrow{BF}=-\overrightarrow{AE}=-\vec{c}$
$\overrightarrow{GC}=-\overrightarrow{CG}=-\overrightarrow{AE}=-\vec{c}$

$\overrightarrow{AB}=\overrightarrow{AO}+\overrightarrow{OB}=(-\vec{a})+\vec{b}=-\vec{a}+\vec{b}$
$\overrightarrow{BC}=\overrightarrow{BO}+\overrightarrow{OC}=(-\vec{b})+(-\vec{a})=-\vec{a}-\vec{b}$
$\overrightarrow{CD}=-\overrightarrow{AB}=-(-\vec{a}+\vec{b})=\vec{a}-\vec{b}$

음을 이용한다.

$\overrightarrow{AB}+\overrightarrow{BC}=\overrightarrow{AC}$, $\overrightarrow{OA}-\overrightarrow{OB}=\overrightarrow{BA}$

(1) $\overrightarrow{AG}=\overrightarrow{AC}+\overrightarrow{CG}=\overrightarrow{AB}+\overrightarrow{AD}+\overrightarrow{AE}=\vec{a}+\vec{b}+\vec{c}$
$\overrightarrow{BH}=\overrightarrow{BA}+\overrightarrow{AH}=-\overrightarrow{AB}+\overrightarrow{AD}+\overrightarrow{AE}=-\vec{a}+\vec{b}+\vec{c}$

* Note 다음과 같이 선을 따라 시점에서 종점을 찾아가는 방법을 써도 된다.

$\overrightarrow{AG}=\overrightarrow{AB}+\overrightarrow{BC}+\overrightarrow{CG}$, $\overrightarrow{BH}=\overrightarrow{BA}+\overrightarrow{AD}+\overrightarrow{DH}$

(2) ① $\vec{a}+\vec{b}+\vec{c}=(\overrightarrow{AB}+\overrightarrow{AD})+\overrightarrow{AE}=\overrightarrow{AC}+\overrightarrow{CG}=\overrightarrow{AG}$
② $\vec{a}-\vec{b}-\vec{c}=(\overrightarrow{AB}-\overrightarrow{AD})-\overrightarrow{AE}=\overrightarrow{DB}-\overrightarrow{DH}=\overrightarrow{HB}$
③ $-\vec{a}-\vec{b}-\vec{c}=-(\vec{a}+\vec{b}+\vec{c})=-\overrightarrow{AG}=\overrightarrow{GA}$

연습문제 3.2

1.

(1) $2\vec{a}+3\vec{b}-4\vec{a}+\vec{b}=2\vec{a}-4\vec{a}+3\vec{b}+\vec{b}$ (교환법칙)
$=(2-4)\vec{a}+(3+1)\vec{b}$ (분배법칙)
$=-2\vec{a}+4\vec{b}$

(2) $2\vec{a}-\vec{b}+3\vec{a}+2\vec{b}=2\vec{a}+3\vec{a}-\vec{b}+2\vec{b}$ (교환법칙)
$=(2+3)\vec{a}+(-1+2)\vec{b}$ (분배법칙)
$=5\vec{a}+\vec{b}$

2.

$\vec{p}=\dfrac{3\vec{b}+2\vec{a}}{3+2}=\dfrac{1}{5}(2\vec{a}+3\vec{b})$, $\vec{q}=\dfrac{3\vec{b}-2\vec{a}}{3-2}=-2\vec{a}+3\vec{b}$,

$\vec{d}=\dfrac{\vec{a}+\vec{b}}{2}=\dfrac{1}{2}\vec{a}+\dfrac{1}{2}\vec{b}$

3.

$m=0$, $n=0$

4.

(1) $\vec{p}=\dfrac{5}{2}\vec{a}-\dfrac{1}{2}\vec{b}$

(2) $\vec{q}=-\dfrac{1}{2}\vec{a}-\dfrac{5}{2}\vec{b}$

(3) $\vec{r}=\dfrac{1}{2}\vec{a}-\dfrac{3}{2}\vec{b}$

5.

$\overrightarrow{OA}=(1,\ -2),\ \overrightarrow{OB}=(-4,\ 2)$이므로

(1) $3\overrightarrow{OA}-2\overrightarrow{OB}=3(1,\ -2)-2(-4,\ 2)$

$=(3,\ -6)+(8,\ -4)=(11,\ -10)$

(2) $-\overrightarrow{OA}-2\overrightarrow{OB}=-(1,\ -2)-2(-4,2)$

$=(-1,\ 2)+(8,\ -4)$

$=(7,\ -2)$

(3) $\overrightarrow{BA}=\overrightarrow{OA}-\overrightarrow{OB}=(1,\ -2)-(-4,\ 2)=(5,\ -4)$

$\therefore 2\overrightarrow{BA}=2(5,\ -4)=(10,\ -8)$

6.

생략

7.

(1) (-1,-1)

(2) (-5, 12, -6)

8.

(1) (-2, 1, -4)

(2) (-7, 1, 10)

(3) (132, -24, -72)

9.

(1) (3, 2, 0), $\sqrt{13}$

(2) (-2, 4, -5), $\sqrt{45}$

(3) (16, 0, 0), 16

10.

(1) $\sqrt{8}$

(2) $\sqrt{10}$

11.

(1) $\sqrt{5}$

(2) $\sqrt{50}$

12.

(1) $2\sqrt{3}$

(2) $4\sqrt{14}$

(3) $\left(\frac{1}{\sqrt{6}},\ \frac{1}{\sqrt{6}},\ -\frac{2}{\sqrt{6}}\right)$

13.

(1) (-1, 5, 2)

(2) (-3, 5, 6)

(3) $c_1=1,\ c_2=-2,\ c_3=3$

14.

(1) $\sqrt{90}$

(2) (5, -8, 1)

(3) $3\sqrt{90}$

(4) $\left(\frac{5}{\sqrt{90}},\ \frac{-8}{\sqrt{90}},\ \frac{1}{\sqrt{90}}\right)$

(5) $k=\pm\frac{1}{\sqrt{10}}$

(6) $\left(\frac{1}{\sqrt{3}},\ \frac{1}{\sqrt{3}},\ \frac{1}{\sqrt{3}}\right)$

15.

(1) $\left(\frac{1}{\sqrt{6}},\ \frac{2}{\sqrt{6}},\ \frac{1}{\sqrt{6}}\right)$

(2) $\left(0,\ -\frac{1}{\sqrt{6}},\ \frac{2}{\sqrt{6}},\ -\frac{1}{\sqrt{6}}\right)$

연습문제 3.3

1.

(1) 10

(2) 10

2.

(1) $\cos\theta=\frac{1}{\sqrt{26}}$

$\cos\theta = -\dfrac{8}{\sqrt{234}}$

직교하지 않음.

직교

$(1, 2)$

$(0, 1, 2)$

$2, \left(\dfrac{6}{5}, \dfrac{8}{5}\right)$

$\dfrac{9}{5}, \ \dfrac{9}{25}(4\mathrm{i}-3\mathrm{j})$

$-\dfrac{8}{5}, -\dfrac{8}{25}(0, -3, 4)$

$\cos\theta = -\dfrac{11}{\sqrt{13}\sqrt{74}}$

$\cos\theta = 0$

$(0, 0)$

$-\dfrac{32}{26}(1, 0, 5)$

$(6, 2)$

$\left(\dfrac{55}{13}, 1, -\dfrac{11}{13}\right)$

$\dfrac{2}{5}$

$\dfrac{43}{\sqrt{54}}$

10.

$\left(\dfrac{1}{\sqrt{3}}, \dfrac{1}{\sqrt{3}}, -\dfrac{1}{\sqrt{3}}\right)$

$\left(-\dfrac{1}{\sqrt{3}}, -\dfrac{1}{\sqrt{3}}, \dfrac{1}{\sqrt{3}}\right)$

연습문제 3.4

1.

(1) (4, -3, -2)

(2) (4, -2, 8)

2.

(1) $\pm\dfrac{1}{\sqrt{69}}(8, 1, -2)$

(2) $\pm\dfrac{1}{\sqrt{109}}(-3, -8, -6)$

3.

(1) 5

(2) 10

4.

(1) (32, -6, -4)

(2) (27, 40, -42)

(3) (-44, 55, -22)

5.

(1) (18, 36, -18)

(2) (-3, 9, -3)

6.

(1) $\sqrt{59}$

(2) $\sqrt{101}$

(3) 0

7.

(1) -10

(2) -110

8.

(1) $\begin{vmatrix} 2 & -6 & 2 \\ 0 & 4 & -2 \\ 2 & 2 & -4 \end{vmatrix} = -16$

부피 $= 16$

(2) 45

연습문제 3.5

1.

(1) $x-1 = 2t,\ y-2 = -t,\ z+3 = 4t$

또는 $x = 1+2t,\ y = 2-t,\ z = -3+4t$

$$\frac{x-1}{2} = \frac{y-2}{-1} = \frac{z+3}{4}$$

(2) $a = (4-2,\ 0-1,\ 4-3) = (2,\ -1,\ 1)$

$x-2 = 2t,\ y-1 = -t,\ z-3 = t$

또는 $x = 2+2t,\ y = 1-t,\ z = 3+t$

$$\frac{x-2}{2} = \frac{y-1}{-1} = \frac{z-3}{1}$$

(3) $a = (-3,\ 0,\ 1)$

$x-1 = -3t,\ y-4 = 0,\ z-1 = t$

또는 $x = 1-3t,\ y = 4,\ z = 1+t$

$$\frac{x-1}{-3} = \frac{z-1}{1},\ y = 4$$

(4) $a = (2,\ -1,\ 3)$

$x-1 = 2t,\ y-2 = -t,\ z+1 = 3t$

또는 $x = 1+2t,\ y = 2-t,\ z = -1+3t$

$$\frac{x-1}{2} = \frac{y-2}{-1} = \frac{z+1}{3}$$

2.

(1) $a_1 = (-3,\ 4,\ 1)\ \ a_2 = (2,\ -2,\ 1)$

$a_1 \neq ca_2$

이므로 두 직선은 평행하지 않는다.

$a_1 \bullet a_2 = (-3)(2) + (4)(-2) + (1)(1)$

$= -13$

$|a_1| = \sqrt{26}\ ,\ |a_2| = 3$

$$\cos\theta = \frac{a_1 \bullet a_2}{|a_1| \times |a_2|}$$

$$= \frac{-13}{2\sqrt{26}}$$

$$\theta = \cos^{-1}\left(\frac{-13}{2\sqrt{26}}\right) \fallingdotseq 2.59$$

(2) $a_1 = (2,\ 0,\ 1),\ a_2 = (-1,\ 5,\ 2)$

$a_1 \neq ca_2$

이므로 두 직선은 평행하지 않는다.

$a_1 \bullet a_2$

$= (2)(-1) + (0)(5) + (1)(2)$

$= 0$

따라서 두 직선은 직교한다.

(3) $a_1 = (2,\ 4,\ -6)\ a_2 = (-1,\ -2,\ 3)$

$a_1 = (-2)a_2$

이므로 두 직선은 평행한다.

3.

(1) $2(x-1) - (y-3) + 5(z-2) = 0$

(2) $P = (2,\ 0,\ 3),\ Q = (1,\ 1,\ 0),\ R = (3,\ 2,\ -1)$

$\overrightarrow{PQ} = (-1,\ 1,\ -3)$

$\overrightarrow{PR} = (1,\ 2,\ -4)$

$a = \overrightarrow{PQ} \times \overrightarrow{PR}$

$$= \begin{vmatrix} i & j & k \\ -1 & 1 & -3 \\ 1 & 2 & -4 \end{vmatrix}$$

$$= \begin{vmatrix} 1 & -3 \\ 2 & -4 \end{vmatrix} i - \begin{vmatrix} -1 & -3 \\ 1 & -4 \end{vmatrix} j + \begin{vmatrix} -1 & 1 \\ 1 & 2 \end{vmatrix} k$$

$= 2\mathrm{i} - 7\mathrm{j} - 3\mathrm{k}$

$= (-2, -7 -, 3)$

$2(x-2) - 7y - 3(z-3) = 0$

$a = (1, 3, -4)$

$(x-3)+3(y+2)-4(z-1) = 0$

$a = (1,2,-1) \times (2,0,-1)$

$= \begin{vmatrix} i & j & k \\ 1 & 2 & -1 \\ 2 & 0 & -1 \end{vmatrix} = \begin{vmatrix} 2 & -1 \\ 0 & -1 \end{vmatrix} i$

$- \begin{vmatrix} 1 & -1 \\ 2 & -1 \end{vmatrix} j + \begin{vmatrix} 1 & 2 \\ 2 & 0 \end{vmatrix} k$

$= -2i - j - 4k$

$= (-2, -1, -4)$

$-2(x-3) - y - 4(z+1) = 0$

또는

$2(x-3) + y + 4(z+1) = 0$

두 평면의 방정식을 z에 대해 풀면 $z = 4 - 2x + y$, $z = -3x + 2y$이다. z에 관해서 위의 두 식을 같게 놓으면 $-4 + 2x + y = -3x + 2y$이다. 이것을 y에 대해 풀면 $3y = 5x - 4$ 또는 $y = (\frac{5}{3})x - \frac{4}{3}$를 얻는다. x의 식으로 z에 대해 풀면 $z = -3x + 2\left(\frac{5}{3}x - \frac{4}{3}\right) = \frac{1}{3}x - \frac{8}{3}$이다.

$x = t$로 놓으면, $x = t$, $y = \frac{5}{3}t - \frac{4}{3}$, $z = \frac{1}{3}t - \frac{8}{3}$

두 평면의 방정식을 x에 대해서 풀면 $x = \frac{1}{3} - \left(\frac{4}{3}\right)y$, $x = 3 - y + z$ 이다.

x에 관한 위의 두 식을 같게 놓으면

$\frac{1}{3} - \left(\frac{4}{3}\right)y = 3 - y + z$ 이다.

이것을 y에 대해 풀면

$\left(\frac{1}{3}\right)y = -z - \frac{8}{3}$ 또는 $y = -3z - 8$을 얻는다.

z의 식으로 x에 대해서 풀면

$x = 3 - (-3z - 8) + z = 4z + 11$이다.

$z = t$로 놓으면 $x = 4t + 11$, $y = -3t - 8$, $z = t$

5.

(1) $\frac{|(2)(2) + (-1)(0) + (2)(1) + (-4)|}{\sqrt{2^2 + (-1)^2 + 2^2}}$

$= \frac{2}{3}$

(2) $\frac{|(2)(0) + (-3)(-1) + (0)(1) + (-2)|}{\sqrt{2^2 + (-3)^2 + 0^2}}$

$= \frac{1}{\sqrt{13}}$

(3) 두 번째 평면상의 한 점 (1,0,0) 을 택해 이 점과 나머지 평면과의 거리를 구하면

$\frac{|(1)(1) + (3)(0) + (-2)(0) + (-3)|}{\sqrt{1^2 + 3^2 + (-2)^2}}$

$= \frac{2}{\sqrt{14}}$ 이다.

6.

(1) $-2(x+1) + (y-3) - (z+2) = 0$

(2) $(x-1) + 9(y-1) + 8(z-4) = 0$

7.

(1) 평행하지 않다.

(2) 평행하다.

8.

(1) 수직이 아니다.

(2) 수직이다.

9.

(1) $z = t$, $x = -12 - 7t$, $y = -41 - 23t$

(2) $x = \frac{5}{2}t$, $y = 0$, $z = t$

10.

$2x+3y-5z+36=0$

11.

$5x-2y+z-34=0$

12.

$x+5y+3z-18=0$

13.

$3x-y-z=2$

14.

$P(x, y, z)$라 하고

$A(-1, -4, -2)$, $B(0, -2, 2)$

$\overline{AP} = \overline{BP}$ 에서

$2x+4y+8z+13=0$

15.

(1) $\frac{1}{\sqrt{29}}$

(2) $\frac{4}{\sqrt{3}}$

CHAPTER 4 벡터함수해답

연습문제 4.1

1.

$f(t)=t^2$, $g(t)=\ln(5-t)$, $h(t)=\sqrt{t-2}$ 이다. r의 정
은 $r(t)$의 각 성분함수가 정의되는 집합의 교집합
t^2은 모든 실수, $\ln(5-t)$는 $t<5$이고, $\sqrt{t-2}$는 $t \geq$
므로 $r(t)$의 정의역은 구간 $[2, 5)$이다.

2.

성분함수 $(\frac{t-2}{t+2}, \sin t, \ln(9-t^2))$ 에서

$t \neq -2, 9-t^2>0 \Rightarrow -3<t<3$,

r의 정의역은 $(-3, -2)\cup(-2, 3)$ 이다.

3.

이 곡선의 매개방정식은 $x=2\cos t, y=\sin t, z=t$
$\left(\frac{x}{2}\right)^2+y^2=\cos^2 t+\sin^2 t=1$ 이므로, 주어진 곡선은
주면 $\frac{x^2}{4}+y^2=1$ 위에 놓여 있다. $z=t$이므로, 이 곡
t가 증가함에 따라 원기둥 둘레를 따라서 위쪽으로
한다. 이 곡선은 아래 그림과 같다. 이 곡선을 나선
한다.

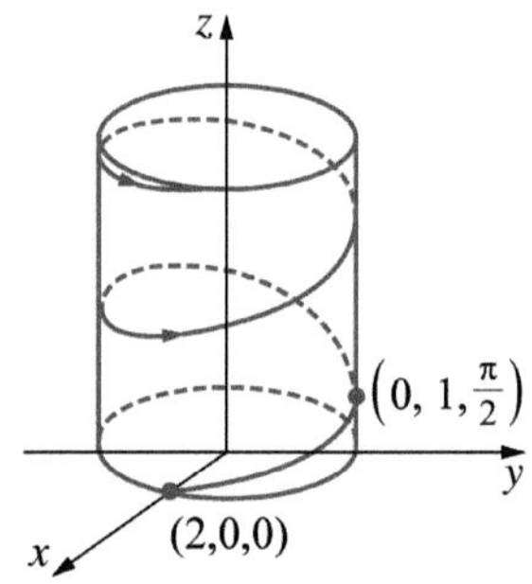

$r_0 = <0,0,0>, r_1 = <1,2,3>,$

$r(t) = (1-t)r_0 + tr_1 = (1-t)<0,0,0> + t<1,2,3>,$

$0 \le t \le 1$

$r(t) = <t, 2t, 3t>, 0 \le t \le 1, x = t, y = 2t, z = 3t,$

$0 \le t \le 1$

$r_0 = <1,0,1>, r_1 = <2,3,1>,$

$r(t) = <1-t> r_0 + tr_1 = (1-t)<1,0,1> + t<2,3,1>,$

$0 \le t \le 1$

또는

$r(t) = <1+t, 3t, 1>, 0 \le t \le 1, x = 1+t, y = 3t, z = 1,$

$0 \le t \le 1$

$r_0 = <0,-1,1>, r_1 = \left\langle \frac{1}{2}, \frac{1}{3}, \frac{1}{4} \right\rangle,$

$r(t) = (1-t)r_0 + tr_1 = (1-t)<0,-1,1> + t\left\langle \frac{1}{2}, \frac{1}{3}, \frac{1}{4} \right\rangle,$

$0 \le t \le 1$

or $r(t) = \left\langle \frac{1}{2}t, -1+\frac{4}{3}t, 1-\frac{3}{4}t \right\rangle, 0 \le t \le 1.$

$x = \frac{1}{2}t, y = -1+\frac{4}{3}t, z = 1-\frac{3}{4}t, 0 \le t \le 1$

$r_0 = <a,b,c>, r_1 = <u,v,w>,$

$r(t) = (1-t)r_0 + tr_1 = (1-t)<a,b,c> + t<u,v,w>,$

$0 \le t \le 1$

$r(t) = <a+(u-a)t, b+(v-b)t, c+(w-c)t>, 0 \le t \le 1$

$x = a+(u-a)t, y = b+(v-b)t, x = c+(w-c)t, 0 \le t \le 1$

$r(t) = \left[\lim_{t\to 0}(1+t^3)\right]\mathrm{i} + \left[\lim_{t\to 0} te^{-t}\right]\mathrm{j} + \left[\lim_{t\to 0}\frac{\sin t}{t}\right]\mathrm{k} = \mathrm{i}+\mathrm{k}$

$\lim_{t\to 1}\frac{t^2-t}{t-1} = \lim_{t\to 1}\frac{t(t-1)}{t-1}$

$= \lim_{t\to 1} t = 1, \lim_{t\to 1}\sqrt{t+8} = 3, \lim_{t\to 1}\frac{\sin \pi t}{\ln t} = \lim_{t\to 1}\frac{\pi \cos \pi t}{1/t} = -\pi$

(로피탈정리)}

따라서 $\mathrm{i}+3\mathrm{j}-\pi\mathrm{k}$

(2) $\lim_{t\to\infty} te^{-t} = \lim_{t\to\infty}\frac{t}{e^t} = \lim_{t\to\infty}\frac{1}{e^t} = 0$ (로피탈정리),

$\lim_{t\to\infty}\frac{t^3+t}{2t^3-1} = \lim_{t\to\infty}\frac{1+(1/t^2)}{2-(1/t^3)} = \frac{1+0}{2-0} = \frac{1}{2},$

$\lim_{t\to\infty} t\sin\frac{1}{t} = \lim_{t\to\infty}\frac{\sin(1/t)}{1/t} = \lim_{t\to\infty}\frac{\cos(1/t)(-1/t^2)}{-1/t^2}$

$= \lim_{t\to\infty}\cos\frac{1}{t} = \cos 0 = 1$ (로피탈정리)

$\lim_{t\to\infty}\left\langle te^{-t}, \frac{t^3+t}{2t^3-1}, t\sin\frac{1}{t}\right\rangle = \left\langle 0, \frac{1}{2}, 1\right\rangle$

연습문제 4.2

1.

(1) $x = t^2 = (t^3)^{2/3} = y^{2/3}$ 이므로,

$x = y^{2/3}$

(b) $r'(t) = <2t, 3t^2>$

$r'(1) = <2, 3>$

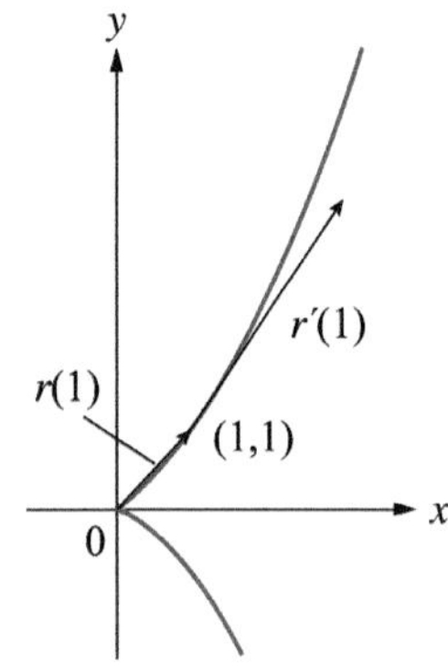

(2) $y = e^{-t} = \frac{1}{e^t} = \frac{1}{x}$ 이므로,

$y = \frac{1}{x}$, 단 $x > 0, y > 0$

(b) $r'(t) = e^t\mathrm{i} - e^{-t}\mathrm{j},$

$r'(0) = \mathrm{i} - \mathrm{j}$

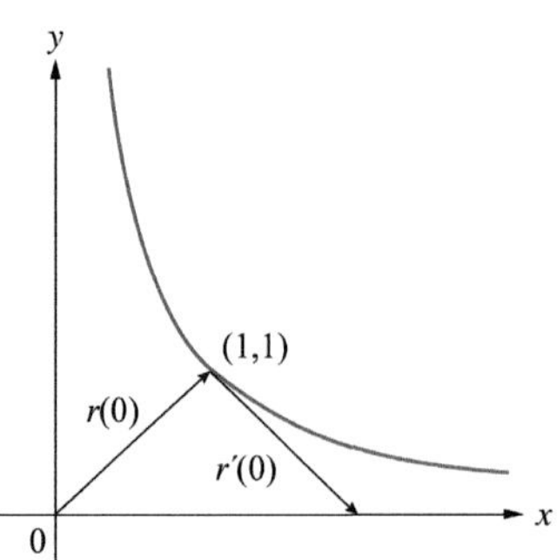

2.

(1) $r(t)=\langle \tan t, \sec t, 1/t^2\rangle$

$\Rightarrow r'(t)=\langle \sec^2 t, \sec t\tan t, -2/t^3\rangle$

(2) $r(t)=\dfrac{1}{1+t}\mathrm{i}+\dfrac{t}{1+t}\mathrm{j}+\dfrac{t^2}{1+t}\mathrm{k} \Rightarrow$

$r'(t)=\dfrac{0-1(1)}{(1+t)^2}\mathrm{i}+\dfrac{(1+t)\cdot 1-t(1)}{(1+t)^2}\mathrm{j}$

$+\dfrac{(1+t)\cdot 2t-t^2(1)}{(1+t)^2}\mathrm{k}$

$=-\dfrac{1}{(1+t)^2}\mathrm{i}+\dfrac{1}{(1+t)^2}\mathrm{j}+\dfrac{t^2+2t}{(1+t)^2}\mathrm{k}$

3.

(1) $\dfrac{d}{dt}[\mathrm{u}(t)\cdot \mathrm{v}(t)]=\mathrm{u}'(t)\cdot \mathrm{v}(t)+\mathrm{u}(t)\cdot \mathrm{v}'(t)$

$=(\cos t, -\sin t, 1)\cdot\langle t, \cos t, \sin t\rangle$

$+\langle \sin t, \cos t, t\rangle\cdot\langle 1, -\sin t, \cos t\rangle$

$=t\cos t-\cos t\sin t+\sin t+\sin t-\cos t\sin t+t\cos t$

$=2t\cos t+2\sin t-2\cos t\sin t$

(2) $(\cos^2 t-\sin^2 t-\cos t+t\sin t, 2t-2\cos t\sin t,$

$\cos^2 t-\sin^2 t-\cos t+t\sin t)$

4.

(1) $f'(t)=\mathrm{u}'(t)\cdot \mathrm{v}(t)+\mathrm{u}(t)\cdot \mathrm{v}'(t),\ \mathrm{v}'(t)=\langle 1, 2t, 3t^2,\rangle$

$f'(2)=\mathrm{u}'(2)\cdot \mathrm{v}(2)+\mathrm{u}(2)\cdot \mathrm{v}'(2)$

$=(3,0,4)\cdot(2,4,8)+<1,2,-1>\cdot<1,4,12>$

$=6+0+32+1+8-12=35$

(2) $(12,-29,14)$

5.

$r(t)=2\cos t\,\mathrm{i}+\sin t\,\mathrm{j}+2t\,\mathrm{k}$이면

$\int r(t)\,dt=\left(\int 2\cos t\,dt\right)\mathrm{i}+\left(\int \sin t\,dt\right)\mathrm{j}+\left(\int 2t\,dt\right)\mathrm{k}$

$=2\sin t\,\mathrm{i}-\cos t\,\mathrm{j}+t^2\mathrm{k}+C$

여기서 C는 적분의 상수 벡터이다.

$\int_0^{\pi/2} r(t)\,dt=[2\sin t\,\mathrm{i}-\cos t\,\mathrm{j}+t^2\mathrm{k}]_0^{\pi/2}=2\mathrm{i}+\mathrm{j}+\dfrac{\pi^2}{4}\mathrm{k}$

6.

(1) $\int_0^1\left(\dfrac{4}{1+t^2}\mathrm{j}+\dfrac{2t}{1+t^2}\mathrm{k}\right)dt=[4\tan^{-1}t\,\mathrm{j}+\ln(1+t^2)\mathrm{k}]_0^1$

$=[4\tan^{-1}1\mathrm{j}+\ln 2\mathrm{k}]-[4\tan^{-1}0\mathrm{j}+\ln 1\mathrm{k}]$

$=4\left(\dfrac{\pi}{4}\right)\mathrm{j}+\ln 2\mathrm{k}-0\mathrm{j}-0\mathrm{k}=\pi\mathrm{j}+\ln 2\mathrm{k}$

(2) $\int_1^2 (t^2\mathrm{i}+t\sqrt{t-1}\,\mathrm{j}+t\sin\pi t\,\mathrm{k})dt=\dfrac{7}{3}\mathrm{i}+\dfrac{16}{15}\mathrm{j}-\dfrac{3}{\pi}\mathrm{k}$

(3) $\int (\cos\pi t\,\mathrm{i}+\sin\pi t\,\mathrm{j}+t\mathrm{k})dt$

$=\left(\int \cos\pi t\,dt\right)\mathrm{i}+\left(\int \sin\pi t\,dt\right)\mathrm{j}+\left(\int t\,dt\right)\mathrm{k}$

$=\dfrac{1}{\pi}\sin\pi t\,\mathrm{i}-\dfrac{1}{\pi}\cos\pi t\,\mathrm{j}+\dfrac{1}{2}t^2\mathrm{k}+C$

7.

(1) $r'(t)=2t\mathrm{i}+3t^2\mathrm{j}+\sqrt{t}\,\mathrm{k}\Rightarrow r(t)=t^2\mathrm{i}+t^3\mathrm{j}+\dfrac{2}{3}t^{\frac{3}{2}}\mathrm{k}+C$

$\mathrm{i}+\mathrm{j}=r(1)=\mathrm{i}+\mathrm{j}+\dfrac{2}{3}\mathrm{k}+C,\ C=-\dfrac{2}{3}\mathrm{k}$

$r(t)=t^2\mathrm{i}+t^3\mathrm{j}+\left(\dfrac{2}{3}t^{\frac{3}{2}}-\dfrac{2}{3}\right)\mathrm{k}$

(2) $r'(t)=t\,\mathrm{i}+e^t\mathrm{j}+te^t\mathrm{k}\Rightarrow r(t)$

$=\dfrac{1}{2}t^2\mathrm{i}+e^t\mathrm{j}+(te^t-e^t)\mathrm{k}+C,\ \mathrm{i}+\mathrm{j}+\mathrm{k}=r(0)=\mathrm{j}-\mathrm{k}+C$

$C=\mathrm{i}+2\mathrm{k},\ \ r(t)=\left(\dfrac{1}{2}t^2+1\right)\mathrm{i}+e^t\mathrm{j}+(te^t-e^t+2)\mathrm{k}$

습문제 4.3

$r'(t)= -\sin t\,\mathrm{i}+\cos t\,\mathrm{j}+\mathrm{k}$이므로 다음을 얻는다.

$|r'(t)|=\sqrt{(-\sin t)^2+\cos^2 t+1}=\sqrt{2}$

(1,0,0)에서 $(1,0,2\pi)$까지의 호는 매개변수 구간이 $0\le t\le 2\pi$로 표현되므로, 다음을 얻는다.

$$L=\int_0^{2\pi}|r'(t)|dt=\int_0^{2\pi}\sqrt{2}\,dt=2\sqrt{2}\pi$$

$r=t\mathrm{i}+\frac{2}{3}t^{3/2}\mathrm{k}\Rightarrow \mathrm{v}=\mathrm{i}+t^{1/2}\mathrm{k}\Rightarrow|\mathrm{v}|$

$=\sqrt{1^2+(t^{1/2})^2}=\sqrt{1+t}$;

길이 $=\int_0^8\sqrt{1+t}\,dt=\left[\frac{2}{3}(1+t)^{3/2}\right]_0^8=\frac{52}{3}$

$r=(t\cos t)\mathrm{i}+(t\sin t)\mathrm{j}+\frac{2\sqrt{2}}{3}t^{3/2}\mathrm{k}$

$\Rightarrow \mathrm{v}=(\cos t-t\sin t)\mathrm{i}+(\sin t+t\cos t)\mathrm{j}+(\sqrt{2}t^{1/2})\mathrm{k}$

$\Rightarrow|\mathrm{v}|=\sqrt{(\cos t-t\sin t)^2+(\sin t+t\cos t)^2+(\sqrt{2t})^2}$

$=\sqrt{1+t^2+2t}=\sqrt{(t+1)^2}$

$=|t+1|=t+1,\ t\ge 0$이면,

길이 $=\int_0^{\pi}(t+1)dt=\left[\frac{t^2}{2}+t\right]_0^{\pi}=\frac{\pi^2}{2}+\pi$

점 (1, 0, 0)은 매개변숫값 $t=0$에 해당한다. 문제 1로 터 다음을 얻는다.

$=|r'(t)|=\sqrt{2}$

라서 다음과 같다.

$s(t)=\int_0^t|r'(u)|\,du=\int_0^t\sqrt{2}\,du=\sqrt{2}t$

러므로 $t=s/\sqrt{2}$이고, t를 대입함으로써 구하고자 하 s에 대한 매개변수화 를 얻는다.

$(s))=\cos\frac{s}{\sqrt{2}}\mathrm{i}+\sin\frac{s}{\sqrt{2}}\mathrm{j}+\frac{s}{\sqrt{2}}\mathrm{k}$

4.

(1) $r(t)=\langle t,3\cos t,3\sin t\rangle\Rightarrow r'(t)=\langle 1,-3\sin t,3\cos t\rangle$

$\Rightarrow|r'(t)|=\sqrt{1+9\sin^2 t+9\cos^2 t}=\sqrt{10}$

$T(t)=\frac{r'(t)}{|r'(t)|}=\frac{1}{\sqrt{10}}\langle 1,-3\sin t,3\cos t\rangle$

또는 $\left\langle\frac{1}{\sqrt{10}},-\frac{3}{\sqrt{10}}\sin t,\frac{3}{\sqrt{10}}\cos t\right\rangle$

(2) $r(t)=\langle\sqrt{2}t,e^t,e^{-t}\rangle\Rightarrow r'(t)=\langle\sqrt{2},e^t,-e^{-t}\rangle$

$\Rightarrow|r'(t)|=\sqrt{2+e^{2t}+e^{-2t}}=\sqrt{(e^t+e^{-t})^2}=e^t+e^{-t}.$

$T(t)=\frac{r'(t)}{|r'(t)|}=\frac{1}{e^t+e^{-t}}\langle\sqrt{2},e^t,-e^{-t}\rangle$

$=\frac{1}{e^{2t}+1}\langle\sqrt{2}e^t,e^{2t},-1\rangle$

5.

$r'(t)=2t\mathrm{i}+(1-t)e^{-t}\mathrm{j}+2\cos 2t\mathrm{k}$,

$r(0)=\mathrm{i}$ 이고, $r'(0)=\mathrm{j}+2\mathrm{k}$이므로,

$t=1$ 즉 점 (1, 0, 0)에서의 단위접선벡터는

$T(0)=\frac{r'(0)}{|r'(0)|}=\frac{\mathrm{j}+2\mathrm{k}}{\sqrt{1+4}}=\frac{1}{\sqrt{5}}\mathrm{j}+\frac{2}{\sqrt{5}}\mathrm{k}$

6.

$r'(t)=-\sin t\mathrm{i}+\cos t\mathrm{j}+\mathrm{k},\ |r'(t)|$

$=\sqrt{(-\sin t)^2+\cos^2 t+1}=\sqrt{2}$

$T(t)=\frac{r'(t)}{|r'(t)|}=\frac{1}{\sqrt{2}}(-\sin t\mathrm{i}+\cos t\mathrm{j}+\mathrm{k})$

$T'(t)=\frac{1}{\sqrt{2}}(-\cos t\mathrm{i}-\sin t\mathrm{j}),\ |T'(t)|=\frac{1}{\sqrt{2}}(1)=\frac{1}{\sqrt{2}}$

$N(t)=\frac{T'(t)}{|T'(t)|}=-\cos t\mathrm{i}-\sin t\mathrm{j}$

7.

T를 먼저 구한다.

$\mathrm{v}=-(2\sin 2t)\mathrm{i}+(2\cos 2t)\mathrm{j},\ |\mathrm{v}|=\sqrt{4\sin^2 2t+4\cos^2 2t}=2$

$T=\frac{\mathrm{v}}{|\mathrm{v}|}=-(\sin 2t)\mathrm{i}+(\cos 2t)\mathrm{j}$

이것으로부터

$\frac{dT}{dt}=-(2\cos 2t)\mathrm{i}-(2\sin 2t)\mathrm{j}$, $\left|\frac{dT}{dt}\right|=\sqrt{4\cos^2 2t+4\sin^2 2t}=2$

그리고 $N=\frac{dT/dt}{|dT/dt|}=-(\cos 2t)\mathrm{i}-(\sin 2t)\mathrm{j}$ 임을 주목하면 N은 T에 직교함을 알 수 있다. 이 원운동에 대하여 N은 $r(t)$로부터 원의 중심인 원점을 향함을 알 수 있다.

8.

먼저 단위접선벡터를 구하기 위해 필요한 성분들을 다음과 같이 계산한다.

$r'(t)=-\sin t\mathrm{i}+\cos t\mathrm{j}+\mathrm{k}$, $|r'(t)|=\sqrt{2}$, $T(t)$

$=\frac{r'(t)}{|r'(t)|}=\frac{1}{\sqrt{2}}(-\sin t\mathrm{i}+\cos t\mathrm{j}+\mathrm{k})$

$T'(t)=\frac{1}{\sqrt{2}}(-\cos t\,\mathrm{i}-\sin t\,\mathrm{j})$, $|T'(t)|=\frac{1}{\sqrt{2}}$

$N(t)=\frac{T'(t)}{|T'(t)|}=-\cos t\mathrm{i}-\sin t\mathrm{j}=\langle -\cos t, -\sin t, 0\rangle$

이것은 나선 위의 임의의 점에서의 법선벡터가 수평이며 z축을 향하는 것을 보여 준다.

연습문제 4.4

1.

중심이 원점에 있는 원을 택할 수 있으며, 이때 매개변수화는 다음과 같다.

$r(t)=a\cos t\mathrm{i}+a\sin t\mathrm{j}$

따라서 $r'(t)=-a\sin t\,\mathrm{i}+a\cos t\mathrm{j}$ 이고 $|r'(t)|=a$이므로 다음을 얻는다.

$T(t)=\frac{r'(t)}{|r'(t)|}=-\sin t\mathrm{i}+\cos t\,\mathrm{j}$

$T'(t)=-\cos t\,\mathrm{i}-\sin t\,\mathrm{j}$

이것으로부터 $|T'(t)|=1$이므로 공식를 이용하면 다음을 얻는다.

$K(t)=\frac{T'(t)}{|r'(t)|}=\frac{1}{a}$

2.

(1) $r=t\mathrm{i}+\ln(\cos t)\mathrm{j}\Rightarrow \mathrm{v}=\mathrm{i}+\left(\frac{-\sin t}{\cos t}\right)\mathrm{j}=\mathrm{i}-(\tan t)\mathrm{j}$

$\Rightarrow|\mathrm{v}|=\sqrt{1^2+(-\tan t)^2}=\sqrt{\sec^2 t}$

$=|\sec t|=\sec t,\left(-\frac{\pi}{2}<t<\frac{\pi}{2}\text{이므로}\right)$

$\Rightarrow T=\frac{\mathrm{v}}{|\mathrm{v}|}=\left(\frac{1}{\sec t}\right)\mathrm{i}-\left(\frac{\tan t}{\sec t}\right)\mathrm{j}=(\cos t)\mathrm{i}-(\sin t)\mathrm{j};\frac{dT}{dt}$

$=(-\sin t)\mathrm{i}-(\cos t)\mathrm{j}\Rightarrow\left|\frac{dT}{dt}\right|=\sqrt{(-\sin t)^2+(-\cos t)^2}$

$\Rightarrow N=\frac{\left(\frac{dT}{dt}\right)}{\left|\frac{dT}{dt}\right|}=(-\sin t)\mathrm{i}-(\cos t)\mathrm{j};$

$K-\frac{1}{|\mathrm{v}|}\cdot\left|\frac{dT}{dt}\right|-\frac{1}{\sec t}\cdot 1-\cos t$

(2) $r=(2t+3)\mathrm{i}+(5-t^2)\mathrm{j}\Rightarrow\mathrm{v}=2\mathrm{i}-2t\mathrm{j}$

$\Rightarrow|\mathrm{v}|=\sqrt{2^2+(-2t)^2}=2\sqrt{1+t^2}\Rightarrow T=\frac{\mathrm{v}}{|\mathrm{v}|}$

$=\frac{2}{2\sqrt{1+t^2}}\mathrm{i}+\frac{-2t}{2\sqrt{1+t^2}}\mathrm{j}=\frac{1}{\sqrt{1+t^2}}\mathrm{i}-\frac{t}{\sqrt{1+t^2}}\mathrm{j};\frac{d}{d}$

$=\frac{-t}{(\sqrt{1+t^2})^3}\mathrm{i}-\frac{1}{(\sqrt{1+t^2})^3}\mathrm{j}$

$\Rightarrow\left|\frac{dT}{dt}\right|=\sqrt{\left(\frac{-t}{(\sqrt{1+t^2})}\right)^2+\left(-\frac{1}{(\sqrt{1+t^2})^3}\right)^2}$

$=\sqrt{\frac{1}{(1+t^2)^2}}=\frac{1}{1+t^2}\Rightarrow N=\frac{\left(\frac{dT}{dt}\right)}{\left|\frac{dT}{dt}\right|}$

$=\frac{-t}{\sqrt{1+t^2}}\mathrm{i}-\frac{1}{\sqrt{1+t^2}}\mathrm{j};$

$K=\frac{1}{|\mathrm{v}|}\cdot\left|\frac{dT}{dt}\right|=\frac{1}{2\sqrt{1+t^2}}\cdot\frac{1}{1+t^2}=\frac{1}{2(1+t^2)^{3/2}}$

3.

(1) $r=(e^t\cos t)\mathrm{i}+(e^t\sin t)\mathrm{j}+2\mathrm{k}$

$\Rightarrow\mathrm{v}=(e^t\cos t-e^t\sin t)\mathrm{i}+(e^t\cos t+e^t\sin t)\mathrm{j}\Rightarrow$

$|\mathrm{v}|=\sqrt{(e^t\cos t-e^t\sin t)^2+(e^t\sin t+e^t\cos t)^2}$

$=\sqrt{2e^{2t}}=e^t\sqrt{2};$

$T=\frac{\mathrm{v}}{|\mathrm{v}|}=\left(\frac{\cos t-\sin t}{\sqrt{2}}\right)\mathrm{i}+\left(\frac{\sin t+\cos t}{\sqrt{2}}\right)\mathrm{j}$

$$\Rightarrow \frac{dT}{dt}=\left(\frac{-\sin t-\cos t}{\sqrt{2}}\right)\mathrm{i}+\left(\frac{\cos t-\sin t}{\sqrt{2}}\right)\mathrm{j}$$

$$\Rightarrow \left|\frac{dT}{dt}\right|=\sqrt{\left(\frac{-\sin t-\cos t}{\sqrt{2}}\right)^2+\left(\frac{\cos t-\sin t}{\sqrt{2}}\right)^2}=1$$

$$\Rightarrow N=\frac{\left(\frac{dT}{dt}\right)}{\left|\frac{dT}{dt}\right|}=\left(\frac{-\cos t-\sin t}{\sqrt{2}}\right)\mathrm{i}+\left(\frac{-\sin t+\cos t}{\sqrt{2}}\right)\mathrm{j};$$

$$K=\frac{1}{|\mathrm{v}|}\cdot\left|\frac{dT}{dt}\right|=\frac{1}{e^t\sqrt{2}}\cdot 1=\frac{1}{e^t\sqrt{2}}$$

$$r=\left(\frac{t^3}{3}\right)\mathrm{i}+\left(\frac{t^2}{2}\right)\mathrm{j}, t>0 \Rightarrow \mathrm{v}=t^2\mathrm{i}+t\mathrm{j}\Rightarrow|\mathrm{v}|$$

$$=\sqrt{t^4+t^2}=t\sqrt{t^2+1}, (t>0\text{이므로})\Rightarrow T=\frac{\mathrm{v}}{|\mathrm{v}|}$$

$$=\frac{t}{\sqrt{t^2+t}}\mathrm{i}+\frac{1}{\sqrt{t^2+1}}\mathrm{j}$$

$$\Rightarrow\frac{dT}{dt}=\frac{1}{(t^2+1)^{3/2}}\mathrm{i}-\frac{t}{(t^2+1)^{3/2}}\mathrm{j}$$

$$\Rightarrow\left|\frac{dT}{dt}\right|=\sqrt{\left(\frac{1}{(t^2+1)^{3/2}}\right)^2+\left(\frac{-t}{(t^2+1)^{3/2}}\right)^2}$$

$$=\sqrt{\frac{1+t^2}{(t^2+1)^3}}=\frac{1}{t^2+1}$$

$$\Rightarrow N=\frac{\left(\frac{dT}{dt}\right)}{\left|\frac{dT}{dt}\right|}=\frac{1}{\sqrt{t^2+1}}\mathrm{i}-\frac{t}{\sqrt{t^2+1}}\mathrm{j};$$

$$K=\frac{1}{|\mathrm{v}|}\cdot\left|\frac{dT}{dt}\right|=\frac{1}{t\sqrt{t^2+1}}\cdot\frac{1}{t^2+1}=\frac{1}{t(t^2+1)^{3/2}}$$

ㅐ변수가 호의 길이를 나타내는지 분명하지 않으므로

식 $K=|T'(t)|/|r'(t)|$를 쓰자.

$$)=2\mathrm{i}+2t\mathrm{j}-t^2\mathrm{k}, |r'(t)|=\sqrt{4+4t^2+t^4}=t^2+2$$

$$)=\frac{r'(t)}{|r'(t)|}=\frac{2\mathrm{i}+2t\mathrm{j}-t^2\mathrm{k}}{t^2+2},$$

$$(t)=\frac{(t^2+2)(2\mathrm{j}-2t\mathrm{k})-(2t)(2\mathrm{i}+2t\mathrm{j}-t^2\mathrm{k})}{(t^2+2)^2}$$

$$=\frac{-4t\mathrm{i}+(4-2t^2)\mathrm{j}-4t\mathrm{k}}{(t^2+2)^2},$$

$$|T'(t)|=\frac{\sqrt{16t^2+16-16t^2+4t^4+16t^2}}{(t^2+2)^2}=\frac{2(t^2+2)}{(t^2+2)^2}$$

$$=\frac{2}{t^2+2}$$

그러므로 구하는 곡률은

$$K=\frac{|T'(t)|}{|r'(t)|}=\frac{2}{(t^2+2)^2}$$

이다.

5.

먼저 필요한 성분들을 다음과 같이 계산한다.

$r'(t)=\langle 1, 2t, 3t^2\rangle$, $r''(t)=\langle 0, 2, 6t\rangle$, $|r'(t)|$

$=\sqrt{1+4t^2+9t^4}$

$$r'(t)\times r''(t)=\begin{vmatrix}\mathrm{i} & \mathrm{j} & \mathrm{k}\\ 1 & 2t & 3t^2\\ 0 & 2 & 6t\end{vmatrix}=6t^2\mathrm{i}-6t\mathrm{j}+2\mathrm{k},\ |r'(t)\times r''(t)|$$

$$=\sqrt{36t^4+36t^2+4}=2\sqrt{9t^4+9t^2+1}$$

이제 다음을 얻는다.

$$K(t)=\frac{|r'(t)\times r''(t)|}{|r'(t)|^3}=\frac{2\sqrt{1+9t^2+9t^4}}{(1+4t^2+9t^4)^{3/2}}$$

따라서 원점에서의 곡률은 $K(0)=2$이다.

6.

$r(t)=t\mathrm{i}+t\mathrm{j}+(1+t^2)\mathrm{k}\Rightarrow r'(t)=\mathrm{i}+\mathrm{j}+2t\mathrm{k}$, $r''(t)=2\mathrm{k}$, $|r'(t)|$

$=\sqrt{1^2+1^2+(2t)^2}=\sqrt{4t^2+2}$

$r'(t)\times r''(t)=2\mathrm{i}-2\mathrm{j}$, $|r'(t)\times r''(t)|=\sqrt{2^2+2^2+0^2}$

$=\sqrt{8}=2\sqrt{2}$

$$K(t)=\frac{|r'(t)\times r''(t)|}{|r'(t)|^3}=\frac{2\sqrt{2}}{(\sqrt{4t^2+2})^3}=\frac{2\sqrt{2}}{(\sqrt{2}\sqrt{2t^3+1})^3}$$

$$=\frac{1}{(2t^2+1)^{3/2}}$$

7.

$r(t)=\langle e^t\cos t, e^t\sin t, t\rangle$

$\Rightarrow r'(t)=\langle e^t\cos t-e^t\sin t, e^t\cos t+e^t\sin t, 1\rangle$

$(1,0,0)$은 $t=0$일때이고 $r'(0)=\langle 1,1,1\rangle$

$\to |r'(0)| = \sqrt{1^2+1^2+1^2} = \sqrt{3}$.

$$r''(t) = \langle e^t \cos t - e^t \sin t - e^t \cos t - e^t \sin t, e^t \cos t - e^t \sin t + e^t \cos t + e^t \sin t, 0 \rangle$$

$$= \langle -2e^t \sin t, 2e^t \cos t, 0 \rangle \Rightarrow r''(0) = \langle 0,2,0 \rangle,$$

$$r'(0) \times r''(0) = \langle -2, 0, 2 \rangle$$

$$|r'(0) \times r''(0)| = \sqrt{(-2)^2+0^2+2^2} = \sqrt{8} = 2\sqrt{2}$$

$$K(0) = \frac{|r'(0) \times r''(0)|}{|r'(0)|^3} = \frac{2\sqrt{2}}{(\sqrt{3})^3} = \frac{2\sqrt{2}}{3\sqrt{3}} \text{ 또는 } \frac{2\sqrt{6}}{9}$$

8.

$y' = 2x$, $y'' = 2$ 이므로 공식에 따라 다음을 얻는다.

$$K(x) = \frac{|y''|}{[1+(y')^2]^{3/2}} = \frac{2}{(1+4x^2)^{3/2}}$$

(0, 0)에서의 곡률은 $K(0) = 2$이다.

(1, 1)에서는 $K(1) = 2/5^{3/2} \approx 0.18$ 이고 (2, 4)에서는 $K(2) = 2/17^{3/2} \approx 0.03$ 이다. $x \to \pm\infty$일 때, $K(x) \to 0$임에 주목하자(그림). 이것은 포물선이 $x \to \pm\infty$ 일수록 평탄하게 되어간다는 사실과 부합한다.

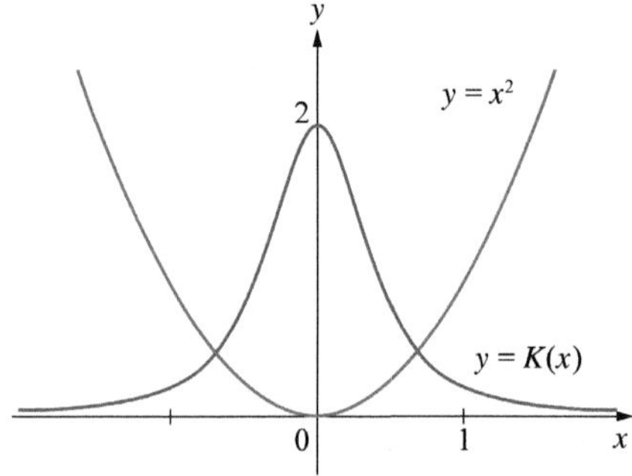

9.

$$f(x) = \tan x,\ f'(x) = \sec^2 x,\ f''(x) = 2\sec x \sec x \tan x = 2\sec^2 x \tan x,$$

$$K(x) = \frac{|f''(x)|}{[1+(f'(x))^2]^{3/2}} = \frac{|2\sec^2 x \tan x|}{[1+(\sec^2 x)^2]^{3/2}}$$

$$= \frac{2\sec^2 x\,[\tan x]}{(1+\sec^4 x)^{3/2}}$$

연습문제 4.5

1.

시각 t일 때 속도와 가속도 그리고 속력은 다음과 같

$$\mathrm{v}(t) = r'(t) = 3t^2\mathrm{i} + 2t\mathrm{j}$$

$$a(t) = r''(t) = 6t\mathrm{i} + 2\mathrm{j}$$

$$|\mathrm{v}(t)| = \sqrt{(3t^2)^2+(2t)^2} = \sqrt{9t^4+4t^2}$$

따라서 $t=1$일 때 속도와 가속도 그리고 속력은 다

같다.

$\mathrm{v}(1) = 3\mathrm{i}+2\mathrm{j}$, $a(1) = 6\mathrm{i}+2\mathrm{j}$, $|\mathrm{v}(1)| = \sqrt{13}$

이들 속도벡터와 가속도벡터는 그림에서 보여준다.

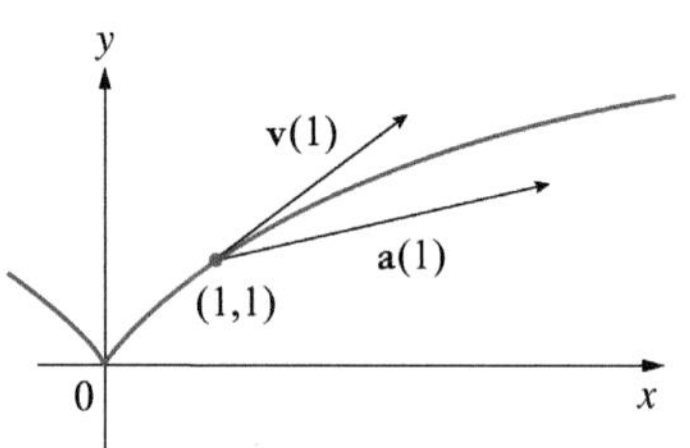

2.

$$\mathrm{v}(t) = r'(t) = \langle 2t, e^t, (1+t)e^t \rangle$$

$$a(t) = \mathrm{v}'(t) = \langle 2, e^t, (2+t)e^t \rangle$$

$$|\mathrm{v}(t)| = \sqrt{4t^2+e^{2t}+(1+t)^2 e^{2t}}$$

3.

$a(t) = \mathrm{v}'(t)$이므로 다음을 얻는다.

$$\mathrm{v}(t) = \int a(t)\,dt = \int (4t\,\mathrm{i}+6t\,\mathrm{j}+\mathrm{k})dt$$

$$= 2t^2\mathrm{i}+3t^2\mathrm{j}+t\mathrm{k}+C$$

상수벡터 C의 값을 결정하기 위해 $\mathrm{v}(0) = \mathrm{i}-\mathrm{j}+\mathrm{k}$를

한다. 위의 식에서 $\mathrm{v}(0) = C$ 이므로 $C = \mathrm{i}-\mathrm{j}+\mathrm{k}$이고

을 얻는다.

$$\mathrm{v}(t) = 2t^2\mathrm{i}+3t^2\mathrm{j}+t\mathrm{k}+\mathrm{i}-\mathrm{j}+\mathrm{k}$$

$$= (2t^2+1)\mathrm{i}+(3t^2-1)\mathrm{j}+(t+1)\mathrm{k}$$

$\mathrm{v}(t) = r'(t)$이므로 다음을 얻는다.

$)=\int \mathrm{v}(t)\,dt$

$=\int [(2t^2+1)\mathrm{i}+(3t^2-1)\mathrm{j}+(t+1)\mathrm{k}]\,dt$

$=\left(\frac{2}{3}t^3+t\right)\mathrm{i}+(t^3-t)\mathrm{j}+\left(\frac{1}{2}t^2+t\right)\mathrm{k}+D$

0이라 놓으면, $D=r(0)=\mathrm{i}$이므로 t에서의 위치는 다

과 같다.

$)=\left(\frac{2}{3}t^3+t+1\right)\mathrm{i}+(t^3-t)\mathrm{j}+\left(\frac{1}{2}t^2+t\right)\mathrm{k}$

$r(t)=\left\langle -\frac{1}{2}t^2, t\right\rangle \Rightarrow \quad t=2;$

$\mathrm{v}(t)=r'(t)=\langle -t,1\rangle \qquad \mathrm{v}(2)=\langle -2,1\rangle$

$a(t)=r''(t)=\langle -1,0\rangle \qquad a(2)=\langle -1,0\rangle$

$|\mathrm{v}(t)|=\sqrt{t^2+1} \quad x=-\frac{1}{2}y^2$이므로 포물선이다.

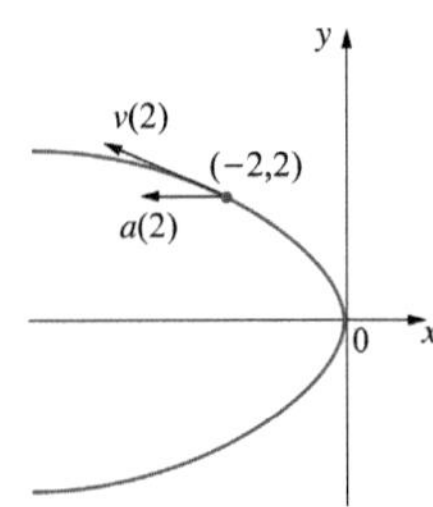

$r(t)=t\mathrm{i}+2\cos t\mathrm{j}+\sin t\mathrm{k} \Rightarrow \quad t=0;$

$\mathrm{v}(t)=\mathrm{i}-2\sin t\mathrm{j}+\cos t\,\mathrm{k} \qquad \mathrm{v}(0)=\mathrm{i}+\mathrm{k}$

$a(t)=-2\cos t\mathrm{j}-\sin t\,\mathrm{k} \qquad a(0)=-2\mathrm{j}$

$|\mathrm{v}(t)|=\sqrt{1+4\sin^2 t+\cos^2 t}=\sqrt{2+3\sin^2 t}$

$y^2/4+z^2=1,\ x=t$ 이므로, 분자의 경로는 x축에 관하여 타원나선이다.

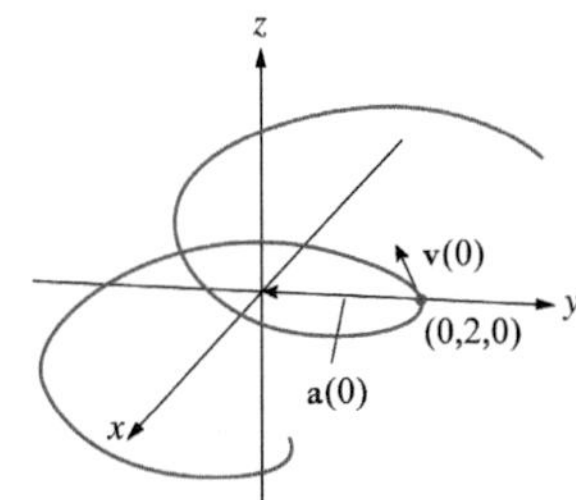

5.

(1) $r(t)=\sqrt{2}t\mathrm{i}+e^t\mathrm{j}+e^{-t}\mathrm{k} \Rightarrow \mathrm{v}(t)$

$=r'(t)=\sqrt{2}\mathrm{i}+e^t\mathrm{j}-e^{-t}\mathrm{k},\ a(t)=\mathrm{v}'(t)=e^t\mathrm{j}+e^{-t}\mathrm{k},$

$|\mathrm{v}(t)|=\sqrt{2+e^{2t}+e^{-2t}}=\sqrt{(e^t+e^{-t})^2}=e^t+e^{-t}$

(2) $r(t)=t\sin t\,\mathrm{i}+t\cos t\,\mathrm{j}+t^2\mathrm{k}$

$\Rightarrow \mathrm{v}(t)=r'(t)=(\sin t+t\cos t)\mathrm{i}+(\cos t-t\sin t)\mathrm{j}+2t\mathrm{k},$

$a(t)=\mathrm{v}'(t)=(2\cos t-t\sin t)\mathrm{i}+(-2\sin t-t\cos t)\mathrm{j}+2\mathrm{k},$

$|\mathrm{v}(t)|$

$=\sqrt{(\sin^2 t+2t\sin t\cos t+t^2\cos^2 t)+(\cos^2 t-2t\sin t\cos t+t^2\sin^2 t)+4t^2}$

$=\sqrt{5t^2+1}$

6.

(1) $a(t)=2\mathrm{i}+6t\mathrm{j}+12t^2\mathrm{k} \Rightarrow \mathrm{v}(t)=\int (2\mathrm{i}+6t\mathrm{j}+12t^2\mathrm{k})dt$

$=2t\mathrm{i}+3t^2\mathrm{j}+4t^3\mathrm{k}+C,\ \mathrm{i}=\mathrm{v}(0)=C,$

$C=\mathrm{i},\ \mathrm{v}(t)=(2t+1)\mathrm{i}+3t^2\mathrm{j}+4t^3\mathrm{k}.\ r(t)$

$=\int [(2t+1)\mathrm{i}+3t^2\mathrm{j}+4t^3\mathrm{k}]dt=(t^2+t)\mathrm{i}+t^3\mathrm{j}+t^4\mathrm{k}+D$

$\mathrm{j}-\mathrm{k}=r(0)=D,\ D=\mathrm{j}-\mathrm{k},$

$r(t)=(t^2+t)\mathrm{i}+(t^3+1)\mathrm{j}+(t^4-1)\mathrm{k}$

(2) $a(t)=t\mathrm{i}+e^t\mathrm{j}+e^{-t}\mathrm{k} \Rightarrow$

$\mathrm{v}(t)=\int (t\mathrm{i}+e^t\mathrm{j}+e^{-t}\mathrm{k})dt=\frac{1}{2}t^2\mathrm{i}+e^t\mathrm{j}-e^{-t}\mathrm{k}+C$

$k=\mathrm{v}(0)=\mathrm{j}-\mathrm{k}+C,\ C=-\mathrm{j}+2\mathrm{k}$

$\mathrm{v}(t)=\frac{1}{2}t^2\mathrm{i}+(e^t-1)\mathrm{j}+(2-e^{-t})\mathrm{k}$

$r(t)=\int \left[\frac{1}{2}t^2\mathrm{i}+(e^t-1)\mathrm{j}+(2-e^{-t})\mathrm{k}\right]dt$

$=\frac{1}{6}t^3\mathrm{i}+(e^t-t)\mathrm{j}+(e^{-t}+2t)\mathrm{k}+D$

$\mathrm{j}+\mathrm{k}=r(0)=\mathrm{j}+\mathrm{k}+D,\ D=0,\ r(t)$

$=\frac{1}{6}t^3\mathrm{i}+(e^t-t)\mathrm{j}+(e^{-t}+2t)\mathrm{k}.$

7.

$x=(v_0\cos\alpha)t \Rightarrow (21km)\left(\frac{1000m}{1km}\right)=(840\ m/s)(\cos 60^\circ)t$

$\Rightarrow t=\frac{21{,}000m}{(840\ m/s)(\cos 60^\circ)}=50$초

8.

$x = x_0 + (v_0 \cos\alpha)t = 0 + (44\cos 45^\circ)t = 22\sqrt{2}\,t,\ y$

$= y_0 + (v_0 \sin\alpha)t - \frac{1}{2}gt^2$

$= 6.5 + (44\sin 45^\circ)t - 16t^2$

$= 6.5 + 22\sqrt{2}\,t - 16t^2;$

포환은 $y=0$일 때 지면에 도달한다. $\Rightarrow t>0$ 이므로 걸린 시간은 $t = \dfrac{22\sqrt{2} \pm \sqrt{968+416}}{32} \approx 2.135$ sec이다.

따라서 $x = 22\sqrt{2}\,t \approx (22\sqrt{2})(2.135) \approx 66.43\,ft$

9.

$x = (v_0 \cos\alpha)t \Rightarrow 135\,ft = (90\,ft/\text{sec})(\cos 30^\circ)t$

$\Rightarrow t \approx 1.732$ sec; $y = (v_0 \sin\alpha)t - \frac{1}{2}gt^2$

$\Rightarrow y \approx (90\,ft/\text{sec})(\sin 30^\circ)(1.732\text{ sec}) - \frac{1}{2}(32\,ft/\text{sec}^2)(1.732\text{ sec})^2$

$\Rightarrow y \approx 29.94\,ft$

$\Rightarrow$ 따라서 골프공은 나무의 꼭대기를 넘길 수 있다.

CHAPTER 5 편도함수

연습문제 5.1

1.

(1) $f(3,1) = 1 + \sqrt{4-1^2} = 1 + \sqrt{3}$

(2) $4 - y^2 \ge 0$, $y^2 \le 4 \Leftrightarrow -2 \le y \le 2$

$D = \{(x,y) \mid -2 \le y \le 2\}$

(3) $0 \le \sqrt{4-y^2} \le 2$ 이므로, $1 \le 1 + \sqrt{4-y^2} \le 3$

$1 \le f(x,y) \le 3$

2.

(1) $f(1,2,3) = 1^3 \cdot 2^2 \cdot 3\sqrt{10-1-2-3} = 12\sqrt{4} = 24$

(2) $10 - x - y - z \ge 0 \rightarrow z \le 10 - x - y$

$D = \{(x,y,z) \mid z \le 10 - x - y\}$

3.

(1) $x + y \ge 0$, $y \ge -x$, $D = \{(x,y) \mid y \ge -x\}$

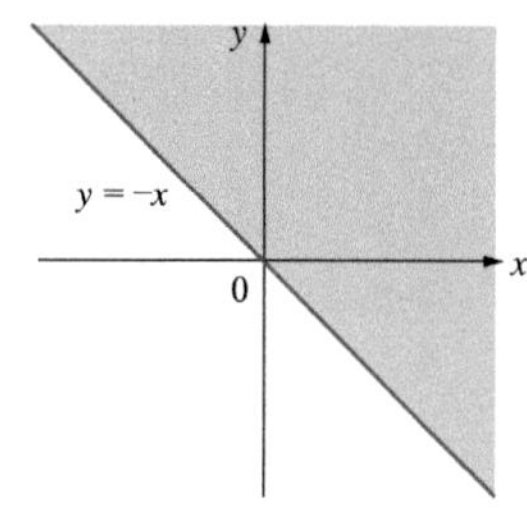

(2) $x^2 - y^2 \ge 0 \Leftrightarrow y^2 \le x^2 \Leftrightarrow |y| \le |x|$

$D = \{(x,y) \mid -|x| \le y \le |x|\}$

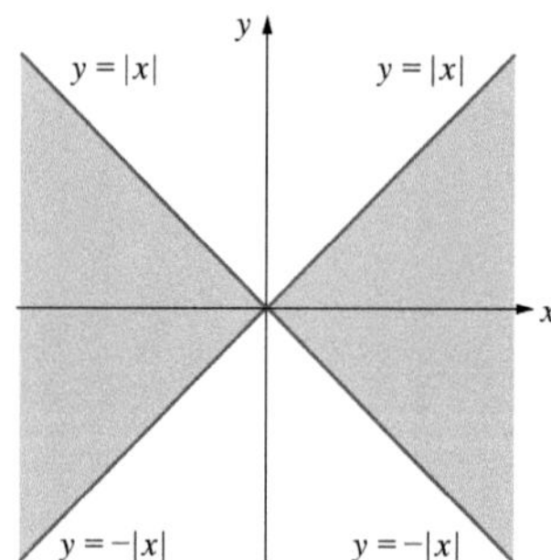

$y \geq 0,\ 25 - x^2 - y^2 \geq 0 \Leftrightarrow y \geq 0,\ x^2 + y^2 \leq 25$

$D = \{(x,y) \mid x^2 + y^2 \leq 25,\ y \geq 0\}$

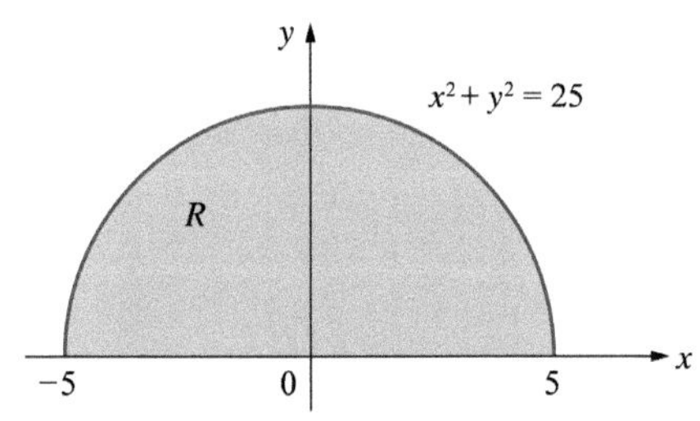

$-1 \leq x^2 + y^2 - 2 \leq 1 \Leftrightarrow +1 \leq x^2 + y^2 \leq 3$

$D = \{(x,y) \mid 1 \leq x^2 + y^2 \leq 3\}$

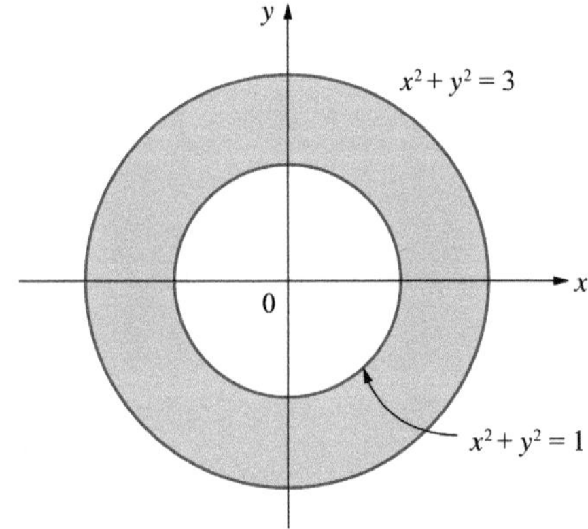

$(y - 2x)^2 = c,\ y = 2x \pm \sqrt{c},\ c > 0$

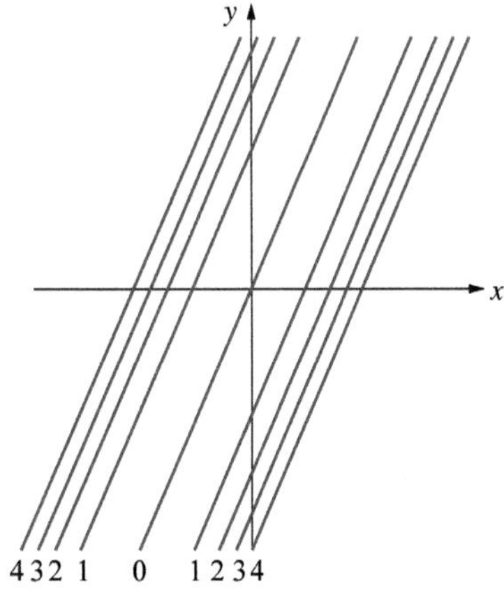

(2) $\sqrt{x} + y = c,\ y = -\sqrt{x} + c$

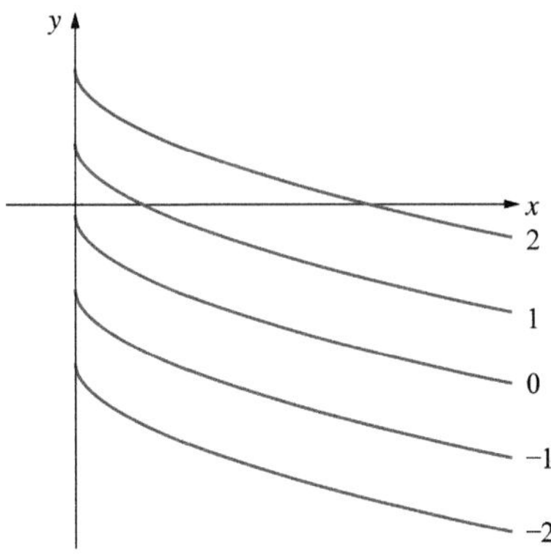

(3) $ye^x = c,\ y = ce^{-x}$

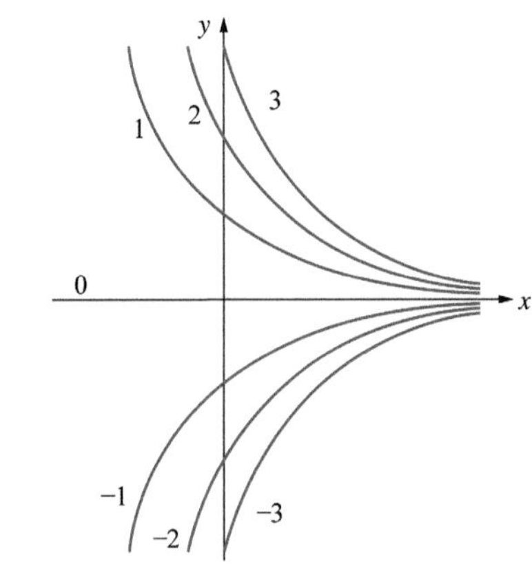

(4) $\sqrt{y^2 - x^2} = c,\ y^2 - x^2 = c^2$

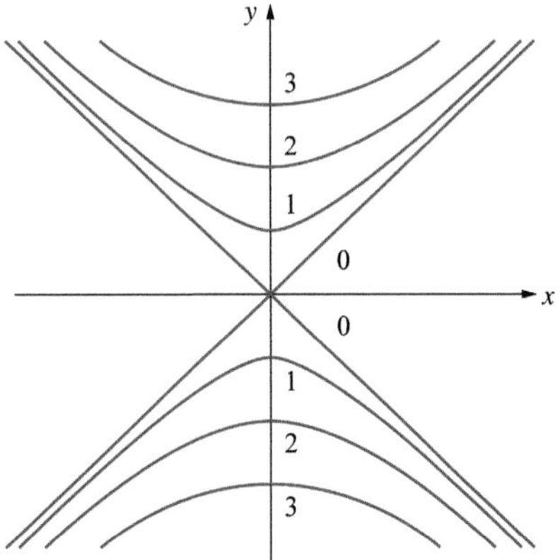

연습문제 5.2

1.

(1) 2025

(2) $\frac{2}{7}$

(3) $x=0$ 준식 = $\lim_{(x,y)\to(0,0)} \frac{y^4}{3y^4} = \frac{1}{3}$

$y=0$ 준식 = $\lim_{(x,y)\to(0,0)} \frac{0}{x^4} = 0$

따라서 발산

(4) 발산

(5) $x=0$ 준식 $=0$, $y=0$ 준식 $=0$

$y=x$ 준식 $= \lim_{(x,y)\to(0,0)} \frac{x^2}{\sqrt{2x^2}} = \lim_{(x,y)\to(0,0)} \frac{|x|}{\sqrt{2}} = 0$

따라서 수렴

(6) 발산

(7) $\lim_{(x,y)\to(0,0)} \frac{x^2+y^2}{\sqrt{x^2+y^2+1}-1} \cdot \frac{\sqrt{x^2+y^2+1}+1}{\sqrt{x^2+y^2+1}+1}$

$= \lim_{(x,y)\to(0,0)} \frac{(x^2+y^2)(\sqrt{x^2+y^2+1}+1)}{x^2+y^2} = 2$

(8) 1

(9) $y=0, z=0$ 준식 $= \lim_{(x,y,z)\to(0,0,0)} \frac{0}{x^2} = 0$

$x=0, z=y$ 준식 $= \lim_{(x,y,z,)\to(0,0,0)} y^2/13y^2 = \frac{1}{13}$

따라서 발산

(10) 발산

2.

(1) $\{(x,y) \mid y \neq x^2\}$

(2) $\{(x,y) \mid y \geq 0\}$

(3) $\{(x,y) \mid x^2+y^2-4>0\}$

(4) $\{(x,y,z) \mid y \geq 0,\ y \neq \pm\sqrt{x^2+z^2}\}$

(5) $x^2 \leq 2x^2+y^2$ 에서 $|x^2y^3/(2x^2+y^2)| \leq |y^3|$

$(x,y)\to 0$ 일때 $|y^3| \to 0$ 이므로

샌드위치정리에 의해 $\lim_{(x,y)\to(0,0)} \frac{x^2y^3}{2x^2+y^2} = 0$,

$f(0,0)=1$ 그러므로 $(x,y)=(0,0)$ 에서 불연속이다

3.

(1) 준식 $= \frac{3}{4-3} = 3$

(2) 2

(3) $x=0$ 준식 $=0$, $y=0$ 준식 $=0$

$y=x$ 준식 $= \lim_{(x,y)\to(0,0)} \frac{4x^2}{2x^2} = 2$ $\therefore$ 발산

(4) 발산

(5) $x=0$ 준식 $=0$, $y=0$ 준식 $=0$

$y=x$ 준식 $= \lim_{(x,y)\to(0,0)} \frac{2x^2\sin x}{3x^2} = 0$ $\therefore 0$

(6) 2

4.

(1) R^2

(2) $\{(x,y) \mid 9-x^2-y^2 \geq 0\}$

(3) $\{(x,y) \mid 3-x^2+y>0\}$

(4) $\{(x,y,z) \mid y \neq 0\}$

(5) $\{(x,y,z) \mid x^2+y^2+z^2-4>0\}$

연습문제 5.3

1.

(1) $f_x(x,y)=3$, $f_y(x,y)=-8y^3$

(2) $\frac{\partial z}{\partial x} = e^{3y}$, $\frac{\partial z}{\partial y} = 3xe^{3y}$

(3) $f_x(x,y) = \frac{2y}{(x+y)^2}$, $f_y(x,y) = -\frac{2x}{(x+y)^2}$

(4) $w=\sin\alpha\cos\beta \Rightarrow \frac{\partial w}{\partial \alpha} = \cos\alpha\cos\beta$

$\frac{\partial w}{\partial \beta} = \sin\alpha\sin\beta$

$f(r,s)=r\ln(r^2+s^2)\Rightarrow f_r(r,s)$

$=\dfrac{2r^2}{r^2+s^2}+\ln(r^2+s^2)$

$f_x(r,s)=\dfrac{2rs}{r^2+s^2}$

$f(x,y,z)=xz-5x^2y^3z^4$

$\Rightarrow f_x(x,y,z)=z-10xy^3z^4, f_y(x,y,z)$

$=-15x^2y^2z^4,\ f_z(x,y,z)=x-20x^2y^3z^3$

$w=\ln(x+2y+3z)$

$\Rightarrow\dfrac{\partial w}{\partial x}=\dfrac{1}{x+2y+3z},$

$\dfrac{\partial w}{\partial x}=\dfrac{2}{x+2y+3z},$

$\dfrac{\partial w}{\partial x}=\dfrac{3}{x+2y+3z}$

$u=xy\sin^{-1}(yz)\Rightarrow\dfrac{\partial u}{\partial x}=y\sin^{-1}(yz),$

$\dfrac{\partial u}{\partial y}=\dfrac{xyz}{\sqrt{1-y^2z^2}}+x\sin^{-1}(yz)$

$\dfrac{\partial u}{\partial z}=\dfrac{xy^2}{\sqrt{1-y^2z^2}}$

$f_x=3y^4+3x^2y^2, f_{xx}=6xy^2,$

$f_{xxy}=12xy, f_y=12xy^3+2x^3y$

$f_{yy}=36xy^2+2x^3, f_{yyy}=72xy$

$f_x=-\sin(4x+3y+2z)(4)$

$f_{xy}=-12\cos(4x+3y+2z),$

$f_{xyz}=24\sin(4x+3y+2z),$

$f_y=-3\sin(4x+3y+2z),$

$f_{yz}=-6\cos(4x+3y+2z),$

$f_{yzz}=12\sin(4x+3y+2z)$

(3) $\dfrac{\partial u}{\partial\theta}=e^{r\theta}(\cos\theta+r\sin\theta)$

$\dfrac{\partial^2u}{\partial r\partial\theta}=e^{r\theta}(\theta\cos\theta+r\theta\sin\theta+\sin\theta)$

$\dfrac{\partial^3u}{\partial r^2\partial\theta}=\theta e^{r\theta}(2\sin\theta+\theta\cos\theta+r\theta\sin\theta)$

(4) $\dfrac{\partial w}{\partial x}=\dfrac{1}{y+2z},$

$\dfrac{\partial^2w}{\partial y\partial x}=-(y+2z)^{-2},$

$\dfrac{\partial^3w}{\partial z\partial y\partial x}=4(y+2z)^{-3},$

$\dfrac{\partial w}{\partial y}=-x(y+2z)^{-2},$

$\dfrac{\partial^2w}{\partial x\partial y}=-(y+2z)^{-2},\ \dfrac{\partial^3w}{\partial x^2\partial y}=0$

3.

(1) $f_x=3x^2-4y^2, f_y=4y^3-8xy$

(2) $f_x=2xe^y,\ f_y=x^2e^y-4$

(3) $f_x=x^2y\cos xy+2x\sin xy,$

$f_y=x^3\cos xy-9y^2$

(4) $f_x=4\cdot\dfrac{1}{y}e^{x/y}+\dfrac{y}{x^2}=\dfrac{4}{y}e^{x/y}-\dfrac{y}{x^2},$

$f_y=4(\dfrac{-x}{y^2})e^{x/y}-\dfrac{1}{x}=\dfrac{4x}{-y^2}e^{x/y}-\dfrac{1}{x}$

(5) $f_x=12x^2y^3z+3\sin y,$

$f_y=8x^3yz+3x\cos y,\ f_z=4x^3y^2$

4.

(1) $\dfrac{\partial f}{\partial x}=3x^2-4y^2,\ \dfrac{\partial f}{\partial y}=-8xy+3$

$\dfrac{\partial^2f}{\partial x^2}=6x,\ \dfrac{\partial^2f}{\partial y^2}=-8x,\ \dfrac{\partial^2f}{\partial y\partial x}=-8y$

(2) $f_x=4x^3-6xy^3,\ f_{xx}=12x^2-6y^3$

$f_{xy}=-18xy^2,\ f_{xyy}=-36xy$

(3) $f_x = 3x^2y^2$, $f_{xx} = 6xy^2$, $f_y = 2x^3y - z\cos yz$,

$f_{yz} = yz\sin yz - \cos yz$, $f_{xy} = 6x^2y$, $f_{xyz} = 0$

(4) $f_x = 2ye^{2xy} + z\sin y$, $f_{xx} = 4y^2e^{2xy}$

$f_y = 2xe^{2xy} + z^2y^{-2} + xz\cos y$

$f_{yy} = 4x^2e^{2xy} - 2z^2y^{-3} - xz\sin y$

$= 4x^2e^{2xy} - \dfrac{2z^2}{y^3} - xz\sin y$

$f_{yyz} = -\dfrac{4z}{y^3} - x\sin y$

$f_{yyzz} = -\dfrac{4}{y^3}$

(5) $f_w = 2wxy - ze^{wz}$, $f_{ww} = 2xy - z^2e^{wz}$

$f_{wx} = 2yw$, $f_{wxy} = 2w$, $f_{wwz} = 2y$

$f_{wwxy} = 2$, $f_{wwxyz} = 0$

5.

$G = H - TS$, $\dfrac{G}{T} = \dfrac{H}{T} - S$

$T \neq 0$, $\dfrac{\partial(G/T)}{\partial T} = -\dfrac{H}{T^2}$

6.

$V = IR$에서 편도함수는 $\dfrac{\partial V}{\partial I} = R$, $\dfrac{\partial V}{\partial R} = I$이다.

이를 연쇄법칙의식에 대입하면

$\dfrac{\partial V}{\partial I} = \dfrac{\partial V}{\partial I}\dfrac{dI}{dt} + \dfrac{\partial V}{\partial R}\dfrac{dR}{dt} = R\dfrac{dI}{dt} + I\dfrac{dR}{dt}$

$-0.01 = 600\dfrac{dI}{dt} + (0.04) \cdot (0.5)$

$\dfrac{dI}{dT} = -\dfrac{0.01 + (0.04) \cdot (0.5)}{600} = -0.00005$

따라서 전류는 언급된 순간에 0.00005암페어/초의 비율로 감소한다.

연습문제 5.4

1.

(1) $z = x^2 + y^2 + xy$, $x = \sin t$, $y = e^t$

$\Rightarrow \dfrac{dz}{dt} = \dfrac{\partial z}{\partial x}\dfrac{dx}{dt} + \dfrac{\partial z}{\partial y}\dfrac{dy}{dt} = (2x+y)\cos t + (2y+x)e^t$

(2) $z = \cos(x+4y)$, $x = 5t^4$, $y = 1/t$

$\Rightarrow \dfrac{dz}{dt} = \dfrac{\partial z}{\partial x}\dfrac{dz}{dt} + \dfrac{\partial z}{\partial y}\dfrac{dy}{dt}$

$= -\sin(x+4y)(1)(20t^3) + [-\sin(x+4y)(4)](-t^{-2})$

$= -20t^3\sin(x+4y) + \dfrac{4}{t^2}\sin(x+4y)$

$= (\dfrac{4}{t^3} - 20t^3)\sin(x+4y)$

(3) $w = xe^{y/z}$, $x = t^2$, $y = 1-t$, $z = 1+2t \Rightarrow$

$\dfrac{dw}{dt} = \dfrac{\partial w}{\partial x}\dfrac{dx}{dt} + \dfrac{\partial w}{\partial y}\dfrac{dy}{dt} + \dfrac{\partial w}{\partial z}\dfrac{dz}{dt}$

$= e^{y/z} \cdot 2t + xe^{y/z}(\dfrac{1}{z}) \cdot (-1) + xe^{y/z}(-\dfrac{y}{z^2}) \cdot 2$

$= e^{y/z}(2t - \dfrac{x}{z} - \dfrac{2xy}{z^2})$

(4) $w = \ln\sqrt{x^2+y^2+z^2} = \dfrac{1}{2}\ln(x^2+y^2+z^2)$,

$x = \sin t$, $y = \cos t$, $z = \tan t \Rightarrow$

$\dfrac{dw}{dt} = \dfrac{\partial w}{\partial x}\dfrac{dx}{dt} + \dfrac{\partial w}{\partial y}\dfrac{dy}{dt} + \dfrac{\partial w}{\partial z}\dfrac{dz}{dt}$

$= \dfrac{1}{2} \cdot \dfrac{2x}{x^2+y^2+z^2} \cdot \cos t + \dfrac{1}{2} \cdot \dfrac{2y}{x^2+y^2+z^2}$

$\cdot (-\sin t) + \dfrac{1}{2} \cdot \dfrac{2z}{x^2+y^2+z^2} \cdot \sec^2 t$

$= \dfrac{x\cos t - y\sin t + z\sec^2 t}{x^2+y^2+z^2}$

2.

(1) $z = x^2y^3$, $x = s\cos t$, $y = s\sin t \Rightarrow$

$\dfrac{\partial z}{\partial s} = \dfrac{\partial z}{\partial x}\dfrac{\partial x}{\partial s} + \dfrac{\partial z}{\partial y}\dfrac{\partial y}{\partial s} = 2xy^3\cos t + 3x^2y^2\sin t$

$\dfrac{\partial z}{\partial t} = \dfrac{\partial z}{\partial x}\dfrac{\partial x}{\partial t} + \dfrac{\partial z}{\partial y}\dfrac{\partial y}{\partial t}$

$= (2xy^3)(-s\sin t) + (3x^2y^2)(s\cos t)$

$= -2sxy^3\sin t + 3sx^2y^2\cos t$

$z = \arcsin(x-y),\ x = s^2+t^2,\ y = 1-2st \Rightarrow$

$\frac{\partial z}{\partial s} = \frac{\partial z}{\partial x}\frac{\partial x}{\partial s} + \frac{\partial z}{\partial y}\frac{\partial y}{\partial s} = \frac{1}{\sqrt{1-(x-y)^2}}(1)$

$\cdot\ 2s + \frac{1}{\sqrt{1-(x-y)^2}}(-1)\cdot(-2t) = \frac{2s+2t}{\sqrt{1-(x-y)^2}}$

$\frac{\partial z}{\partial t} = \frac{\partial z}{\partial x}\frac{\partial x}{\partial t} + \frac{\partial z}{\partial y}\frac{\partial y}{\partial t} = \frac{1}{\sqrt{1-(x-y)^2}}(1)$

$\cdot\ 2t + \frac{1}{\sqrt{1-(x-y)^2}}(-1)\cdot(-2s) = \frac{2s+2t}{\sqrt{1-(x-y)^2}}$

$z = \sin\theta\cos\phi,\ \theta = st^2, \phi = s^2t \Rightarrow$

$\frac{\partial z}{\partial s} = \frac{\partial z}{\partial \theta}\frac{\partial \theta}{\partial s} + \frac{\partial z}{\partial \phi}\frac{\partial \phi}{\partial s} = (\cos\theta\cos\phi)(t^2) + (-\sin\theta\sin\phi)(2st)$

$= t^2\cos\theta\cos\phi - 2st\sin\theta\sin\phi$

$\frac{\partial z}{\partial t} = \frac{\partial z}{\partial \theta}\frac{\partial \theta}{\partial t} + \frac{\partial z}{\partial \phi}\frac{\partial \phi}{\partial t}$

$= (\cos\theta\cos\phi)(2st) + (-\sin\theta\sin\phi)(s^2)$

$= 2st\cos\theta\cos\phi - s^2\sin\theta\sin\phi$

$z = e^{x+2y},\ x = s/t,\ y = t/s \Rightarrow$

$\frac{\partial z}{\partial s} = \frac{\partial z}{\partial x}\frac{\partial x}{\partial s} + \frac{\partial z}{\partial y}\frac{\partial y}{\partial s} = (e^{x+2y})(1/t) + (2e^{x+2y})(-ts^{-2})$

$= e^{x+2y}(\frac{1}{t} - \frac{2t}{s^2})$

$\frac{\partial z}{\partial t} = \frac{\partial z}{\partial x}\frac{\partial x}{\partial t} + \frac{\partial z}{\partial y}\frac{\partial y}{\partial t} = (e^{x+2y})(-st^{-2}) + (2e^{x+2y})(1/s)$

$= e^{x+2y}(\frac{2}{s} - \frac{s}{t^2})$

$z = e^r\cos\theta,\ r = st,\ \theta = \sqrt{s^2+t^2} \Rightarrow$

$\frac{\partial z}{\partial s} = \frac{\partial z}{\partial r}\frac{\partial r}{\partial s} + \frac{\partial z}{\partial \theta}\frac{\partial \theta}{\partial s} = e^r\cos\theta\cdot t + e^r(-\sin\theta)$

$\cdot\ \frac{1}{2}(s^2+t^2)^{-1/2}(2s) = te^r\cos\theta - e^r\sin\theta\cdot\frac{s}{\sqrt{s^2+t^2}}$

$= e^r(t\cos\theta - \frac{s}{\sqrt{s^2+t^2}}\sin\theta)$

$\frac{\partial z}{\partial t} = \frac{\partial z}{\partial r}\frac{\partial r}{\partial t} + \frac{\partial z}{\partial \theta}\frac{\partial \theta}{\partial t} = e^r\cos\theta\cdot s + e^r(-\sin\theta)$

$\cdot\ \frac{1}{2}(s^2+t^2)^{-1/2}(2t) = se^r\cos\theta - e^r\sin\theta\cdot\frac{t}{\sqrt{s^2+t^2}}$

$= e^r(s\cos\theta - \frac{t}{\sqrt{s^2+t^2}}\sin\theta)$

(6) $z = \tan(u/v),\ u = 2s+3t,\ v = 3s-2t \Rightarrow$

$\frac{\partial z}{\partial s} = \frac{\partial z}{\partial u}\frac{\partial u}{\partial s} + \frac{\partial z}{\partial v}\frac{\partial v}{\partial s}$

$= \sec^2(u/v)(1/v)\cdot 2 + \sec^2(u/v)(-uv^{-2})\cdot 3$

$= \frac{2}{v}\sec^2(\frac{u}{v}) - \frac{3u}{v^2}\sec^2(\frac{u}{v}) = \frac{2v-3u}{v^2}\sec^2(\frac{u}{v})$

$\frac{\partial z}{\partial t} = \frac{\partial z}{\partial u}\frac{\partial u}{\partial t} + \frac{\partial z}{\partial v}\frac{\partial v}{t}$

$= \sec^2(u/v)(1/v)\cdot 3 + \sec^2(u/v)(-uv^{-2})\cdot(-2)$

$= \frac{3}{v}\sec^2(\frac{u}{v}) + \frac{2u}{v^2}\sec^2(\frac{u}{v}) = \frac{2u+3v}{v^2}\sec^2(\frac{u}{v})$

3.

(1) $\frac{\partial w}{\partial r} = \frac{\partial w}{\partial x}\frac{\partial x}{\partial r} + \frac{\partial w}{\partial y}\frac{\partial y}{\partial r} + \frac{\partial w}{\partial z}\frac{\partial z}{\partial r}$

$= 2(x+y+z)(1) + 2(x+y+z)[-\sin(r+s)]$

$+ 2(x+y+z)[\cos(r+s)]$

$= 2(x+y+z)[1 - \sin(r+s) + \cos(r+s)]$

$= 2[r - s + \cos(r+s) + \sin(r+s)]$

$[1 - \sin(r+s) + \cos(r+s)]$

$\Rightarrow \frac{\partial w}{\partial r}|_{r=1,s=-1} = 2(3)(2) = 12$

(2) $\frac{\partial w}{\partial v} = \frac{\partial w}{\partial x}\frac{\partial x}{\partial v} + \frac{\partial w}{\partial y}\frac{\partial y}{\partial v} + \frac{\partial w}{\partial z}\frac{\partial z}{\partial v}$

$= y(\frac{2v}{u}) + x(1) + (\frac{1}{z})(0)$

$= (u+v)(\frac{2v}{u}) + \frac{v^2}{u} \Rightarrow \frac{\partial w}{\partial v}|_{u=-1,v=2}$

$= (1)(\frac{4}{-1}) + (\frac{4}{-1}) = -8$

(3) $\frac{\partial w}{\partial v} = \frac{\partial w}{\partial x}\frac{\partial x}{\partial v} + \frac{\partial w}{\partial y}\frac{\partial y}{\partial v} = \left(2x - \frac{y}{x^2}\right)(-2) + \left(\frac{1}{x}\right)(1)$

$= [2(u-2v+1) - \frac{2u+v-2}{(u-2v+1)^2}](-2) + \frac{1}{y-2v+1}$

$\Rightarrow \frac{\partial w}{\partial v}|_{u=0,v=0} = -7$

(4) $\frac{\partial z}{\partial u}=\frac{\partial z}{\partial x}\frac{\partial x}{\partial u}+\frac{\partial w}{\partial y}\frac{\partial y}{\partial u}$

$=(y\cos xy+\sin y)(2u)+(x\cos xy+x\cos y)(v)$

$=[uv\cos(u^3v+uv^3)+\sin uv]$

$(2u)+[(u^2+v^2)\cos(u^3v+uv^3)+(u^2+v^2)\cos uv](v)$

$\Rightarrow\frac{\partial z}{\partial u}|_{u=0,v=1}=0+(\cos 0+\cos 0)(1)=2$

연습문제 5.5

1.

(1) $f_x=2x+4y^2,\ f_y=8xy-5y^4$

$\nabla f=\langle 2x+4y^2,\ 8xy-5y^4\rangle$

(2) $f_x=xy^2e^{xy^2}+e^{xy^2},\ f_y=2x^2ye^{xy^2}-2y\sin y^2$

$\nabla f=\langle e^{xy^2}(xy^2+1),\ 2y(x^2e^{xy^2}-\sin y^2)\rangle$

2.

(1) $f_x=\frac{8}{y}e^{4x/y}-2,\ f_y=-\frac{8x}{y^2}e^{4x/y}$

$f_x(2,\ -1)=-8e^{-8}-2,\ f_y(2,\ -1)=-16e^{-8}$

$\nabla f(2,\ -1)=\langle -8e^{-8}-2,\ -16e^{-8}\rangle$

(2) $f_x=6xy+z\sin x,\ f_y=3x^2,\ f_z=-\cos x$

$f_x(0,\ 2,\ -1)=0,\ f_y=(0,\ 2,\ -1)=0,$

$f_z(0,\ 2,\ -1)=-1$

$\nabla f(0,\ 2,\ -1)=\langle 0,\ 0,\ -1\rangle$

(3) $\frac{\partial f}{\partial x}=2x+\frac{z}{x}\Rightarrow\frac{\partial f}{\partial x}(1,\ 1,\ 1)=3;\ \frac{\partial f}{\partial y}=2y\Rightarrow\frac{\partial f}{\partial y}(1,\ 1,\ 1)$

$=2;\ \frac{\partial f}{\partial z}=-4z+\ln x\Rightarrow\frac{\partial f}{\partial z}(1,\ 1,\ 1)=-4$

따라서 $\nabla f=3\mathrm{i}+2\mathrm{j}-4\mathrm{k}$

(4) $\frac{\partial f}{\partial x}=-\frac{x}{(x^2+y^2+z^2)^{3/2}}+\frac{1}{x}$

$\Rightarrow\frac{\partial f}{\partial x}(-1,\ 2,\ -2)=-\frac{26}{27};\ \frac{\partial f}{\partial y}$

$=-\frac{y}{(x^2+y^2+z^2)^{3/2}}+\frac{1}{y}$

$\Rightarrow\frac{\partial f}{\partial y}(-1,\ 2,\ -2)=\frac{23}{54};$

$\frac{\partial f}{\partial z}=-\frac{z}{(x^2+y^2+z^2)^{3/2}}+\frac{1}{z}\Rightarrow\frac{\partial f}{\partial z}(-1,\ 2,\ -2)=-\frac{23}{54}$

따라서 $\nabla f=-\frac{26}{27}\mathrm{i}+\frac{23}{54}\mathrm{j}-\frac{23}{54}\mathrm{k}$

(5) $\left(\frac{\sqrt{3}}{2}+1,\ \frac{\sqrt{3}}{2},\ -\frac{1}{2}\right)$

3.

(1) $\nabla f=\langle 2xy,\ x^2+8y\rangle$

$\nabla f(2,\ 1)=\langle 4,\ 12\rangle$

$\langle 4,\ 12\rangle\cdot\left\langle\frac{1}{2},\ \frac{\sqrt{3}}{2}\right\rangle=2+6\sqrt{3}$

(2) $\nabla f=\langle 8xe^{4x^2-y},\ -e^{4x^2-y}\rangle$

$\nabla f(1,4)=\langle 8,\ -1\rangle$

$|\langle -2,\ -1\rangle|=\sqrt{(-2)^2+(-1)^2}=\sqrt{5}$

$\langle 8,\ -1\rangle\cdot\left\langle -\frac{2}{\sqrt{5}},\ -\frac{1}{\sqrt{5}}\right\rangle=-\frac{15}{\sqrt{5}}=-3\sqrt{5}$

(3) $\nabla f=\langle -2\sin(2x-y),\ \sin(2x-y)\rangle$

$\nabla f(\pi,\ 0)=\langle 0,\ 0\rangle$

$(\pi,\ 0)$에서 $(2\pi,\ \pi)$까지의 벡터는 $\langle\pi,\ \pi\rangle$

$|\langle\pi,\ \pi\rangle|=\sqrt{\pi^2+\pi^2}=\pi\sqrt{2}$

$\langle 0,\ 0\rangle\cdot\left\langle\frac{1}{\sqrt{2}},-\frac{1}{\sqrt{2}}\right\rangle=0$

(4) $\frac{23}{10}$

(5) $f(x,y,z)=xe^y+ye^z+ze^x$

$\Rightarrow\nabla f(x,y,z)=(e^y+ze^x,\ xe^y+e^z,\ ye^z+e^x),$

$\nabla f(0,0,0)=\langle 1,1,1\rangle$ 그리고 v의 단위벡터

$\mathrm{u}=\frac{1}{\sqrt{25+1+4}}\langle 5,1,-2\rangle$

$=\frac{1}{\sqrt{30}}\langle 5,1,-2\rangle,\ D_{\mathrm{u}}f(0,0,0)$

$=\nabla f(0,0,0)\cdot\mathrm{u}=\langle 1,1,1\rangle\cdot\frac{1}{\sqrt{30}}\langle 5,1,-2\rangle$

$=\frac{4}{\sqrt{30}}$

$\frac{9}{2\sqrt{5}}$

$\nabla f = \langle 2x, -3y^2 \rangle$

$\nabla f(2, 1) = \langle 4, -3 \rangle$

$|\nabla f(2, 1)| = 5$

최대변화률은 5이다. $d = \langle 4, -3 \rangle$의 방향.

최소변화률은 -5이다; $d = \langle -4, 3 \rangle$

$\nabla f = \langle 4y^2 e^{4x}, 2ye^{4x} \rangle$

$\nabla f(0, -2) = \langle 16, -4 \rangle$

$|\nabla f(0, -2)| = \sqrt{272} = 4\sqrt{17}$

최대변화률은 $4\sqrt{17}$ 이다; $d = \langle 16, -4 \rangle$의 방향.

최소변화률은 $-4\sqrt{17}$ 이다; $d = \langle -16, 4 \rangle$의 방향.

$\nabla f = \langle \cos 3y, -3x \sin 3y \rangle$

$\nabla f(2, 0) = \langle 1, 0 \rangle$

$|\nabla f(2, 0)| = 1$

최대변화율은1이다. u= $\langle 1, 0 \rangle$의 방향.

최소변화율은 -1이다. u= $\langle -1, 0 \rangle$의 방향

$\nabla f = \langle 8xyz^3, 4x^2z^3, 12x^2yz^2 \rangle$

$\nabla f(1, 2, 1) = \langle 16, 4, 24 \rangle$

$|\nabla f(1, 2, 1)| = \sqrt{848} = 4\sqrt{53}$

최대변화율은$4\sqrt{53}$ 이다; $d = \langle 16, 4, 24 \rangle$의 방향.

최소변화율은 $-4\sqrt{53}$ 이다; $d = \langle -16, -4, -24 \rangle$의 방향.

$f(x, y, z) = x^2 + y^3 - z$

$\nabla f = \langle 2x, 3y^2, -1 \rangle$

$\nabla f(1, -1, 0) = \langle 2, 3, -1 \rangle$

$2(x-1) + 3(y+1) - z = 0$

$2x + 3y - z + 1 = 0$

법선의 매개변수방정식은 $x = 1 + 2t,\ y = -1 + 3t,\ z = -t$ 이다.

(2) $f(x, y, z) = x^2 + y^2 + z^2$

$\nabla f = \langle 2x, 2y, 2z \rangle$

$\nabla f(-1, 2, 1) = \langle -2, 4, 2 \rangle$

$-2(x+1) + 4(y-2) + 2(z-1) = 0$

$-2x + 4y + 2z - 12 = 0$

법선의 매개변수방정식은

$x = -1 - 2t,\ y = 2 + 4t,\ z = 1 + 2t$

(3) $F(x, y, z) = 2(x-2)^2 + (y-1)^2 + (z-3)^2$ 라 하자.

$2(x-2)^2 + (y-1)^2 + (z-3)^2 = 10$ 는 F의 표면등고선이다.

$F_x(x, y, z) = 4(x-2) \Rightarrow F_x(3, 3, 5) = 4,$

$F_x(x, y, z) = 2(y-1) \Rightarrow F_y(3, 3, 5) = 4,$

$F_z(x, y, z) = 2(z-3) \Rightarrow F_z(3, 3, 5) = 4$

$(3, 3, 5)$에서 평면의 방정식은

$4(x-3) + 4(y-3) + 4(z-5) = 0 \Leftrightarrow$

$4x + 4y + 4z = 44 \Rightarrow x + y + z = 11.$

법선의 방정식은

$\frac{x-3}{4} = \frac{y-3}{4} = \frac{z-5}{4}$, $x - 3 = y - 3 = z - 5,$

또는 $x = 3 + 4t,\ y = 3 + 4t,\ z = 5 + 4t$

(4) $4x - 5y - z = 4,$

$x = 2 + 4t,\ y = 1 - 5t,\ z = -1 - t$

(5) $x + y - z = 1$

$x = 1 + t,\ y = t,\ z = -t$

연습문제 5.6

1.

(1) $D(1,1) = f_{xx}(1,1) f_{xx}(1,1) - [f_{xy}(1,1)]^2$

$= (4)(2) - (1)^2 = 7$

$D(1,1) > 0,\ f_{xx}(1,1) > 0,$

따라서 f는 $(1,1)$에서 극소값

(2) $D(1,1) = f_{xx}(1,1)f_{yy}(1,1) - [f_{xy}(1,1)]^2 = (4)(2) - (3)^2$

$= -1,\ D(1,1) < 0$ 따라서 f는 $(1,1)$에서 안장점이다.

2.

(1) $D = g_{xx}(0,2)g_{yy}(0,2) - [g_{xy}(0,2)]^2 = (-1)(1) - (6)^2$

$= -37,\ D < 0$ 따라서 g는 $(0,2)$에서 안장점이다.

(2) $D = g_{xx}(0,2)g_{yy}(0,2) - [g_{xy}(0,2)]^2 = (-1)(-8) - (2)^2$

$= 4,\ D > 0,\ g_{xx}(0,2) < 0$

따라서 g는 (0,2)에서 극대값이다.

(3) $D = g_{xx}(0,2)g_{yy}(0,2) - [g_{xy}(0,2)]^2 = (4)(9) - (6)^2 = 0$

따라서 g는 (0,2)에서 정보가 없다.

3.

(1) $f(x,y) = 9 - 2x + 4y - x^2 - 4y^2 \quad =>$

$f_x = -2 - 2x,\ f_y = 4 - 8y,$

$f_{xx} = -2,\ f_{xy} = 0,\ f_{yy} = -8,\ f_x = 0$ 그리고 $f_y = 0$

$x = -1,\ y = \frac{1}{2}$, 임계점 $\left(-1, \frac{1}{2}\right)$.

$D\left(-1, \frac{1}{2}\right) = 16 > 0,\ f_{xx}\left(-1, \frac{1}{2}\right) = -2 < 0,$

$f\left(-1, \frac{1}{2}\right) = 11$ 은 극대이다.

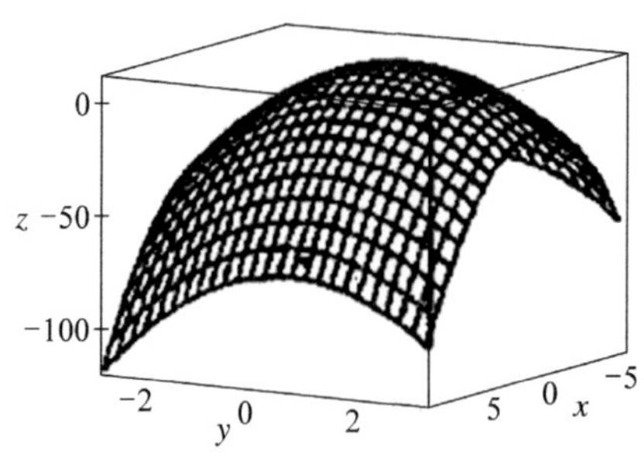

(2) $f(x,y) = x^2 + y^2 + x^2y + 4$

$\Rightarrow f_x = 2x + 2xy,\ f_y = 2y + 2^2,$

$f_{xx} = 2 + 2y,\ f_{yy} = 2,\ f_{xy} = 2x \qquad f_y = 0 \quad y = -\frac{1}{2}x^2$

$f_x = 0 \quad 2x - x^3 = 0$ 그래서 $x = 0$ 또는 $x = \pm\sqrt{2}$.

그러므로 임계점은 $(0,0),\ (\sqrt{2}, -1)$

그리고 $(-\sqrt{2}, -1)$, $D(0,0) = 4$,

$D(\pm\sqrt{2}, -1) = -8,\ f_{xx} = 2,\ f_{xx}(\pm\sqrt{2}, -1) = 0$이므

$(\pm\sqrt{2}, -1)$은 안장점이다. 극소값 $f(0,0) = 4$이다.

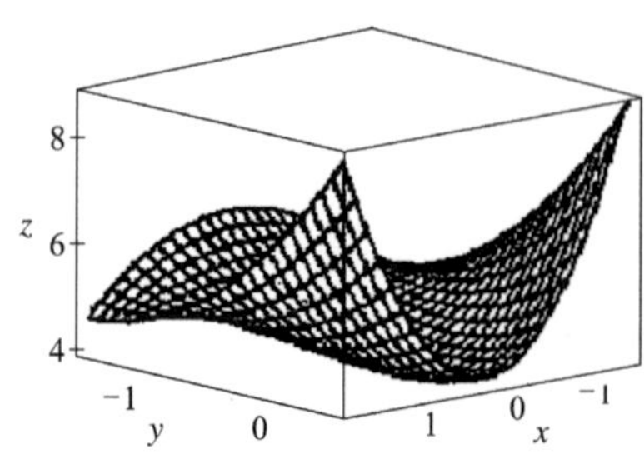

(3) $f(x,y) = xy - 2x - y$

$\Rightarrow f_x = y - 2,\ f_y = x - 1,\ f_{xx} = f_{yy} = 0,$

$f_{xy} = 1$ 임계점은 (1,2) $D(1,2) = -1$,

그래서 (1,2)은 안장점이고 f는 극대, 극소값이 없

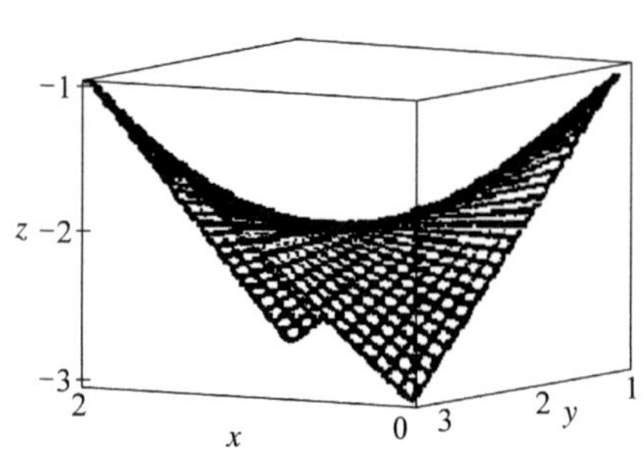

(4) $f(x,y) = x^3 - 12xy + 8y^3 \ => \ f_x = 3x^2 - 12y,$

$f_y = -12x + 24y^2,\ f_{xx} = 6x,\ f_{xy} = -12,\ f_{yy} = 48y,$

$f_x = 0 \quad x^2 = 4y$ 그리고 $f_y = 0, \quad x = 2y^2$

$(2y^2)^2 = 4y \quad \Rightarrow \quad 4y^4 = 4y \quad \Rightarrow$

$4y(y^3 - 1) = 0 \quad \Rightarrow \quad y = 0$ 또는 $y = 1$,

만약 $y = 0$이면 $x = 0$ 그리고 만약 $y = 1$이면 $x = 2$

따라서 임계점은 (0,0) 그리고 (2,1)이다.

$D(0,0) = (0)(0) - (-12)^2 = -144 < 0$, 그래서 (0,0)

극값이 존재하지 않는다(안장점).

$D(2,1) = (12)(48) - (-12)^2 = 432 > 0,$

$f_{xx}(2,1) = 12 > 0$ 그래서 극소값 $f(2,1) = -8$이다.

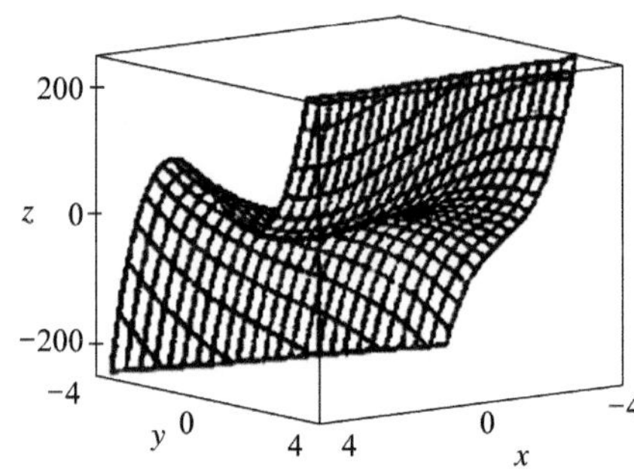

$f(x,y) = e^{4y-x^2-y^2}$ => $f_x = -2xe^{4y-x^2-y^2}$,

$f_y = (4-2y)e^{4y-x^2-y^2}$, $f_{xx} = (4x^2-2)e^{4y-x^2-y^2}$, Z

$f_{xy} = -2x(4-2y)e^{4y-x^2-y^2}$,

$f_{yy} = (4y^2-16y+14)e^{4y-x^2-y^2}$

$f_x = 0$ 그리고 $f_y = 0$ $x=0$ 그리고 $y=2$,

그래서 임계점은 $(0,2)$ $D(0,2) = (-2e^4)(-2e^4) - 0^2$

$= 4e^8 > 0$ 그리고 $f_{xx}(0,2) = -2e^4 < 0$

그래서 극대값은 $f(0,2) = e^4$이다.

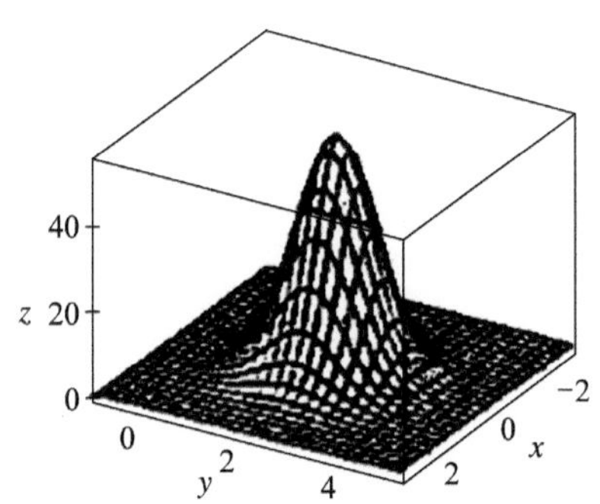

f는 다항식이고 D에서 연속이므로 최대값과 최소값이 존재한다. $f_x = 4$, $f_y = -5$이므로 D에서 임계점이 없다. 그러므로 경계에서 최대 최소가 있다.

L_1에서 $x=0$이고 $f(0, y) = 1-5y$, $0 \le y \le 3$이다. 이것은 y의 감소함수이므로 최대값은 $f(0,0)=1$ 이고, 최소값은 $f(0,3) = -14$이다. L_2에서 $y=0$이고 $f(x,0) = 1+4x$ $0 \le x \le 2$이다. 이것은 x의 증가함수이므로 최대값은 $f(2,0)=9$이고 최소값은 $f(0,0)=1$ 이다.

L_3에서 $y = -\frac{3}{2}x+3$이고 $f\left(x, -\frac{3}{2}x+3\right) = \frac{23}{2}x - 14$, $0 \le x \le 2$이다. 이것은 x의 증가 함수이므로 최대값은 $f(2,0)=9$이고 최소값은 $f(0,3) = -14$이다. 그러므로 경계에서 f의 최대값은 $f(2,0)=9$이고 f의 최소값은 $f(0,3) = -14$이다.

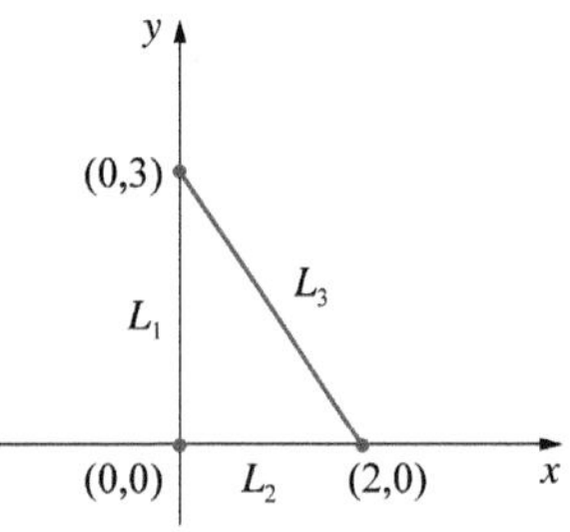

(2) $f_x(x,y) = 2x+2xy = 0$, $f_y(x,y) = 2y+x^2 = 0$에서

임계점$(0,0)$이고 $f(0,0)=4$

L_1에서 $y=-1$, $f(x,-1)=5$,

L_2에서 $x=1$, $f(1,y) = y^2y+5$, $-1 \le y \le 1$에서

최대값 $f(1,1)=7$, 최소값 $f(1, -\frac{1}{2}) = \frac{19}{4}$

L_3에서 $f(x,1) = 2x^2+5 -1 \le x \le 1$에서

최대값 $f(\pm1, 1) = 7$ 최소값 $f(0,1)=5$.

L_4에서 $f(-1, y) = y^2+y+5$ $-1 \le y \le 1$에서

최대값 $f(-1,1)=7$,

최소값 $f(-1, -\frac{1}{2}) = \frac{19}{4}$

그러므로 D에서 f의 최대값$f(\pm1,1)=7$,

최소값 $f(0,0)=4$이다.

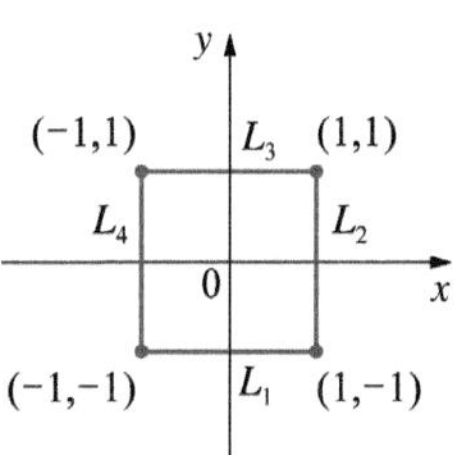

(3) $f_x = 4x^3 - 4y = 0$, $f_y = 4y^3 - 4x = 0$에서 임계점 (1,1)이고 $f(1,1) = 0$, L_1에서 $y = 0$, $f(x,0) = x^4 + 2$, $0 \le x \le 3$에서 최대값 $f(3,0) = 83$, 최소값 $f(0,0) = 2$ L_2에서 $x = 3$, $f(3,y) = y^4 - 12y + 83$, $0 \le y \le 2$에서 최대값 $f(3,0) = 83$, 최소값 $f(3, \sqrt[3]{3}) = 83 - 3\sqrt[3]{3} \approx 70.0$ L_3에서 $y = 2$, $f(x,2) = x^4 - 8x + 18$, $0 \le x \le 3$에서 최대값 $f(3,2) = 75$, 최소값 $f(\sqrt[3]{2}, 2) = 18 - 6\sqrt[3]{2} \approx 10.4$ L_4에서 $x = 0$, $f(0,y) = y^4 + 2$, $0 \le y \le 2$에서 최대값 $f(0,2) = 18$, 최소값 $f(0,0) = 2$이다. 그러므로 D에서 f의 최대값 $f(3,0) = 83$, 최소값은 $f(1,1) = 0$이다.

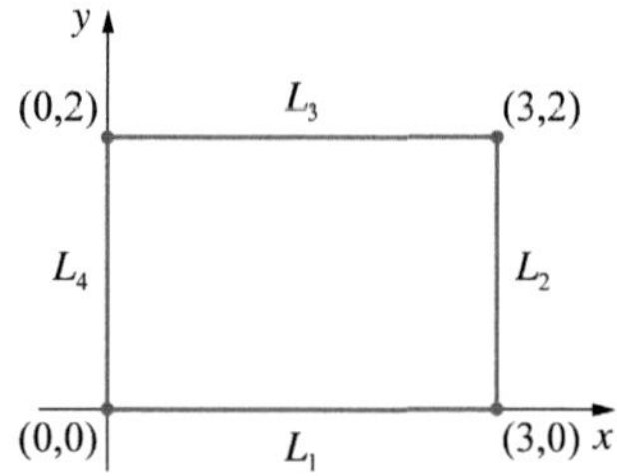

5.

주어진 점에서 평면위의 임의의 점(x,y,z)에 이르는 거리 L은

$$L = \sqrt{(x-1)^2 + (y-2)^2 + (z-3)^2} \qquad (1)$$

이다. 이 L을 x와 y만의 함수로 나타내면 문제에서 $z = 5 - 2x - 2y$ 이므로

$$L^2 = (x-1)^2 + (y-2)^2 + (2-2x-2y)^2 \qquad (2)$$

이 된다. L^2이 최소일때 L도 최소가 되므로 편미분을 적용하면

$$\frac{\partial (L^2)}{\partial x} = 2(x-1) - 4(2-2x-2y) = 0$$

$$\frac{\partial (L^2)}{\partial y} = 2(y-2) - 4(2-2x-2y) = 0.$$

이것을 연립시켜 풀면

$$\begin{cases} 5x + 4y = 5 \\ 4x + 5y = 6 \end{cases} \quad \text{즉 } x = \frac{1}{9},\ y = \frac{10}{9}$$

따라서 $z = 5 - 2\left(\frac{1}{9}\right) - 2\left(\frac{10}{9}\right) = \frac{23}{9}$, 이것을 (1)에 대입하면,

$$L = \sqrt{(-\frac{8}{9})^2 + (-\frac{8}{9})^2 + (-\frac{4}{9})^2} = \frac{4}{3}$$

6.

$$\frac{\partial T}{\partial x} = 32x + 24 = 0,\ \frac{\partial T}{\partial y} = 80y = 0$$

따라서 임계점 (-3/4, 0)에서 가장 낮은 온도 $T=-$ 를 얻는다. 가장 높은 온도는 반드시 경계선에 있으 T에 대한 공식에서 y^2대신 $1 - x^2$을 대입 하여 경계 를 얻는다. 즉, $T = -24x^2 + 24x + 40$, $-1 \le x \le 1$

$dT/dx = -48x + 24 = 0$에서 $x = \frac{1}{2}$일때 T의 최대값 얻는다. 주어진 영역에 대하여 이러한 사실을 $\left(\frac{1}{2}, \frac{1}{2}\sqrt{3}\right)$, $\left(\frac{1}{2}, -\frac{1}{2}\sqrt{3}\right)$에서 가장 높은 온도 46° 가짐을 뜻한다.

연습문제 5.7

1.

(1) $f(x, y) = x^2 - y^2$의 최소화

제약조건 : $x - 2y = -6$

$\nabla f = \lambda \nabla g$

$2x\mathrm{i} - 2y\mathrm{j} = \lambda\mathrm{i} - 2\lambda\mathrm{j}$

$$\begin{aligned} 2x &= \lambda & &\Rightarrow & x &= \frac{\lambda}{2} \\ -2y &= -2\lambda & &\Rightarrow & y &= \lambda \\ x - 2y &= -6 & &\Rightarrow & -\frac{3}{2}\lambda &= -6 \end{aligned}$$

$\lambda = 4,\ x = 2,\ y = 4$

$f(2, 4) = -12$

(2) $f(x, y) = 2x + 2xy + y$의 최대화

제약조건 : $2x + y = 100$

$\nabla f = \lambda \nabla g$

$(2 + 2y)\mathrm{i} + (2x + 1)\mathrm{j} = 2\lambda\mathrm{i} + \lambda\mathrm{j}$

$2y = 2\lambda \quad \Rightarrow \quad y = \lambda - 1$
$+1 = \lambda \quad \Rightarrow \quad x = \frac{\lambda - 1}{2}$ $\Big\} y = 2x$
$+y = 100 \quad \Rightarrow \quad 4x = 100$
$x = 25, \quad y = 50$

$f(25,\ 50) = 2600$

$g(x,\ y)$가 최대일 때 $f(x, y) = \sqrt{6 - x^2 - y^2}$
도 최대이다. $g(x,\ y) = 6 - x^2 - y^2$의 최대화
제약조건 : $x + y = 2$

$-2x = \lambda$
$-2y = \lambda$ $\Big\} x = y$
$x + y = 2 \quad \Rightarrow \quad x = y = 1$

$f(1,\ 1) = \sqrt{g(1,1)} = 2$

$f(x,\ y) = e^{xy}$의 최대화
제약조건 : $x^2 + y^2 = 8$

$ye^{xy} = 2x\lambda$
$xe^{xy} = 2y\lambda$ $\Big\} x = y$
$x^2 + y^2 = 8 \quad \Rightarrow \quad 2x^2 = 8$
$x = y = 2$

$f(2,\ 2) = e^4$

$;, y) = x^2 + 3xy + y^2$의 최대값 또는 최소값
약조건 : $x^2 + y^2 \leq 1$

$+3y = 2x\lambda$
$+2y = 2y\lambda$ $\Big\} x^2 = y^2$
$+y^2 = 1 \quad \Rightarrow \quad x = \pm\frac{\sqrt{2}}{2}, \quad y = \pm\frac{\sqrt{2}}{2}$

대값 $f\left(\pm\frac{\sqrt{2}}{2},\ \pm\frac{\sqrt{2}}{2}\right) = \frac{5}{2}$

소값 $f\left(\pm\frac{\sqrt{2}}{2},\ \frac{\sqrt{2}}{2}\right) = -\frac{1}{2}$

$f(x,\ y,\ z) = x^2 + y^2 + z^2$의 최소화
제약조건 : $x + y + z = 6$

$2x = \lambda$
$2y = \lambda$
$2z = \lambda$ $\Big\} x = y = z$

$x + y + z = 6 \quad \Rightarrow \quad x = y = z = 2$

$f(2,\ 2,\ 2) = 12$

(2) $f(x,\ y,\ z) = x^2 + y^2 + z^2$의 최소화
제약조건 : $x + y + z = 1$

$2x = \lambda$
$2y = \lambda$
$2z = \lambda$ $\Big\} x = y = z$

$x + y + z = 1 \quad \Rightarrow \quad x = y = z = \frac{1}{3}$

$f\left(\frac{1}{3}, \frac{1}{3}, \frac{1}{3}\right) = \frac{1}{3}$

4.

(1) $f(x,\ y,\ z) = x^2 + y^2 + z^2$의 최소화
제약조건 : $x + 2z = 6$
$x + y = 12$

$\nabla f = \lambda \nabla g + \mu \nabla h$

$2x\mathrm{i} + 2y\mathrm{j} + 2z\mathrm{k} = \lambda(\mathrm{i} + 2\mathrm{k}) + \mu(\mathrm{i} + \mathrm{j})$

$2x = \lambda + \mu$
$2y = \mu$
$2z = 2\lambda$ $\Big\} 2x = 2y + z$

$x + 2z = 6 \quad \Rightarrow \quad z = \frac{6 - x}{2} = 3 - \frac{x}{2}$
$x + y = 12 \quad \Rightarrow \quad y = 12 - x$
$2x = 2(12 - x) + \left(3 - \frac{x}{2}\right) \quad \Rightarrow \quad \frac{9}{2}x = 27$
$\Rightarrow \quad x = 6$

$y = 6, \quad z = 0$

$f(6,\ 6,\ 0) = 72$

(2) $f(x,\ y,\ z) = xyz$의 최소화
제약조건 : $x^2 + z^2 = 5$
$x - 2y = 0$

$\nabla f = \lambda \nabla g + \mu \nabla h$

$yz\mathrm{i} + xz\mathrm{j} + xy\mathrm{k} = \lambda(2x\mathrm{i} + 2z\mathrm{k}) + \mu(\mathrm{i} - 2\mathrm{j})$

$yz = 2x\lambda + \mu$
$xz = -2\mu \quad \Rightarrow \quad \mu = -\frac{xy}{2}$
$xy = 2z\lambda \quad \Rightarrow \quad \lambda = \frac{xy}{2z}$
$x^2 + z^2 = 5 \quad \Rightarrow \quad z = \sqrt{5 - x^2}$
$x - 2y = 0 \quad \Rightarrow \quad y = \frac{x}{2}$

$yz = 2x\left(\frac{xy}{2z}\right) - \frac{xz}{2}$

$$\frac{x\sqrt{5-x^2}}{2}=\frac{x^3}{2\sqrt{5-x^2}}-\frac{x\sqrt{5-x^2}}{2}$$

$$x\sqrt{5-x^2}=\frac{x^3}{2\sqrt{5-x^2}}$$

$$2x(5-x^2)=x^3$$

$$0=3x^3-10x=x(3x^2-10)$$

$$x=0 \text{ or } x=\sqrt{\frac{10}{3}},\ y=\frac{1}{2}\sqrt{\frac{10}{3}},$$

$$z=\sqrt{\frac{5}{3}}$$

$$f\left(\frac{\sqrt{10}}{3},\frac{1}{2}\sqrt{\frac{10}{3}},\sqrt{\frac{5}{3}}\right)=\frac{5\sqrt{15}}{9}$$

5.

(1) $f(x, y)=x^2+y^2$의 최소화

제약조건 : $2x+3y=-1$

$$\left.\begin{aligned}2y&=2\lambda\\2y&=3\lambda\end{aligned}\right\}y=\frac{3x}{2}$$

$$2x+3y=-1 \ \Rightarrow\ x=-\frac{2}{13},\ y=-\frac{3}{13}$$

$$d=\sqrt{\left(-\frac{2}{13}\right)^2+\left(-\frac{3}{13}\right)^2}=\frac{\sqrt{13}}{13}$$

(2) $f(x, y, z)=(x-2)^2+(y-1)^2+(z-1)^2$의 최소화

제약조건 : $x+y+z=1$

$$\left.\begin{aligned}2(x-2)&=\lambda\\2(y-1)&=\lambda\\2(z-1)&=\lambda\end{aligned}\right\}y=z \text{ and } y=x-1$$

$$x+y+z=1 \ \Rightarrow\ x+2(x-1)=1$$

$$x=1,\ y=z=0$$

$$d=\sqrt{(1-2)^2+(0-1)^2+(0-1)^2}=\sqrt{3}$$

6.

(1) $f(x, y, z)=xyz$의 최대화

제약조건 : $x+2y+2z=108$

$$\left.\begin{aligned}yz&=\lambda\\xz&=2\lambda\\xy&=2\lambda\end{aligned}\right\}y=z \text{ and } x=2y$$

$$x+2y+2z=108 \ \Rightarrow\ 6y=108,\ y=18$$

$$x=36,\ y=z=18$$

가장 큰 부피의 직사각형 상자의 치수는 $36\times18\times18$이다.

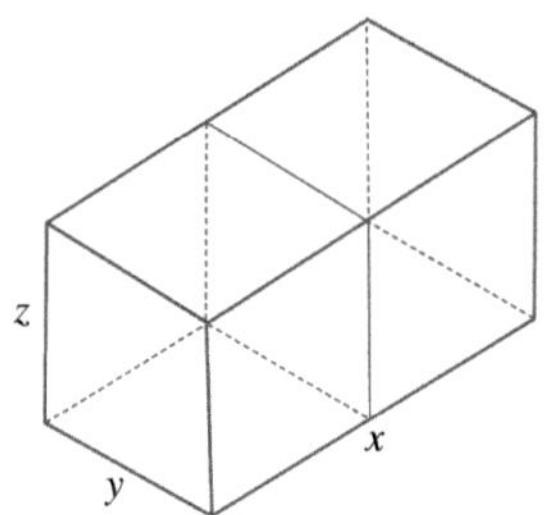

(2) $A(\pi, r)=2\pi rh+2\pi r^2$의 최소화

제약조건 : $\pi r^2h=V_0$

$$\left.\begin{aligned}2\pi h+4\pi r&=2\pi rh\lambda\\2\pi r&=\pi r^2\lambda\end{aligned}\right\}h=2r$$

$$\pi r^2h=V_0 \quad\Rightarrow\quad 2\pi r^3=V_0$$

$$r=\sqrt[3]{\frac{V_0}{2\pi}} \quad \text{and} \quad h=2\sqrt[3]{\frac{V_0}{2\pi}}$$

CHAPTER 6 다중적분해답

습문제 6.1

합은

$$(P) = \frac{3}{2}\left(\frac{1}{2}\right)+3\left(\frac{3}{2}\right)+\frac{5}{2}\left(\frac{1}{2}\right)+4\left(\frac{3}{2}\right)+\frac{7}{2}\left(\frac{1}{2}\right)+5\left(\frac{3}{2}\right)=\frac{87}{4}$$

며, 하합은

$$P) = 0\left(\frac{1}{2}\right)+\frac{1}{2}\left(\frac{3}{2}\right)+1\left(\frac{1}{2}\right)+\frac{3}{2}\left(\frac{3}{2}\right)+2\left(\frac{1}{2}\right)+\frac{5}{2}\left(\frac{3}{2}\right)=\frac{33}{4}$$

다.

각 정사각형의 넓이는 1이다. $m=n=2$인 리만 합에

한 근사 부피는 다음과 같다.

$$\approx \sum_{i=1}^{2}\sum_{j=1}^{2} f(x_i, y_j)\Delta A$$

$$= f(1,1)\Delta A + f(1,2)\Delta A + (2,1)\Delta A + f(2,2)\Delta A$$

$$= 13(1)+7(1)+10(1)+4(1)=34$$

림에 보인 4개의 부분 사각형의 중심에서 $f(x,y)=x-3y^2$

계산한다.

라서 $\overline{x_1}=1/2$, $\overline{x_2}=3/2$, $\overline{y_1}=5/4$, $\overline{y_2}=7/4$ 이고 각 부분

각형의 넓이는 $\Delta A=1/2$이다. 그러므로 다음을 얻는다.

$$\int_R (x-3y^2)dA \approx \sum_{i=1}^{2}\sum_{j=1}^{2} f(\overline{x_i},\overline{y_j})\Delta A$$

$$(\overline{x_1},\overline{y_1})\Delta A + f(\overline{x_1},\overline{y_2})\Delta A + f(\overline{x_2},\overline{y_1})\Delta A + f(\overline{x_2},\overline{y_2})\Delta A$$

$$\left(\frac{1}{2},\frac{5}{4}\right)\Delta A + f\left(\frac{1}{2},\frac{7}{4}\right)\Delta A + f\left(\frac{3}{2},\frac{5}{4}\right)\Delta A + f\left(\frac{3}{2},\frac{7}{4}\right)\Delta A$$

$$-\frac{67}{16}\Big)\frac{1}{2}+\left(-\frac{139}{16}\right)\frac{1}{2}+\left(-\frac{51}{16}\right)\frac{1}{2}+\left(-\frac{123}{16}\right)\frac{1}{2}$$

$$\cdot\frac{95}{8} = -11.875$$

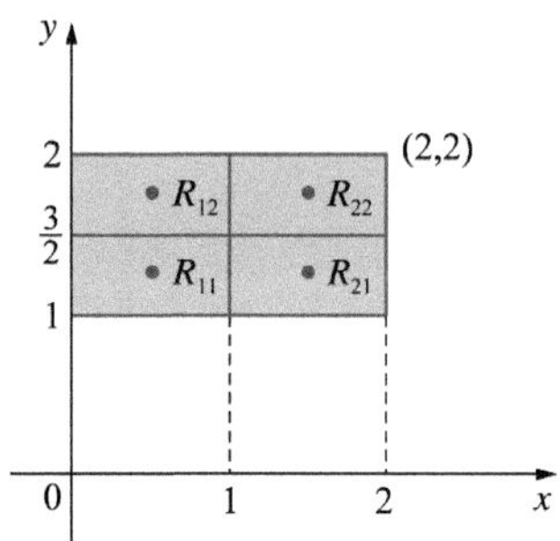

4.

곡면 $f(x,\ y)=1+x^2+3y$ 이고 $\Delta x = \frac{1}{2}\cdot\frac{3}{2}=\frac{3}{4}$

(a) $V = \iint_R (1+x^2+3y)d\Delta \approx \sum_{i=1}^{2}\sum_{j=1}^{2} f(x_{ij}^*,\ y_{ij}^*)\Delta A$

$$= f(1,0)\Delta A + f\left(1,\frac{3}{2}\right)\Delta A + f\left(\frac{3}{2},0\right)\Delta A + f\left(\frac{3}{2},\frac{3}{2}\right)\Delta A$$

$$= 2\left(\frac{3}{4}\right)+\frac{13}{2}\left(\frac{3}{4}\right)+\frac{13}{4}\left(\frac{3}{4}\right)+\frac{31}{4}\left(\frac{3}{4}\right)=\frac{39}{2}\left(\frac{3}{4}\right)$$

$$= \frac{117}{8} = 14.625$$

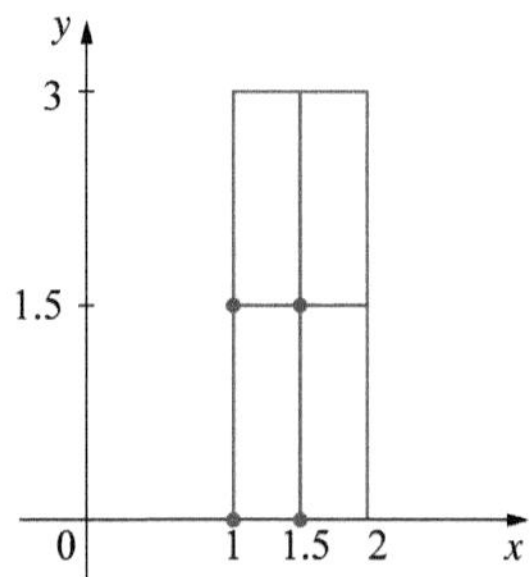

(b) $V = \iint_R (1+x^2+3y)dA \approx \sum_{i=1}^{2}\sum_{j=1}^{2} f(\overline{x_i},\overline{y_j})\Delta A$

$$= f\left(\frac{5}{4},\frac{3}{4}\right)\Delta A + f\left(\frac{5}{4},\frac{9}{4}\right)\Delta A + f\left(\frac{7}{4},\frac{3}{4}\right)\Delta A + f\left(\frac{7}{4},\frac{9}{4}\right)\Delta A$$

$$= \frac{77}{16}\left(\frac{3}{4}\right)+\frac{149}{16}\left(\frac{3}{4}\right)+\frac{101}{16}\left(\frac{3}{4}\right)+\frac{173}{16}\left(\frac{3}{4}\right)=\frac{375}{16}=23.4375$$

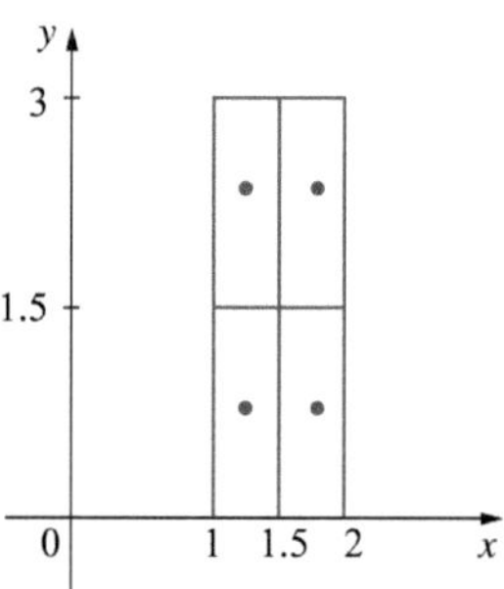

연습문제 6.2

1.

(1) $\int_{\pi/6}^{\pi/2}\int_{-1}^{5}\cos y\,dx\,dy = \int_{-1}^{5}dx\int_{\pi/6}^{\pi/2}\cos y\,dy$

$= [x]_{-1}^{5}[\sin y]_{\pi/6}^{\pi/2} = [5-(-1)]\left(\sin\frac{\pi}{2}-\sin\frac{\pi}{6}\right)$

$= 6(1-\frac{1}{2}) = 3$

(2) $\int_0^1\int_0^3 e^{x+3y}dx\,dy = \int_0^1\int_0^3 e^x e^{3y}dx\,dy$

$= \int_0^3 e^x dx\int_0^1 e^{3y}dy = [e^x]_0^3\left[\frac{1}{3}e^{3y}\right]_0^1$

$= (e^3-e^0)\cdot\frac{1}{3}(e^3-e^0) = \frac{1}{3}(e^3-1)^2,\ \frac{1}{3}(e^6-2e^3+1)$

(3) $\int_0^2\int_0^\pi r\sin^2\theta\,d\theta\,dr = \int_0^2 r\,dr\int_0^\pi \sin^2\theta\,d\theta$

$= \int_0^2 r\,dr\int_0^\pi \frac{1}{2}(1-\cos 2\theta)\,d\theta$

$= \left[\frac{1}{2}r^2\right]_0^2\cdot\left[\theta-\frac{1}{2}\sin 2\theta\right]_0^\pi$

$= (2-0)\cdot\frac{1}{2}\left[(\pi-\frac{1}{2}\sin 2\pi)-(0-\frac{1}{2}\sin 0)\right]$

$= 2\cdot\frac{1}{2}[(\pi-0)-(0-0)] = \pi$

(4) $\int_0^1\int_0^1\sqrt{s+t}\,ds\,dt = \int_0^1\left[\frac{2}{3}(s+t)^{3/2}\right]_{s=0}^{s=1}dt$

$= \frac{2}{3}\int_0^1[(1+t)^{3/2}-t^{3/2}]dt$

$= \frac{2}{3}\left[\frac{2}{5}(1+t)^{5/2}-\frac{2}{5}t^{5/2}\right]_0^1$

$= \frac{4}{15}[(2^{5/2}-1)-(1-0)] = \frac{4}{15}(2^{5/2}-2)\ ,\ \frac{8}{15}(2\sqrt{2}-$

2.

(1) $\iint_D (y+xy^{-2})dA = \int_1^2\int_0^2(y+xy^{-2})dx\,dy$

$= \int_1^2\left[xy+\frac{1}{2}x^2y^{-2}\right]_{x=0}^{x=2}dy = \int_1^2(2y+2y^{-2})dy$

$= [y^2-2y^{-1}]_1^2 = (4-1)-(1-2) = 4$

(2) $\iint_D \frac{1+x^2}{1+y^2}dA = \int_0^1\int_0^1\frac{1+x^2}{1+y^2}dy\,dx$

$= \int_0^1(1+x^2)dx\int_0^1\frac{1}{1+y^2}dy$

$= (1+\frac{1}{3}-0)(\frac{\pi}{4}-0) = \frac{\pi}{3}$

(3) $\iint_D \frac{x}{1+xy}dA = \int_0^1\int_0^1\frac{x}{1+xy}dy\,dx$

$= \int_0^1[\ln(1+xy)]_{y=0}^{y=1}$

$= \int_0^1\ln(1+x)dx = [(1+x)\ln(1+x)-x]_0^1$

$= (2\ln 2-1)-(\ln 1-0) = 2\ln 2-1$

(4) $\iint_D ye^{-xy}dA = \int_0^3\int_0^2 ye^{-xy}dx\,dy = \int_0^3\left[-e^{-xy}\right]_{x=}^{x=}$

$= \int_0^3(-e^{-2y}+1)dy = \left[\frac{1}{2}e^{-2y}+y\right]_0^3$

$= \frac{1}{2}e^{-6}+3-(\frac{1}{2}+0) = \frac{1}{2}e^{-6}+\frac{5}{2}$

3.

$V = \iint_R(3y^2-x^2+2)dA = \int_{-1}^1\int_1^2(3y^2-x^2+2)dy\,dx$

$= \int_{-1}^1[y^3-x^2y+2y]_{y=1}^{y=2}dx$

$= \int_{-1}^1[(12-2x^2)-(3-x^2)]dx = \int_{-1}^1(9-x^2)dx = \Big[9x-$

$= \frac{26}{3}+\frac{26}{3} = \frac{52}{3}$

$= \int_{-1}^{1}\int_{0}^{\pi}(1+e^x \sin y)dy\,dx = \int_{-1}^{1}[y-e^x\cos y]_{y=0}^{y=\pi}dx$

$\int_{-1}^{1}(\pi+e^x-0+e^x)dx$

$\int_{-1}^{1}(\pi+2e^x)dx = [\pi x+2e^x]_{-1}^{1} = 2\pi+2e-\frac{2}{e}$

$\int_{0}^{1}\int_{2x}^{2}(x-y)dy\,dx = \int_{0}^{1}\left[xy-\frac{1}{2}y^2\right]_{y=2x}^{y=2}dx$

$= \int_{0}^{1}\left[x(2)-\frac{1}{2}(2)^2-x(2x)+\frac{1}{2}(2x)^2\right]dx$

$= \int_{0}^{1}(2x-2)dx = [x^2-2x]_0^1 = 1-2-0+0=-1$

$\int_{0}^{1}\int_{0}^{s^2}\cos(s^3)dt\,ds = \int_{0}^{1}[t\cos(s^3)]_{t=0}^{t=s^2}ds$

$= \int_{0}^{1}s^2\cos(s^3)ds = \frac{1}{3}\sin(s^3)]_0^1$

$= \frac{1}{3}(\sin 1-\sin 0) = \frac{1}{3}\sin 1$

$\iint_D \frac{y}{x^5+1}dA = \int_{0}^{1}\int_{0}^{x^2}\frac{y}{x^5+1}dy\,dx$

$= \int_{0}^{1}\frac{1}{x^5+1}\left[\frac{y^2}{2}\right]_{y=0}^{y=x^2}$

$= \frac{1}{2}\int_{0}^{1}\frac{x^4}{x^5+1}dx = \frac{1}{2}\left[\frac{1}{5}\ln|x^5+1|\right]_0^1$

$= \frac{1}{10}(\ln 2-\ln 1) = \frac{1}{10}\ln 2$

$\iint_D x^3 dA = \int_{1}^{e}\int_{0}^{\ln x}x^3\,dy\,dx$

$= \int_{1}^{e}[x^3y]_{y=0}^{y=\ln x}dx$

$= \left[\frac{1}{4}x^4\ln x-\frac{1}{16}x^4\right]_1^e = \frac{1}{4}e^4-\frac{1}{16}e^4-0+\frac{1}{16} = \frac{3}{16}e^4+\frac{1}{16}$

$\iint_D (x^2+2y)dA = \int_{0}^{1}\int_{x^3}^{x}(x^2+2y)dy\,dx$

$= \int_{0}^{1}[x^2y+y^2]_{y=x^3}^{y=x}dx$

$= \int_{0}^{1}(x^3+x^2-x^5-x^6)dx = \left[\frac{1}{4}x^4+\frac{1}{3}x^3-\frac{1}{6}x^6-\frac{1}{7}x^7\right]_0^1$

$= \frac{1}{4}+\frac{1}{3}-\frac{1}{6}-\frac{1}{7} = \frac{23}{84}$

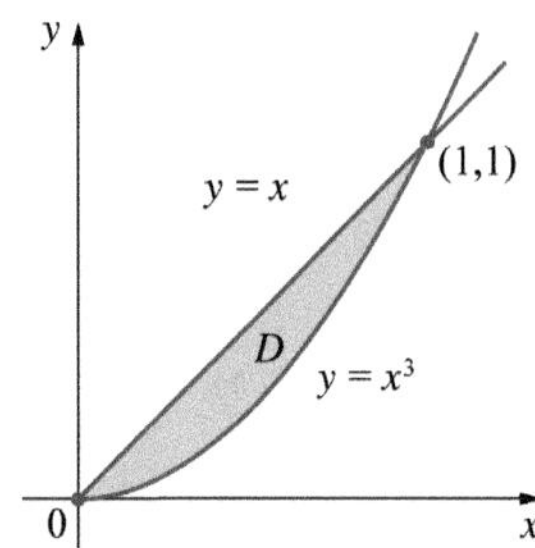

(4) $\iint_D xy^2 dA = \int_{-1}^{1}\int_{0}^{\sqrt{1-y^2}}xy^2\,dx\,dy$

$= \int_{-1}^{1}y^2\left[\frac{1}{2}x^2\right]_{x=0}^{x=\sqrt{1-y^2}}dy = \frac{1}{2}\int_{-1}^{1}y^2(1-y^2)dy$

$= \frac{1}{2}\int_{-1}^{1}(y^2-y^4)dy = \frac{1}{2}\left[\frac{1}{3}y^3-\frac{1}{5}y^5\right]_{-1}^{1}$

$= \frac{1}{2}(\frac{1}{3}-\frac{1}{5}+\frac{1}{3}-\frac{1}{5}) = \frac{2}{15}$

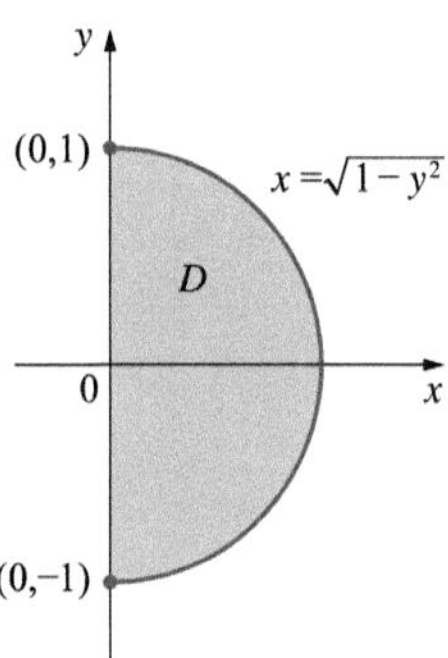

7.

(1) $V = \int_{0}^{1}\int_{y^3}^{y^2}(2x+y^2)dx\,dy$

$= \int_{0}^{1}[x^2+xy^2]_{x=y^3}^{x=y^2}dy = \int_{0}^{1}(2y^4-y^6-y^5)dy$

$= \left[\frac{2}{5}y^5-\frac{1}{7}y^7-\frac{1}{6}y^6\right]_0^1 = \frac{19}{210}$

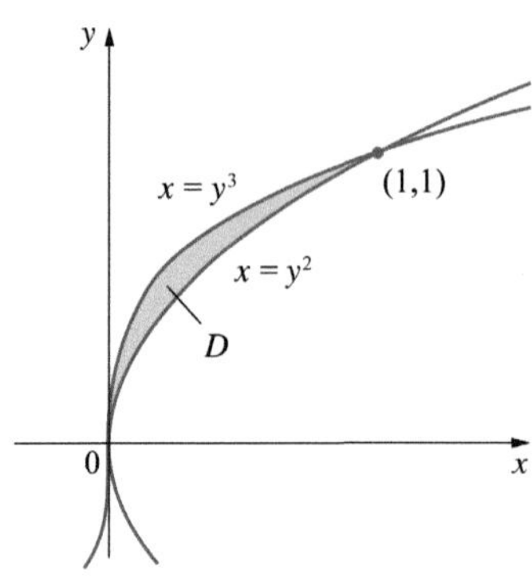

(2) $V=\int_0^1\int_x^1 (x^2+3y^2)dy\,dx$

$=\int_0^1 [x^2y+y^3]_{y=x}^{y=1}\,dx=\int_0^1 (x^2+1-2x^3)dx$

$=\left[\frac{1}{3}x^3+x-\frac{1}{2}x^4\right]_0^1=\frac{5}{6}$

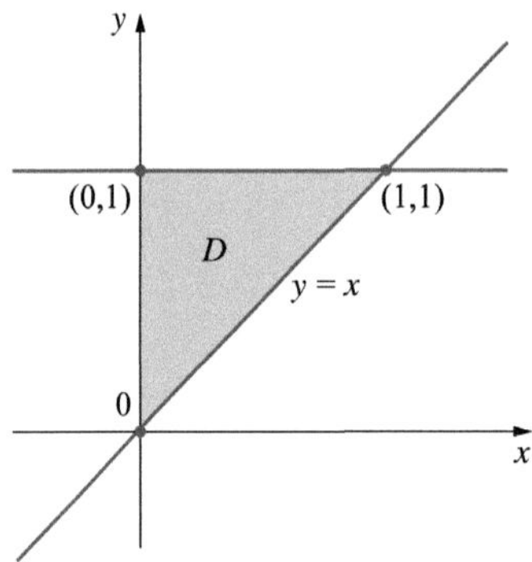

연습문제 6.3

1.

(1) $\int_0^{2\pi}\int_0^3 r^2 dr d\theta=\int_0^{2\pi} 9d\theta=18\pi$

(2) $\int_0^{2\pi}\int_0^2 e^{-r^2} r dr d\theta=-\frac{1}{2}\int_0^{2\pi}(e^{-4}-1)d\theta=\pi-\pi e^{-4}$

(3) $\int_0^{2\pi}\int_0^{2-\cos\theta} r\sin\theta r dr d\theta=\int_0^{2\pi}\left[\frac{1}{3}(2-\cos\theta)^3\sin\theta\right]d\theta=0$

(4) $\int_0^{2\pi}\int_0^3 r^2 r dr d\theta=\int_0^{2\pi}\frac{81}{4}d\theta=\frac{81}{2}\pi$

2.

(1) $\int_0^{2\pi}\int_0^2 r^2 dr d\theta=\int_0^{2\pi}\frac{8}{3}d\theta=\frac{16\pi}{3}$

(2) $\int_{\pi/2}^{\pi/2}\int_0^2 e^{r^2} r dr d\theta=\int_{\pi/2}^{\pi/2}(\frac{1}{2}-\frac{1}{2}e^4)d\theta=(1-e^{-4})\frac{\pi}{2}$

(3) $\int_{\pi/4}^{\pi/2}\int_0^{\sqrt{8}} r^3 r dr d\theta=\int_{\pi/4}^{\pi/2}\frac{64\sqrt{8}}{5}d\theta=\frac{16\pi\sqrt{8}}{5}$

(4) $V=\int_0^{2\pi}\int_0^1 20000e^{-r^2} r dr d\theta=20000\pi(1-1/e)\approx 3971$

3.

(1) $V=\int_0^{2\pi}\int_0^3 r^2\cdot r dr d\theta=\int_0^{2\pi}\left[\frac{1}{4}r^4\right]_{r=0}^{r=3}d\theta$

$=\int_0^{2\pi}\frac{81}{4}d\theta=\left[\frac{81}{4}\theta\right]_0^{2\pi}=\frac{81\pi}{2}$

(2) $V=\int_0^{2\pi}\int_0^2 r\cdot r dr d\theta=\int_0^{2\pi}\left[\frac{1}{3}r^3\right]_{r=0}^{r=2}d\theta$

$=\int_0^{2\pi}\frac{8}{3}d\theta=\left[\frac{8}{3}\theta\right]_0^{2\pi}=\frac{16\pi}{3}$

4.

$\int\int_R (x^2+y^2+3)dydx=\int_0^{2\pi}\int_0^2 (r^2+3) r dr d\theta$

$=\int_0^{2\pi}\int_0^2 (r^3+3r)dr d\theta=\int_0^{2\pi}\left[(\frac{2^4}{4}+3\frac{2^2}{2}-0)\right]d\theta$

$=10\int_0^{2\pi}d\theta=20\pi$

5.

$V=\int\int_R (9-x^2-y^2)dydx=\int_0^{2\pi}\int_2^3 (9-r^2) r dr d\theta$

$=\int_0^{2\pi}\int_2^3 (9r-r^3)dr d\theta=\frac{25}{2}\pi$

6.

$\int_{-1}^1\int_0^{\sqrt{1-x^2}} x^2(x^2+y^2)^2 dydx=\int\int_R x^2(x^2+y^2)^2 dA$

$=\int_0^{\pi}\int_0^1 r^7\cos^2\theta dr d\theta$

$=\frac{1}{8}\int_0^{\pi}\frac{1}{2}(1+\cos2\theta)d\theta=\frac{\pi}{16}$

연습문제 6.4

$$\int_0^2\int_{-2}^2\int_0^2 (2x+y-z)\,dzdydx$$
$$=\int_0^2\int_{-2}^2 (4x+2y-2)\,dydx=\int_0^2(16x-8)\,dx=16$$

$$\int_2^3\int_0^1\int_{-1}^1 (\sqrt{y}-3z^2)\,dzdydx=\int_2^3\int_0^1 2(\sqrt{y}-1)\,dydx$$
$$=\int_2^3\left(-\frac{2}{3}\right)dx=-\frac{2}{3}$$

$$\int_0^1\int_0^z\int_0^{x+z} 6xz\,dydxdz=\int_0^1\int_0^z 6xz(x+z)\,dxdz$$
$$=\int_0^1 (2z^4+3z^4)\,dz=1$$

$$\int_0^3\int_0^1\int_0^{\sqrt{1-z^2}} ze^y\,dxdzdy=\int_0^3\int_0^1 ze^y\sqrt{1-z^2}\,dzdy$$
$$=\int_0^3 \frac{1}{3}e^y\,dy=\frac{1}{3}(e^3-1)$$

$$\int_0^{\pi/2}\int_0^y\int_0^x \cos(x+y+z)\,dzdxdy$$
$$=\int_0^{\pi/2}\int_0^y \begin{bmatrix}\sin(2x+y)\\-\sin(x+y)\end{bmatrix}dxdy$$
$$=\int_0^{\pi/2}\begin{bmatrix}-\frac{1}{2}\cos 3y+\cos 2y\\+\frac{1}{2}\cos y-\cos y\end{bmatrix}dy=-\frac{1}{3}$$

$$\iiint_E 2x\,dzdxdy=\int_0^2\int_0^{\sqrt{4-y^2}}\int_0^y 2x\,dzdxdy$$
$$=\int_0^2\int_0^{\sqrt{4-y^2}} 2xy\,dxdy=\int_0^2 (4-y^2)y\,dy=4$$

$E=[(x,y,z)|0\le x\le 1, 0\le y\le \sqrt{x}, 0\le z\le 1+x+y]$

$$\iiint_E 6xy\,dV=\int_0^1\int_0^{\sqrt{x}}\int_0^{1+x+y} 6xy\,dzdydx$$
$$=\int_0^1\int_0^{\sqrt{x}} [6xyz]_{z=0}^{z=1+x+y}\,dydx$$
$$=\int_0^1\int_0^{\sqrt{x}} 6xy(1+x+y)\,dydx$$
$$=\int_0^1 (3x^2+3x^3+2x^{5/2})\,dx=\frac{65}{28}$$

4.

$2x+y+z=4$에서 xy 평면위 $y=4-2x$,

$E=[(x,y,z)|0\le x\le 2, 0\le y\le 4-2x, 0\le z\le 4-2x-y]$

$$V=\int_0^2\int_0^{4-2x}\int_0^{4-2x-y} dzdydx$$
$$=\int_0^2\int_0^{4-2x}(4-2x-y)\,dydx$$
$$=\int_0^2\left[4y-2xy-\frac{y^2}{2}\right]_0^{4-2x}dx=\frac{16}{3}$$

5.

(1) $$\int_0^1\int_0^1\int_0^1 (x^2+y^2+z^2)\,dzdydx$$
$$=\int_0^1\int_0^1\left(x^2+y^2+\frac{1}{3}\right)dydx$$
$$=\int_0^1\left(x^2+\frac{2}{3}\right)dx=1$$

(2) $$\int_1^e\int_1^e\int_1^e \frac{1}{xyz}\,dxdydz=\int_1^e\int_1^e\left[\frac{\ln x}{yz}\right]_1^e dydz$$
$$=\int_0^e\int_0^e \frac{1}{yz}\,dydz=\int_1^e\left[\frac{\ln y}{z}\right]_1^e dz$$
$$=\int_1^e \frac{1}{z}\,dz=1$$

(3) $$\int_0^1\int_0^\pi\int_0^\pi y\sin z\,dxdydz=\int_0^1\int_0^\pi \pi y\sin z\,dydz$$
$$=\frac{\pi^3}{2}\int_0^1 \sin z\,dz=\frac{\pi^3}{2}(1-\cos 1)$$

(4) $$\int_0^3\int_0^{\sqrt{9-x^2}}\int_0^{\sqrt{9-x^2}} dzdydx$$
$$=\int_0^3\int_0^{\sqrt{9-x^2}}\sqrt{9-x^2}\,dydx=\int_0^3 (9-x^2)\,dx$$
$$=\left[9x-\frac{x^3}{3}\right]_0^3=18$$

(5) $$\int_0^1\int_0^{2-x}\int_0^{2-x-y} dzdydx=\int_0^1\int_0^{2-x}(2-x-y)\,dydx$$
$$=\int_0^1\left[(2-x)^2-\frac{1}{2}(2-x)^2\right]dx$$

$$= \frac{1}{2}\int_0^1 (2-x)^2\,dx = [-\frac{1}{6}(2-x)^3]_0^1 = -\frac{1}{6}+\frac{8}{6} = \frac{7}{6}$$

(6) $\int_0^\pi\int_0^\pi\int_0^\pi \cos(u+v+w)\,dudvdw$

$$= \int_0^\pi\int_0^\pi [\sin(u+v+\pi) - \sin(w+v)]\,dvdw$$

$$= \int_0^\pi [(-\cos(w+2\pi) + \cos(w+\pi) + \cos(w+\pi) - \cos w)]\,dw$$

$$= [-\sin(w+2\pi) + \sin(w+\pi) - \sin w + \sin(w+\pi)]_0^\pi$$

$$= 0$$

(7) $\int_1^e\int_1^e\int_1^e \ln r \ln s \ln t\; dtdrds$

$$= \int_1^e\int_1^e \ln r \ln s [t\ln t - t]_1^e\, drds$$

$$= \int_1^e \ln s [r\ln r - r]_1^e\, ds = [s\ln s - s]_1^e = 1$$

6.

$$\iiint_E (xz-y^3)dV = \int_0^1\int_0^2\int_{-1}^1 (xz-y^3)dx\,dy\,dz$$

$$= \int_0^1\int_0^2 \left[\frac{1}{2}x^2z - xy^3\right]_{x=-1}^{x=1} dydz$$

$$= \int_0^1\int_0^2 -2y^3\,dydz = \int_0^1 \left[-\frac{1}{2}y^4\right]_{y=0}^{y=2} dz$$

$$= \int_0^1 -8\,dz = -8z]_0^1 = -8$$

7.

그림에서

$E = \{(x,y,z) \mid -1 \le x \le 1,\ x^2 \le y \le 1,\ 0 \le z \le 1-y\}$,

$$V = \iiint_E dV = \int_{-1}^1\int_{x^2}^1\int_0^{1-y} dz\,dy\,dx = \int_{-1}^1\int_{x^2}^1 (1-y)dy\,dx$$

$$= \int_{-1}^1 \left[y - \frac{1}{3}y^2\right]_{y=x^2}^{y=1} dx = \int_{-1}^1 (\frac{1}{2} - x^2 + \frac{1}{2}x^4)dx$$

$$= \left[\frac{1}{2}x - \frac{1}{3}x^2 + \frac{1}{10}x^5\right]_{-1}^1 = \frac{1}{2} - \frac{1}{3} + \frac{1}{10} + \frac{1}{2} - \frac{1}{3} + \frac{1}{10} = \frac{8}{15}$$

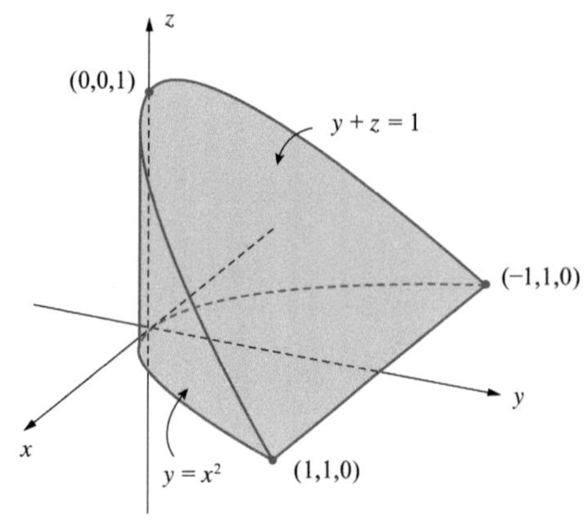

연습문제 6.5

1.

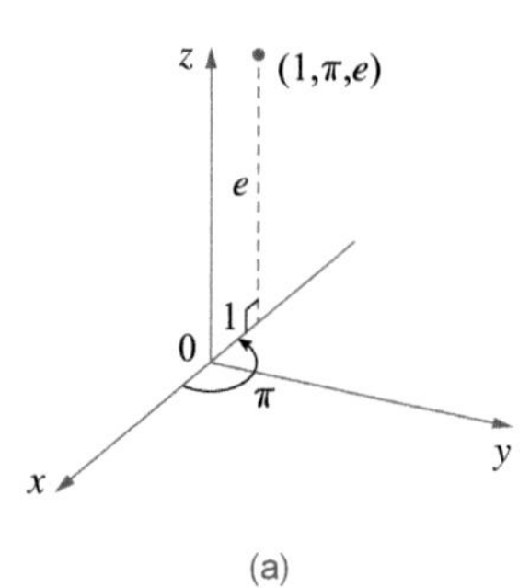

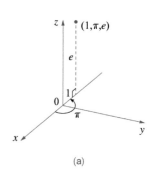

(a)

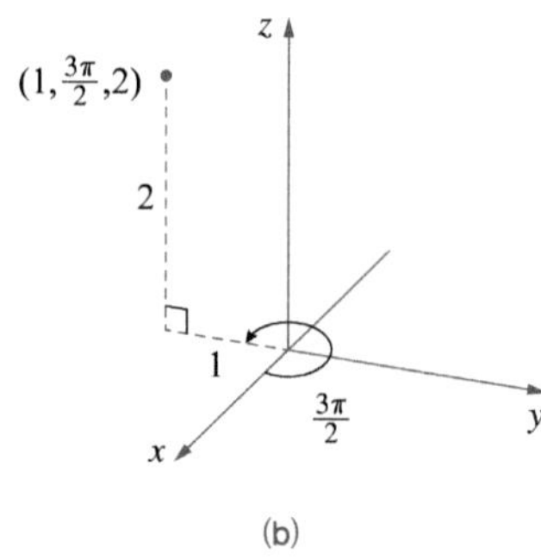

(b)

(1) $x = 1\cos(\pi) = -1, y = 1\sin(\pi) = 0, z = e$이다.

직교좌표$(-1,0,e)$

$x=1\cos(3\pi/2)=0, y=1\sin(3\pi/2)=-1, z=2$이다.

직교좌표 $(-0,-1,2)$

$\left(3\sqrt{2},\ \frac{7\pi}{4},\ -7\right)$

$\left(4,\ \frac{\pi}{6},\ -1\right)$

반복적분은 공간영역

$=\left\{(x,y,z)\,|\,-2\le x\le 2,\ -\sqrt{4-x^2}\le y\le\sqrt{4-x^2},\ \sqrt{x^2+y^2}\le z\le 2\right\}$이다.

$=\{(r,\ \theta,\ z)\,|\,0\le\theta\le 2\pi,\ 0\le r\le 2,\ r\le z\le 2\}$

$$\int_{-2}^{2}\int_{-\sqrt{4-x^2}}^{\sqrt{4-x^2}}\int_{\sqrt{x^2+y^2}}^{2}(x^2+y^2)\,dz\,dy\,dx=\iiint_E (x^2+y^2)\,dV$$

$$=\int_0^{2\pi}\int_0^2\int_r^2 r^2\,r\,dz\,dr\,d\theta$$

$$=\int_0^{2\pi}d\theta\int_0^2 r^3(2-r)\,dr$$

$$=2\pi\left[\frac{1}{2}r^4-\frac{1}{5}r^5\right]_0^2=\frac{16\pi}{5}$$

간영역은

$=\{(r,\ \theta,\ z)\,|\,0\le\theta\le\pi/2,\ 0\le r\le 2,\ 0\le z\le 9-r^2\}$이다.

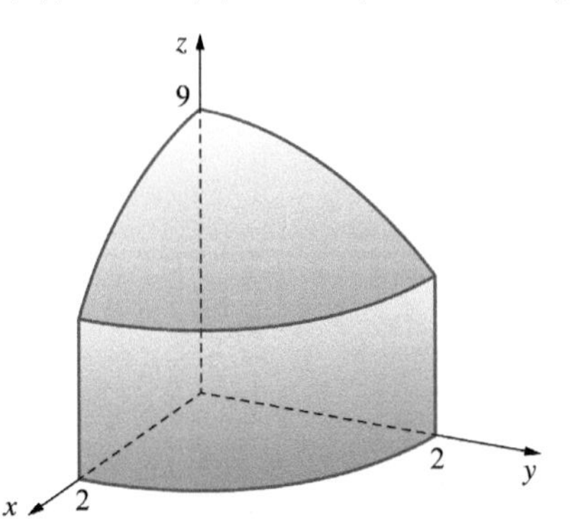

따라서

$$\int_0^{\pi/2}\int_0^2\int_0^{9-r^2} r\,dz\,dr\,d\theta$$

$$=\int_0^{\pi/2}\int_0^2 [rz]_{z=0}^{z=9-r^2}\,dr\,d\theta$$

$$=\int_0^{\pi/2}\int_0^2 r(9-r^2)\,dr\,d\theta$$

$$=\int_0^{\pi/2}d\theta\int_0^2(9r-r^3)\,dr$$

$$=[\theta]_0^{\pi/2}\left[\frac{9}{2}r^2-\frac{1}{4}r^4\right]_0^2=\frac{\pi}{2}(18-4)=7\pi$$

5.

(1) 원주좌표에서

$E=[(r,\ \theta,\ z)\,|\,0\le\theta\le 2\pi,\ 0\le r\le 4,\ -5\le z\le 4]$

$$\iiint_E\sqrt{x^2+y^2}\,dV=\int_0^{2\pi}\int_0^4\int_{-5}^4\sqrt{r^2}\,r\,dz\,dr\,d\theta$$

$$=\int_0^{2\pi}d\theta\int_0^4 r^2dr\int_{-5}^4 dz$$

$$=[\theta]_0^{2\pi}\left[\frac{1}{3}r^3\right]_0^4[x]_{-5}^4=(2\pi)\left(\frac{64}{3}\right)(9)=384\pi$$

(2) $z=x^2+y^2=r^2$과 $z=4$의 교점은 $r=2$이다.

그래서 원주좌표에서,

$E=[(r,\ \theta,\ z)\,|\,0\le\theta\le 2\pi,\ 0\le r\le 2,\ r^2\le z\le 4]$,

그러므로

$$\iiint_E z\,dV=\int_0^{2\pi}\int_0^2\int_{r^2}^4(z)r\,dz\,dr\,d\theta$$

$$=\int_0^{2\pi}\int_0^x\left[\frac{1}{2}rz^2\right]_{z=r^2}^{z=4}dr\,d\theta$$

$$=\int_0^{2\pi}\int_0^2\left(8r-\frac{1}{2}r^5\right)dr\,d\theta=\int_0^{2\pi}d\theta\int_0^3\left(8r-\frac{1}{2}r^5\right)dr$$

$$=2\pi\left[4r^2-\frac{1}{12}r^6\right]_0^2=2\pi\left(16-\frac{16}{3}\right)=\frac{54}{3}\pi$$

(3) 원주좌표에서, E는 원주면 $r=1$과 평면 $z=0$, 원주면 $z=2r$과 둘러싸인 영역이다. 그래서

$E=[(r,\ \theta,\ z)\,|\,0\le\theta\le 2\pi,\ 0\le r\le 1,\ 0\le z\le 2r]$

$$\iiint_E x^2 dV = \int_0^{2\pi}\int_0^1\int_0^{2r} r^2\cos^2\theta\, r\, dz\, dr\, d\theta$$
$$= \int_0^{2\pi}\int_0^1 \left[r^3\cos^2\theta\, z\right]_{z=0}^{z=2r} dr\, d\theta$$
$$= \int_0^{2\pi}\int_0^1 2r^4\cos^2\theta\, dr\, d\theta = \int_0^{2\pi}\left[\frac{5}{3}r^5\cos^2\theta\right]_{r=0}^{r=1} d\theta$$
$$= \frac{2}{5}\int_0^{2\pi}\cos^2\theta\, d\theta$$
$$= \frac{2}{5}\int_0^{2\pi}\frac{1}{2}(1+\cos 2\theta)d\theta = \frac{1}{5}\left[\theta + \frac{1}{2}\sin 2\theta\right]_0^{2\pi} = \frac{2\pi}{5}$$

(4) 원주좌표에서 E는 원주면 $r=1$위와 구면 $r^2+z^2=4$ 아래로 둘러싸인 영역이다. 그래서

$E=[(r,\ \theta,\ z)|\,0\le\theta\le 2\pi,\ 0\le r\le 1,$
$-\sqrt{4-r^2}\le z\le\sqrt{4-r^2}\,]$

$$\iiint_E dV = \int_0^{2\pi}\int_0^1\int_{-\sqrt{4-r^2}}^{\sqrt{4-r^2}} r\ dz\ dr\ d\theta$$
$$= \int_0^{2\pi}\int_0^1 2r\sqrt{4-r^2}\, dr\, d\theta$$
$$= \int_0^{2\pi} d\theta\int_0^1 2r\sqrt{4-r^2}\, dr = 2\pi\left[-\frac{2}{3}(4-r^2)^{3/2}\right]_0^1$$
$$= \frac{4}{3}\pi(8-3^{3/2})$$

연습문제 6.6

1.

$$x=\rho\sin\phi\cos\theta = 2\sin\frac{\pi}{3}\cos\frac{\pi}{4} = 2\left(\frac{\sqrt{3}}{2}\right)\left(\frac{1}{\sqrt{2}}\right) = \sqrt{\frac{3}{2}}$$
$$y=\rho\sin\phi\sin\theta = 2\sin\frac{\pi}{3}\sin\frac{\pi}{4} = 2\left(\frac{\sqrt{3}}{2}\right)\left(\frac{1}{\sqrt{2}}\right) = \sqrt{\frac{3}{2}}$$
$$z=\rho\cos\phi = 2\cos\frac{\pi}{3} = 2\left(\frac{1}{2}\right) = 1$$

을 얻는다. 따라서 점 $(2, \pi/4, \pi/3)$의 직교좌표는 $(\sqrt{3/2}, \sqrt{3/2}, 1)$이다.

2.

$\rho=\sqrt{x^2+y^2+z^2}=\sqrt{0+12+4}=4$가 얻어지므로,

$$\cos\phi = \frac{z}{\rho} = \frac{-2}{4} = -\frac{1}{2} \qquad \phi = \frac{2\pi}{3}$$
$$\cos\theta = \frac{x}{\rho\sin\phi} = 0 \qquad \theta = \frac{\pi}{2}$$

$(y=2\sqrt{3}>0$이므로 $\theta\ne 3\pi/2$임을 주목하라.)

따라서 주어진 점의 구면 좌표는 $(4,\ \pi/2,\ 2\pi/3)$이다.

3.

$x=\rho\sin\phi\cos\theta \quad y=\rho\sin\phi\sin\theta \quad z=\rho\cos\phi$을 주어진 정식에 대입하면

$$\rho^2\sin^2\phi\cos^2\theta - \rho^2\sin^2\phi\sin^2\theta - \rho^2\cos^2\phi = 1$$
$$\rho^2\left[\sin^2\phi(\cos^2\theta - \sin^2\theta) - \cos^2\phi\right] = 1$$

또는

$$\rho^2\sin^2\phi\cos 2\theta - \cos^2\phi = 1$$

을 얻는다.

4.

$$\rho=\sin\theta\sin\phi \Rightarrow \rho^2 = \rho\sin\theta\sin\phi$$
$$x^2+y^2+z^2 = \rho^2 = \rho\sin\theta\sin\phi = y$$
$$x^2+\left(y-\frac{1}{2}\right)^2+z^2 = \frac{1}{4}$$

5.

(1) $x=5\sin\frac{\pi}{2}\cos\pi = -5,\ y=5\sin\frac{\pi}{2}\sin\pi = 0,$

$z=5\cos\frac{\pi}{2}=0$ 따라서 $(-5,\ 0,\ 0)$

(2) $x=4\sin\frac{\pi}{3}\cos\frac{3\pi}{4} = 4\left(\frac{\sqrt{3}}{2}\right)\left(-\frac{\sqrt{2}}{2}\right) = -\sqrt{6}$

$y=4\sin\frac{\pi}{3}\sin\frac{3\pi}{4} = 4\left(\frac{\sqrt{3}}{2}\right)\left(\frac{\sqrt{2}}{2}\right) = \sqrt{6}$

$z=4\cos\frac{\pi}{3} = 4\left(\frac{1}{2}\right) = 2$ 따라서 $(-\sqrt{6},\ \sqrt{6},\ 2)$

$\rho = \sqrt{1+1+2} = 2, \quad \cos\phi = \dfrac{\sqrt{2}}{2}$

$\phi = \dfrac{\pi}{4}, \quad \cos\theta = \dfrac{1}{2\sin\dfrac{\pi}{4}} = \dfrac{1}{\sqrt{2}}$

$\theta = \dfrac{\pi}{4}$, 따라서 $\left(2, \dfrac{\pi}{4}, \dfrac{\pi}{4}\right)$

$\rho = \sqrt{3+9+4} = 4, \ \cos\phi = -\dfrac{2}{4} = -\dfrac{1}{2} \quad \phi = \dfrac{2\pi}{3},$

$\cos\theta = -\dfrac{\sqrt{3}}{4\sin\dfrac{2\pi}{3}} = -\dfrac{\sqrt{3}\cdot 2}{4\cdot\sqrt{3}} = -\dfrac{1}{2} \quad y = -3$

$\theta = \dfrac{4\pi}{3}$ 따라서 $\left(4, \dfrac{4\pi}{3}, \dfrac{2\pi}{3}\right)$

$= \{(\rho, \theta, \phi) \mid 0 \le \rho \le 3, \ 0 \le \theta \le \pi/2, \ 0 \le \phi \le \pi/6\}$

$\int_0^{\frac{\pi}{6}} \int_0^{\frac{\pi}{2}} \int_0^{3} \rho^2 \sin\phi \, d\rho \, d\theta \, d\phi$

$\int_0^{\frac{\pi}{6}} \sin\phi \, d\phi \int_0^{\frac{\pi}{2}} d\theta \int_0^{3} \rho^2 d\rho$

$[-\cos\phi]_0^{\frac{\pi}{6}} \ [\theta]_0^{\frac{\pi}{2}} \ \left[\dfrac{1}{3}\rho^3\right]_0^3$

$\left(1 - \dfrac{\sqrt{3}}{2}\right)\left(\dfrac{\pi}{2}\right)(9) = \dfrac{9\pi}{4}(2 - \sqrt{3})$

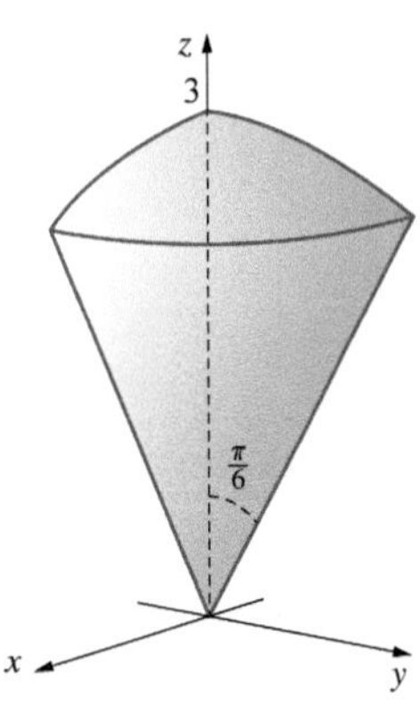

8.

$\rho = \sqrt{1+1+2} = 2, \ \cos\phi = \dfrac{\sqrt{2}}{2} \qquad \phi = \dfrac{\pi}{4},$

$\cos\theta = \dfrac{1}{2\sin\dfrac{\pi}{4}} = \dfrac{1}{\sqrt{2}} \qquad \theta = \dfrac{\pi}{4}$

따라서 $\left(2, \dfrac{\pi}{4}, \dfrac{\pi}{4}\right)$

$B = \{(\rho, \theta, \phi) \mid 0 \le \rho \le 5, \ 0 \le \theta \le 2\pi, \ 0 \le \phi \le \pi\}$

$\iiint_B (x^2+y^2+z^2)^2 dV = \int_0^{\pi}\int_0^{2\pi}\int_0^{5} (\rho^2)^2 \rho^2 \sin\phi \, d\rho d\theta d\phi$

$= \int_0^{\pi} \sin\phi \, d\phi \int_0^{2\pi} d\theta \int_0^{5} \rho^5 d\rho$

$= [-\cos\phi]_0^{\pi} [\theta]_0^{2\pi} \left[\dfrac{1}{7}\rho^7\right]_0^5 = (2)(2\pi)\left(\dfrac{78,125}{7}\right)$

$= \dfrac{312,500}{7}\pi \approx 140,249.7$

9.

$E = \left\{(\rho, \theta, \phi) \mid 1 \le \rho \le 2, \ \ 0 \le \theta \le \dfrac{\pi}{2}, \ \ 0 \le \phi \le \dfrac{\pi}{2}\right\}$

$\iiint_E z\,dV = \int_0^{\pi/2}\int_0^{\pi/2}\int_1^{2} (\rho\cos\phi)\rho^2 \sin\phi \, d\rho d\theta d\phi$

$= \int_0^{\pi/2} \cos\phi \sin\phi \, d\phi \int_0^{\pi/2} d\theta \int_1^{2} \rho^3 d\rho$

$= \left[\dfrac{1}{2}\sin^2\phi\right]_0^{\pi/2} [\theta]_0^{\pi/2} \left[\dfrac{1}{4}\rho^4\right]_1^2 = \left(\dfrac{1}{2}\right)\left(\dfrac{\pi}{2}\right)\left(\dfrac{15}{4}\right) = \dfrac{15\pi}{16}$

연습문제 6.7

1.

(1) $x = au + bv$

$y = cu + dv$

$\dfrac{\partial x}{\partial u}\dfrac{\partial y}{\partial v} - \dfrac{\partial y}{\partial u}\dfrac{\partial x}{\partial v} = ad - cb$

(2) $x = uv - 2u$

$y = uv$

$\dfrac{\partial x}{\partial u}\dfrac{\partial y}{\partial v} - \dfrac{\partial y}{\partial u}\dfrac{\partial x}{\partial v} = (v-2)u - vu = -2u$

(3) $x=u+a$

$y=v+a$

$\dfrac{\partial x}{\partial u}\dfrac{\partial y}{\partial v}-\dfrac{\partial y}{\partial u}\dfrac{\partial x}{\partial v}=(1)(1)-(0)(0)=1$

(4) $x=u/v$

$=u+v$

$\dfrac{\partial x}{\partial u}\dfrac{\partial y}{\partial v}-\dfrac{\partial y}{\partial u}\dfrac{\partial x}{\partial v}=(1/v)1-1(-u/v^2)=(u+v)/v^2$

2.

(1) $x=3u+2v$

$y=3v$

$v=\dfrac{y}{3}$

$u=\dfrac{x-2v}{3}=\dfrac{x-2(y/3)}{3}$

$=\dfrac{x}{3}-\dfrac{2y}{9}$

(x,y)	(u,v)
(0,0)	(0,0)
(3,0)	(1,0)
(2,3)	(0,1)

(2) $x=\dfrac{1}{3}(4u-v)$

$y=\dfrac{1}{3}(u-v)$

$u=x-y$

$v=x-4y$

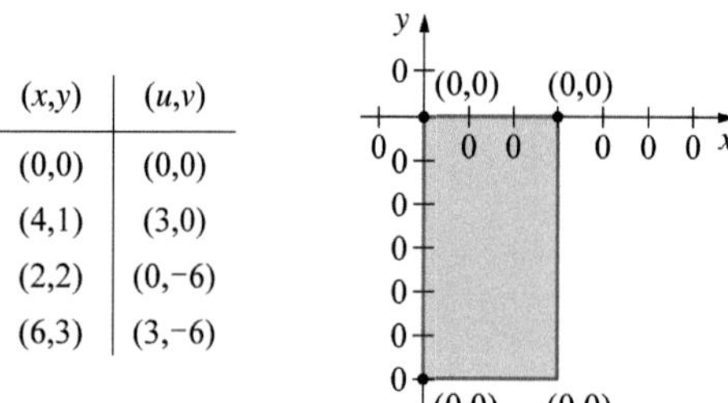

(x,y)	(u,v)
(0,0)	(0,0)
(4,1)	(3,0)
(2,2)	(0,−6)
(6,3)	(3,−6)

3.

(1) $x=\dfrac{1}{2}(u+v)$

$y=\dfrac{1}{2}(u-v)$

$\dfrac{\partial x}{\partial u}\dfrac{\partial y}{\partial v}-\dfrac{\partial y}{\partial u}\dfrac{\partial x}{\partial v}=\left(\dfrac{1}{2}\right)\left(-\dfrac{1}{2}\right)-\left(\dfrac{1}{2}\right)\left(\dfrac{1}{2}\right)=-\dfrac{1}{2}$

$\displaystyle\int_R\int 4(x^2+y^2)dA$

$\displaystyle=\int_{-1}^{1}\int_{-1}^{1}4\left[\frac{1}{4}(u+v)^2+\frac{1}{4}(u-v)^2\right]\left(\frac{1}{2}\right)dv\,du$

$\displaystyle=\int_{-1}^{1}\int_{-1}^{1}(u^2+v^2)dv\,du=\int_{-1}^{1}2\left(u^2+\frac{1}{3}\right)du$

$\displaystyle=\left[2\left(\frac{u^3}{3}+\frac{u}{3}\right)\right]_{-1}^{1}=\frac{8}{3}$

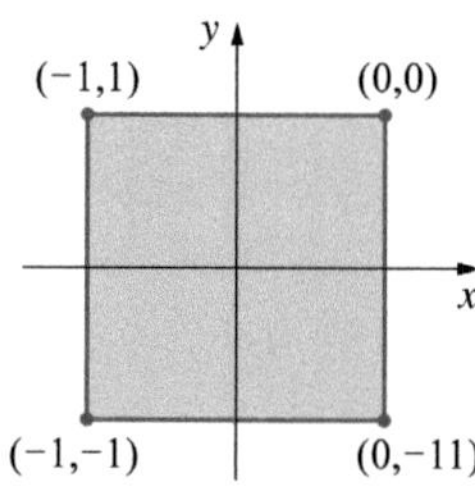

(2) $x=u+v$

$y=u$

$\dfrac{\partial x}{\partial u}\dfrac{\partial y}{\partial v}-\dfrac{\partial y}{\partial u}\dfrac{\partial x}{\partial v}=(1)(0)-(1)(1)=-1$

$\displaystyle\int_R\int y(x-y)dA=\int_0^3\int_0^4 uv(1)dv\,du=\int_0^3 8u\,du=$

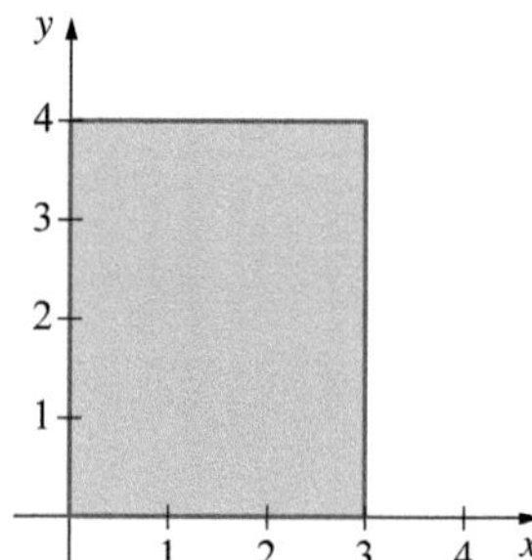

(3) $x=\dfrac{u}{v}$

$y=v$

$$\frac{\partial x}{\partial u}\frac{\partial y}{\partial v}-\frac{\partial y}{\partial u}\frac{\partial x}{\partial v}=\frac{1}{v}$$

$$\int_R\int y\sin xy\,dA=\int_1^4\int_1^4 v(\sin u)\frac{1}{v}\,dv\,du$$

$$=\int_1^4 3\sin u\,du=[-3\cos u]_1^4=3(\cos 1-\cos 4)\approx 3.5818$$

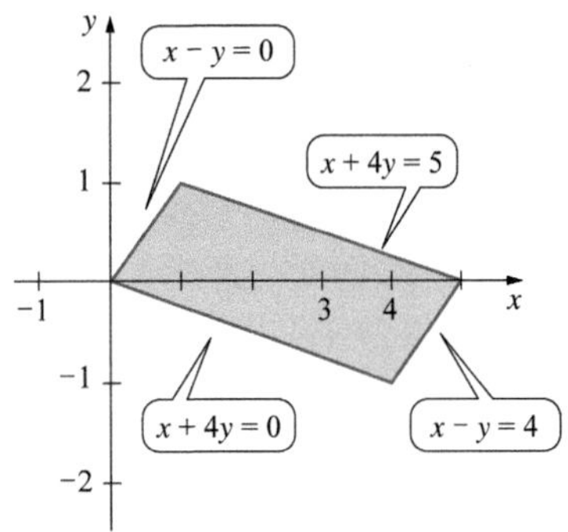

$u=x+y=4,\qquad v=x-y=0$

$u=x+y=8,\qquad v=x-y=4$

$x=\frac{1}{2}(u+v)\qquad y=\frac{1}{2}(u-v)$

$$\frac{\partial(x,y)}{\partial(u,v)}=\frac{1}{2}$$

$$\int_R\int(x+y)e^{x-y}\,dA=\int_4^8\int_0^4 ue^{v}\left(\frac{1}{2}\right)dv\,du$$

$$=\frac{1}{2}\int_4^8 u(e^4-1)\,du=\left[\frac{1}{4}u^2(e^4-1)\right]_4^8=12(e^4-1)$$

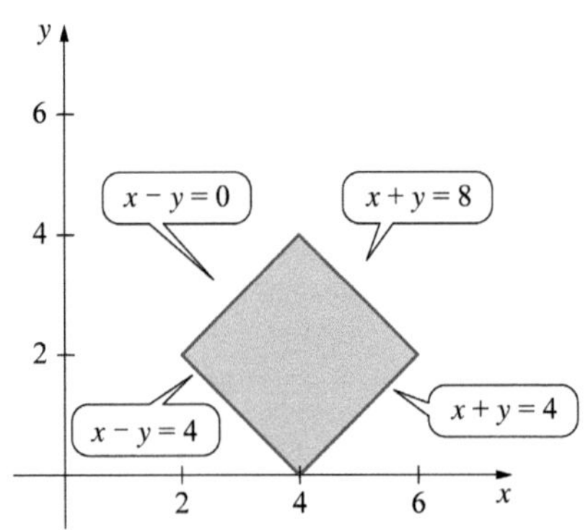

$u=x+4y=0,\qquad v=x-y=0$

$u=x+4y=5,\qquad v=x-y=5$

$x=\frac{1}{5}(u+4v)\qquad y=\frac{1}{5}(u-v)$

$$\frac{\partial(x,y)}{\partial(u,v)}=\left(\frac{1}{5}\right)\left(-\frac{1}{5}\right)-\left(\frac{1}{5}\right)\left(\frac{4}{5}\right)=-\left(\frac{1}{5}\right)$$

$$\int_R\int\sqrt{(x-y)(x+4y)}\,dA=\int_0^5\int_0^5\sqrt{uv}\left(\frac{1}{5}\right)du\,dv$$

$$=\int_0^5\left[\frac{1}{5}\left(\frac{2}{3}\right)u^{3/2}\sqrt{v}\right]_0^5=\left[\frac{2\sqrt{5}}{3}\left(\frac{2}{3}\right)v^{3/2}\right]_0^5=\frac{100}{9}$$

(3) $u=x+y,\qquad v=x-y$

$x=\frac{1}{2}(u+v)\qquad y=\frac{1}{2}(u-v)$

$$\frac{\partial(x,y)}{\partial(u,v)}=-\frac{1}{2}$$

$$\int_R\int\sqrt{x+y}\,dA=\int_0^a\int_{-u}^{u}\sqrt{u}\left(\frac{1}{2}\right)dv\,du$$

$$=\int_0^a u\sqrt{u}\,du=\left[\frac{2}{5}u^{5/2}\right]_0^a=\frac{2}{5}a^{5/2}$$

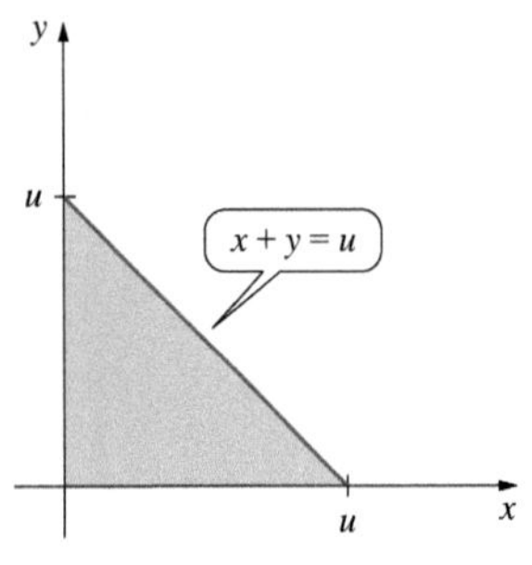

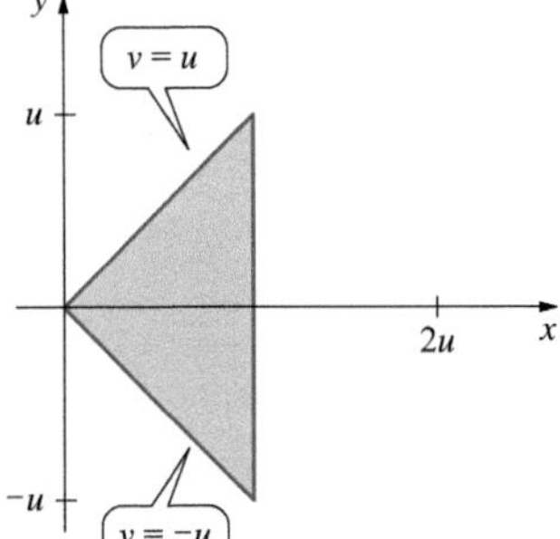

5.

$\frac{x^2}{a^2}+\frac{y^2}{b^2}=1, x=au,\ y=bv$

$\frac{(au)^2}{a^2}+\frac{(bv)^2}{b^2}=1$

$u^2+v^2=1$

(1) $\frac{x^2}{a^2}+\frac{y^2}{b^2}=1$

$u^2+v^2=1$

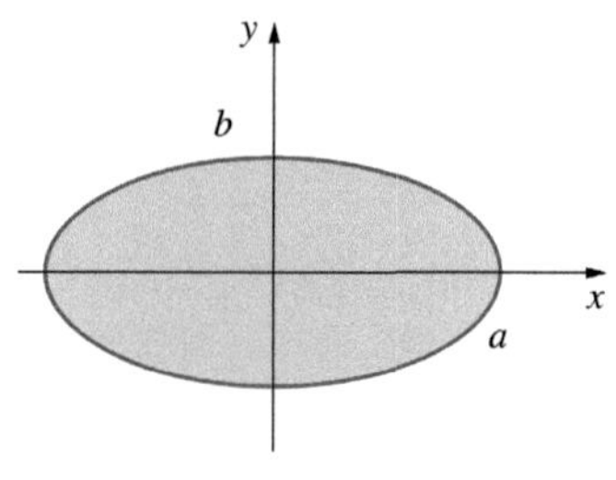

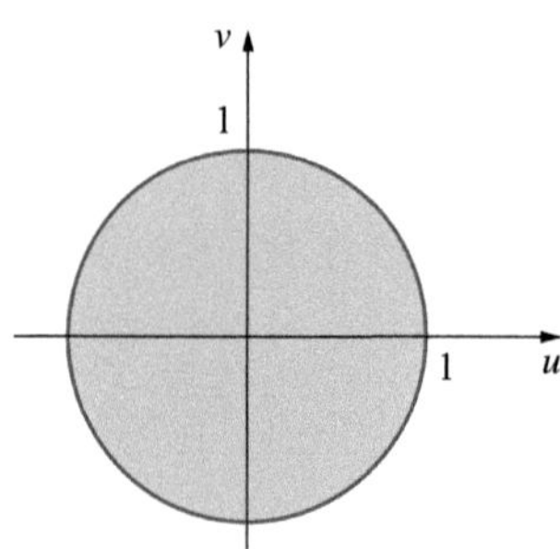

(2) $\frac{\partial(x,y)}{\partial(u,v)}=\frac{\partial x}{\partial u}\frac{\partial y}{\partial v}-\frac{\partial y}{\partial u}\frac{\partial x}{v}$

$= (a)(b)-(0)(0)=ab$

(3) $A=\int\int_S ab\,dS$

$=ab(\pi(1)^2)=\pi ab$

6.

(1) $x=u(1-v),\quad y=uv(1-w),\qquad z=uvw$

$$\frac{\partial(x,y,z)}{\partial(u,v,w)}=\begin{vmatrix} 1-v & -u & 0 \\ v(1-w) & u(1-w) & -uv \\ vw & uw & uv \end{vmatrix}$$

$=(1-v)[u^2v(1-w)+u^2vw]+u[uv^2(1-w)+uv^2w]$

$=(1-v)(u^2v)+u(uv^2)=u^2v$

(2) $x=\rho\sin\phi\cos\theta,\ \ y=\rho\sin\phi\sin\theta,\ \ z=\rho\cos\phi$

$$\frac{\partial(x,y,z)}{\partial(\rho,\theta,\phi)}=\begin{vmatrix} \sin\phi\cos\theta & -\rho\sin\phi\sin\theta & \rho\cos\phi\cos\theta \\ \sin\phi\sin\theta & \rho\sin\phi\cos\theta & \rho\cos\phi\sin\theta \\ \cos\phi & 0 & -\rho\sin\phi \end{vmatrix}$$

$=\cos\phi[-\rho^2\sin\phi\cos\phi\sin^2\theta-\rho^2\sin\phi\cos\phi\cos^2\theta]$

$\quad-\rho\sin\phi[\rho\sin^2\phi\cos^2\theta+\rho\sin^2\phi\sin^2\theta]$

$=\cos\phi[-\rho^2\sin\phi\cos\phi(\sin^2\theta+\cos^2\theta)]$

$\quad-\rho\sin\phi[\rho\sin^2\phi(\cos^2\theta+\sin^2\theta)]$

$=-\rho^2\sin\phi\cos^2\phi-\rho^2\sin^3\phi$

$=-\rho^2\sin\phi(\cos^2\phi+\sin^2\phi)$

$=-\rho^2\sin\phi$

(3) $x=4u-v,\quad y=4v-w,\quad z=u+w$

$$\frac{\partial(x,y,z)}{\partial(u,v,w)}=\begin{vmatrix} 4 & -1 & 0 \\ 0 & 4 & -1 \\ 1 & 0 & 1 \end{vmatrix}=17$$

(4) $x=r\cos\theta,\quad y=r\sin\theta,\quad z=z$

$$\frac{\partial(x,y,z)}{\partial(\rho,\theta,\phi)}=\begin{vmatrix} \cos\theta & -r\sin\theta & 0 \\ \sin\theta & r\cos\theta & 0 \\ 0 & 0 & 1 \end{vmatrix}=1[r\cos^2\theta+r\sin^2\theta]$$

INDEX

ㄱ

가속도벡터 187
고계 도함수 21
곡률 179
공간곡선 157
구면좌표 307
구심력 190
극값 244
극대값 244
극소값 244
극좌표계 299
기본벡터 123
기울기 232

ㄴ

내적 128

ㄷ

단위 접선벡터 174
단위법선벡터 175
단위벡터 123
도함수 10
등위곡면 198
등위선 198, 199

ㄹ

라그랑주의 항등식 136
라그랑지의 미정계수 256
라이프니쯔 기호 27
로그함수 33

ㅁ

말안장 점 246
매개변수방정식 157

ㅂ

반복적분 273
방향도함수 228
방향벡터 146
방향비 146
법선벡터 150
벡터 105
벡터 사영 131
벡터곱 136
벡터도함수 161
벡터방정식 162
벡터함수 156
변수변환 317
부분적분법 70
부정적분 58

분수함수 68

ㅅ

삼각함수 33
삼중적분 290, 291
성분함수 156
속도벡터 187
속력 187
순간변화율 8
스칼라 105
스칼라 3중적 141
스칼라 사영 131
스칼라사영 132
쌍곡포물면 246

ㅇ

역삼각함수 미분 48
연쇄법칙 26
영벡터 107
외적 136
운동방향 187
원주좌표계 299
위치벡터 120, 145, 162
음함수 29
일대일 대응함수 51
임계점 245

ㅈ

자코비안 316
재매개변수 173
적분상수 58
접선벡터 162
정규분포 286
정의역 196
정적분 87
지수함수 33
직교 130

ㅊ

치역 196
치환적분법 65

ㅍ

편도함수 209
평균변화율 8
평면 149
평면의 방정식 150
표준 단위 벡터 138
표준단위벡터 138
피적분함수 58

ㅎ

호의 길이 171
확률밀도함수 286
힘의 크기 190